创新型职业教育精品教材

互联网+教育改革新理念教材

生 物 化 学

主编　董献刚　侯宏丽　祝晓梅

教·学
资　源

航 空 工 业 出 版 社

北　京

内 容 提 要

本书分为四篇，共十六章，内容分别为：绪论、第一篇——生物分子的结构与功能（共四章）、第二篇——基因信息的传递与调控（共四章）、第三篇——物质代谢与调节（共五章）、第四篇——专题篇（共三章）。其中，第一篇介绍了核酸、蛋白质、酶、维生素与辅酶；第二篇介绍了 DNA 的生物合成、RNA 的生物合成、蛋白质的生物合成、基因表达的调控与基因工程；第三篇介绍了生物氧化、糖代谢、脂类代谢、核苷酸代谢和蛋白质的分解代谢；第四篇介绍了肝的生物化学，血液的生物化学，水、无机盐的代谢与酸碱平衡。

本书本着“理论够用，突出应用”的原则，注重培养学生的综合职业能力，可作为医药卫生类专业及相关专业的教材，也可作为相关从业人员的参考书。

图书在版编目（CIP）数据

生物化学 / 董献刚，侯宏丽，祝晓梅主编. -- 北京：航空工业出版社，2020.8（2023.7 重印）
ISBN 978-7-5165-2323-0

Ⅰ. ①生… Ⅱ. ①董… ②侯… ③祝… Ⅲ. ①生物化学 Ⅳ. ①Q5

中国版本图书馆 CIP 数据核字(2020)第 149542 号

生物化学
Shengwu Huaxue

航空工业出版社出版发行
（北京市朝阳区京顺路 5 号曙光大厦 C 座四层 100028）
发行部电话：010-85672663 010-85672683

北京谊兴印刷有限公司印刷 全国各地新华书店经售
2020 年 8 月第 1 版 2023 年 7 月第 4 次印刷
开本：787×1092 1/16 字数：427 千字
印张：18.5 定价：49.80 元

前言

QIANYAN

生物化学被称为“生命的化学”，主要在分子水平上研究生命的本质，即研究生物的分子（蛋白质、核酸）组成与结构、物质代谢与调控以及物质在生命活动中的作用。生物化学的发展很快，新的研究成果层出不穷。近几十年来，诺贝尔化学奖和生理学或医学奖大多被生物化学领域的科学家获得。生物化学的应用范围广泛，可为现代工业、农业、化工、医药、食品、轻工、环境等领域提供理论依据和实验技术。

生物化学的内容繁多，加之本书篇幅有限，所以在编写过程中，我们在保证教材的科学性、系统性、实用性的基础上，对部分知识点进行了删减、整合。在讲解上力求深入浅出、变难为易、化繁为简，在设计上力求体例新颖、图文并茂，以增强可读性和易学性。

总体而言，本书主要具有以下特色：

（1）素养引航，立德树人。党的二十大报告指出：“育人的根本在于立德。”本书有机融入党的二十大精神，以立德树人为目标，以科学家精神为指引，将专业知识与素质教育内容有机融合。每章设素质目标，旨在引导学生热爱祖国、淡泊名利、甘于奉献；每章正文穿插“辉煌中国”“大国先锋”“探渊索珠”“大国工匠”等模块，每章正文后安排“科心报国”模块，讲述我国生物化学领域创新报国、矢志奉献、弘扬新时代精神的先锋人物故事，讲述我国科技发展成就等，以加强对学生爱国情、强国志、报国行的教育。

（2）校企合作，职业引领。本书由一线生物化学教师和生物化学专家参与编写。编写人员在编写时充分考虑教学大纲要求与岗位需求，重在提升教材的职业属性，强调内容的实用性和针对性，以实际生产岗位人员必须具备的知识储备为导向，将理论知识与实际应用紧密结合，注重培养学生提出问题、解决问题的能力，以为其今后的工作打下坚实的基础。

（3）体例新颖，理念创新。本书突出“以学生为中心”的编写思路，注重实用性。例如，每篇设置篇首语，可使学生大体把握该篇所讲述的内容；每节理论知识前安排“想一想”模块，理论知识部分穿插“提示”“知识拓展”“案例分析”“做一做”等模块，各模块的功能如下：

- **想一想：**结合常见现象或前述知识，对本节要讲解的主要内容进行概述，然后通过提问的方式引出本节的知识，使学生有目的地学习本节内容。

- ✧ **提示：**主要对一些名词或者需要读者注意的问题进行说明。
- ✧ **知识拓展：**根据临床上的常见症状、生理现象和目前的科研成果，对重要的知识点进行扩展，以拓宽学生的知识面，增强学生的学习兴趣。
- ✧ **案例分析：**在重要的知识点处结合实际设置了部分案例，方便学生将理论与实践结合起来。
- ✧ **做一做：**根据教学目标和教学需要，在某些知识点处设置了相关习题，帮助学生理解、巩固所学知识。

（4）立体教学，平台支撑。本教材配有丰富的教学资源（如教学课件、课后习题答案、微课视频等），读者可以登录文旌综合教育平台"文旌课堂"（www.wenjingketang.com）下载。读者在学习过程中有任何疑问，都可登录该网站寻求帮助。

（5）结构合理，突出应用。本书将"维生素与辅酶"放在第一篇"生物分子的结构与功能"中讲解，且安排在"酶"之后。这样安排既能保证知识的连贯性，又能方便学生学习后续知识。在知识点的讲解方面，本书本着"理论够用，突出应用"的原则，注重培养学生的综合职业能力。

本书由董献刚、侯宏丽、祝晓梅担任主编，由于涛、吕建梅、桑希谦、郝瑾、陈化专、王尧忠、田义江、杜洁、张巧娜、潘崇平、任君河、杨宏宇、刘淑英、崔燕担任副主编。

由于编者水平有限，书中难免存在疏漏与不当之处，敬请广大读者批评指正。

本书编委会

主　编： 董献刚　侯宏丽　祝晓梅

副主编： 于　涛　吕建梅　桑希谦

郝　瑾　陈化专　王尧忠

田义江　杜　洁　张巧娜

潘崇平　任君河　杨宏宇

刘淑英　崔　燕

目录

第四篇 专题篇

绪 论

知识目标

- 了解生物化学的发展简史。
- 掌握生物化学研究的主要内容。
- 熟悉生物化学与医学的关系。

素质目标

- 通过学习生物化学的发展简史，培养使命感和紧迫感，坚定为实现中华民族伟大复兴做出应有贡献的信念。

第一节 生物化学概述

生物化学是研究生物体中化学进程的一门学科，即运用化学的原理、技术和方法，研究生物体的化学组成、各种生物分子的结构与功能、生命过程中的化学变化规律，从分子水平上探讨生命现象的本质和疾病发展机制，是生命科学领域中各学科的基础。

传统生物化学主要采用化学、物理学、生物学的原理和方法来研究各种形式的生命现象，而现代生物化学融入了生理学、微生物学、遗传学、免疫学、生物信息学等学科的理论和技术，在分子水平上研究生物体内各种物质的化学本质及其在生物体生命过程中的化学变化规律。

可见，生物化学与生命科学领域中的各学科有着密切的联系。特别是分子生物学的飞速发展，为生物化学的发展注入了生机与活力，对医学发展起着重要的促进作用。生物化学已成为目前自然科学中进展最迅速、最具活力的前沿学科之一。

一、生物化学发展简史

生物化学是一门既古老又年轻的学科。我国古代劳动人民很早就将生物化学的知识应用于生产、烹调和医疗实践中，但受当时封建社会宗教势力的束缚，我国在近代生物化学的发展上建树较少，落后于欧洲。生物化学的研究可追溯至 18 世纪，但直到 20 世纪初才作为一门独立的学科并开始蓬勃发展。

生物化学的发展历程大致可分为3个阶段：静态生物化学时期、动态生物化学时期和分子生物学时期。

（一）静态生物化学时期

18世纪中期至20世纪初期，是生物化学发展的初级阶段。这一阶段主要研究生物体的化学组成，描述组成生物体的物质含量、分布、结构、性质、功能等，被称为静态生物化学时期。这一时期，比较典型的事迹有：

- 1828年，弗里德里克·亨利·维勒首次使用无机化合物氰酸铵与硫酸铵人工合成了有机化合物尿素。
- 1833年，安塞姆·佩恩发现了第一个酶——淀粉酶。
- 1842年，李比希首次提出新陈代谢的概念。
- 1865年，孟德尔通过豌豆杂交实验，提出了遗传的分离定律和自由组合定律。
- 1869年，弗里德里克·米歇尔从白血球的细胞核中分离出一种物质，将其命名为核素（现称核酸）。
- 1877年，霍佩·赛勒首次提出名词“Biochemie”，即英语中的“Biochemistry”（生物化学）。
- 1896年，爱德华·布赫纳发现无细胞发酵。

该时期的主要贡献有：① 对糖类、脂类和氨基酸的性质进行了较为系统的研究；② 发现了核酸；③ 从血液中分离出了血红蛋白；④ 发现了酵母发酵过程中存在“可溶性催化剂”，奠定了酶学的基础。

（二）动态生物化学时期

20世纪初期至中期，生物化学进入了蓬勃发展阶段，人们开始研究体内各种物质的代谢转变及酶、维生素、激素等在代谢中的作用。由于代谢过程处于动态变化中，故此阶段被称为动态生物化学时期。这一时期，比较典型的事迹有：

- 1912年，霍普金斯发现了食物辅助因子——维生素。
- 1921年，班廷和贝斯特首次发现胰岛素。
- 1926年，奥图·瓦伯格发现了呼吸作用关键酶——细胞色素氧化酶。
- 1937年，汉斯·阿道夫·克雷布斯发现了柠檬酸循环（又称三羧酸循环或克雷布斯循环）。
- 1940年，恩伯顿、迈耶霍夫等人完全阐述了糖酵解的整个途径，揭示了生物化学的普遍性。
- 1944年，奥斯瓦尔德·埃弗里、科林·麦克劳德和麦克林恩·麦卡蒂通过著名的肺炎球菌实验，证明DNA是细胞遗传信息的基本物质。

该时期的主要贡献有：① 发现了必需氨基酸、必需脂肪酸、维生素和激素等物质，并能够将其分离与合成；② 认识了酶的化学本质是蛋白质，并成功制备了酶晶体；③ 随着化学分析及同位素示踪技术的发展与应用，人们对生物体内主要物质的代谢途径已基本确定，如糖代谢、脂肪酸的β氧化、尿素的合成途径及三羧酸循环等。

提 示

同位素示踪技术：将放射性同位素或经富集的稀有稳定核素作为示踪剂，研究各种物理、化学、生物、环境和材料等领域中科学问题的技术。

（三）分子生物学时期

20 世纪后半叶以来，生物化学发展最显著的特征是分子生物学的崛起。该时期，细胞内两类重要的生物大分子——蛋白质和核酸成为生物化学研究的热点内容。这一时期，比较典型的事迹有：

- 1953 年，詹姆斯·沃森和弗朗西斯·克里克提出了 DNA 双螺旋结构模型，为揭示遗传信息传递的规律奠定了基础。DNA 双螺旋结构模型是生物化学发展进入分子生物学时期的重要标志。
- 1958 年，弗朗西斯·克里克提出了遗传信息传递的中心法则。
- 1966 年，尼伦伯等人破译了 mRNA 分子中的遗传密码，由此人们找到了破解生命之谜的钥匙。
- 1985 年，美国科学家率先提出“人类基因组计划”，该计划于 1990 年正式启动。
- 2003 年，美、中、日、德、法、英等六国科学家宣布人类基因组序列图绘制成功。

进入 21 世纪，随着人类基因组计划测序工作的完成，生物化学进入了后基因组时代，各种基因的功能与调控成为了人们深入研究的对象。该领域的研究成果必将进一步加深人们对生命的认识，同时也为人类的健康和疾病的研究带来根本性的变革，并将大大推动医学的发展。

扫一扫

生物化学发展简史

提 示

人类基因组计划：一项规模宏大、跨国跨学科的科学探索工程。其宗旨在于测定组成人类染色体（指单倍体）中所包含的 30 亿个碱基对组成的核苷酸序列，从而绘制人类基因组图谱，并且辨识其载有的基因及其序列，达到破译人类遗传信息的最终目的。

辉煌中国

人类基因组草图公布 20 周年：中国基因组研究跻身世界前列

2021 年是“人类基因组计划”发表人类基因组序列草图 20 周年。在北京举行的“纪念国际人类基因组工作草图绘制和‘1%项目’完成座谈会”称，中国科学家通过参与这一被誉为生命科学“登月计划”的国际大科学计划，带动中国基因测序技术从追赶实现并跑，使中国基因组研究跻身世界前列。

中国“人类基因组计划”于1994年在谈家桢、吴旻、强伯勤、陈竺、沈岩、杨焕明等科学家的倡导下启动。1999年9月，中国成为美、英、日、法、德之外，第六个参与“人类基因组计划”的国家，也是唯一的发展中国家。

中科院院士杨焕明指出，加入国际“人类基因组计划”，可以使中国平等分享该计划所建立的所有技术、资源和数据，并使中国成为世界上少数几个能独立完成大型基因组分析的国家。

业内专家在座谈会上表示，中国科学家参与完成人类基因组计划“1%项目”，既让这个人类科技史的重要里程碑上刻有“中国”二字，也带动中国基因测序技术从追赶实现并跑，并逐渐走向全球第一梯队。同时，中国科学家还通过努力学习和追赶发达国家先进生物技术，先后完成水稻基因组、小麦A基因组、SARS冠状病毒的基因组研究，以及对熊猫、家猪、家鸡、家蚕等动物基因组的测序工作，使中国基因组研究跻身世界前列。

专家透露，目前，中国基因组测序产业规模与创新研究正“比翼齐飞”：产业方面，华大基因等以测序为主的公司在全球市场占有一席之地；研究方面，中科院遗传发育所、北京基因组所和中国农科院基因组所等，成为中国基因组学原始创新研究、创新人才培养重要基地。

“人类基因组计划”发布人类基因组草图20年来，相关科学研究突飞猛进，不仅促进生物学和生物医学的发展，而且正在积极深化遗传学、生物化学、分子生物学和信息科学等多学科合作的“大科学”融合，共同构建生命科学的“大数据”时代。

二、生物化学研究的主要内容

生物化学研究的对象是整个生物界所有生物细胞内发生的各种化学过程，具有普遍性和代表性。而医药卫生类专业的学生学习的生物化学主要侧重于研究人体内发生的各种化学变化，研究的内容主要包括生物大分子的结构与功能、基因信息的传递与调控、物质代谢与调节、重要器官及体液的生化等。

（一）生物大分子的结构与功能

生物大分子是构成生命的基础物质，主要包括蛋白质、核酸、多糖和复合脂类等。人体内生物大分子是由基本结构单位按照一定的顺序和方式相互连接而成的多聚体，具有种类繁多、结构复杂、功能各异，但其结构有一定的规律性等特点，分子量一般大于10^4。生物大分子多数具有生物信息功能，因此也被称为生物信息分子。

对于生物大分子的研究，除了确定其基本组成单位的种类、排列顺序和排列方式（一级结构）外，更重要的是研究其空间结构及空间结构与功能的关系。结构是功能的基础，而功能是结构的体现。生物大分子的功能还通过分子之间的相互识别和相互作用来实现，如蛋白质与蛋白质、蛋白质与核酸、核酸与核酸之间的相互作用，在基因表达调控中起着决定性作用。

可见，分子结构、分子识别和分子间的相互作用，是执行生物大分子功能的基本要素。目前这一领域的研究是生物化学的热点之一。

（二）基因信息的传递与调控

生物体在繁殖过程中，决定其生物特性的基因信息是代代相传的。除一部分病毒的遗传物质是 RNA 外，其余病毒及全部具有典型细胞结构的生物的遗传物质都是 DNA。

基因信息的传递与表达调控是通过“中心法则”实现的，如图 0-1 所示。具体来讲，遗传信息从 DNA 传递给 RNA，再从 RNA 传递给蛋白质，即完成遗传信息的转录和翻译，并最终由蛋白质将遗传性状表现出来；遗传信息也可以从 DNA 传递给 DNA，即完成 DNA 的复制。中心法则是所有有细胞结构的绝大多数生物体所遵循的法则。在某些病毒中，RNA 的自我复制（如烟草花叶病毒等）和能以 RNA 为模板逆转录成 DNA 的过程（某些致癌病毒）是对中心法则的补充。

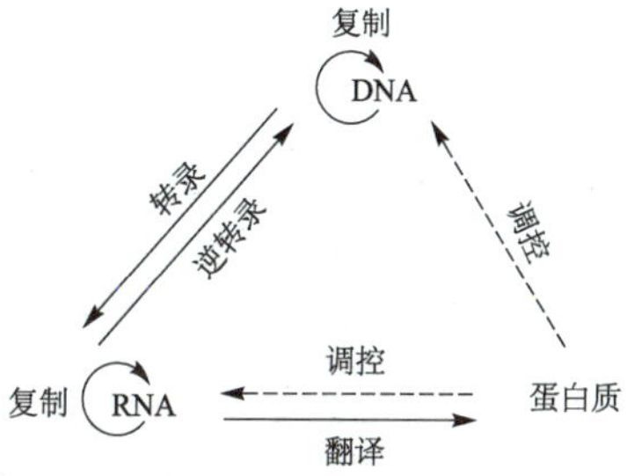

图 0-1 遗传学中心法则图解

基因信息传递的过程需要某些蛋白质参与调控，以确保传递过程的正确性和准确性。基因表达调控的指挥系统有很多种，不同生物使用不同的信号来指挥基因调控。原核生物和真核生物之间存在着相当大的差异。原核生物中，营养状况、环境因素对基因表达起着十分重要的作用；而真核生物尤其是高等真核生物中，激素水平、发育阶段等是基因表达调控的主要手段，营养和环境因素的影响则为次要因素。

（三）物质代谢与调节

物质在体内的消化、吸收、运转、分解等与生理有关的化学过程称为物质代谢。物质代谢是新陈代谢的核心，其实质是生物体与外界环境中物质的交换过程，该过程是由酶催化的一系列有序进行的化学反应来实现的。正常的物质代谢是生命的必要条件。

1. 物质代谢的两个方面

合成代谢和分解代谢是物质代谢的两个过程，二者同时进行。

- **合成代谢**：指由小分子物质转变为大分子物质的过程，如蛋白质的生物合成、核酸的合成、糖原的合成、脂肪酸的合成、甘油三酯的合成等。其意义在于保证机体的生长、发育及组织的更新与修复等。

- **分解代谢**：指由大分子物质转变为小分子物质的过程，如糖、脂肪和蛋白质等营养物质在体内分解产生 CO_2、水并释放能量。其主要意义在于为机体供能。此外，有些物质经分解代谢虽不产生能量，但能产生某种特殊物质为机体所用，或者经代谢后排出体外，起到为机体解毒的作用。

2．物质代谢的调控

正常的物质代谢都会按照一定的规律有条不紊地进行，这主要依赖于两个方面：一方面是由于酶在细胞内呈区域化分布，从而使整个细胞的代谢得以顺利进行；另一方面是机体高度的自我调控及神经、激素等的整体性精确调控。此外，参与代谢的各种物质也会通过反馈系统影响代谢的过程。机体对物质代谢进行调控，主要是对各种代谢途径中的关键酶进行调节。

物质代谢一旦出现紊乱，可能会导致疾病的发生，严重时甚至会危及生命，因此对体内物质代谢调控的研究便显得尤为重要。目前，生物体内主要物质的代谢途径和调控机制已基本确定，但仍有许多问题有待研究和解决。

提　示

> **关键酶**：指在某一代谢途径中催化单向不平衡反应且催化活性较低的酶。其中，催化反应速度最慢的酶称为限速酶。

（四）重要器官及体液的生化

生物体是由器官、组织、细胞构成的一个有机整体。细胞是人体的基本单位，器官和组织都是由相应的细胞构成的。每种细胞内的生化反应不同，使得各器官、组织具有不同的代谢特点，进而表现出不同的生理功能。

例如，肝不仅在蛋白质、氨基酸、糖类、脂类、维生素、激素等代谢中起着重要作用，同时还参与体内的分泌、排泄、生物转化等重要过程，因此被誉为人体的“化工厂”。肝功能障碍会导致多种物质代谢紊乱，进而引起一系列临床症状。血液是体液的重要组成成分，在维持机体的新陈代谢、血浆晶体渗透压、酸碱平衡及神经兴奋性等方面发挥着重要作用。从整体代谢的角度来看，肝、血液、酸碱平衡等的代谢过程也是生物化学研究的主要内容。

第二节　生物化学与医学的关系

生物化学是生命科学领域一门重要的基础学科，其理论和技术已渗透至基础医学和临床医学的各个领域。生物化学与医学各学科密切相关，相互促进。

生物化学是基础医学中重要的必修课程之一，与生理学、遗传学、微生物学、免疫学、药理学和病理学等基础医学各学科有着广泛的联系与交叉，这些医学知识相互渗透、彼此交叉，共同解释生命的现象与本质。随着分子生物学的发展，有关生命科学的研究已经深入到分子水平，由此而产生了分子遗传学、分子免疫学、分子微生物学等一批新兴的交叉学科。生物化学与分子生物学的发展在推动这些交叉学科发展的同时，也使自身吸取这些学科的长处，从而更具生命力。

生物化学与临床医学的关系十分密切，临床医学各学科常运用生物化学的理论和技术来阐释疾病的发病机制。现已证实，临床上许多疾病的发生和物质代谢的紊乱与物质缺乏有关。例如，糖尿病、黄疸是由物质代谢紊乱引起的，酪氨酸酶基因的缺陷会导致白化病，维生素 D 缺乏会导致佝偻病等。对体液内各种生化指标（如糖、无机盐、酶类等）进行检测，已成为疾病诊断的常规手段。

为了更深层次地探索疾病的病因，做出更为准确、灵敏的诊断及更为有效的防治方案，人们对医学的研究深入到了分子水平。近年来，人类对一些重大疾病，如恶性肿瘤、心脑血管疾病、代谢性疾病、神经系统疾病、免疫性疾病等在分子水平上展开了研究，并在这些疾病的发生、发展、诊断、预防和治疗等方面取得了许多重要的成果。当前迅速发展的基因诊断和基因治疗，也为临床医学的诊断和治疗带来了全新的理念。这些都离不开生物化学理论和技术的支持。

随着医学的不断发展，生物化学的理论与技术将会越来越广泛地应用于疾病的诊断、治疗和预防，在分子水平上研究疾病的发生和发展机制，已成为现代医学研究的共同目标。

医药卫生类专业的学生学习生物化学的主要目的，是从分子水平上认识生命现象的本质和疾病的发生及发展机制，为其他医学课程的学习打下基础。此外，通过学习生物化学，学生能够运用生物化学的理论与技术来分析和解决实际问题，这对于今后临床工作具有重要的意义。

科心报国

“邹承鲁星”闪耀星空——纪念归国才子邹承鲁

2021 年 11 月 2 日，“邹承鲁小行星”命名仪式在中国科学院生物物理研究所隆重举行。为纪念邹承鲁先生，经国际小行星命名委员会批准，国际编号为 325812 号小行星被正式命名为“邹承鲁星”。从此，一颗闪耀着中国杰出生物化学家崇高风范和卓越贡献的小行星已进入宇宙，闪耀在太空，并永载史册。

邹承鲁先生是国际著名生物化学家、近代中国生物化学的奠基人之一，为我国率先实现胰岛素的人工合成做出了重要贡献，并阐明了胰岛素分子正确折叠的分子机理，创立了“邹氏公式”和“邹氏作图法”，建立了酶活性不可逆抑制动力学的理论体系，提出了酶活性部位柔性的学说。

中科院副院长、中科院院士周琪出席命名仪式并致辞。他指出，2021 年是中国共产党成立 100 周年，中国科学院成立 72 周年。72 年来，中国科学院几代科学家秉持“科技创新，报国为民”的理念，书写了中国科技创新的辉煌篇章，包括邹承鲁先生在内的老一辈科学家创造的“科学家精神”也已经被正式纳入中国共产党人的精神谱系。一代人有一代人的奋斗，一个时代有一个时代的担当。希望广大科技工作者深入学习邹承鲁先生等老一辈科学家的感人事迹和优秀品质，自觉践行、大力弘扬新时代科学家精神，把科学追求融入到强国事业中，勇立潮头、锐意进取，为加快实现高水平科技自立自强贡献智慧和力量。

思考题

（1）什么是生物化学？谈谈你对这门学科的看法。

（2）生物化学的发展主要包括哪些阶段？你认为哪些成果对生物化学的发展贡献较大？

（3）简述生物化学研究的主要内容。

（4）根据所学专业，简述生物化学在该领域的应用情况。

第一篇　生物分子的结构与功能

本篇讨论生物分子的结构与功能，包括核酸、蛋白质、酶、维生素与辅酶共四章。

生物分子泛指生物体特有的各类分子，包括生物大分子和生物小分子两类。生物大分子是由基本结构单位按照一定的顺序和方式相互连接而形成的多聚体，分子量一般大于 10^4。核酸和蛋白质是生物体内主要的生物大分子，其中核酸具有传递遗传信息等功能，蛋白质几乎涉及所有的生理过程。两者的存在与配合，是生物体生长、运动、繁殖等生命现象的基础。

酶是一类具有生物催化作用的蛋白质。生物体内几乎所有的化学反应都由特异性的酶来催化，这是生物体进行复杂而周密的新陈代谢的基本保障。

常见的生物小分子包括氨基酸、核苷酸、维生素等。其中，氨基酸是蛋白质的基本组成单位，核苷酸是核酸的基本组成单位，在蛋白质与核酸章节均会涉及这两个知识点，而维生素是维持机体正常生命活动所必需的一类营养素，它在人体生长、代谢、发育过程中发挥着重要的作用，故在该篇加以论述。

通过学习本篇，读者应重点掌握上述生物分子的结构特性、重要功能、基本的理化性质及应用，这对理解生命的本质具有重要意义，也是学习后续课程的基础。

第一章 核 酸

知识目标

- 掌握核酸的元素组成和基本组成单位。
- 掌握 DNA 的分子结构。
- 掌握 mRNA、tRNA、rRNA 的分子结构。
- 掌握核酸的理化性质，熟悉核酸分子杂交的原理。

素质目标

- 培养脚踏实地的学习和工作态度。
- 培养知行合一的理念。

核酸是以核苷酸为基本组成单位的生物大分子，具有复杂的结构和重要的功能，是生命遗传的物质基础。核酸的相对分子质量很大，一般在几十万至几百万之间。核酸广泛存在于所有动植物细胞和微生物体内。

核酸分为脱氧核糖核酸（deoxyribonucleic acid，DNA）和核糖核酸（ribonucleic acid，RNA）两类。DNA 是遗传信息的载体，主要存在于细胞核的染色质中，少量存在于线粒体和叶绿体中。RNA 参与遗传信息的传递与表达，主要存在于细胞质中，少量存在于细胞核和线粒体中。此外，RNA 还可作为某些病毒的遗传信息载体。

第一节 核酸的分子组成

想一想：

核酸不仅是人体基本的遗传物质，它在控制蛋白质的生物合成过程中也起到了相当重要的作用。蛋白质可以控制人体的多种生命活动，可以影响人体的生长、发育乃至遗传。依循而来，作为对蛋白质的生物合成有着重要作用的核酸，它无疑对人体的生长、遗传和变异等一系列生命现象有着决定性的作用。

思考：核酸是由哪些元素组成的？核酸的基本组成单位是什么？

一、核酸的元素组成

核酸主要由碳（C）、氢（H）、氧（O）、氮（N）、磷（P）等元素组成。磷（P）元素是核酸的特征元素，含量较多且恒定，占核酸的 9%～10%，因此可以通过测定生物样品中磷（P）元素的含量，推算出生物样品中核酸的含量。

二、核酸的基本组成单位——核苷酸

核酸在核酸酶的作用下水解为核苷酸，核苷酸进一步水解生成核苷和磷酸，核苷水解生成碱基和戊糖，如图 1-1 所示。因此，核酸的基本组成单位是核苷酸，核苷酸的基本组成成分是碱基、戊糖和磷酸。

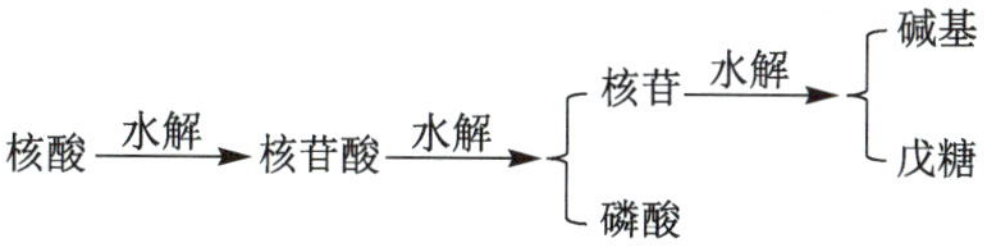

图 1-1 核酸的水解过程

（一）核苷酸的基本组成成分

1. 碱基

碱基是含氮的杂环化合物，分为嘌呤（purine）和嘧啶（pyrimidine）两类。常见的嘌呤包括腺嘌呤（adenine，A）和鸟嘌呤（guanine，G），常见的嘧啶包括胞嘧啶（cytosine，C）、尿嘧啶（uracil，U）和胸腺嘧啶（thymine，T）。它们的结构式如图 1-2 所示。

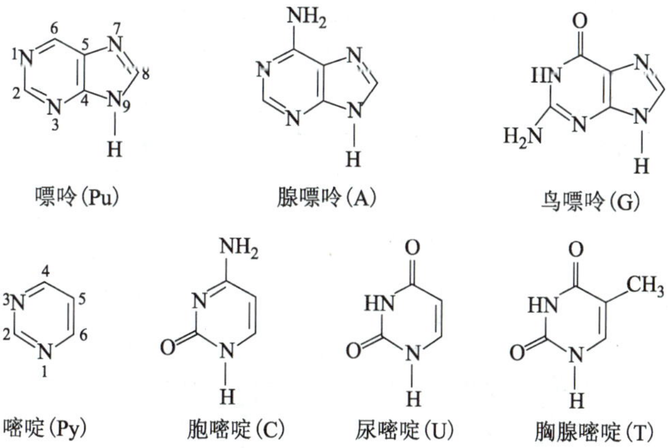

图 1-2 嘌呤与嘧啶的结构式

RNA 分子中主要含有 A、G、C、U 四种碱基，DNA 分子中主要含有 A、G、C、T 四种碱基。此外，核酸分子中还有一些含量很少的碱基，被称为稀有碱基，如次黄嘌呤、二氢尿嘧啶等。

2. 戊糖

RNA 分子中的戊糖是 β-D-核糖（ribose），DNA 分子中的戊糖是 β-D-2′-脱氧核糖（deoxyribose）。两者的差别在于分子结构中 C-2′原子所连接的基团不同。其中，β-D-核糖 C-2′原子上连接的基团是“OH”（羟基），β-D-2′-脱氧核糖 C-2′原子上连接的基团是“H”，如图 1-3 所示。

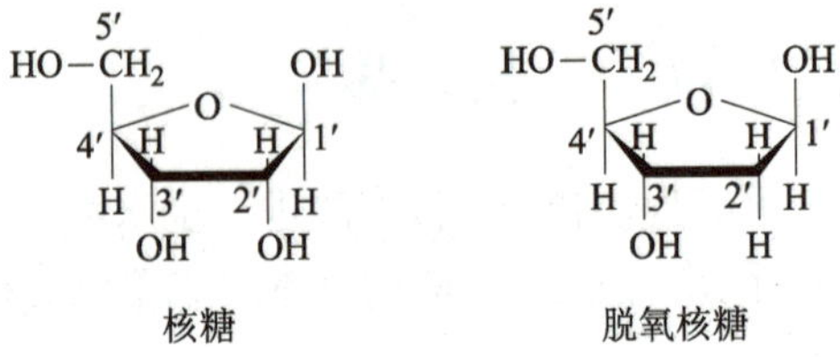

图 1-3　核糖与脱氧核糖的结构式

提　示

为了区别于碱基中碳原子的编号，戊糖中的碳原子用 C-1′、C-2′等标识。

3. 磷酸

DNA 和 RNA 分子中均含有磷酸（H_3PO_4）。磷酸在一定条件下可通过酯键同时连接两个核苷酸中的戊糖，使多个核苷酸连接成长链。

（二）核苷与核苷酸

1. 核苷

碱基与核糖或脱氧核糖通过糖苷键形成的化合物称为核苷（nucleoside）或脱氧核苷（deoxynucleoside）。糖苷键是由戊糖 C-1′原子上的羟基与嘌呤 N-9 原子或嘧啶 N-1 原子上的氢脱水缩合而成。RNA 分子中常见的核苷包括腺苷、鸟苷、胞苷和尿苷，DNA 分子中常见的脱氧核苷包括脱氧腺苷、脱氧鸟苷、脱氧胞苷和脱氧胸苷。腺苷和脱氧胞苷的结构式如图 1-4 所示。

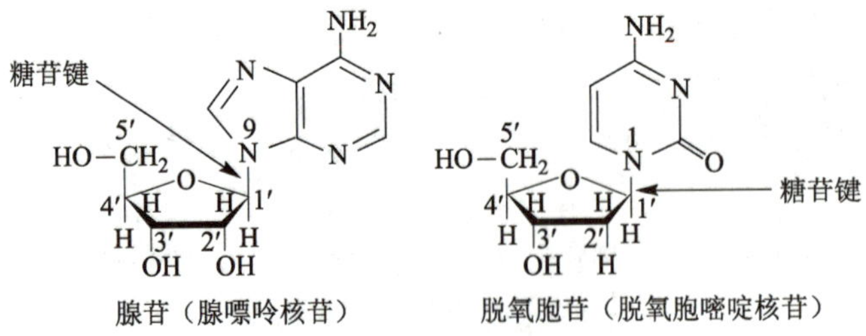

图 1-4　腺苷与脱氧胞苷的结构式

2. 核苷酸

核苷或脱氧核苷 C-5′原子上的羟基与磷酸脱水缩合形成磷酸酯键，由此形成核苷酸或脱氧核苷酸。根据所连接磷酸基团数目的不同，核苷酸可分为核苷一磷酸（NMP）、核苷二磷酸（NDP）和核苷三磷酸（NTP）（N 代表碱基 A、G、C、U），脱氧核苷酸可分为脱氧核苷一磷酸（dNMP）、脱氧核苷二磷酸（dNDP）和脱氧核苷三磷酸（dNTP）（N 代表碱基 A、G、C、T），如图 1-5 所示。

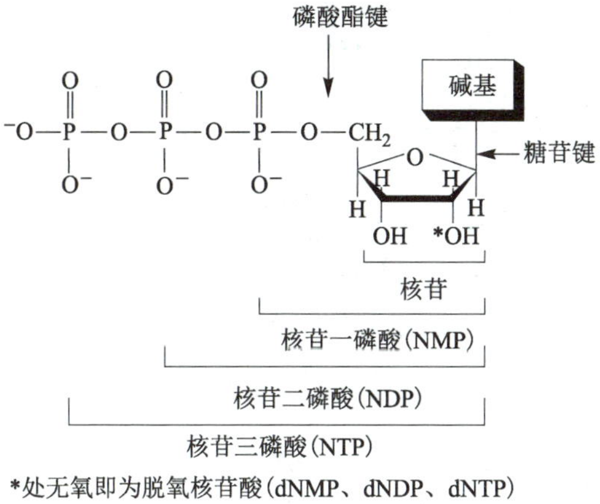

扫一扫

核苷酸

图 1-5 核苷酸的结构式

各种核苷酸的命名为用碱基的第一个字代替核苷中的“核”字，如腺苷一磷酸（AMP）、脱氧胞苷二磷酸（dCDP）等。核酸的基本组成成分和基本组成单位如表 1-1 所示。

表 1-1 核酸的基本组成成分和基本组成单位

核酸	基本组成成分			基本组成单位
	碱基	戊糖	磷酸	
RNA	腺嘌呤（A）	核糖	磷酸	腺苷一磷酸（AMP）
	鸟嘌呤（G）			鸟苷一磷酸（GMP）
	胞嘧啶（C）			胞苷一磷酸（CMP）
	尿嘧啶（U）			尿苷一磷酸（UMP）
DNA	腺嘌呤（A）	脱氧核糖	磷酸	脱氧腺苷一磷酸（dAMP）
	鸟嘌呤（G）			脱氧鸟苷一磷酸（dGMP）
	胞嘧啶（C）			脱氧胞苷一磷酸（dCMP）
	胸腺嘧啶（T）			脱氧胸苷一磷酸（dTMP）

三、核酸中核苷酸的连接方式

核酸中核苷酸的连接键是 3′,5′-磷酸二酯键，由前一个核苷酸的 3′-羟基与后一个核苷酸的 5′-磷酸基脱水缩合而成。RNA 分子的基本结构是由许多核苷酸相连而成的多聚核苷酸链，DNA 分子的基本结构是由许多脱氧核苷酸相连而成的多聚脱氧核苷酸链。每条核苷酸链具有两个不同的末端，即带有游离磷酸基的 5′-末端和带有游离羟基的 3′-末端，如图 1-6 所示。

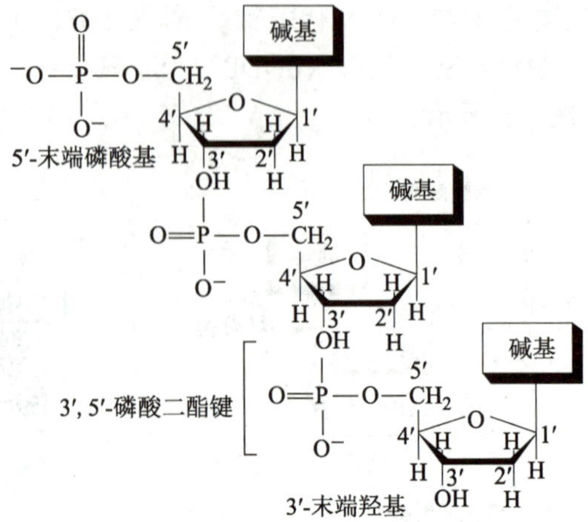

图 1-6　核苷酸的连接方式

核酸的多聚核苷酸链是有方向性的，通常以 5′→3′方向为正方向，书写时将 5′-末端写在左侧，3′-末端写在右侧，如“5′ACTGCTAG3′”。

第二节　DNA 的分子结构

想一想：

DNA 分子是由许多脱氧核苷酸按一定碱基顺序，彼此用 3′,5′-磷酸二酯键相连构成的长链。大多数 DNA 含有两条这样的长链，也有只含一条的。DNA 的分子结构一般分为一级结构、二级结构和三级结构。

思考：DNA 的一级结构、二级结构和三级结构之间有哪些区别和联系？如果将 DNA 的双螺旋结构比作“螺旋楼梯”，那么它的“扶手”和“阶梯”分别是什么？

一、DNA 的一级结构

DNA 的一级结构是指 DNA 分子中脱氧核苷酸从 5′-末端到 3′-末端的排列顺序。由于脱氧核苷酸之间的差异仅仅是碱基的不同，故 DNA 的一级结构就是碱基的排列顺序，即碱基序列。DNA 一级结构的表示方式（由繁至简）如图 1-7 所示。

自然界中不同生物 DNA 的长度不一，多的可达数十万个碱基，而 DNA 携带的遗传信息完全取决于碱基的排列顺序。可见，DNA 拥有巨大的遗传信息编码潜力。

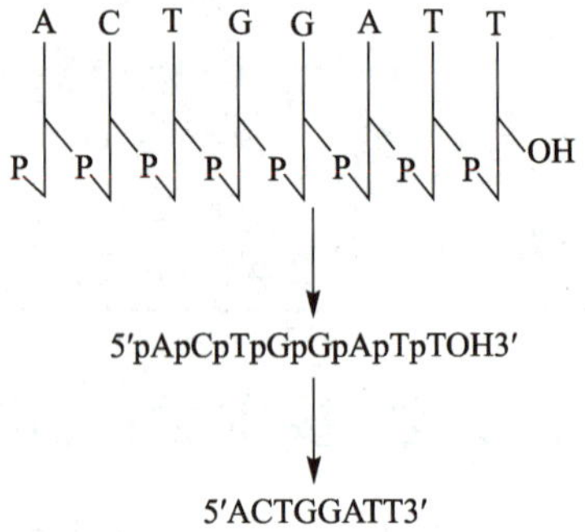

图 1-7　DNA 一级结构的表示方式

二、DNA 的二级结构——双螺旋结构

DNA 的二级结构是双螺旋结构（见图 1-8），这是由美国科学家詹姆斯·沃森和英国科学家弗朗西斯·克里克于 1953 年提出的。

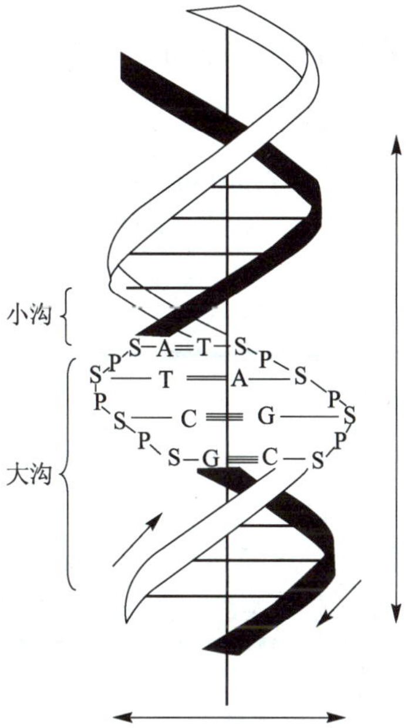

扫一扫

DNA 的一级结构和二级结构

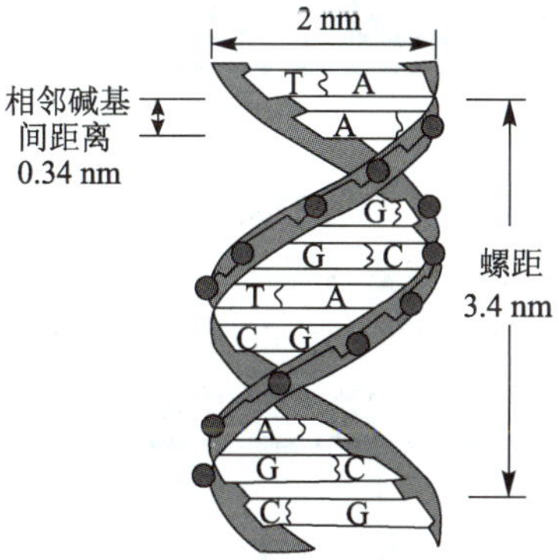

图 1-8 DNA 的双螺旋结构

该双螺旋结构的特点主要体现在以下方面：

（1）DNA 是反向平行、“右手螺旋”的双链结构。DNA 分子是由两条反向平行的多聚脱氧核苷酸链围绕同一中心轴，以“右手螺旋”方式形成的双螺旋结构。由于连接两条主链上的配对碱基并非直接相对，从而在主链间沿螺旋形成空隙不等的大沟和小沟，如图 1-8 所示。大沟和小沟分别指双螺旋结构表面凹下去的较大沟槽和较小沟槽，其结构与蛋白质、DNA 之间的相互识别及作用有关。

提 示

> 1979 年，美国科学家里奇与同事在研究人工合成的 CGCGCG 晶体结构时，意外发现合成的 DNA 是左手螺旋结构。这种结构称为 Z 型 DNA。

（2）脱氧核糖和磷酸位于外侧。双螺旋结构的外侧是由磷酸与脱氧核糖组成的亲水性骨架，内侧是疏水的碱基，碱基平面与中心轴垂直。

（3）DNA 双链之间形成互补碱基对。DNA 双链同一平面上的碱基形成氢键，使两条链连接在一起。在 DNA 双螺旋结构中，A 与 T 之间形成 2 个氢键，G 与 C 之间形成 3 个氢键，如图 1-8 所示。这种配对关系称为碱基互补规律，每个 DNA 分子中的两条链则为互补链。

（4）维持双螺旋结构稳定的作用力是氢键和碱基堆积力。DNA 双螺旋结构的横向稳定性靠两条链碱基对间的氢键维系，纵向稳定性则靠碱基平面间的疏水性**碱基堆积力**维系。氢键和碱基堆积力共同维系着 DNA 双螺旋结构的稳定性，且后者的作用更为重要。

提　示

碱基堆积力：指在 DNA 双螺旋结构中，碱基对平面垂直于中心轴，层叠于双螺旋的内侧，相邻疏水性碱基在旋进中彼此堆积在一起相互吸引而形成的作用力。

（5）结构参数。如图 1-8 所示，双螺旋结构的直径为 2 nm，螺距为 3.4 nm，每一个螺旋周期包含 10 对碱基，每两个相邻碱基对平面之间的垂直距离为 0.34 nm。

知识拓展

Chargaff 规则

Chargaff 规则是有关 DNA 分子中碱基组成的规则，其内容为：① 腺嘌呤（A）与胸腺嘧啶（T）的摩尔数相等，鸟嘌呤（G）与胞嘧啶（C）的摩尔数相等；② 不同生物种属的 DNA 碱基组成不同；③ 同一个体的不同器官、不同组织的 DNA 具有相同的碱基组成。这一规则揭示了 DNA 中的碱基 A 与 T、G 与 C 是以某种相互配对的方式存在的。

三、DNA 的三级结构

DNA 在其二级结构的基础上，在细胞内进一步盘绕折叠、压缩成致密的超螺旋结构，是 DNA 三级结构的主要形式。

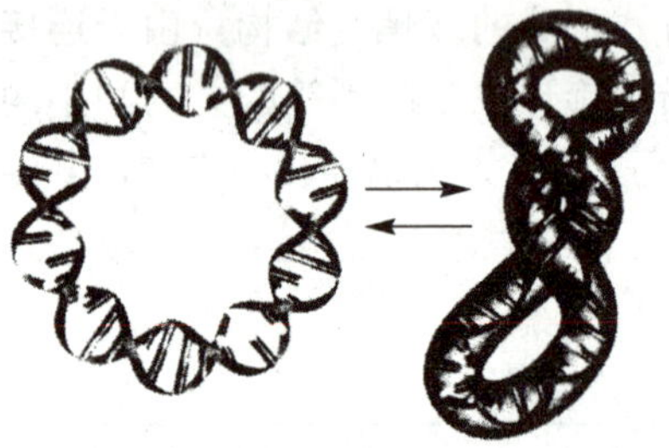

图 1-9　DNA 环状结构与超螺旋结构

原核生物中的 DNA 分子大多是共价封闭的环状双螺旋结构，这种结构进一步盘曲形成超螺旋结构，如图 1-9 所示。当螺旋方向与 DNA 双螺旋方向相同时，形成正超螺旋；反之，则形成负超螺旋。自然界的闭合双链 DNA 主要以负超螺旋形式存在。

某些病毒是由 DNA 分子盘旋折叠形成的超螺旋结构与蛋白质的复合体。这种复合体也是 DNA 三级结构的一种形式。

真核生物中的 DNA 以非常致密的形式存在于细胞核内，在细胞周期的大部分时间里以分散存在的染色质形式出现，在细胞分裂期形成高度组织有序的染色体。核小体是染色质的基本组成单位，由 DNA 和 5 种组蛋白（H_1、H_2A、H_2B、H_3、H_4）共同构成。

真核生物染色体的形成过程大致为：各 2 分子的组蛋白 H_2A、H_2B、H_3 和 H_4 共同构成八聚体，DNA 双链在八聚体上形成盘状核心颗粒；核心颗粒之间再由 DNA 和组蛋白 H_1 连接起来，形成串珠样的染色质细丝；染色质细丝经过进一步盘曲、缠绕、压缩，最终在核内组装成染色体，如图 1-10 所示。在分裂期形成染色体的过程中，DNA 的长度被压缩了 8 000～10 000 倍。

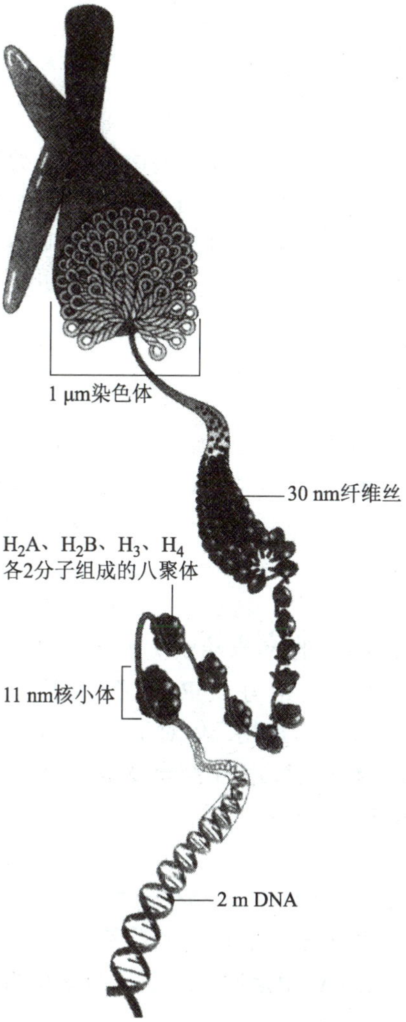

图 1-10 真核生物染色体中 DNA 的组装

第三节 RNA 的分子结构

想一想：

RNA 的一级结构是指 RNA 分子中核苷酸从 5′-末端到 3′-末端的排列顺序。RNA 通常以单链形式存在，但可以通过链内的碱基配对形成局部双螺旋，从而形成茎环状的二级结构和特定的三级结构。RNA 分子比 DNA 分子小得多，其核苷酸数量从数十个到数千个不等。RNA 的种类、结构多种多样，功能也各不相同，在基因信息传递和调控中发挥着重要作用。

RNA 主要包括信使 RNA（mRNA）、转运 RNA（tRNA）和核糖体 RNA（rRNA），每

种 RNA 的结构都有与其功能相适应的特点。

思考：mRNA、tRNA 和 rRNA 的结构有何特点？它们在遗传信息的传递与表达中分别发挥着怎样的作用？

一、mRNA 的结构

1961 年，雅各布等科学家根据大肠埃希菌诱导酶生成的实验结果提出：信息从 DNA 到蛋白质之间的转移，必须有一种 RNA 起传递作用，这种 RNA 就是信使核糖核酸（mRNA）。mRNA 存在于原核生物和真核生物的细胞质及真核细胞的某些细胞器（如线粒体和叶绿体）中，携带遗传信息，在蛋白质的合成过程中充当模板，决定肽链的氨基酸的排列顺序。

（一）真核生物的 mRNA

真核生物细胞核内初合成的 RNA 分子比成熟的 mRNA 分子大得多，且分子大小不一，被称为核内不均一 RNA（hnRNA）。hnRNA 在细胞核内存在的时间较短，经过剪接、加工后成为成熟的 mRNA（详见第六章），并依靠特殊的机制转移到细胞质中。真核生物中成熟的 mRNA 的结构特点如下。

1. 5′-末端的“帽子”结构

大部分真核生物中，mRNA 的 5′-末端以 7-甲基鸟嘌呤-三磷酸鸟苷（m^7GpppN）为起始结构，这种结构被称为“帽子”结构。mRNA 的“帽子”结构可以与一类被称为帽子结合蛋白的分子结合形成复合体。这种复合体对于 mRNA 从细胞核向细胞质转运、mRNA 与核蛋白体结合、mRNA 与翻译起始因子结合及 mRNA 稳定性的维系等均有重要作用。原核生物中的 mRNA 没有这种特殊的结构。

2. 3′-末端的多聚 A 尾结构

大部分真核生物中，mRNA 的 3′-末端有一段由数十个至数百个腺苷酸连接而成的多聚腺苷酸结构，这种结构被称为多聚腺苷酸尾或多聚 A 尾（polyA）。该结构与 mRNA 从细胞核向细胞质的转运、mRNA 稳定性的维系及翻译起始的调控等有关。原核生物中的 mRNA 没有这种特殊的结构。

（二）原核生物的 mRNA

1. 原核生物 mRNA 的一级结构

一般原核生物 mRNA 的 5′-末端有一段不翻译区，称为前导序列，3′-末端有一段不翻译区，中间是蛋白质的编码区。原核生物 mRNA 分子中一般没有修饰核苷酸，也没有 5′-末端的“帽子”结构和 3′-末端的多聚 A 尾结构。

在原核生物 mRNA 的 5′方向上游有一段含有较多嘌呤核苷酸的序列，称为 SD 序列，与翻译的启动有关。原核生物 mRNA 的编码区一般编码几种功能上相关联的蛋白质，两种蛋白质的编码区之间常有一小段不翻译的序列，称为间隔区。原核 mRNA 与真核 mRNA 一样使用同一套三联体密码子（真核生物线粒体中的 mRNA 除外）。

2. 原核生物 mRNA 的二级结构

mRNA 分子自身可回折产生许多双链结构，称为二级结构。原核生物的 mRNA 有丰富的二级结构。在原核生物中，mRNA 的起始密码子很容易被埋在二级结构中，这种状况会影响起始密码子与翻译启动因子的结合，进而影响翻译的效率。

二、tRNA 的结构

在蛋白质的生物合成中，tRNA 具有选择性转运氨基酸和识别 mRNA 密码子的作用。tRNA 约占细胞内 RNA 总量的 15%，具有较好的稳定性。所有 tRNA 的结构具有以下特点。

1. 含有多种稀有碱基

稀有碱基是指除 A、G、C、U 外的一些碱基。tRNA 分子中含有较多的稀有碱基，占所有碱基的 10%～20%，包括双氢尿嘧啶（DHU）、假尿嘧啶（ψ）、次黄嘌呤（I）和甲基化的嘌呤（如 ^{m}G、^{m}A）等。

2. 二级结构为“三叶草形”

组成 tRNA 的核苷酸中存在一些能局部互补配对的区域，可以形成局部的双链。这些局部双链呈茎状，而中间不能配对的部分则膨出形成环状结构，称为茎环结构或发夹结构。茎环结构使得 tRNA 的二级结构类似三叶草形，如图 1-11 所示。

tRNA 的二级结构由氨基酸臂、TψC 环、反密码环、DHU 环和额外环五部分组成，其中与 tRNA 功能密切相关的两个部分是氨基酸臂和反密码环。tRNA 分子中，3′-末端的氨基酸臂有“CCA-OH”结构，是结合氨基酸的部位。反密码环的中部有 3 个碱基组成的反密码子，可以识别 mRNA 上的密码子。

3. 三级结构为倒“L”形

tRNA 的三级结构是在三叶草结构的基础上折叠而成的三维结构，呈局部双螺旋的倒“L”形，如图 1-12 所示。氨基酸臂和反密码环分别位于倒“L”形的两端，DHU 环和 TψC 环位于倒“L”形的拐角处。

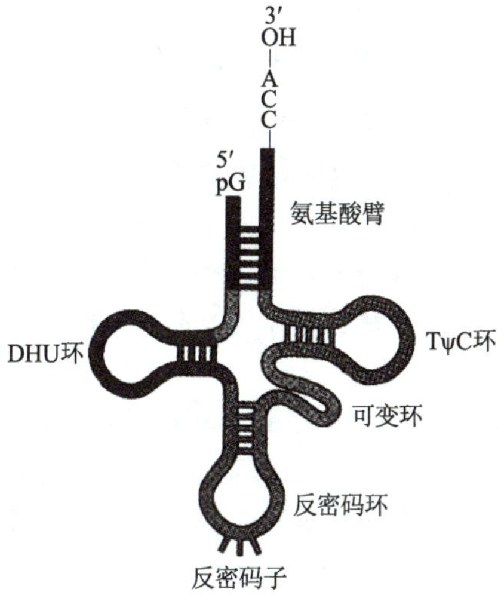

图 1-11 tRNA 的二级结构

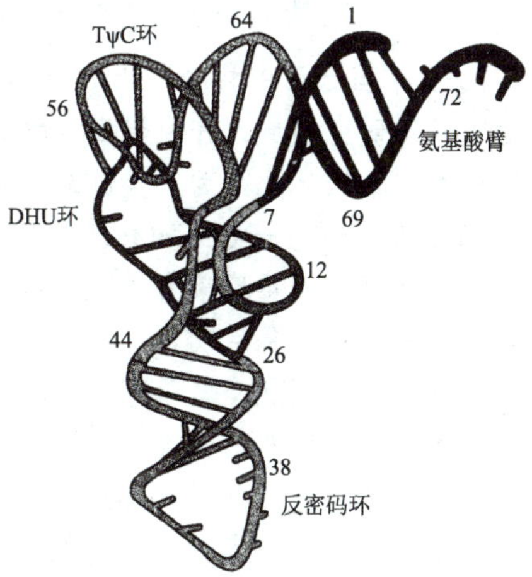

图 1-12 tRNA 的三级结构

拍一拍

RNA 的分子结构

三、rRNA 的结构

rRNA 是细胞内含量最多的 RNA，约占细胞内 RNA 总量的 80% 以上。rRNA 与核糖体蛋白质共同构成核糖体，是细胞合成蛋白质的场所，起“装配机”的作用。

原核生物和真核生物的核糖体均由大、小两个亚基组成。原核生物中有 3 种 rRNA，大小分别为 5S、16S、23S（S 是大分子物质在超速离心沉降中的一个物理学单位，可间接反映分子量的大小）。其中 5S rRNA 和 23S rRNA 存在于大亚基中，16S rRNA 存在于小亚基中。真核生物中有 4 种 rRNA，大小分别为 5S、5.8S、18S、28S。其中 5S rRNA、5.8S rRNA 和 28S rRNA 存在于大亚基中，18S rRNA 存在于小亚基中。

不同来源的 rRNA 的碱基组成差别很大。各种 rRNA 的碱基顺序测定均已完成，并据此可推测出其二级结构和空间结构。例如，真核生物的 18S rRNA 的二级结构呈花状，其中的多个茎环结构为核糖体蛋白质的结合和组装提供了结构基础。数种原核生物的 16S rRNA 的二级结构极为相似。rRNA 分子中 A-U 碱基对与 G-C 碱基对的总量不等，但是有广泛的双链区域。双链区的碱基由氢键相连，呈发夹式螺旋。

做一做

请用直线将下列物质与其正确的表述连接起来。

DNA	含有遗传密码，是蛋白质生物合成的模板
mRNA	能将氨基酸转运到核糖体上
tRNA	是生物体遗传信息的载体
rRNA	能与多种蛋白质构成核糖体

大国先锋

基础研究转化临床应用——樊春海的报国理念

2019 年当选为中科院院士的樊春海，一直致力于 DNA 自组装、DNA 存储、分子机器等基础研究领域，并取得令人瞩目的成果。近年来，他开始着重思考如何将基础研究成果向临床转化，为人类健康谋求福祉。

2020 年年初，一场突如其来的新冠肺炎疫情让全球陷入巨大的恐慌之中。通过核酸检测快速确认病毒感染者是最有效的手段之一，而和核酸打了 20 多年交道的樊春海正是这一技术的幕后功臣。

2020 年春节刚过，樊春海就协调组织了上海交通大学和上海计量院的联合攻关团队，开始夜以继日地刻苦攻关，经过 40 多天的不懈努力，终于攻克了 RNA 试剂不稳定的技术难关，建立起了国际上第一个 RNA 核酸检测标准物质。樊春海说，这就好像在天平上的砝码，需要一目了然的计量标准。

凭着长期积累和团队力量，基础研究成果终于能转化为实际应用，关键时刻为国分忧，为民造福，作为一名科研工作者，樊春海备感欣慰。

眼下，樊春海领衔的上海交大转化医学研究院承载着国之重器——转化医学国家重大科技基础设施的建设与运行。他期望通过这个平台，把核酸检测新方法更多地转化到临床，通过这一平台实现包括传染病、癌症等的早期检测。

樊春海深知，从基础研究到真正的临床应用之间，有一个巨大的鸿沟，他的最大希冀，就是通过转化医学设施这样一个国家平台，来架设一座桥梁，填平这个鸿沟。

第四节 核酸的理化性质与应用

想一想：

通过前面的学习，大家知道了 DNA 的二级结构是双螺旋结构，其互补碱基对之间是用氢键连接的，而氢键是维系 DNA 双螺旋结构横向稳定性的重要因素。氢键在一定条件下比较稳定，但在某些理化性质（如温度、pH、离子强度等）的作用下容易断裂。

思考：根据 DNA 的双螺旋结构，你认为 DNA 分子具有哪些理化性质？这些性质在临床上有哪些应用？

一、核酸的理化性质

（一）核酸的一般性质

1. 溶解度

DNA 和 RNA 均属于极性化合物，微溶于水，可溶于 2-甲氧乙醇，但不溶于乙醇、乙醚和氯仿等一般有机溶剂。研究者常用乙醇从溶液中沉淀核酸，当乙醇浓度达到 50%时，DNA 就沉淀出来；当乙醇浓度达到 75%时，RNA 也沉淀出来。

2. 分子大小

DNA 分子极大，分子量在 10^6 以上，RNA 的分子比 DNA 分子小得多。核酸分子的大小可用长度、碱基对数目（bp）、沉降系数（S）和分子量来表示。

3. 形状及黏度

核酸（特别是线形 DNA）分子极为细长，其直径与长度之比可达 1∶107。DNA 溶液的黏度很大，即使是很稀的 DNA 溶液也有很大的黏度，而 RNA 溶液的黏度要小得多。核酸若发生变性或降解，其溶液的黏度将降低。

4. 酸碱性

核酸是两性电解质，含有酸性的磷酸基和碱性的碱基。因磷酸基的酸性较强，核酸通常表现为较强的酸性。

（二）核酸的紫外吸收性

由于嘌呤和嘧啶都含有共轭双键，所以碱基、核苷、核苷酸和核酸都具有紫外吸收的性质。在中性条件下，核酸溶液的最大吸收峰在 260 nm 波长附近。这一重要的理化性质被广泛用来对碱基、核苷、核苷酸和核酸进行定性与定量分析。

知识拓展

如何鉴定核酸样品的纯度

核酸在 260 nm 波长处有最大吸收峰，而蛋白质在 280 nm 波长处有最大吸收峰，因此可利用溶液在 260 nm 和 280 nm 处吸光度（A）的比值（A_{260}/A_{280}）来鉴定核酸样品的纯度。一般来说，纯 DNA 样品的 A_{260}/A_{280} 约为 1.8，纯 RNA 样品的 A_{260}/A_{280} 约为 2.0。如果样品中含有蛋白质和酚，A_{260}/A_{280} 的数值会明显降低。

（三）DNA 的变性与复性

1. DNA 变性

DNA 变性是指在某些理化因素（如温度、pH、离子强度等）的作用下，DNA 双链互补碱基对之间的氢键断裂，使 DNA 双螺旋结构松散变成单链的现象。DNA 的变性可使其理化性质发生变化，如黏度下降、紫外光吸收值增加等。

在 DNA 解链过程中，由于更多的共轭双键被暴露，DNA 在 260 nm 波长处的吸光度增加，这种现象称为增色效应。增色效应是监测 DNA 双链是否发生变性的一个最常用指标。

在实验室内，最常用的使 DNA 分子变性的方法之一是加热。在持续加热 DNA 的过程中，以温度相对于 A_{260} 作图，所得的曲线称为 DNA 解链曲线，如图 1-13 所示。从图中可以看出，DNA 的变性（从开始解链到完全解链）是在一个相当窄的温度内完成的。在这一温度范围内，A_{260} 的值达到最大值的 50%时的温度称为解链温度或融解温度（T_m）。此时，DNA 分子内 50%的双链被打开。

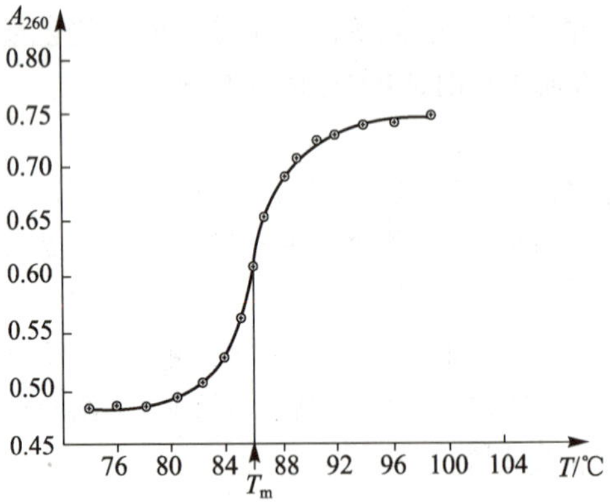

图 1-13 DNA 解链曲线

扫一扫

核酸的理化性质

提 示

DNA 分子的 T_m 主要与 DNA 长度及所含碱基中的 G-C 含量有关。DNA 分子越长，T_m 值越高；G-C 含量越高，T_m 值越高。这是因为 G-C 碱基对比 A-T 碱基对多 1 个氢键，因此解开 G-C 碱基对之间的氢键要消耗更多的能量。

2. DNA 复性

在适当条件下，变性 DNA 的两条解离的互补链可重新配对，恢复成原来的双螺旋结构，这一现象称为 DNA 复性。热变性的 DNA 经缓慢冷却后可以复性，这一过程称为退火。但是，如果热变性 DNA 被迅速冷却至 4℃以下，则几乎不能发生复性。这一特性被用来保持 DNA 的变性状态。

二、核酸的应用——分子杂交

在 DNA 复性过程中，将不同种类的 DNA 单链分子或 RNA 分子放在同一溶液中，若两种单链分子之间存在着一定程度的碱基配对关系，在适宜的条件下可以形成杂化双链，这种现象称为核酸分子杂交，如图 1-14 所示。核酸分子杂交可以发生在 DNA 与 DNA、DNA 与 RNA、RNA 与 RNA 之间。

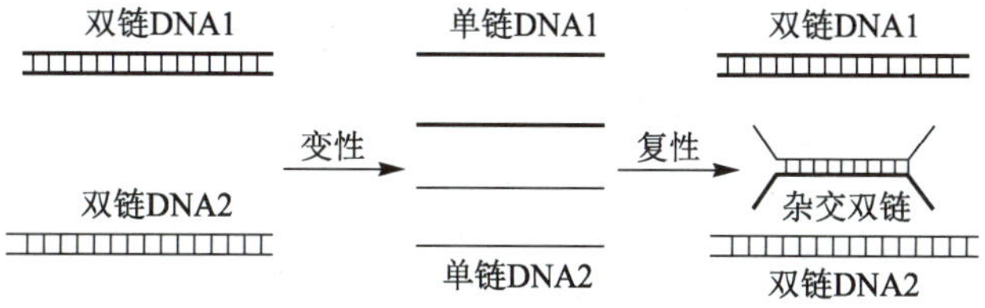

图 1-14 核酸分子变性与杂交示意图

目前，核酸分子杂交技术是核酸序列检测的常用方法之一，被广泛应用于核酸结构及功能的研究、遗传病的诊断、肿瘤病学的研究、病原体的检测等方面。

知识拓展

基因芯片

基因芯片又称 DNA 芯片、生物芯片，其测序原理是通过与一组已知序列的核酸探针杂交进行核酸序列的测定。该技术将探针分子固定于支持物上后与标记的样品分子杂交，通过检测每个探针分子的杂交信号强度来获取样品分子的数量和序列信息。基因芯片可广泛应用于疾病的诊断和治疗、药物筛选、司法鉴定、食品卫生监督、环境检测等领域。

科心报国

陈润生院士：淡泊名利，脚踏实地

陈润生，生物信息学家，2007 年当选为中国科学院院士。

陈润生院士是我国最早从事理论生物学、生物信息学以及非编码 RNA 研究的科研人员之一。陈润生院士曾参加我国第一个完整基因组泉生热袍菌 B4 基因组序列的组装和基因标识；曾参加人类基因组 1%和水稻基因组工作草图的研究；构建了收录

非编码 RNA 及其基因的数据库 NONCODE，以及收录非编码 RNA 与其他生物大分子相互作用的数据库 NPInter，这两个数据库已成为国际非编码 RNA 领域中非常有影响力的数据库。

当年还在中国科学技术大学的陈润生只知道学习，将来去满足国家的需要。那时候不会想升官发财，直到现在他依然不会去想这样的问题，“我从事科研工作50多年，从来没有在论文署名上有过争议，爱把我放哪儿放哪儿，我自己给自己取了个微信名叫‘微不足道’，我自己非常不乐意跟他们去争那些东西，但正因为你脚踏实地，你没有吃任何亏，该得到的都会有，这些东西不是说你削尖脑袋去硬钻营能得来的。”当选院士后，有人问陈润生的感想，陈润生说：“这次能够当选是对我过去工作的肯定，但并不是说当选院士了，我的学术水平就随之提高了。科研工作是连续的，当选院士意味着我要承担更大的责任，应当做出更大的贡献。我要按照院士的标准严格要求自己，希望以现有的研究成果为基础和起点，在自己的研究领域取得更大的进展。”

在陈润生眼里，科学发展不是一个人的事，科学是社会发展的表现。他认为最对得起学生的就是，教育他们在研究方法上有创新，“文献是基础，供你超越，而不是模仿。循规蹈矩很容易，打破常规很难”。

陈润生的教材不仅是自己原创，而且是生物信息学领域的最前沿。刚开始上课的前 10 年，那时生物信息学研究还刚起步，他的研究内容就是国际前沿，他把自己建立的方法、算法都讲给学生听，经过 30 余年的沉淀逐渐形成一个内容体系，后来又把生物信息学的新发展、新趋势、新研究等内容加在课件里，这样学生听到的内容和方法就是领域最前沿的。“学生们满意是最让我感到欣慰的，我对获奖从来没有感觉，什么奖都无所谓。”

关键术语

核酸	DNA	RNA	核苷	核苷酸	碱基
戊糖	双螺旋结构	mRNA	tRNA	rRNA	分子杂交

思考题

（1）核酸完全水解后的产物有哪些？DNA 和 RNA 的水解产物是否相同？

（2）DNA 双螺旋结构有哪些基本特点？

（3）mRNA、tRNA 和 rRNA 在蛋白质合成中各起什么作用？

（4）简述核酸的主要理化性质。

（5）核酸分子杂交的原理是什么？

第二章　蛋白质

知识目标

- 掌握蛋白质的元素组成及氨基酸的结构、分类、连接方式。
- 掌握蛋白质的一级结构和空间结构，熟悉蛋白质结构与功能的关系，了解蛋白质在生命过程中的重要性。
- 掌握蛋白质的理化性质，能运用蛋白质理化性质的相关知识解释临床及实际生活现象。

素质目标

- 感受我国科研发展速度与成果，树立文化自信。
- 感受老一辈科学家们的科学精神，培养集智攻关的协同精神。

蛋白质是由许多氨基酸通过肽键相连而成的高分子含氮化合物，是生命的物质基础，也是生命活动的主要承担者。蛋白质是生物体中含量最丰富的生物大分子，几乎分布在人体所有的器官组织中，约占人体固体成分的45%，而在细胞中可达细胞干重的70%以上。各种蛋白质都有其特殊的结构和功能，生物体的多样性是由蛋白质结构和功能的多样性决定的。因此，了解蛋白质的结构与功能，有助于从分子水平上认识各种生命现象，解释各种生理现象和病理现象。

第一节　蛋白质的分子组成

想一想:

蛋白质具有重要的生物学功能，各种生命现象多通过蛋白质体现出来。例如，大部分酶、大部分凝血因子、抗体、多肽激素、转运蛋白、基因调节蛋白等均是蛋白质，它们在机体的物质代谢、生长发育、修复与防御等方面发挥着不可替代的重要作用。

思考：蛋白质的基本组成单位是什么？基本组成单位之间是通过什么方式相连的？

一、蛋白质的元素组成

尽管蛋白质的种类繁多，结构各异，但它们的元素组成相似，主要有碳（C）、氢（H）、氧（O）、氮（N）、硫（S）。有些蛋白质还含有少量磷（P）、铁（Fe）、铜（Cu）、锌（Zn）、锰（Mn）、钴（Co）、钼（Mo）等元素。各种蛋白质的含氮量十分接近，平均为16%。由于蛋白质是生物体内主要的含氮物质，因此可通过测定生物样品的含氮量来推算其蛋白质的大致含量。一般可按以下公式计算生物样品中蛋白质的含量：

样品中蛋白质的含量=样品中的含氮量×6.25

知识拓展

凯氏定氮法

凯氏定氮法是分析有机化合物含氮量的常用方法，也是经典的蛋白质定量方法。其原理是：样品中的蛋白质在浓硫酸和催化剂的条件下进行分解，经分解产生的氨与硫酸反应生成硫酸铵，再经过碱化蒸馏后，氨变成游离状态；游离氨经硼酸溶液吸收后，以硫酸或盐酸的标准溶液滴定，就可计算出样品中的含氮量。根据计算得到的含氮量及上式，就可推算出样品中蛋白质的大致含量。

凯氏定氮法的优点是适用于所有食品中蛋白质的定量分析，操作比较简单，实验费用较低。缺点是最终测定的是总有机氮而不只是蛋白质氮，精度较低。

案例分析

2008 年，中国奶制品污染事件倍受人们的关注。事故起因是很多食用三鹿集团生产的奶粉的婴儿被发现患有肾结石，随后在他们食用的奶粉中发现了三聚氰胺。三聚氰胺是一种有机含氮杂环化合物，常被用作化工原料。常温下，三聚氰胺为白色单斜晶体，几乎无味。如果长期摄入，可能会导致人体泌尿系统（膀胱、肾）产生结石，甚至诱发膀胱癌。

思考：三鹿集团为何要在奶粉中加入三聚氰胺？

二、蛋白质的基本组成单位——氨基酸

蛋白质可以被酸、碱或蛋白酶催化水解，在水解过程中逐渐降解成相对分子质量越来越小的肽段，直至最后成为多种氨基酸的混合物。可见，氨基酸是蛋白质的基本组成单位。

（一）氨基酸的结构

氨基酸是含有碱性氨基（—NH_2）和酸性羧基（—COOH）的有机化合物。自然界中的氨基酸有 300 余种，但组成人体蛋白质的氨基酸仅有 20 种。在这 20 种氨基酸中，除脯氨酸是 α-亚氨基酸外，其余氨基酸均为 α-氨基酸，即 α-碳原子上连接一个氨基（—NH_2）和一个羧基（—COOH）。α-氨基酸的结构通式如图 2-1 所示，其中“R”表示氨基酸的侧链基团。

除甘氨酸外，其余氨基酸的 α-碳原子均为手性碳原子，存在 L-型和 D-型两种旋光异

构体。组成人体蛋白质的氨基酸均为 L-型，因此人体内的氨基酸均为 L-α-氨基酸，而 D-α-氨基酸主要存在于某些抗生素及个别植物的生物碱中。L-α-氨基酸和 D-α-氨基酸的结构通式如图 2-2 所示。

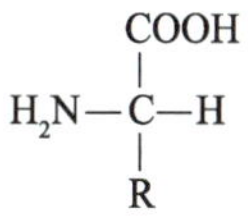

图 2-1　α-氨基酸的结构通式

图 2-2　L-α-氨基酸和 D-α-氨基酸的结构通式

提　示

亚氨基酸：形态类似于氨基酸，但分子中不含氨基（—NH_2），而含亚氨基（—NH—）和羧基（—COOH）的化合物。

手性碳原子：指与 4 个不同原子或基团相连的碳原子。手性碳原子存在于多种有机化合物中，特别是与生命现象有关的有机化合物，如葡萄糖、果糖等。

旋光异构体：因分子中含有不对称碳原子或没有对称因素而引起的具有不同旋光性能的立体异构体。

（二）氨基酸的分类

1．根据氨基酸侧链 R 基团的结构和理化性质的不同分类

根据氨基酸侧链 R 基团的结构和理化性质（主要是解离性质）的不同，组成人体蛋白质的 20 种氨基酸可分为非极性疏水性氨基酸、极性中性氨基酸、极性酸性氨基酸和极性碱性氨基酸 4 类。

（1）非极性疏水性氨基酸。此种氨基酸侧链 R 基团为脂肪烃基、芳香烃基、杂环等非极性疏水基团，在水中的溶解度较小，包括丙氨酸（Ala）、缬氨酸（Val）、亮氨酸（Leu）、异亮氨酸（Ile）、脯氨酸（Pro）、苯丙氨酸（Phe）、色氨酸（Trp）和甲硫氨酸（Met）共 8 种，其结构式如图 2-3 所示。

提　示

甲硫氨酸：又称蛋氨酸，参与蛋白质合成。

（2）极性中性氨基酸。此类氨基酸侧链 R 基团为羟基、巯基、酰胺基等极性基团，具有亲水性，包括甘氨酸（Gly）、丝氨酸（Ser）、苏氨酸（Thr）、酪氨酸（Tyr）、半胱氨酸（Cys）、天冬酰胺（Asn）、谷氨酰胺（Gln）共 7 种，其结构式如图 2-4 所示。

（3）极性酸性氨基酸。此类氨基酸侧链 R 基团上含有羧基，在生理条件下能释放出 H^+ 而呈酸性，亲水性强，包括天冬氨酸（Asp）和谷氨酸（Glu），其结构式如图 2-5 所示。

（4）极性碱性氨基酸。此类氨基酸侧链 R 基团上含有氨基、胍基或咪唑基等碱性基团，在生理条件下能接受 H^+ 而呈碱性，包括赖氨酸（Lys）、精氨酸（Arg）和组氨酸（His），其结构式如图 2-6 所示。

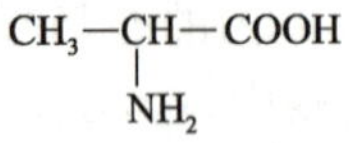

丙氨酸

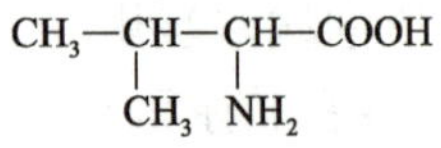

缬氨酸

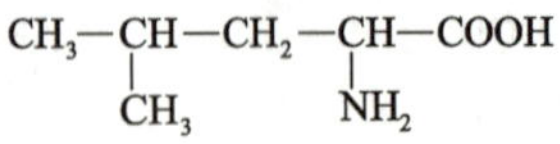

亮氨酸

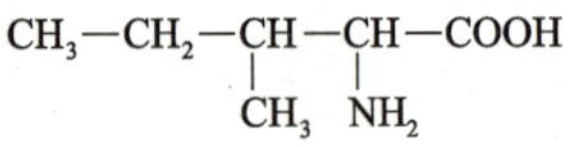

异亮氨酸

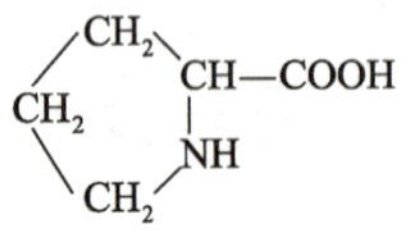

脯氨酸

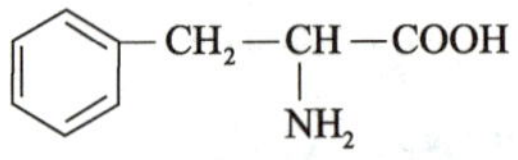

苯丙氨酸

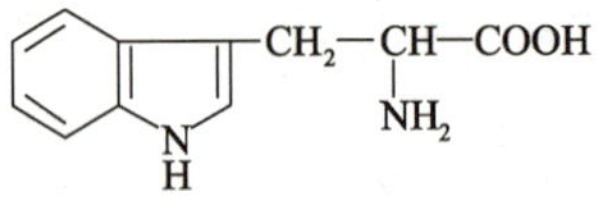

色氨酸

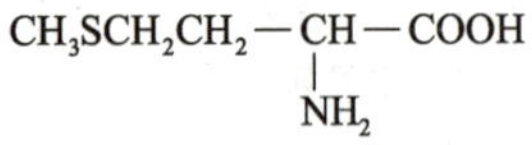

甲硫氨酸

图 2-3　非极性疏水性氨基酸的结构式

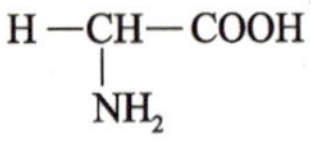

甘氨酸

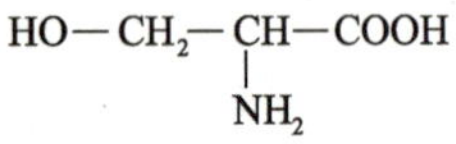

丝氨酸

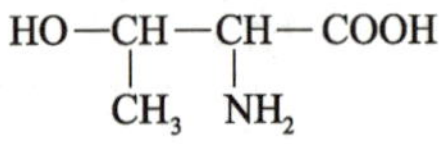

苏氨酸

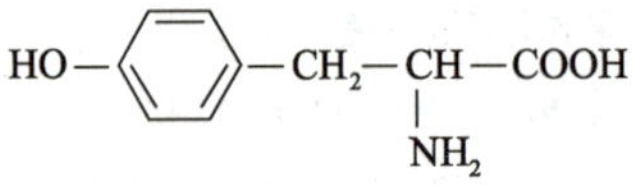

酪氨酸

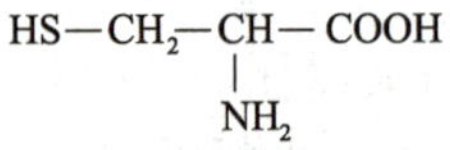

半胱氨酸

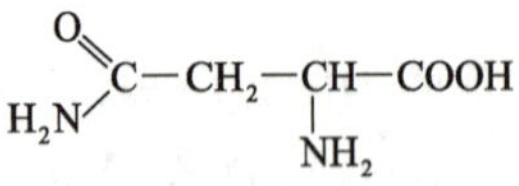

天冬酰胺

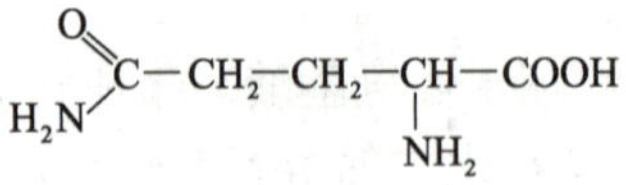

谷氨酰胺

图 2-4　极性中性氨基酸的结构式

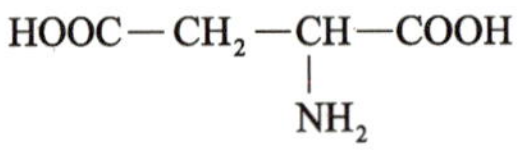

天冬氨酸

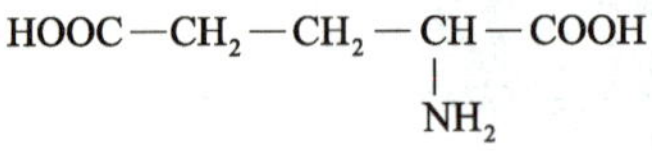

谷氨酸

图 2-5　极性酸性氨基酸的结构式

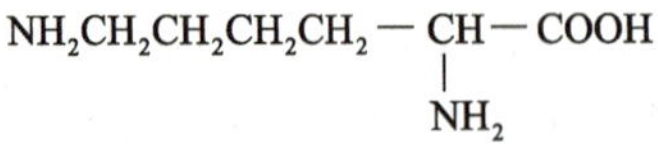

赖氨酸

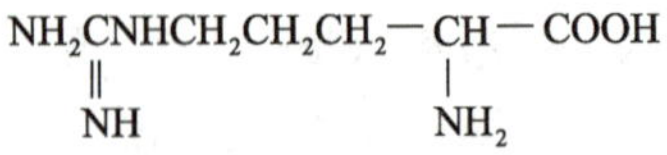

精氨酸

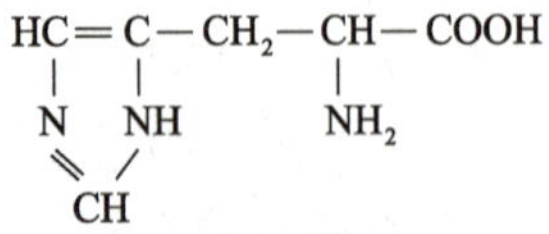

组氨酸

图 2-6　极性碱性氨基酸的结构式

2. 根据氨基酸在体内营养价值的不同分类

根据氨基酸在体内营养价值的不同，组成人体蛋白质的 20 种氨基酸可分为必需氨基酸和非必需氨基酸两类。

- **必需氨基酸**：指人体不能合成或合成速率远不能适应机体需要，且需要从食物中摄取的一类氨基酸。这类氨基酸包括缬氨酸、亮氨酸、异亮氨酸、苯丙氨酸、色氨酸、甲硫氨酸、苏氨酸和赖氨酸共 8 种。
- **非必需氨基酸**：指人体必需，且体内可以自行合成或通过其他氨基酸转化而来的一类氨基酸。除上述 8 种必需氨基酸外，其余 12 种均为非必需氨基酸。

三、氨基酸的连接方式

在蛋白质分子中，氨基酸之间是通过肽键相连的，反应通式为：

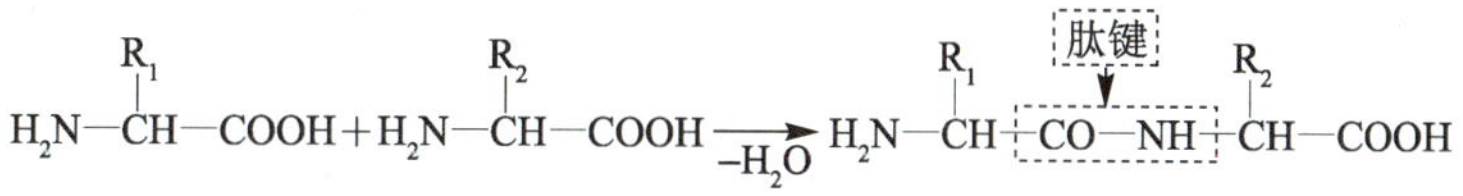

肽键是蛋白质分子结构中的基本化学键，由一个氨基酸的 α-羧基（—COOH）和另一个氨基酸的 α-氨基（—NH_2）脱水缩合而成。

氨基酸通过肽键相连而成的化合物称为肽（peptide）。由两个氨基酸脱水缩合而成的肽称为二肽，由 3 个氨基酸脱水缩合而成的肽称为三肽，以此类推。一般来说，由 10 个以内氨基酸相连而成的肽称为寡肽，由 10 个或 10 个以上的氨基酸相连而成的肽称为多肽。蛋白质属于多肽。多肽分子中的氨基酸相互衔接形成长链，称为多肽链。有些蛋白质由一条多肽链构成，有些蛋白质由两条或两条以上的多肽链构成，其中每条多肽链可以是相同的，也可以是不同的。

肽链中的氨基酸分子因脱水缩合而残缺不全，称为氨基酸残基。由肽键连接各氨基酸残基形成的长链骨架结构称为多肽主链，连接于各氨基酸残基 α-碳原子上的 R 基团称为多肽侧链。多肽链有两个末端，有自由氨基的一端称为氨基末端（简称“N-端”），有自由羧基的一端称为羧基末端（简称“C-端”）。在书写多肽链或肽时，一般将 N-端氨基酸残基写在左边，C-端氨基酸残基写在右边。

知识拓展

生物活性肽

生物活性肽是能够调节生物机体的生命活动或具有某些生理活性的寡肽和多肽的总称，它在代谢调节、神经传导和生长发育等方面起着重要作用。生物体内有许多生物活性肽，如谷胱甘肽、催产素、抗利尿激素、促肾上腺皮质激素、促甲状腺素释放激素等。大多数生物活性肽以非活性状态存在于蛋白质的长链中，被酶解链成适当长度后，其生理特性才会表现出来。

中国引领

全球首次！我国率先实现一氧化碳合成蛋白质

2021 年 10 月 30 日，中国农业科学院饲料研究所宣布，我国在一碳生物合成领域取得重大突破性进展：全球首次实现从一氧化碳到蛋白质的合成，并已形成万吨级工业产能。这一举突破了天然蛋白质植物合成的时空限制，为弥补我国农业最大短板——饲用蛋白对外依存度过高提供了国之利器，同时对促进国家“双碳”目标实现深具意义。

项目首席科学家、中国农科院饲料所研究员薛敏博士介绍，蛋白质的天然合成通常要在植物或植物体内具有固氮功能的特定微生物体内，由自然光合作用形成碳水化合物的糖类，再经过三羧酸循环途径多个复杂的生物转换与酶促反应，形成蛋白质合成需要的氨基酸，进而合成为蛋白质。其中涉及复杂的遗传表达、生化合成、生理调控等生命过程，反应缓慢、物质和能量的转化效率较低，最终积累的蛋白质含量低。

她强调，在人工条件下，利用天然存在的一氧化碳和氮源（氨）大规模生物合成蛋白质，则不受此限，故长期以来被国际学术界认为是影响人类文明发展和对生命现象认知的革命性前沿科学技术。

中国农科院饲料所多年攻关，突破了乙醇梭菌蛋白核心关键技术，大幅度提高反应速度（22 秒合成），创造了工业化条件下一步生物合成蛋白质收率最高 85%的世界纪录。

该项研究以含一氧化碳、二氧化碳的工业尾气和氨水为主要原料，“无中生有”制造新型饲料蛋白资源乙醇梭菌蛋白，将无机的氮和碳转化为有机的氮和碳，实现了从 0 到 1 的自主创新，具有完全自主知识产权。

以工业化生产 1 000 万吨乙醇梭菌蛋白（蛋白含量 83%）计，相当于 2 800 万吨进口大豆（蛋白含量 30%）当量，“不与人争粮、不与粮争地”，开辟了一条低成本非传统动植物资源生产优质饲料蛋白质的新途径，可减排二氧化碳 2.5 亿吨，节省耕地 10 亿亩（以平均亩产大豆 300 斤计）。

第二节　蛋白质的分子结构

想一想：

蛋白质分子中成千上万的原子在空间排布上十分复杂，其特定的氨基酸组成和空间排布是蛋白质具有独特生理功能的基础。蛋白质的分子结构可分为 4 个层次，即一级、二级、三级和四级结构，后三者统称为高级结构或空间结构。蛋白质的空间结构涵盖了蛋白质分子中的每一个原子在三维空间的相对位置，是蛋白质性质和功能的基础。

思考：蛋白质的一级结构和空间结构之间有哪些区别和联系？它们与蛋白质的功能有何关系？

一、蛋白质的一级结构

蛋白质的一级结构是蛋白质多肽链中氨基酸残基的排列顺序，由基因上遗传密码的排列顺序决定（详见第八章），是蛋白质最基本的结构。

维持蛋白质一级结构稳定的主要化学键是肽键，有些蛋白质还含有二硫键。由于蛋白质多肽链所含氨基酸的数量、各种氨基酸所占的比例、氨基酸在肽链中的排列顺序等不同，因此组成人体蛋白质的 20 种氨基酸就形成了结构多样、功能各异的蛋白质。蛋白质的一级结构是其空间结构和特异生物学功能的基础。

目前已有多种蛋白质的一级结构被确定，如胰岛素、胰核糖核酸酶、胰蛋白酶等。蛋白质一级结构的阐明对揭示某些疾病的发病机制、指导疾病治疗具有十分重要的意义。

知识拓展

牛胰岛素的一级结构

1955 年，英国科学家桑格完成了牛胰岛素一级结构的测定，这是世界上第一个被测定一级结构的蛋白质。牛胰岛素含有 A、B 两条多肽链，其中 A 链中有 21 个氨基酸残基，B 链中有 30 个氨基酸残基。此外，牛胰岛素分子中有 3 个二硫键，其中 2 个二硫键位于 A、B 两条链之间，1 个二硫键位于 A 链内。

二、蛋白质的空间结构

天然状态下，蛋白质分子的多肽链并非呈线形伸展结构，而是在一级结构的基础上通过折叠、盘曲形成特有的空间结构。蛋白质的生物活性和理化性质主要取决于其特定的空间结构。

（一）蛋白质的二级结构

蛋白质的二级结构是指蛋白质分子中某一段肽链的局部空间结构，也就是该段肽链主链骨架原子的相对空间位置，不包括氨基酸残基侧链部分的构象。在肽链主链上，N（氨基氮）、C_α（α-碳原子）和 C_O（羰基碳）3 个原子依次重复排列。

1. 肽单元

肽单元是由参与肽键组成的 C、O、N、H 四个原子和与它们相邻的两个 α-碳原子（$C_{\alpha1}$、$C_{\alpha2}$）共同构成的刚性平面，如图 2-7 所示。肽单元可随 α-碳原子两侧单键的旋转进行折叠、盘曲，进而形成不同的结构形式。

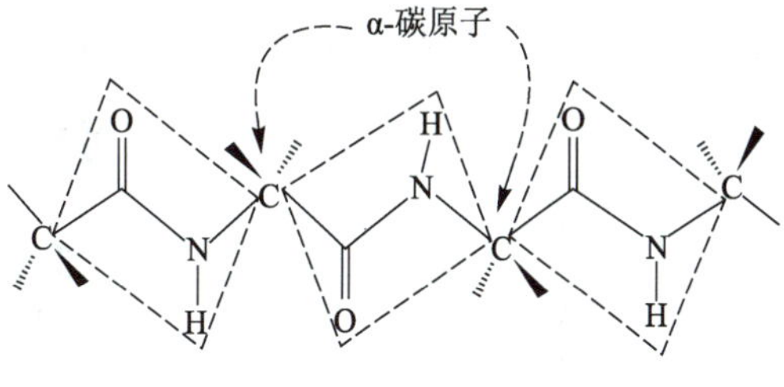

图 2-7　肽单元

提　示

构象：指一个分子中，不改变共价键结构，仅单键周围的原子放置所产生的空间排布。
刚性平面：区别于柔性平面，即受力时没有弹性变形，不发生弯曲的平面。

2. 结构类型

肽单元通过折叠、盘曲可形成 4 种结构类型，分别为 α-螺旋、β-折叠、β-转角和无规卷曲。其中，α-螺旋和 β-折叠是蛋白质二级结构的主要形式。

1）α-螺旋

α-螺旋是指多肽链中肽单元通过 α-碳原子的相对旋转，围绕中心轴做有规律盘绕而形成的一种紧密螺旋结构，如图 2-8 所示。

α-螺旋结构的特点：① 多个肽单元以 α-碳原子为转折点，形成右手螺旋结构；② α-螺旋结构的主链呈螺旋上升，每 3.6 个氨基酸残基螺旋上升一圈相当于上升 0.54 nm（螺距）；③ 每个肽键的亚氨基氢（N—H）和第 4 个肽键的羰基氧（C=O）形成氢键，氢键的主要作用是稳定 α-螺旋结构；④ 各氨基酸残基的 R 基团分布在螺旋外侧，其大小、形状、性质及所带电荷的状态会影响 α-螺旋结构的形成与稳定，如天冬酰胺、亮氨酸的侧链较大，会影响 α-螺旋结构的形成。

2）β-折叠

β-折叠是多肽链主链中一种比较伸展、呈锯齿状的二级结构形式，如图 2-9 所示。

β-折叠结构的特点：① 多肽链充分伸展，相邻肽单元之间折叠成锯齿状结构，两平面间夹角为 110°，氨基酸残基侧链交替地位于锯齿状结构的上下方；② 若干肽链之间或一条肽链内的若干肽段所形成的 β-折叠在相邻主链骨架上的羰基氧（C=O）与亚氨基氢（N—H）之间形成氢键，以维持构象的稳定；③ 两条肽链可以是平行的，也可以是反向平行的。从能量角度来看，反向平行的两条肽链更为稳定。

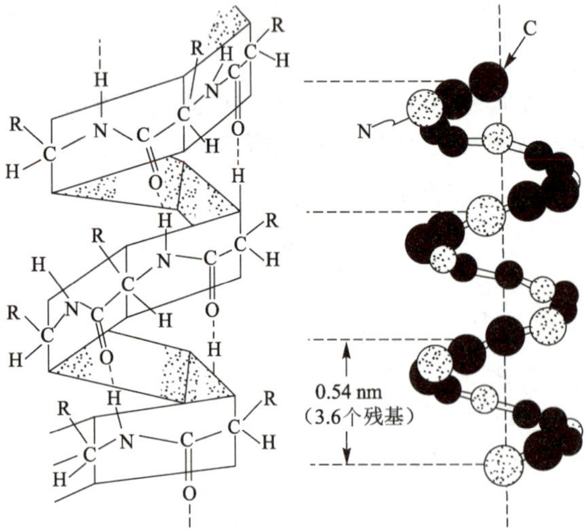

图 2-8　α-螺旋结构示意图

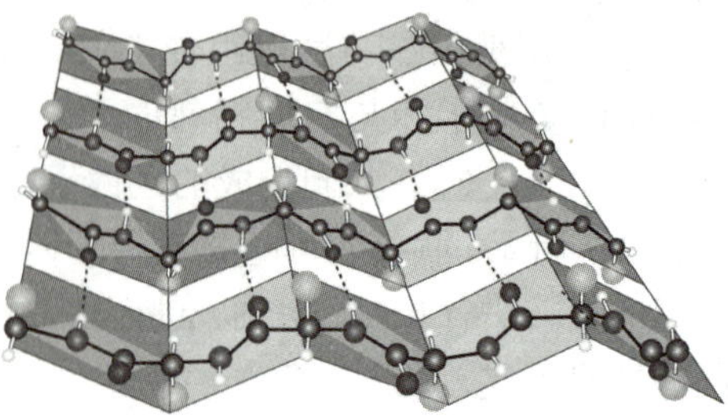

图 2-9　β-折叠结构示意图

3）β-转角

在蛋白质分子中，肽链形成180°回折，在回折角处的构象即为β-转角。β-转角通常由4个连续的氨基酸残基构成。其中，第一个氨基酸残基的羰基氧（C=O）与第4个氨基酸残基的亚氨基氢（N—H）形成氢键，以维持构象的稳定；第二个氨基酸残基通常为脯氨酸，其他常见残基有甘氨酸、天冬氨酸、天冬酰胺和色氨酸。

4）无规卷曲

除上述比较规律的构象外，肽链其余部分还没有确定规律性的局部空间构象称为无规卷曲。该结构本身具有一定的稳定性，可构成酶活性部位和其他蛋白质特异的功能部位。

做一做

维持蛋白质一级结构的主要化学键是（　　），维持蛋白质二级结构的主要化学键是（　　）。

A. 二硫键　B. 氢键　C. 肽键　D. 疏水键　E. 离子键

（二）蛋白质的超二级结构和结构域

蛋白质的超二级结构和结构域是介于蛋白质二级结构和三级结构之间的一种过渡态构象。

1. 超二级结构

超二级结构是指若干相邻的二级结构组合在一起形成的有规则的、稳定的、在空间上能辨别的二级结构组合体，如α-螺旋组合（αα）、β-折叠组合（βββ）和α-螺旋β-折叠组合（βαβ）等。超二级结构可直接作为三级结构的“建筑块”或结构域的组成单位，是蛋白质从二级结构延伸到三级结构的一个新的结构层次。

2. 结构域

结构域是指在二级结构或超二级结构的基础上，多肽链形成的相对独立的紧密球状实体。一个结构域可由几十个至几百个氨基酸残基组成。蛋白质分子中有多个结构域，这些结构域分别承担蛋白质分子不同的功能。

（三）蛋白质的三级结构

蛋白质的三级结构是指在二级结构的基础上，多肽链进一步盘曲、折叠而形成的三维空间结构，包括主链和侧链中所有原子的空间排布。由一条多肽链构成的蛋白质只有具有三级结构时才能发挥其生物活性。

蛋白质三级结构的形成和稳定主要靠多肽链R基团之间相互作用而形成的次级键来维持，如氢键、疏水键、离子键和范德华力，如图2-10所示。虽然二硫键不属于次级键，但在某些肽链中能使远隔的两个肽段连接在一起，对蛋白质三级结构的稳定起着重要作用。

提示

疏水键：指多肽链上某些氨基酸的疏水基团或疏水侧链（非极性侧链）为了避开水而相互接近、黏附聚集在一起而形成的作用力。

离子键： 指带相反电荷离子之间的相互作用。

范德华力： 又称分子间作用力，指存在于分子与分子之间或惰性气体原子间的作用力。

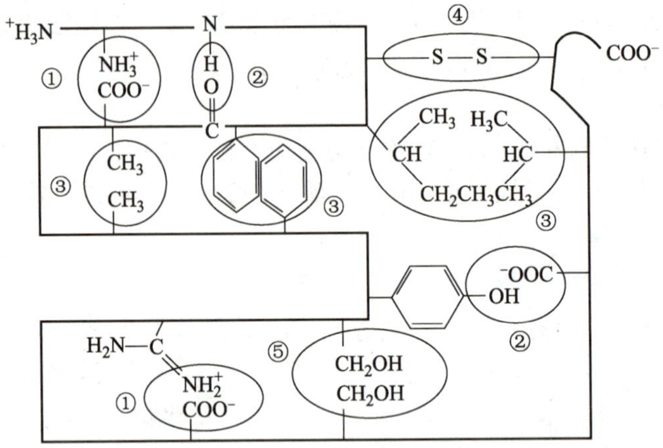

①—离子键；②—氢键；③—疏水作用力；
④—二硫键；⑤—范德华力。

图 2-10　维持蛋白质三级结构的次级键

扫一扫

蛋白质的分子结构

（四）蛋白质的四级结构

生物体内，许多蛋白质分子含有两条或两条以上多肽链，每一条多肽链都有其完整的三级结构，称为亚基。这些亚基之间呈特定的三维空间排布，并以非共价键相连。而蛋白质的四级结构是指蛋白质分子中各个亚基之间的空间排布及相互作用。

维持蛋白质四级结构的作用力主要是亚基之间形成的次级键，包括氢键、疏水作用力、离子键、范德华力等。一种蛋白质的亚基可以是相同的，也可以是不同的。含有四级结构的蛋白质，其亚基单独存在时一般没有生物学功能，只有聚合成完整的四级结构时才有生物学功能。

知识拓展

分子伴侣

除一级结构外，蛋白质空间构象的正确形成还需要一类被称为分子伴侣的蛋白质参与。分子伴侣提供了一个保护环境，从而加速蛋白质折叠成天然构象或形成四级结构。

蛋白质在合成时，还未折叠的肽段有许多疏水基团暴露在外，这些疏水基团具有向分子内或分子间聚集的倾向，使蛋白质不能形成正确的空间构象。而分子伴侣能可逆地与未折叠肽段的疏水部分结合后松开，如此反复进行，可防止疏水基团发生错误的聚集，使肽链正确折叠。分子伴侣也可与聚集错误的肽段结合，使之解聚后，再诱导其正确折叠。

此外，分子伴侣对蛋白质分子折叠过程中二硫键的正确形成起到重要作用，而且已经发现有些分子伴侣具有形成二硫键的酶活性的作用。

三、蛋白质结构与功能的关系

蛋白质的结构与功能密切相关，一级结构是功能的基础，空间结构是功能的关键。研究表明，蛋白质分子结构的细微变化都有可能影响蛋白质的功能，甚至导致疾病的发生。

（一）蛋白质一级结构与功能的关系

1．一级结构是空间结构与功能的基础

20 世纪 60 年代，美国科学家安芬森在研究核糖核酸酶时发现，蛋白质的功能与其三级结构密切相关，而特定三级结构是以氨基酸顺序为基础的。核糖核酸酶由 124 个氨基酸残基组成，分子结构中有 4 对二硫键。用尿素和 β-巯基乙醇处理核糖核酸酶溶液，分别破坏核糖核酸酶的次级键和二硫键，使其二级结构、三级结构均遭到破坏，但肽键不受影响，故一级结构仍然存在。此时，核糖核酸酶的活性丧失。

核糖核酸酶中的 4 对二硫键被还原成—SH 后，若要再形成 4 对二硫键，从理论上推算有 105 种不同的配对方式，而唯有与天然核糖核酸酶完全相同的配对方式，才能呈现出该酶的活性。当用透析法去除尿素和 β-巯基乙醇后，4 对二硫键正确配对，此时酶活性才逐渐恢复至原来水平。这充分证明，只要一级结构（氨基酸序列）未被破坏，蛋白质就可能恢复到原来的三级结构和功能。

2．一级结构相似的蛋白质，其空间结构与功能也相似

已有大量的实验结果证明，一级结构相似的蛋白质，其空间结构与功能也相似。例如，不同哺乳类动物的胰岛素分子由 A 链和 B 链组成，其二硫键的配对和空间结构非常相似，一级结构仅仅有个别氨基酸差异，而它们在糖代谢中都起着相同的调节作用；垂体前叶分泌的促肾上腺素和促黑激素共有一段相同的氨基酸序列，故促肾上腺素也可促进皮下黑色素的生成，但作用较弱。

3．重要蛋白质的氨基酸序列改变，可能会引起疾病

有时，蛋白质分子中起关键作用的氨基酸残基缺失或被替代，会严重影响蛋白质的空间结构及生理功能，甚至会引发疾病。例如，正常人血红蛋白 β 亚基的第六位氨基酸是谷氨酸，而镰状细胞贫血患者血红蛋白中的谷氨酸被缬氨酸所取代，仅此一个氨基酸的改变，原本是水溶性的血红蛋白却聚集成丝、相互黏着，变形成为镰刀状且极易破碎，从而导致机体贫血。这种由蛋白质分子发生变异所导致的疾病称为分子病。分子病是基因突变所致。

（二）蛋白质空间结构与功能的关系

生物体内，蛋白质所具有的特定空间结构与其特殊的功能有着密切的关系。例如，角蛋白分子中含有大量 α-螺旋结构，与富角蛋白组织的坚韧性和弹性直接相关；丝心蛋白分子中含有大量 β-折叠结构，使得蚕丝具有伸展和柔软的特性。

生物体内蛋白质的合成、加工、成熟是一个复杂的过程，其中多肽链的正确折叠对其

正确构象的形成和功能起着关键性作用。若蛋白质的折叠发生错误，尽管其一级结构不变，但蛋白质的构象发生变化仍会影响其功能，严重时还会引发疾病。这类疾病称为蛋白质构象病。有些蛋白质错误折叠后相互聚集，形成抗蛋白水解酶的淀粉样纤维沉淀，进而产生毒性并致病，如老年痴呆症、疯牛病、亨廷顿舞蹈症等。

知识拓展

亨廷顿舞蹈症

亨廷顿舞蹈症是一种罕见的常染色体显性遗传病，以舞蹈样动作伴随进行性认知、精神功能障碍甚至痴呆为主要特征。该病的病因为亨廷顿基因上多核苷酸重复序列的错误表达影响了不同的分子通路，最终导致神经功能失调和退化。

第三节　蛋白质的理化性质

想一想：

蛋白质的基本组成单位是氨基酸，蛋白质的理化性质与氨基酸有着相同或相关的一面，并且蛋白质分子是高分子化合物，其颗粒直径达到了胶体颗粒范围（1～100 nm），因此蛋白质溶液具有胶体溶液的典型性质。

思考：蛋白质有哪些理化性质？这些性质在临床上有哪些应用？

一、蛋白质的两性解离性质

蛋白质分子中除两端的氨基和羧基可解离外，侧链 R 基团中还含有一些可解离成带负电荷或正电荷的基团，如谷氨酸和天冬氨酸侧链 R 基团上的羧基、赖氨酸侧链 R 基团上的氨基、精氨酸侧链 R 基团上的胍基、组氨酸侧链 R 基团上的咪唑基等。由于蛋白质分子中既含有能解离出 H^+的酸性基团，又含有能结合 H^+的碱性基团，因此蛋白质分子为两性电解质。

提　示

电解质：指在水溶液中或在熔融状态下能够导电（自身电离成阳离子与阴离子）的化合物。根据电离程度的不同，电解质可分为强电解质和弱电解质。其中，强电解质是在水溶液中或熔融状态下几乎完全发生电离的电解质，弱电解质是在水溶液中或熔融状态下不完全发生电离的电解质。

两性电解质：指既可以与酸反应生成水和盐，又可以与碱反应生成水和盐的电解质。

蛋白质在溶液中的解离状态受溶液 pH 的影响。当蛋白质溶液处于某一 pH 时，蛋白质解离成正、负离子的趋势相同，所带净电荷为零，呈电中性，此时溶液的 pH 称为该蛋白质的等电点（pI）。当蛋白质溶液的 pH<pI 时，蛋白质解离成阳离子；当蛋白质溶液的

pH>pI 时，蛋白质解离成阴离子，如图 2-11 所示。

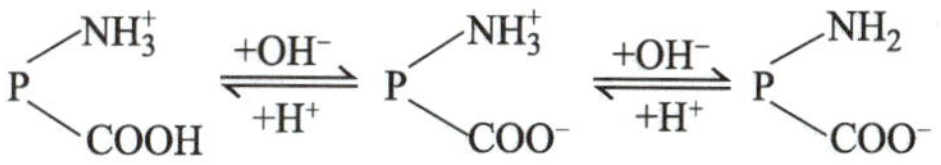

蛋白质阳离子（pH<pI）　蛋白质兼性离子（pH=pI）　蛋白质阴离子（pH>pI）

图 2-11　蛋白质在不同 pH 溶液中的解离状态

扫一扫

蛋白质的两性解离性质

生物体内蛋白质的等电点不同，但大多数在 5.0 左右。因此，在人体体液 pH 为 7.35～7.45 的环境中，大多数蛋白质解离成阴离子。

在等电点时，蛋白质的溶解度最小，最容易沉淀析出。因此，可以用此种方法沉淀蛋白质，达到混合蛋白质溶液分离与提纯的目的。并且，该状态下蛋白质的导电性、黏度、渗透压及膨胀性均为最小。

知识拓展

电　泳

电泳是指在电场作用下，带电颗粒向着与其电性相反的电极移动的现象。蛋白质在电场中移动的速率和方向，主要取决于其所带电荷的性质、数目及蛋白质分子的大小和形状，因此可通过电泳法对混合蛋白质溶液进行分离和提纯。

二、蛋白质的高分子性

蛋白质是高分子化合物，颗粒直径达到了胶体颗粒范围（1～100 nm），因此蛋白质溶液具有胶体溶液的典型性质，如丁达尔现象、布朗运动等。

蛋白质颗粒表面有大量的亲水基团，如—NH_2、—COOH、—OH 等。这些亲水基团与周围的水分子产生水合作用，使蛋白质分子表面被多层水分子包围，从而形成比较稳定的水化膜。水化膜的存在可将蛋白质颗粒相互隔开。同时，蛋白质分子在一定 pH 溶液中往往带有同种电荷而相互排斥，阻止了蛋白质颗粒聚集沉淀。因此，蛋白质表面的水化膜和表面电荷是维持蛋白质溶液稳定性的两个很重要的因素。

若破坏蛋白质分子的水化膜或中和部分表面的电荷，蛋白质颗粒极易从溶液中析出而形成沉淀，如图 2-12 所示。向蛋白质溶液中加入高浓度的中性盐（如硫酸钠、硫酸铵、氯化钠等），可破坏蛋白质分子表面的水化膜和中和部分表面的电荷，使蛋白质颗粒从溶液中析出，这种方法称为盐析法。由于盐析法不引起蛋白质变性，因此实验室常用此方法对蛋白质进行初步分离。此外，有机溶剂、重金属和生物碱试剂等也可使蛋白质沉淀，但沉淀出的蛋白质会发生变性。

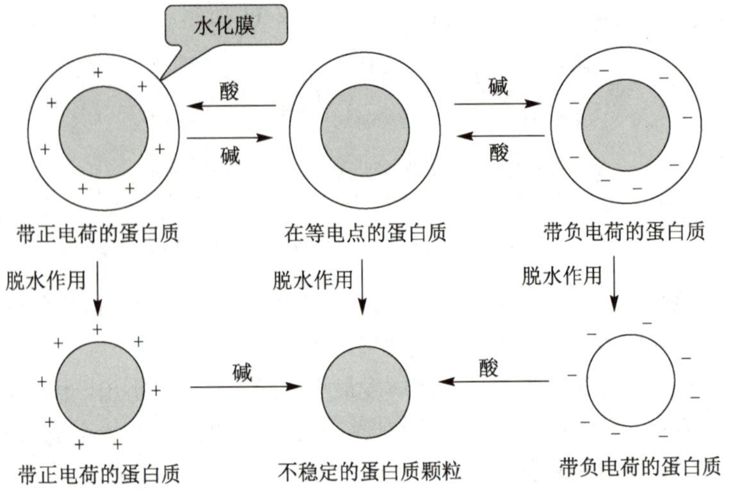

图 2-12　蛋白质在溶液中的聚沉

胶体溶液中的蛋白质分子颗粒大，不能透过**半透膜**。当蛋白质溶液中混杂小分子杂质时，可将此溶液倒入半透膜制成的**透析袋**中，再将透析袋置于蒸馏水或适宜的缓冲液中，透析过程中小分子杂质不断从透析袋中渗出，大分子蛋白质则留在袋内，经过一定时间后，便可达到分离纯化蛋白质的目的。这种利用半透膜将大分子蛋白质与小分子化合物分开的方法称为透析，它是实验室和工业生产上提纯蛋白质时广泛应用的一种方法。

人体的细胞膜、线粒体膜、毛细血管壁、肾小球滤过膜等具有半透膜性质，从而使各种蛋白质分布在细胞内外的不同部位。

提　示

半透膜：一种只让某种分子或离子扩散进出的薄膜。一般来说，半透膜只允许离子和小分子物质通过，而不能让生物大分子物质通过。

透析袋：指由半透膜制成的袋状容器。在生物大分子的制备过程中，除去盐、少量有机溶剂、生物小分子杂质和浓缩样品时会用到透析袋。

知识拓展

血液透析

血液透析简称血透，通俗的说法是人工肾、洗肾，是急慢性肾功能衰竭患者肾脏替代治疗方式之一。其利用半透膜原理，通过扩散、对流将各种有害和多余的代谢废物、过多的电解质移出体外，达到净化血液及纠正水、电解质、酸碱平衡紊乱的目的。

三、蛋白质的变性、复性与凝固

（一）蛋白质的变性和复性

在某些物理或化学因素的作用下，蛋白质的空间结构被破坏，从而导致其理化性质改变和生理活性丧失的现象，称为蛋白质变性（protein denaturation）。蛋白质变性主要是二硫键和非共价键的破坏，不涉及一级结构中氨基酸序列的改变。蛋白质变性后，其溶解度降低，黏度增加，结晶能力消失，生物活性丧失，易被蛋白酶水解。造成蛋白质变性的因素有很多，常见的物理因素有高温、高压、紫外线、超声波、X 射线等，常见的化学因素有强酸、强碱、重金属离子、生物碱试剂等。

蛋白质变性后，疏水侧链暴露在外，肽链相互缠绕继而聚集，蛋白质易从溶液中析出而形成沉淀。变性后的蛋白质易于沉淀，但沉淀的蛋白质不一定是变性的，如由盐析法沉淀的蛋白质。

若蛋白质变性程度较轻，去除变性因素后，仍可恢复或部分恢复其原有的空间结构和功能，这种现象称为蛋白质的复性（protein renaturation）。但是许多蛋白质变性后，其空间结构被严重破坏而不能再恢复到天然状态，这种现象称为不可逆变性。

知识拓展

蛋白质变性与临床

蛋白质变性在临床上具有重要意义。例如，用 75%的乙醇、高温、高压和紫外线等使病原体中的蛋白质变性，从而达到消毒、杀菌的目的。此外，保存激素、酶、疫苗和免疫血清等蛋白质生物制剂时，还可利用低温防止蛋白质变性。

（二）蛋白质的凝固

蛋白质经强酸、强碱作用发生变性后，由于表面电荷的作用，仍能溶解于强酸或强碱中。此时若将 pH 调至等电点，变性蛋白质立即结成絮状的不溶解物，此絮状物仍可溶解于强酸或强碱中。若加热，絮状物则变成比较坚固的凝块，此凝块不易溶于强酸或强碱中，这种现象称为蛋白质的凝固（protein coagulation）。鸡蛋煮熟、向豆浆中加入少量氯化镁使其变成豆腐，都是蛋白质凝固的典型例子。实际上，凝固是蛋白质变性后进一步发展的不可逆结果。

四、蛋白质的紫外吸收性

大多数蛋白质分子中含酪氨酸和色氨酸残基，这些氨基酸侧链基团中含有共轭双键，对波长为 280 nm 的紫外光有最大吸收能力，且在此波长范围内，蛋白质的光吸收值与其浓度呈正比关系。因此，常利用此特性来测定蛋白质的含量。

五、蛋白质的呈色反应

蛋白质分子中某些氨基酸或某些特殊结构可以与某些试剂产生颜色反应，这些反应常被用于蛋白质的定性、定量分析。蛋白质主要的呈色反应包括茚三酮反应和双缩脲反应。

（一）茚三酮反应

在弱酸性溶液中，蛋白质经水解后产生的氨基酸能与茚三酮反应生成蓝紫色的化合物，该反应称为茚三酮反应。该化合物在紫外光波长为 570 nm 处有最大吸收峰。由于此吸收峰值的大小与氨基酸释放出的氨量成正比，因此可利用该方法检测蛋白质的水解程度，还可对氨基酸进行定量测定。

（二）双缩脲反应

蛋白质和多肽分子中的肽键在稀碱中与硫酸铜共热，生成紫红色或红色的络合物，该反应称为双缩脲反应。此络合物颜色的深浅与蛋白质的含量成正比，因此可利用该方法对蛋白质进行定量测定。此外，由于氨基酸不出现该反应，还可用于检测蛋白质的水解程度。

科心报国

中国首次人工合成结晶牛胰岛素

1965 年 9 月 17 日，中国科学院生物化学研究所等单位经过 6 年多的艰苦工作，第一次用人工方法合成了一种具有生物活力的蛋白质——结晶牛胰岛素。这是中国科学家与诺贝尔奖几乎零距离的接触，也是中国在科学领域做出世界上第一流成绩的一个最好证明。

蛋白质研究一直被喻为破解生命之谜的关节点，20 世纪 50 年代末，世界权威杂志《自然》曾发表评论文章，认为人工合成胰岛素还有待于遥远的将来。因此，胰岛素的人工合成，标志着人类在揭开生命奥秘的道路上又迈出了一步。

1958 年 12 月底，我国人工合成胰岛素课题正式启动，中科院生物化学研究所会同中科院有机化学研究所、北京大学联合组成研究小组，在前人对胰岛素结构和多肽合成的研究基础上，开始探索用化学方法合成胰岛素。中科院上海有机化学研究所和北京大学化学系负责合成 A 链，中科院生物化学研究所负责合成 B 链，并负责把 A 链与 B 链正确组合起来。

概括起来，研究过程可以分成三步：第一步，探索把天然胰岛素的 A、B 两条链重新组合成为胰岛素的可能性，研究小组在 1959 年突破了这一关，重新组合的胰岛素结晶和天然胰岛素结晶的活力相同、形状一样；第二步，分别合成胰岛素的两条链，并用人工合成的 B 链同天然的 A 链结合生成半合成的牛胰岛素，这一步在 1964 年获得成功；第三步，经过半合成考验的 A 链与 B 链相结合后，通过小鼠惊厥实验证明了纯化结晶的人工合成胰岛素确实具有和天然胰岛素相同的活性。

研究小组经过6年多坚持不懈的努力，终于在1965年9月17日，在世界上首次用人工方法合成了结晶牛胰岛素。国家科委（现为科学技术部）先后两次组织著名科学家进行科学鉴定，证明人工合成牛胰岛素具有与天然牛胰岛素相同的生物活力和结晶形状。随后，1965年11月，这一重要科学研究成果首先以简报形式发表在《科学通报》杂志上，1966年3月30日全文发表。自1966年3月“人工全合成结晶牛胰岛素”的研究工作在《科学通报》杂志上对外发表后，许多国家的电视台和报纸先后做了报道。

关键术语

蛋白质	氨基酸	肽键	肽单元	α-螺旋	β-折叠
β-转角	二硫键	次级键	两性解离	变性	复性
凝固	紫外吸收性	呈色反应			

思考题

（1）人体中组成蛋白质的氨基酸有多少种？如何对其进行分类？

（2）什么是蛋白质的一、二、三、四级结构？维系各级结构稳定的主要化学键是什么？

（3）蛋白质变性的实质是什么？

第三章　酶

知识目标

- 掌握酶的分子组成、活性中心及特性；熟悉酶的作用机制和酶活性的调节。
- 掌握影响酶促反应速度的因素。
- 熟悉酶与医学的关系，能够运用所学的酶学知识解释某些疾病发生的原因及某些药物的作用机制。

素质目标

- 树立为国家奉献一切的人生理念。

物质代谢是一切生命活动的基础，它是通过各种各样的化学反应来完成的。这些化学反应的顺利完成，有赖于酶的催化作用。酶是由生物活细胞产生的对其底物具有高度特异性和高度催化作用的生物催化剂。绝大多数酶是蛋白质，少数酶是 RNA（核糖核酸酶）或 DNA（脱氧核糖核酸酶）。核糖核酸酶和脱氧核糖核酸酶主要作用于 RNA 和 DNA。本章主要围绕酶的化学本质是蛋白质来展开讨论。

第一节　酶的结构与功能

想一想：

蛋白质是由许多氨基酸通过肽键相连而成的高分子含氮化合物，是生命的物质基础，也是生命活动的主要承担者。尽管绝大多数酶的化学本质是蛋白质，但是它们具有大多数蛋白质所不具有的性质——催化活性。在酶的催化作用和诸多因素的共同作用下，生物体内的物质代谢有条不紊地进行。酶对生物体内的代谢发挥着重要的调节作用。

思考：从结构方面来说，酶为何具有催化活性？生物体是如何对酶的催化活性进行调节的？

由酶催化的化学反应称为酶促反应。在酶促反应中，被酶催化的物质称为底物，也叫作用物，反应所产生的物质称为产物；酶所具有的催化能力称为酶活性，酶失去催化能力则称为酶失活。

一、酶的分子组成

根据分子组成的不同，酶可分为单纯酶（simple enzyme）和结合酶（conjugated enzyme）两类。

（一）单纯酶

单纯酶是仅由多肽链构成的蛋白质，其催化活性主要由蛋白质结构决定，如淀粉酶、一些消化蛋白酶、脲酶、核糖核酸酶等。

（二）结合酶

结合酶由蛋白质部分和非蛋白质部分组成。其中，蛋白质部分称为酶蛋白（apoenzyme），主要决定酶促反应的特异性；非蛋白质部分称为辅助因子（cofactor），主要决定酶促反应的种类和性质。酶蛋白与辅助因子结合形成的复合物称为全酶（holoenzyme）。结合酶只有构成全酶，才具有催化作用。

结合酶的辅助因子是金属离子或小分子有机化合物，其中常见的金属离子有 K^+、Na^+、Mg^+、Cu^{2+}（Cu^+）、Zn^{2+}、Fe^{2+}（Fe^{3+}）等。有些金属离子与酶蛋白结合紧密，提取过程中不易分离，这类酶称为金属酶，如羧基肽酶、黄嘌呤氧化酶等。有些金属离子与酶蛋白的结合过程是可逆的，这类酶称为金属激活酶，如己糖激酶、细胞色素氧化酶等。金属离子作为辅助因子，其主要作用是维持酶分子的空间构象，参与电子的传递，在酶与底物之间起连接、中和阴离子等作用。

结合酶的小分子有机化合物多为维生素及其衍生物，其主要作用是参与酶的催化过程，在反应中传递电子、原子或某些基团。

根据与酶蛋白结合的紧密程度和作用特点，结合酶的辅助因子可分为辅酶（coenzyme）和辅基（prosthetic group）两大类。辅酶与酶蛋白结合疏松，可以用透析法或**超滤法**除去。辅基与酶蛋白结合紧密，不易用透析法或超滤法除去。

提　示

超滤法：在压力差的驱动下，用可以阻挡不同大小分子的滤板或滤膜将液体过滤的方法。超滤是一种常用的膜分离技术。

大多数维生素组成许多酶的辅酶成分或辅基成分（详见第四章）。生物体内酶的种类很多，而辅酶（基）的种类却较少。通常，一种酶蛋白只能与一种辅酶结合，成为一种特异性酶，但一种辅酶往往能与不同种类的酶蛋白结合，构成许多种特异性酶。

二、酶的活性中心

酶分子中，与酶活性密切相关的基团称为酶的必需基团。这些必需基团在一级结构上可能相距很远，但在空间结构上彼此靠近，组成具有特定空间结构的区域。该区域能与特定的底物结合并将底物转化为产物，称为酶的活性中心（active center）。对于结合酶来说，辅酶或辅基上的一部分结构往往是活性中心的组成成分。

酶活性中心内的必需基团包括结合基团和催化基团两类。其中，结合基团主要结合底物，使之与酶形成复合物；催化基团主要影响底物中某些化学键的稳定性，从而催化底物发生化学反应并将其转变为产物。活性中心内的必需基团可同时具有这两个方面的功能。此外，还有一些必需基团尽管不参与酶活性中心的组成，却是维持酶活性中心应有的空间构象所必需的，它们是酶活性中心以外的必需基团，如图 3-1 所示。

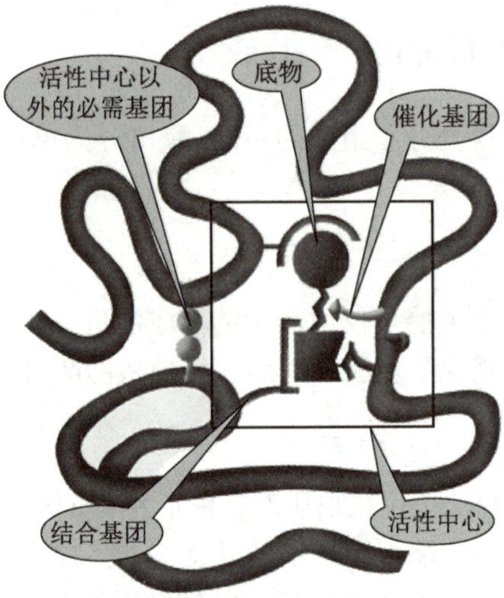

图 3-1　酶的活性中心

三、酶的特性

酶作为生物催化剂，能催化生物体内各种化学反应。除了具有一般催化剂的特性外，酶还具有高效性、专一性、可调控性和不稳定性。

（一）高效性

酶对底物具有较高的催化效率。对于同一种化学反应，酶的催化速度比一般催化剂高 10^7～10^{13} 倍。例如，蔗糖酶催化蔗糖水解的速度是 H^+催化作用的 2.5×10^{12} 倍，脲酶催化尿素水解的速度是 H^+催化作用的 7×10^{12} 倍。酶对底物的催化作用不需要较高的反应温度。酶极高的催化效率有赖于其特有的作用机制。

（二）专一性

与一般催化剂不同，酶对其所催化的底物具有较严格的选择性，即一种酶仅作用于一种或一类化合物，或一定的化学键，以催化一定的化学反应并得到一定的产物。酶的这种特性称为酶的特异性或专一性。根据酶对底物选择的严格程度不同，酶的专一性大致可分为绝对专一性、相对专一性和立体异构专一性 3 种类型。

1. 绝对专一性

有些酶仅作用于特定结构的底物，催化特定的反应，生成特定结构的产物，酶的这种专一性称为绝对专一性。例如，脲酶只能催化尿素水解生成 CO_2 和 NH_3，而对尿素的衍生物，如甲基尿素无催化作用。

2. 相对专一性

有些酶可作用于一类化合物或一种化学键，其专一性相对较差，这种不太严格的选择性称为相对专一性。例如，脂肪酶不仅能催化脂肪发生水解反应，还能催化简单的酯发生水解反应。

3. 立体异构专一性

有些酶具有立体异构专一性，仅作用于底物中的一种立体异构体。例如，L-乳酸脱氢酶仅作用于 L-乳酸，对 D-乳酸无催化作用；L-氨基酸氧化酶仅作用于 L-氨基酸，对 D-氨基酸无催化作用。

（三）可调控性

正常情况下，物质代谢处于错综复杂、有条不紊的动态平衡中，而酶对代谢过程中酶活性和酶含量的调节，是维持这种平衡的重要环节。例如，酶原的激活，使酶在合适的环境中被激活并发挥催化作用；胰岛素和甲状腺激素可诱导胆固醇合成中关键酶的活性，而胰高血糖素和糖皮质激素则可抑制该酶的活性。

（四）不稳定性

绝大多数酶的化学本质是蛋白质，在受到紫外线、热、射线、表面活性剂、金属盐、强酸、强碱及其他化学试剂（如氧化剂、还原剂等）的影响时，酶蛋白的空间结构容易发生改变，进而影响酶的催化作用。因此，酶促反应常常需要在常温、常压、接近中性的酸碱条件下进行。

提 示

表面活性剂：指具有固定的亲水亲油基团，在溶液的表面能定向排列，并能使溶液的表面张力显著下降的物质。

做一做

下列关于酶的叙述中，正确的是（　　）。

A. 所有的蛋白质都是酶
B. 所有的酶都有辅助因子
C. 所有的酶都是由酶原转变而来的
D. 所有的酶对其底物都具有绝对专一性
E. 所有的酶都有活性中心

四、酶的作用机制

在化学反应体系中，初态底物的分子所含能量较低，只有那些获得较高能量并达到一定阈值的活化分子才有可能发生化学反应。由初态底物分子转变为活化分子所需的能量称为活化能（activation energy）。

与一般催化剂一样，酶是通过降低反应所需的活化能来提高反应速度的。酶通过其特有的作用机制，能比一般催化剂更有效地降低反应所需的活化能，使底物分子只需较少的能量就可转变为活化分子，如图 3-2 所示。

（一）两种假说

1. 中间产物学说

关于酶的高效性，目前普遍接受的是中间产物学说。该学说认为，酶降低活化能的原因是酶参加了反应，即酶分子与底物分子先结合生成不稳定的中间产物（酶-底物复合物），这个中间产物不仅容易生成，而且容易分解出产物，释放出原来的酶，这样就把原来活化能较高的一步反应变成了活化能较低的两步反应。由于活化能降低，活化分子大大增加，反应速度也迅速提高。如果以 E 表示酶，S 表示底物，ES 表示中间产物，P 表示反应终产物，则反应过程可表示为

$$E+S \rightarrow ES \rightarrow E+P$$

该学说的关键是认为酶参与了底物的反应，生成了不稳定的中间产物，因而使反应沿着活化能较低的途径进行。事实上，中间产物学说已经被许多实验所证实。

2．诱导契合学说

在酶未与底物分子结合时，酶活性部位的构象与底物分子并不吻合，但在酶与底物分子相互靠近的过程中，酶受底物分子的诱导，其构象向着有利于与底物结合的方向变化，而底物分子在酶的诱导下，其化学组成和结构也向着中间过渡态转变，进而相互结合成酶-底物复合物，如图 3-3 所示。两者在反应中相互诱导、相互变形，进而相互结合的过程称为诱导契合学说。

酶-底物复合物的生成，改变了原来化学反应的途径，大幅度地降低了酶促反应所需的活化能，提高了化学反应速度。

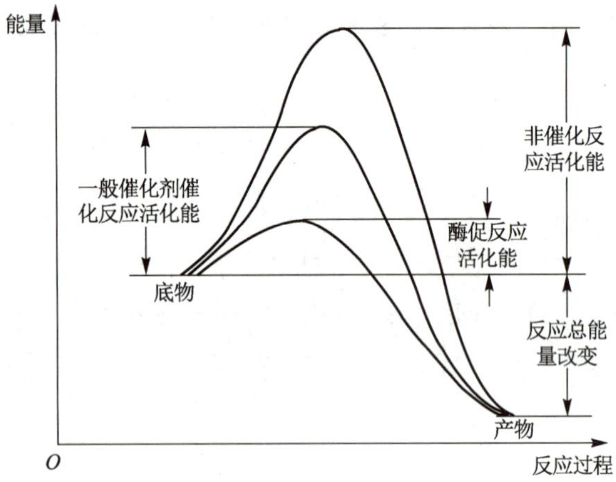

图 3-2　酶促反应活化能的变化

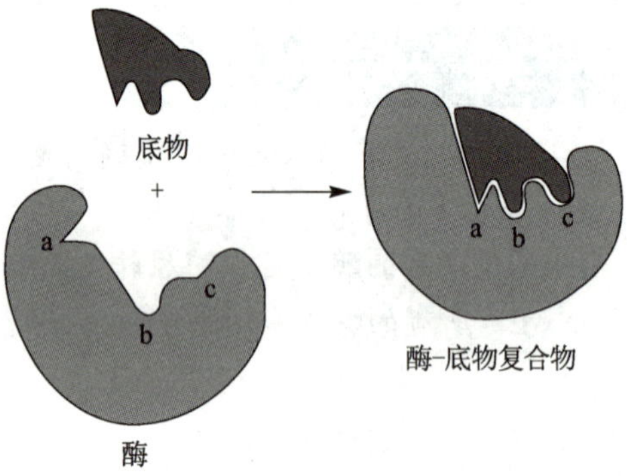

图 3-3　诱导契合学说

（二）作用机制

1．趋近效应与定向排列

在两个以上底物参加的化学反应中，底物之间必须以正确的方向相互碰撞，才有可能发生反应。酶在反应中将这些底物结合到酶的活性中心，使它们相互接近并形成有利于反应的正确定向关系。趋近效应与定向排列就是底物与酶活性中心特异性结合时产生的效应。

在酶促反应中，酶与底物特异性结合，使得底物分子间的距离大大缩短的效应称为趋近效应。由于趋近效应的产生，酶活性中心附近底物的浓度远远高于溶液中底物的浓度，从而大大提高了反应速度。

定向排列是指酶的催化基团与底物的反应基团之间正确匹配产生的效应。在酶促反应中，底物结合在酶的活性中心，使酶的催化基团与底物的反应基团严格地排列在一起，从

而加快了反应速度。

2. 酸碱催化作用

酶是蛋白质，具有两性解离性质。在催化过程中，酶活性中心的催化基团通过提供质子来促进酶促反应进程的过程，称为酸催化作用；通过接受质子来促进酶促反应进程的过程，称为碱催化作用。同一种酶往往具有酸、碱双重催化作用，极大地提高了酶的催化效率。

3. 表面效应

酶的活性中心多由氨基酸残基的疏水基团组成，从而构成相对稳定的疏水环境。疏水环境可排除水分子对酶和底物分子中功能基团的干扰性吸引或排斥，防止在底物与酶之间形成水化膜，有利于酶与底物的密切接触。

实际上，许多酶促反应常常是多种催化机制的综合作用，这是酶促反应高效率的重要原因。

五、酶活性的调节

生物体内有不同种类的酶，它们协调着生物的各类代谢过程，如繁殖、分化、发育等。细胞根据内外环境的变化，通过调节关键酶的结构和含量，以实现对细胞内物质代谢的调节作用。

（一）酶结构的调节

1. 酶原激活

有些酶在细胞内合成或初次分泌时没有生物活性，但在一定条件下，让它们水解掉一个或几个特殊的肽键，从而使其构象发生变化，则可表现出酶的活性。这种无活性酶的前体称为酶原（zymogen）。由酶原转变为有活性的酶的过程称为酶原的激活。酶原激活的实质是酶的活性中心形成或暴露的过程。

酶原激活在生物体内广泛存在，是一种重要的酶活性调控方式，具有重要的生理意义。例如，消化道内的蛋白酶以酶原的形式分泌，不仅保护消化器官本身不受酶的水解破坏，而且保证酶在其特定的部位与环境发挥催化作用。又如，正常情况下，血管内的凝血因子以酶原形式存在，以避免血液在血管内凝固，保证血液的流动性。一旦血管破损，凝血因子在外界因素的刺激下被激活，进而启动体内的凝血机制。

体内酶原的激活过程如果发生异常，将导致一系列疾病，如急性胰腺炎、弥散性血管内凝血等。

知识拓展

急性胰腺炎

急性胰腺炎是一种常见疾病，是由于某些因素的影响，使得胰腺内蛋白酶原在未进入肠道时被激活，引起胰腺组织自身消化，导致胰腺出现水肿、出血、肿胀甚至坏死的炎症反应。临床上表现为急性腹痛、恶心、呕吐、发热和血胰酶增高等。

2. 变构调节

生物体内的一些物质能与某些酶分子活性中心外的某一部位可逆地结合，引起酶分子构象发生改变并改变其催化活性。对酶催化活性的这种调节方式称为变构调节或别位调节（allosteric regulation），受变构调节的酶称为变构酶或别构酶（allosteric enzyme），引起变构效应的代谢物称为变构效应剂。有时底物本身就是变构效应剂。其中，使酶活性增强的效应剂称为变构激活剂或别构激活剂，反之则称为变构抑制剂或别构激活剂。变构调节在生物界普遍存在，是快速调节体内物质代谢中酶活性的一种重要方式。

3. 化学修饰

酶分子肽链上的一些基团可与某种化学基团发生可逆的共价结合，从而改变酶的活性，这一过程称为酶的共价修饰或化学修饰（chemical modification）。在化学修饰过程中，酶发生无活性（或低活性）与有活性（或高活性）两种形式的互变。酶的共价修饰主要包括磷酸化与去磷酸化、乙酰化与去乙酰化、腺苷化与去腺苷化、甲基化与去甲基化等，磷酸化与去磷酸化作用在物质代谢调节中最为常见。共价修饰也是快速调节体内物质代谢中酶活性的一种重要方式。

（二）酶含量的调节

改变细胞内酶的含量，进而调节物质代谢过程，是细胞水平内酶活性的另一种调节方式。酶含量的调节主要通过诱导或阻遏酶蛋白的合成、调节酶蛋白的降解速度来实现。这类调节所需时间较长，但调节效应持续的时间也较长，是一种缓慢而持久的调节方式。

第二节 酶促反应的动力学

想一想：

与其他催化剂一样，酶只能催化热力学上允许的化学反应，只能缩短化学反应达到平衡点的时间，并且少量的酶可以大大加快化学反应的速度，而反应前后酶的质和量不发生变化。一般来说，影响化学反应速度的因素有浓度、温度和催化剂等，而影响酶促反应速度的因素有底物浓度、酶浓度、温度、pH、激活剂和抑制剂等。

思考：基于对一般催化剂的了解，你认为温度对酶促反应速度的影响是怎样的？临床上的低温麻醉应用了酶促反应的哪一特征？

研究酶促反应，就是研究底物浓度、酶浓度、温度、pH、激活剂和抑制剂等对酶促反应速度的影响。在研究某一因素对酶促反应速度的影响时，体系中其他因素应保持不变。酶促反应动力学的研究具有重要的理论和实践意义。

一、底物浓度对酶促反应速度的影响

在其他因素不变的情况下，底物浓度的变化对酶促反应速度的影响呈矩形双曲线，如图 3-4 所示。其中，v 代表反应速度，$[S]$ 代表底物浓度。当底物浓度较低时，反应速度随底物浓度的增大急剧上升，两者呈正比关系，反应呈一级反应。随着底物浓度的进一步增大，反应速度增加的幅度变缓，反应速度与底物浓度不再呈正比关系。如果继续增加底物浓度，反应速度不再增加，即表现出**零级反应**。此时，酶的活性中心已被底物饱和。所有酶都有此饱和现象，但达到饱和时所需的底物浓度各不相同。

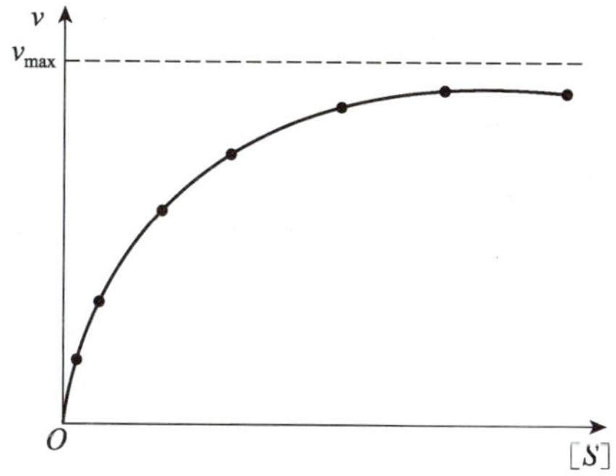

图 3-4　底物浓度对酶促反应速度的影响

提　示

一级反应：指反应速度与反应物浓度的一次方成正比的反应。
零级反应：指反应速度与反应物浓度无关，而受其他因素影响的反应。

（一）米氏方程

1913 年，米凯利斯和曼藤根据中间产物学说，提出了酶促反应速度与底物浓度关系的数学方程式，即米-曼氏方程式，简称米氏方程，方程式为

$$v=\frac{v_{max}[S]}{K_m+[S]}$$

式中，v 是在某一底物浓度时相应的反应速度，v_{max} 为最大反应速度，$[S]$ 为底物浓度，K_m 为米氏常数。

当底物浓度很低时，即 $[S] \ll K_m$，则 $v=\frac{v_{max}}{K_m}[S]$。此时反应速度与底物浓度成正比。当底物浓度很高时，即 $[S] \gg K_m$，则 $v=v_{max}$，反应速度达到最大。

（二）米氏常数的意义

（1）当酶促反应速度为最大反应速度的一半时，米氏方程可以变换为

$$\frac{v_{max}}{2}=\frac{v_{max}[S]}{K_m+[S]}$$

进一步整理得 $K_m=[S]$。由此可见，K_m 值等于酶促反应速度为最大速度一半时的底物浓度。

（2）按中间产物学说，酶促反应为

$$E + S \underset{K_2}{\overset{K_1}{\rightleftharpoons}} ES \underset{K_4}{\overset{K_3}{\rightleftharpoons}} E + P$$

在反应的初始阶段，K_4 可以忽略，$K_m = \frac{(K_2+K_3)}{K_1}$。当 $K_2 >> K_3$ 时，即 ES 解离成 E 和 S 的速度远远超过 ES 解离成 E 和 P 的速度，K_3 可忽略不计。此时 K_m 近似等于 ES 的解离常数 K_s，即

$$K_m = \frac{K_2}{K_1} = \frac{[E][S]}{[ES]} = K_s$$

在这种情况下，K_m 可用来表示酶对底物的亲和力。K_m 值越小，酶与底物的亲和力越大，底物浓度较小时就能达到最大反应速度；K_m 值越大，酶与底物的亲和力越小，底物浓度较大时才能达到最大反应速度。

（3）K_m 是酶的特征性常数之一，只与酶的结构、底物和反应环境有关，与酶的浓度无关。

二、酶浓度对酶促反应速度的影响

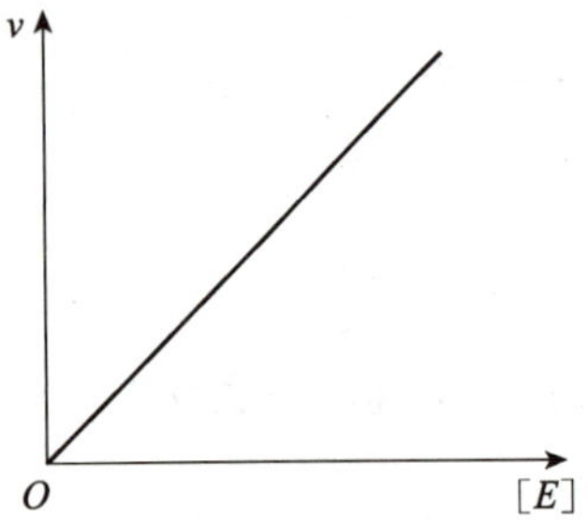

图 3-5　酶浓度对酶促反应速度的影响

在一定的温度和 pH 条件下，当底物浓度足以使酶饱和时，酶浓度与反应速度成正比，如图 3-5 所示。其中，v 代表反应速度，[E] 代表酶浓度。即随着酶浓度的增加，酶促反应速度逐渐增大。但事实上，当酶浓度很高时，并不保持这种关系，即曲线逐渐趋向平缓。根据分析，这可能是高浓度的底物夹带许多抑制剂所致。

三、温度对酶促反应速度的影响

酶是生物催化剂，且化学本质是蛋白质，因此温度对酶促反应速度具有双重影响。一方面，随着温度的升高，酶的活化分子数增加，酶促反应速度加快；另一方面，当温度超过一定范围时，酶变性失活，酶促反应速度反而会降低。如果以温度 t（℃）为横坐标，反应速度 v 为纵坐标，可得到如图 3-6 所示的曲线。通常将酶促反应速度达到最大时的温度称为酶的最适温度（optimum temperature）。

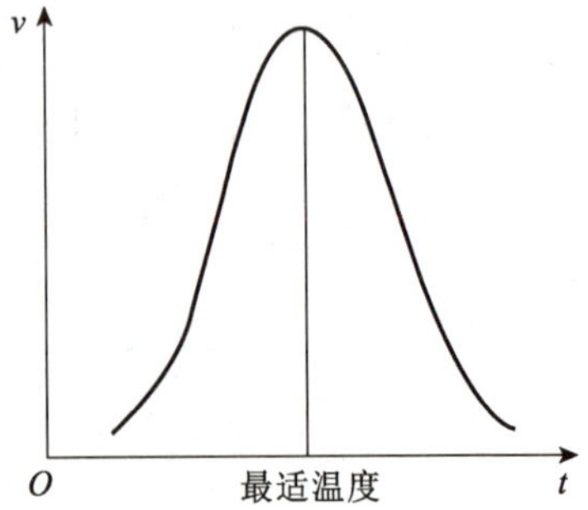

图 3-6　温度对酶促反应速度的影响

酶的最适温度不是酶的特征性常数，它与反应时间有关。在短时间内，酶可以耐住较高的温度；如果延长反应时间，则会降低酶的最适温度。在哺乳类动物组织中，酶的最适温度多为 35～40℃。温度升高到 60℃以上时，大多数酶开始变性；升高到 80℃以上时，大多数酶因发生不可逆变性而失活。

酶的活性虽然随温度的下降而降低，但低温一般不会破坏酶的活性。温度回升后，酶又可以恢复其活性。临床上，低温麻醉便是利用酶的这一性质来减慢组织细胞代谢的速度，从而提高机体对氧气和营养物质缺乏的耐受性，有利于进行手术治疗。低温保存菌种也是基于这一原理。

知识拓展

低温麻醉

低温麻醉是指在全身麻醉下，人为地以物理降温法将患者的体温降到一定程度，使机体的基础代谢率降低，提高组织在缺氧及阻断血液流通情况下的耐受能力。按降温程度的不同，低温麻醉可分为浅低温麻醉（28～32℃）、中低温麻醉（20～28℃）和深低温麻醉（20℃以下）。临床上，低温麻醉多用于较复杂的心血管和颅脑手术。

四、pH 对酶促反应速度的影响

酶分子中的许多极性基团在不同 pH 条件下的解离状态不同，而酶活性中心的某些必需基团往往需要在某一解离状态时才最容易同底物结合或具有最大催化作用。并且，pH 还会影响酶活性中心的空间构象，进而影响酶的活性。因此，酶的活性与 pH 的关系密切。每一种酶只能在一定的 pH 范围内表现出活性，而且同一种酶在不同 pH 条件下的活性也有所不同，如图 3-7 所示。

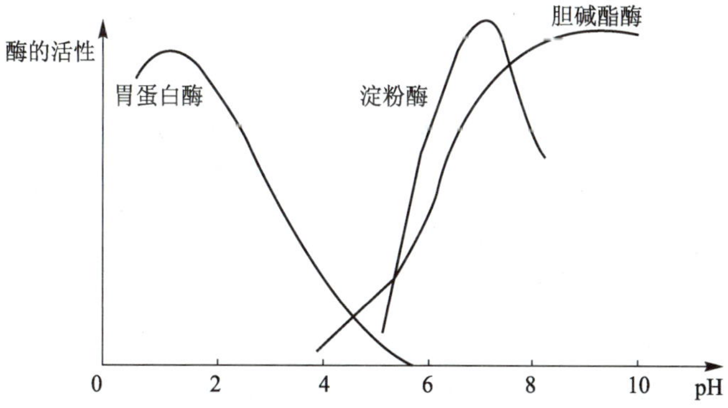

图 3-7　pH 对某些酶活性的影响

酶促反应的动力学

通常将酶催化活性最大时的环境 pH 称为酶的最适 pH。动物体内多数酶的最适 pH 接近中性，但也有例外，如胃蛋白酶的最适 pH 约为 1.8，肝精氨酸酶的最适 pH 约为 9.8。最适 pH 不是酶的特征性常数，它受底物浓度、缓冲液的种类与浓度、酶的纯度等因素的影响。溶液的 pH 高于和低于最适 pH 时，会使酶的活性降低；与最适 pH 相差较大时，甚至会导致酶变性失活。

五、激活剂对酶促反应速度的影响

激活剂（activator）是指使酶从无活性变为有活性或使酶活性增加的物质。激活剂大多是金属离子，如 Mg^{2+}、K^{+}、Mn^{2+}等；少数为阴离子或小分子有机化合物，如 Cl^{-}、Br^{-}、胆汁酸盐等。

大多数金属离子激活剂对酶促反应是不可缺少的，这类激活剂称为必需激活剂。必需激活剂能与酶、底物或酶-底物复合物结合并参加反应，但不转化为产物。有些激活剂不存在时，酶仍有一定的催化活性，这类激活剂称为非必需激活剂。非必需激活剂通过与酶、底物或酶-底物复合物结合来提高酶的催化活性。例如，Mg^{2+}是许多激酶的必需激活剂，胆汁酸盐是胰脂肪酶的非必需激活剂。

六、抑制剂对酶促反应速度的影响

凡能使酶的活性下降而不引起酶蛋白变性的物质，称为酶的抑制剂（inhibitor）。抑制剂多与酶的必需基团结合，以抑制酶的催化活性。去除抑制剂后，酶的活性可以恢复。根据抑制剂与酶结合的牢固程度不同，酶的抑制作用可分为不可逆性抑制作用和可逆性抑制作用两类。

（一）不可逆性抑制作用

不可逆性抑制作用的抑制剂通常以共价键方式与酶活性中心上的必需基团结合，使酶失去活性。这类抑制剂不能通过透析、超滤等方法去除。按抑制剂作用的特点，不可逆性抑制作用可分为以下两类。

1. 非专一性不可逆抑制作用

某些抑制剂能与酶分子中一类或几类基团共价结合，对酶产生不可逆抑制作用，即为非专一性不可逆抑制作用。例如，某些重金属及对氯汞苯甲酸等能与酶分子的巯基进行不可逆结合，许多以巯基作为必需基团的酶（通称巯基酶）会因此而遭受抑制。但是用二巯基丙醇或二巯基丁二酸钠等含巯基的化合物可使酶复活。

2. 专一性不可逆抑制作用

某些抑制剂专一地对酶的活性中心或其必需基团进行共价结合，对酶产生不可逆抑制作用，即为专一性不可逆抑制作用。例如，有机磷杀虫剂能专一作用于胆碱酯酶活性中心的丝氨酸残基，使其磷酰化而不可逆地抑制酶的活性。当胆碱酯酶被有机磷杀虫剂抑制后，胆碱能神经末梢分泌的乙酰胆碱不能及时分解，过多的乙酰胆碱会导致胆碱能神经过度兴奋。解磷定等药物可与有机磷杀虫剂结合，使酶与有机磷杀虫剂分离，进而使酶的活性恢复。

案例分析

陈某，男，因出现头晕、头痛、腹痛、呕吐、流涎、胸闷、视力模糊等症状去某医院就诊。陈某描述："我平日里身体健康，不抽烟、不喝酒，无药物过敏史及特殊疾病，数小时前在农田喷洒杀虫剂（氧化乐果）后出现上述症状。"经检查，陈某的血清胆碱脂酶含量小于 200 U/L，而正常参考值为 4 300～10 500 U/L。

请你运用所学知识，解释患者出现上述症状的原因。

（二）可逆性抑制作用

可逆性抑制作用的抑制剂通常以非共价键方式与酶或酶-底物复合物进行可逆性结合，使酶活性降低或消失，并且可以通过透析、超滤等方法去除。这类抑制剂大致可以分为以下 3 类。

1. 竞争性抑制作用

有些抑制剂（I）与底物（S）结构相似，能与底物竞争酶（E）的活性中心。抑制剂与酶结合可以阻碍酶与底物的正常结合，从而抑制酶的活性。这种抑制作用称为竞争性抑制作用，其反应式为

$$\begin{array}{llll} E & +\,S & \rightleftharpoons ES & \longrightarrow E+P \\ + & & & \\ I & & & \\ \upharpoonleft\downharpoonright & & & \\ EI & & & \end{array}$$

抑制剂与酶的结合是可逆的，因此抑制剂对酶的抑制程度取决于抑制剂与酶的相对亲和力及抑制剂浓度与底物浓度的相对比例。抑制剂浓度不变时，通过增大底物浓度可以减弱甚至解除抑制剂对酶的抑制作用。

临床上常用的磺胺类药物，其抑菌机制属于酶的竞争性抑制作用。对磺胺类药物敏感的细菌在生长繁殖时，不能直接利用环境中的叶酸，而是利用对氨基苯甲酸在二氢叶酸合成酶的作用下合成二氢叶酸，二氢叶酸在二氢叶酸还原酶的作用下生成四氢叶酸。四氢叶酸是细菌合成核酸过程中不可缺少的辅酶。磺胺类药物与对氨基苯甲酸的化学结构相似，是二氢叶酸合成酶的竞争性抑制剂，可以抑制二氢叶酸的合成，进而影响细菌核酸的合成。而人类能直接利用食物中的叶酸，其核酸的合成不受磺胺类药物的干扰。

临床上常用的抗癌药物，如甲氨蝶呤、5-氟尿嘧啶、6-巯基嘌呤等，几乎都是酶的竞争性抑制剂。这几种抗癌药物分别抑制四氢叶酸、脱氧胸苷酸、嘌呤核苷酸的合成，从而达到抑制肿瘤生长的目的。

2. 非竞争性抑制作用

有些抑制剂（I）与酶（E）活性中心外的必需基团结合，不影响酶与底物（S）的结合，而酶与底物的结合也不影响酶与抑制剂的结合。底物与酶之间无竞争关系，但酶-底物-抑制剂复合物（ESI）不能进一步释放产物。这种抑制作用称为非竞争性抑制作用，其反应式为

$$\begin{array}{llll} E+S & \rightleftharpoons & ES & \longrightarrow E+P \\ + & & + & \\ I & & I & \\ \upharpoonleft\downharpoonright & & \upharpoonleft\downharpoonright & \\ EI+S & \rightleftharpoons & EIS & \end{array}$$

与竞争性抑制作用相比，非竞争性抑制作用有如下特点：① 抑制剂与底物结构无相似性；② 抑制程度只取决于抑制剂的浓度；③ 增大底物浓度不能减弱或消除该抑制作用。

3. 反竞争性抑制作用

有些抑制剂（I）仅与酶-底物复合物（ES）结合，生成酶-底物-抑制剂复合物（ESI），使中间产物（ES）的量减少，从而减少了中间产物转化为产物的量。这种抑制作用称为反竞争性抑制作用。与竞争性抑制作用相反，增加底物浓度反而会促进抑制作用。反竞争性抑制作用的反应式为

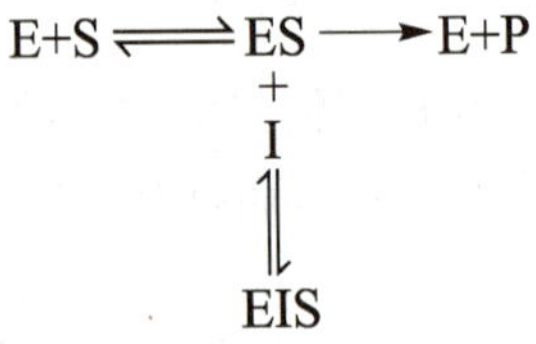

第三节　酶与医学的关系

想一想：

随着医学的不断发展，酶在医学上的重要性越来越引起人们的关注。酶不仅涉及疾病的发生和发展，而且酶活性的测定已成为临床辅助诊断的重要手段。随着酶提纯技术的发展，用于治疗疾病的酶也越来越多。

思考：许多疾病会引起酶的异常，酶的异常会引发疾病吗？通过测定体液中酶活性的变化，可以对疾病进行辅助诊断吗？

一、酶与疾病的发生

有些疾病的发病机制间接或直接地与酶的异常或酶活性受到抑制相关。现已发现的140 多种先天性代谢缺陷中，大多数是由酶的先天性或遗传性缺陷所致。例如，酪氨酸缺乏可能会引起白化病，苯丙氨酸羟化酶缺乏可能会引起苯丙酮尿症等。

许多疾病会引起酶的异常，进而使病情加重，如许多炎症会导致弹性蛋白酶从浸润的白细胞或巨噬细胞中释放，进而对组织产生破坏作用。激素代谢障碍或维生素缺乏也会引起酶的异常，如维生素 K 缺乏时，凝血因子Ⅱ、Ⅶ、Ⅸ、Ⅹ的前体不能在肝内进一步羧化生成成熟的凝血因子，使机体表现出因这些凝血因子异常所致的临床症状。酶活性受到抑制多见于中毒性疾病，如前述的有机磷农药中毒、重金属盐中毒等。

二、酶与疾病的诊断

一般情况下，当某些组织或器官发生病变时，由于细胞的坏死和通透性的增强，或细胞增殖使酶的合成及诱导增加等，会使某些细胞内的酶溢入体液中。临床上常通过测定血清、血浆、尿液等体液中酶活性的变化，对疾病进行辅助诊断和预后判断。例如，测定血清或尿液中淀粉酶的活性，是鉴别诊断急性胰腺炎的常用方法；测定血清中丙氨酸氨基转

移酶的活性，是检查肝功能的重要指标之一。

知识拓展

同工酶

同工酶是指催化的化学反应相同，但酶蛋白的分子结构、理化性质和免疫学性质均不同的一组酶。同工酶是机体长期进化过程中基因分化的产物。同工酶存在于同一种属或同一个体的不同组织中，或同一细胞的不同亚细胞结构中，在代谢中起着重要的作用，对疾病的诊断和鉴别具有重要的意义。现已发现的同工酶有百余种之多，其中最典型的同工酶是乳酸脱氢酶。

由于同工酶的特异性，当某组织或器官发生疾病时，某种特殊的同工酶可能会被释放至血清中，进而导致血清同工酶谱的改变。由此可见，测定血清中的同工酶，对于疾病的诊断具有重要的临床意义。

三、酶与疾病的治疗

某些酶可作为药物用于临床治疗。例如，淀粉酶、胃蛋白酶、胰蛋白酶等可用于治疗消化功能失调、消化液不足或其他原因引起的消化系统疾病；溶菌酶、胰蛋白酶、木瓜蛋白酶等既可抗炎消肿，又可清洁伤口，分解脓液，以利于药物的渗透和伤口愈合；尿激酶、链激酶、纤溶酶等对动脉硬化和血栓形成有预防和治疗作用。

有些药物通过抑制生物体内某些酶的活性，可达到治疗疾病的目的。例如，氯霉素通过抑制某些细菌转肽酶的活性来抑制该细菌内蛋白质的合成，从而达到抑菌的效果；6-巯基嘌呤、5-氟尿嘧啶等药物是肿瘤细胞核酸代谢途径中相关酶的竞争性抑制剂，它们因能抑制肿瘤细胞核苷酸的合成代谢而被用于治疗肿瘤。

扫一扫

酶与医学的关系

科心报国

为祖国奉献所学的一切——“酶”院士王志新

从黑土地的下乡知青到当年中科院最年轻的院士，他完成了一个又一个的人生飞跃；从生命科学研究中的前沿课题到分子生物学领域的世界性难题，他“啃”下了一个又一个的科研硬骨头。因为在分子生物学方面的突出贡献，他被誉为独树一帜的“酶专家”。他，就是清华大学生命科学学院教授、中国科学院院士王志新。

1969 年夏天，16 岁的王志新和千千万万知识青年一样踏上了北大荒的土地。黑土地用自己的方式迎接王志新：住的是土坯房，睡的是土炕，点的是煤油灯，二十几个人挤在一间宿舍里，每人睡觉的地方只有 60 cm 宽。

1972 年，队里分下来几个考大学的名额，王志新不顾一切地报了名。为了能考上理想的大学，他白天在食堂里干活，晚上就趴在煤油灯下看书复习，半年时间没日没夜的“恶补”，使他在500人参加的考试中，最终以全优的成绩脱颖而出，考进了清华大学化学与化学工程系。

走进清华园，王志新一门心思投入学习。他只有一个简单的信念：要弄懂那些数学定理从哪里来，就要知道发现定理的思路；要知道化学方程式、分子式的构成，就要知道它生成的可能性及即将引出的下一个方程式；要寻找世界的自然规律，就要将各种基础科学融会贯通。

1981年，勤奋好学的王志新把目光投向了我国科技界的最高殿堂——中国科学院。经过激烈的竞争，他考上了中国科学院的研究生，从事酶的结构与功能关系研究。研究蛋白质空间结构预测，是一项艰苦的基础研究。王志新几乎让自己全方位地处于思考状态，这种状态，使他在研究过程中形成了一种直觉，他可以在无意识中，从纷繁复杂的各种事实材料中敏锐地发现其中包含的本质性因素。

1987年到1993年，王志新先后被公派到日本、美国一些大学学习和工作。他在美国学习的时候，教授多次挽留，但有个声音却清晰地在他心底回响：生命科学是各国科学家都在为之努力的前沿课题，我要为我的祖国奉献所学的一切。

回国后，王志新以主要完成人身份承担了“酶活性不可逆改变的动力学”等科研项目。一串串沉甸甸的果实，是对王志新在科研道路上奋力攀登的最好回报。热爱科研、热爱祖国成了王志新科研成就的最美底色。

关键术语

酶	单纯酶	结合酶	酶的活性中心
酶原激活	酶的活性	酶促反应速度	酶与疾病

思考题

（1）什么是酶的活性中心？
（2）简述酶的特性。
（3）可以通过哪些方法对酶活性进行调节？
（4）何为酶促反应动力学？影响酶促反应速度的因素有哪些？
（5）举例说明酶的抑制作用在临床上的应用。

第四章 维生素与辅酶

知识目标

- 掌握维生素的概念、分类及缺乏的原因。
- 掌握维生素 A、D、E、K 的来源、生化作用、缺乏症和中毒症状。
- 熟悉 B 族维生素与辅酶之间的关系，掌握维生素 C 的来源、生化作用、缺乏症和中毒。

素质目标

- 培养创新思维和工匠精神，树立为国家需要而奋斗的信念。

维生素是维持机体正常运行所必需的物质，它在机体内不能合成或合成量很少，必须由食物供给。维生素的种类较多，结构各异，不仅能促进机体的生长发育、维持生理功能，还是构成辅酶和辅基的重要成分，在物质代谢中起着重要作用。

由于维生素不能在体内合成或合成量很少，不能满足机体的需要，因此一旦长期缺乏某种维生素，机体会发生物质代谢障碍并出现相应的维生素缺乏症。但是，如果摄入的维生素量过多，机体可能会出现中毒症状。

引起维生素缺乏的主要原因有：① 食物中维生素供应不足，导致机体摄入的维生素量不足，如食物单一、储存不当、烹饪方法不科学等；② 机体对维生素的吸收利用率降低，常见于消化系统疾病或摄入脂肪量过少的人；③ 机体对维生素的需求量增加，常见于妊娠和哺乳期妇女、儿童、特殊工种、特殊环境中的人群等；④ 若人长期服用抗菌药物，这类药物会抑制肠道细菌的正常生长，进而使肠道细菌合成的维生素缺乏。

按溶解性的不同，维生素可分为脂溶性维生素（lipid-soluble vitamin）和水溶性维生素（water-soluble vitamin）两大类。

第一节　脂溶性维生素

想一想：

脂溶性维生素是指不溶于水而溶于脂肪及非极性有机溶剂（如苯、乙醚和氯仿等）的一类维生素，包括维生素 A、D、E、K 等。脂溶性维生素在食物中与脂类物质共同存在，并随脂类物质一同被吸收，但不易被排泄，在体内有一定的储存量。人若摄入过多的脂溶性维生素，容易出现中毒症状；但若长期缺乏此类维生素，会引起相应的缺乏症。

思考：你对哪种脂溶性维生素比较了解？它对生物体活动起着怎样的作用？

一、维生素 A

人和动物缺乏维生素 A 会导致干眼病，故维生素 A 又称抗干眼病维生素。维生素 A 是一个具有脂环的不饱和一元醇，包括维生素 A_1（视黄醇）和维生素 A_2（3-脱氢视黄醇）两种，其结构式如图 4-1 所示。

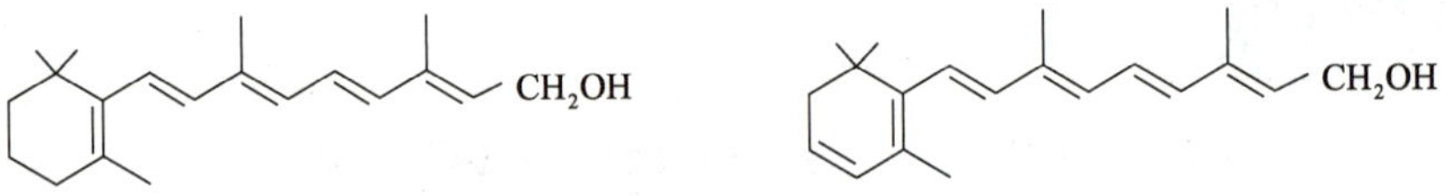

维生素 A_1（视黄醇）　　维生素 A_2（3-脱氢视黄醇）

图 4-1　维生素 A_1 和 A_2 的结构式

从图中可知，维生素 A_2 比维生素 A_1 多一个双键，其活性约为维生素 A_1 的一半。在细胞内，维生素 A 的化学性质比较活泼。维生素 A_1 易被氧化为视黄醛，两者可以互相转变；视黄醛可被氧化为视黄酸，但两者无法互相转变。视黄醇、视黄醛和视黄酸是维生素 A 在体内的活性形式。

（一）来源

维生素 A 来源于动物性食品，如肝、蛋类、肉类、乳制品等。植物中不含维生素 A，但在胡萝卜、红辣椒、菠菜、芥菜等有色蔬菜中含有与维生素 A 效能相似的物质——胡萝卜素，其中以 β-胡萝卜素最为典型。β-胡萝卜素可在小肠黏膜或肝中 β-胡萝卜素加氧酶的作用下转变为视黄醇，因此又称为维生素 A 原。

（二）生化作用

1. 维持正常视觉功能

人们看东西和感受光亮主要依靠视网膜，视网膜内有两种感光细胞：一种是锥状细胞，主要感受强光；一种是杆状细胞，主要感受弱光和暗光。人们之所以对强弱光线敏感，是因为这两种感光细胞内都含有特殊的视色素。其中，锥状细胞内含有视红质、视青质和视蓝质，杆状细胞内含有视紫红质。

在暗光下，杆状细胞由于视紫红质的存在而产生暗视觉。视紫红质由 11-顺视黄醛和视蛋白构成。当视紫红质感光时，其中的 11-顺视黄醛在光异构作用下转变成全反式视黄醛，并与视蛋白分离而失色。光异构变化的同时可引起杆状细胞膜电位变化，并激发神经冲动，传导至大脑后产生视觉。

由于视紫红质的分解，残留在视网膜内的视紫红质的量减少。若不及时合成视紫红质，视网膜就不能再次感受到弱光的刺激，那么在光线弱的暗处就看不见物体了。然而，由视紫红质分解所产生的全反式视黄醛可以经异构酶转变为 11-顺式视黄醛，或经还原生成 11-顺式视黄醇，并进一步氧化成 11-顺式视黄醛。由全反式视黄醛转变成的 11- 顺式视黄醇有限，11-顺式视黄醇还可由肝释放的视黄醇与视黄醇结合蛋白结合，在血浆中再与前白蛋白结合，之后运送至视网膜。视黄醇在视网膜内可被氧化成 11-顺式视黄醛，这样，生成的 11-顺式视黄醛又可与视蛋白结合生成视紫红质，如图 4-2 所示。

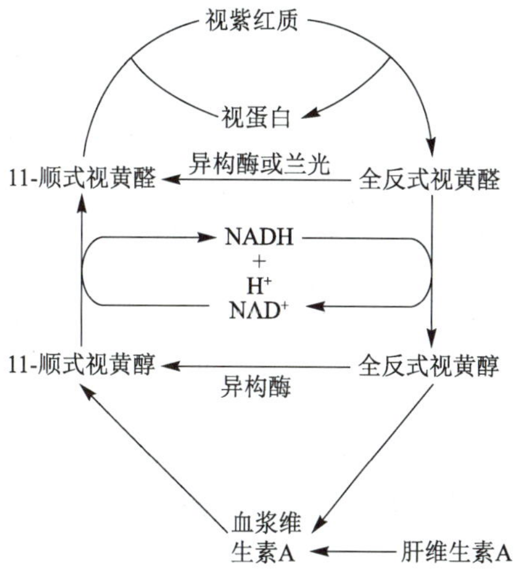

图 4-2 视紫红质的合成、分解与视黄醛的关系

从强光处进入暗处后，眼睛起初看不清东西，但在暗处停留一段时间后，便能逐渐看清了。这是因为在暗处视紫红质的合成增多，分解减少，导致杆状细胞内视紫红质的含量逐渐增加，对弱光的感受性加强，这一过程称为暗适应。从图 4-2 可以看出，当维生素 A 缺乏时，11-顺式视黄醛得不到足够的补充，会使杆状细胞内视紫红质的合成减弱，暗适应机能减退。维生素 A 严重缺乏时，会导致“**夜盲症**”。

提 示

夜盲症：俗称“雀蒙眼”，是指在光线昏暗环境下或夜晚看不清东西，或者完全看不见东西，从而出现行动困难的症状。该症状一般是由维生素 A 缺乏引起的。

扫一扫

维生素 A

2. 维持上皮组织结构的完整性和促进生长发育

维生素 A 能促进上皮组织发育和分化所需要的糖蛋白的合成，从而维持上皮组织的完整与功能的健全。当维生素 A 缺乏时，上皮组织细胞会干燥、增生和角化，其中以眼、呼吸道、尿道、生殖系统等的上皮组织细胞受影响最为显著。由于上皮组织的不健全，机体抵抗微生物侵袭的能力下降，易感染疾病。当泪腺上皮组织不健全时，眼泪分泌减少或停止，容易产生干眼病。

另外，维生素 A 还参与类固醇的合成。当维生素 A 缺乏时，肾上腺、性腺及胎盘中类固醇激素的合成量会下降，从而影响机体的生长、发育和繁殖。

3. 其他作用

人体上皮细胞的正常分化与视黄酸直接相关。流行病学调查表明，维生素A的摄取与癌症的发生呈负相关，动物实验也表明维生素A的摄入可减轻致癌物质的作用。β-胡萝卜素是抗氧化剂，是机体内一种有效的捕获活性氧的抗氧化剂，对于防止脂质过氧化，预防心血管疾病、肿瘤及延缓衰老均有重要意义。

（三）维生素A中毒

维生素A虽然有多种对人体有益的生理功能，但不可摄取过多；一旦摄取过量，可能会导致维生素A中毒，引起头痛、脱发、皮肤瘙痒、厌食、烦躁、呕吐、肝脾大及易出血等症状。孕妇若摄取过量维生素A，易发生胎儿畸形。

二、维生素D

维生素D又称抗佝偻病维生素，是固醇类衍生物。现已知的维生素D有多种，如维生素D_2、D_3、D_4、D_5等。其中，维生素D_2和维生素D_3最为重要。维生素D性质比较稳定，耐热，对氧、酸和碱均较稳定，不易被破坏。

（一）来源

维生素D主要存在于肝、鱼肉、奶及蛋黄中，在鱼肝油中含量尤为丰富。如图4-3所示，体内胆固醇可转变为7-脱氢胆固醇并储存于皮下，在日光或紫外线照射下转变为维生素D_3，因此7-脱氢胆固醇被称为维生素D_3原。

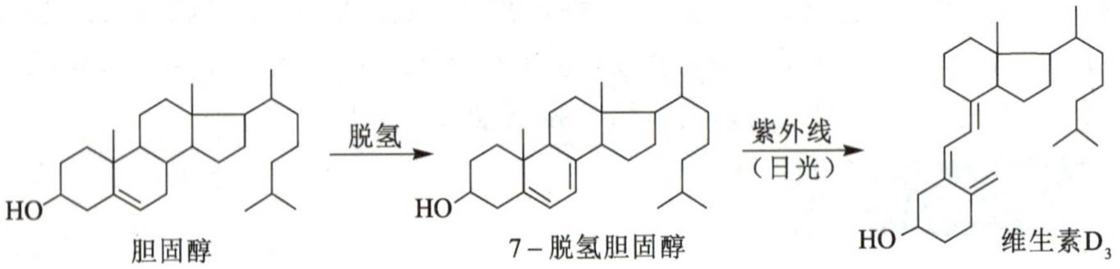

图4-3　维生素D_3的生成

提　示

> 皮肤储存的7-脱氢胆固醇有限，因此“日光浴”不会引起维生素D中毒。

如图4-4所示，植物油或酵母中所含的麦角固醇虽然不能被人体吸收，但经日光或紫外线照射后可转变为能被人体吸收的维生素D_2，因此麦角固醇被称为维生素D_2原。一般情况下，人体只要充分接受阳光照射，其体内的维生素D_2完全可以满足其生理需要。

维生素D_2和维生素D_3本身没有明显的生理活性，必须经过肝脏和肾脏的两次羟化，才能转变成具有活性的化合物，即活性维生素D。

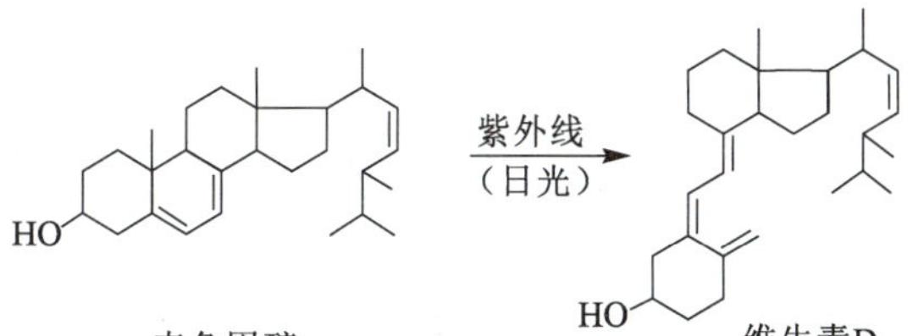

麦角固醇　　维生素D_2

图 4-4　维生素 D_2 的生成

扫一扫

维生素 D

（二）生化作用

维生素 D 能促进小肠黏膜细胞、肾小管细胞对钙和磷的吸收，进而维持血液中钙、磷的代谢平衡，促使骨骼正常发育和钙化。此外，维生素 D 还能调控细胞的生长和分化。

儿童若缺乏维生素 D，易患佝偻病；成人若缺乏维生素 D，易患骨软化症及骨质疏松症；老年人若缺乏维生素 D，易患骨质疏松症。由于维生素 D 的活化必须依赖于正常的肝、肾功能，因此患有肝肾疾病时，生物体内维生素 D 的羟化作用会受到影响，同样易发生维生素 D 缺乏症。

（三）维生素 D 中毒

当机体大量摄入维生素 D 时，可能会引起维生素 D 中毒。维生素 D 是所有维生素中最容易使人中毒的一种，其早期症状为乏力、疲倦、恶心、腹泻等，较严重时会引起软组织（包括血管、心肌、肺、肾、皮肤等）的钙化。长期慢性中毒会导致骨骼、肾、血管、皮肤出现相应的钙化，影响体格和智力发育，严重的还会导致肾功能衰竭。

三、维生素 E

维生素 E 又称抗不孕维生素，与动物的生育有关，包括生育酚和生育三烯酚两类，如图 4-5 所示。根据甲基数目和位置不同，每类维生素 E 可分为 α、β、γ 和 δ 四种。自然界中以 α-生育酚分布最广，活性最高。

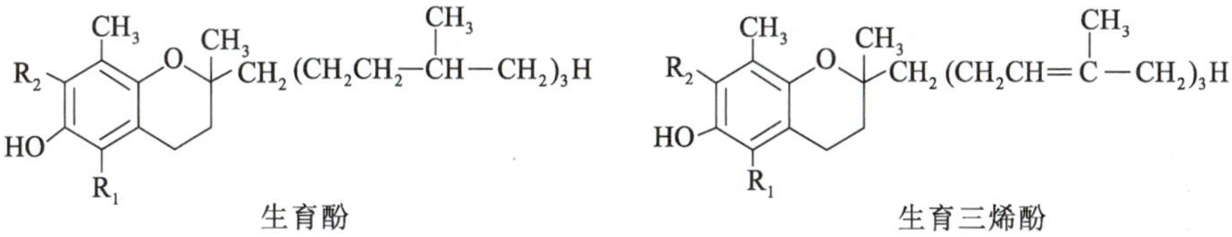

生育酚　　生育三烯酚

图 4-5　生育酚和生育三烯酚的基本结构式

维生素 E 为微黄色或黄色透明的黏稠液体，在无氧条件下对热稳定，但在空气中极易被氧化，因而能保护其他易被氧化的物质。

（一）来源

维生素 E 广泛存在于自然界中，特别是植物的组织中，以麦胚油、玉米油、花生油、大豆油中的含量较为丰富，蔬菜中的含量也较多。

（二）生化作用

1. 与动物的生殖功能有关

维生素 E 与动物的生殖功能有关。若雌性动物缺乏维生素 E，胚胎和胎盘会变得萎缩而被吸收，引起流产；若雄性动物缺乏维生素 E，睾丸生殖上皮发生退行性变，伴有输精管萎缩，精子退化，尾部消失，丧失活动力。人类中未发现因维生素 E 缺乏而引起的不育症，但在临床上常用它来治疗某些习惯性流产、早产及更年期疾病。

2. 抗氧化、抗衰老作用

自由基造成的细胞损伤、细胞功能下降是人体衰老的重要原因之一。人体代谢过程中可产生自由基，它们具有很强的氧化性，可与生物膜中不饱和脂肪酸反应生成过氧化脂质，并使膜蛋白变性和产生交联，破坏细胞膜的结构及功能，引起细胞衰老。维生素 E 结构中的酚羟基极易被氧化，因此它能优先与自由基反应，防止不饱和脂肪酸被氧化和形成脂褐素，从而有效地保护生物膜的机构与功能，进而起到延缓衰老的作用。

3. 促进血红素合成

新生儿缺乏维生素 E 时可引起贫血，这可能与血红蛋白合成及红细胞寿命缩短有关。维生素 E 能提高 δ-氨基-γ-酮戊酸（ALA）合成酶及 ALA 脱水酶（血红素合成过程中的关键酶）的活性，从而促进血红素的合成。因此，孕妇、哺乳期妇女及新生儿应注意补充维生素 E。

（三）维生素 E 中毒

若维生素 E 摄取过量，大部分维生素 E 可在肝脏中与葡萄糖醛酸结合后随尿液排出，或以生育酚状态通过肝脏随胆汁排到消化道，然后同粪便一起排出体外。但是，如果大量、长期服用维生素 E，机体会出现胃肠道不适、肌无力、疲倦、头痛、眩晕和恶心等中毒症状。维生素 E 过量还可能引起大出血。对服用降低血凝度药品（如阿司匹林）的人来说，过量摄取维生素 E 带来的危险会更大。

大国工匠

绍兴工匠推进产业升级——打破垄断的维生素 E 生产

孔望欣，1997 年从武汉冶金科技大学毕业，进入浙江某制药厂从事维生素 E 技术开发。

在该制药厂生产高含量维生素 E 之前，其技术掌握在国外的生产厂家巴斯夫公司的手中。孔望欣及其团队经过多年的潜心研究，整合优化了维生素 E 的生产工艺，并独家开发了完全区别于巴斯夫的生产工艺的维生素 E 提纯技术。经这一工艺改进，该制药厂的维生素 E 提纯由 96%提至 99%，一举打破了国外对高端维生素 E 市场的垄断，成为国内最大、世界第三脂溶性维生素生产基地。

此外，经孔望欣团队改造后的维生素 E 生产项目在安全和环保上有了大幅的提升，工业废气经收集后全部用于焚烧生产蒸汽，用于维生素 E 的生产，工业废水经预处理后，结合新的生产工艺实现了循环套用，废水的排放量下降了约 50%，废液、废渣经焚烧后用于生产供热，节约蒸汽供热成本约 4 000 万元。

孔望欣带着团队二十年如一日孜孜不圈地辛勤工作，在维生素 E 系列产品新工艺的开发和革新方面取得了重大突破。世界上怕就怕“认真”二字。古老的中国不乏匠人，在我们需要打造中国品牌的今天，更需要传承“匠人文化”，弘扬“匠人精神”，打造质量过硬产品，使中国产品名扬世界。

四、维生素 K

维生素 K 又称凝血维生素，包括维生素 K_1、K_2、K_3、K_4 等几种形式。其中，维生素 K_1 和维生素 K_2 是天然存在的，其结构式如图 4-6 所示；维生素 K_3 和维生素 K_4 是人工合成的。维生素 K 均耐热，对光线和碱较为敏感。

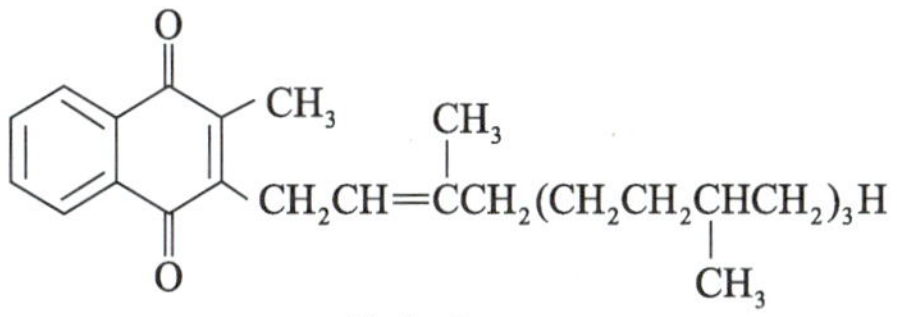

维生素K_1

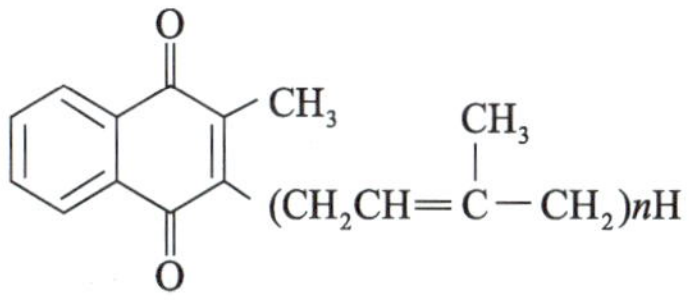

维生素K_2

图 4-6 维生素 K_1 和维生素 K_2 的结构式

（一）来源

维生素 K 广泛存在于自然界中。其中，维生素 K_1 在深绿色蔬菜（如甘蓝、菠菜、莴苣等）和动物肝脏中含量丰富；维生素 K_2 是人体肠道内大肠埃希菌的产物；维生素 K_3 和维生素 K_4 为人工合成，性质较稳定，可作为维生素 K_1 和维生素 K_2 的代用品，为临床所常用，可口服及注射。

（二）生化作用

扫一扫

维生素 K

维生素 K 最主要的作用是促进凝血因子Ⅱ、Ⅶ、Ⅸ、Ⅹ在肝中的合成，进而促进血液凝固。因此，当缺乏维生素 K 时，血液中的这几种凝血因子会减少，造成凝血时间延长，严重时则会引起皮下、肌肉及胃肠道出血。另外，维生素 K 可提高骨密度，减少动脉钙化，降低动脉硬化的危险性。

维生素 K 在食物中分布广泛，又可在肠道细菌中合成，故人体一般很少缺乏。但因维生素 K 不能通过胎盘，新生儿肠道内又无细菌合成维生素 K，所以新生儿有可能出现维生素 K 缺乏症。正常儿童血液中维生素 K 的含量相比成年人稍低，但可通过进食恢复正常。长期使用抗生素、患有肝功能异常及脂类吸收障碍疾病的患者，也容易出现维生素 K 缺乏症。维生素 K 缺乏的主要症状是易出血。

知识拓展

小儿晚发性维生素 K 缺乏症

小儿晚发性维生素 K 缺乏症是由于维生素 K 缺乏引起的凝血障碍性疾病。此病为新生儿、婴儿期常见的疾病，发生于新生儿（出生后 1 周内）的叫新生儿出血症；发生于婴儿期的叫晚发性或迟发性维生素 K 依赖因子缺乏症；因肝病、胆病、腹泻、滥用抗生素引起的维生素 K 缺乏症叫继发性维生素 K 缺乏症；无上述原因引起的维生素 K 缺乏症叫特发性维生素 K 缺乏症。小儿晚发性维生素 K 缺乏症中，90%是因单纯母乳喂养引起的。

维生素 K 缺乏症的主要表现是出血，而出血可发生在任何部位，其中颅内出血对婴儿的生命威胁最大，尤其是晚发性维生素 K 缺乏症。因此，对可能引起维生素 K 缺乏的孕妇、哺乳期母亲和小儿应预防性补充维生素 K。

（三）维生素 K 中毒

在食用大量富含天然维生素 K 膳食的人群中，尚未发现有产生毒性反应者。但服用超过药理剂量的维生素 K_2，能导致新生儿溶血性贫血、高胆红素血症和肝中毒，在成人中则可诱发心脏病和肺病。

案例分析

案例一：王某，女，64 岁，曾患胆囊疾病，最近常感觉眼部不适，发干，有烧灼感，畏光，流泪，晚上有时看不清东西。

案例二：张某，男，10 月龄，是母乳和奶粉混合喂养，日常户外活动较少。最近 2 个月以来，张某反复腹泻，每日 10 余次，明显消瘦，睡眠不安稳，醒后易哭闹，至今不能扶站。

这两名患者分别发生何种营养物质缺乏的可能性较大？

做一做

指出与下列生理功能相对应的脂溶性维生素：

（1）调节钙磷代谢，维持正常血钙、血磷浓度。

（2）促进肝脏合成凝血因子，加速血液凝固。

（3）维持上皮组织结构的完整性，促进生长发育。

（4）抗氧化、抗衰老作用。

第二节 水溶性维生素与辅酶

想一想：

水溶性维生素是能在水中溶解的一组维生素，主要包括B族维生素和维生素C等。其主要作用是在体内构成酶的辅助因子，影响酶的活性，进而影响物质代谢。体内过剩的水溶性维生素在体内不易储存，一般随尿液排出体外，故不会出现中毒症状。正因为水溶性维生素在体内的储存量很少，因此必须经常从食物中摄取。

思考：你对哪种水溶性维生素比较了解？它对生物体活动起着怎样的作用？

一、B族维生素与辅酶

B族维生素主要包括维生素 B_1、维生素 B_2、维生素 B_6、维生素 B_{12}、维生素PP、α-硫辛酸、生物素、泛酸、叶酸等。其共同特点是：① 在自然界中常共同存在，最丰富的来源是酵母和肝脏；② 从低等微生物到动物和人类，都需要它们作为营养要素；③ 从化学结构上来看，除个别维生素外，大部分维生素含氮；④ 从性质上来看，大部分维生素易溶于水，对酸稳定，易被碱破坏。

除上述共性外，B族维生素各有其特点。为了叙述方便，现将各维生素按其化学特点和生理作用归纳为以下3组。

（一）维生素 B_1、α-硫辛酸、生物素及泛酸

维生素 B_1、α-硫辛酸、生物素和泛酸在化学结构上有着共同的特点，前三者的结构中含S，后者虽不含S，但由它构成的辅酶A含S。这些维生素主要参与糖和脂肪的代谢，维生素 B_1 和α-硫辛酸与氧化脱羧反应有关，生物素与羧化反应有关，而泛酸则通过构成辅酶A参与酰基化反应。

1. 维生素 B_1

维生素 B_1 又称硫胺素（thiamine），其纯品大多以盐酸盐或硫酸盐的形式存在，主要存在于种子的外皮和胚芽中，如米糠、麦麸等。另外，豆类、水果、瘦肉和蛋类中也有一定含量的维生素 B_1。维生素 B_1 在酸性溶液中稳定，加热到120℃也不易被破坏；在碱性溶液中被加热，则极易分解。

维生素 B_1 易被小肠吸收，进入血液后主要在肝和脑组织中经硫胺素焦磷酸激酶催化生成焦磷酸硫胺素（thiamine pyrophosphate，TPP）。TPP是α-酮酸氧化脱羧酶和转酮醇酶的辅酶，在糖代谢中发挥着重要作用。当维生素 B_1 缺乏时，由于TPP合成不足，丙酮酸的氧化脱羧反应发生障碍，导致糖的氧化利用受阻。在正常情况下，神经组织的能量主要来源于糖的有氧分解，因此，维生素 B_1 缺乏首先影响神经组织的能量供应，并伴有丙酮酸、乳酸等在神经组织中的堆积，使机体表现出手足麻木、四肢无力等多发性周围神经炎症状，严重时还会出现水肿、心力衰竭等症状，临床上称为“脚气病”。因此，维生素 B_1 又称抗脚气病维生素或抗神经炎。

维生素 B_1 还有抑制胆碱酯酶的作用。胆碱酯酶能催化神经递质——乙酰胆碱水解，而乙酰胆碱与神经传导有关，并且合成乙酰胆碱所需的乙酰 CoA 主要来自丙酮酸的氧化脱羧。因此，当维生素 B_1 缺乏时，一方面会导致胆碱酯酶的活性增强，使得乙酰胆碱的分解加速；另一方面，TPP 减少，导致丙酮酸氧化脱羧生成乙酰 CoA 受阻，从而使乙酰胆碱的合成减少。因此，维生素 B_1 缺乏还会影响神经传导，主要表现为胃肠蠕动缓慢、消化液分泌减少、食欲不振和消化不良等症状。故临床上常用维生素 B_1 治疗神经炎、食欲不振、消化不良等疾病。

2. α-硫辛酸

α-硫辛酸（alpha lipoic acid）为脂溶性维生素，但因其在体内作为辅助因子，与 TPP、NAD^+等一起参加生化反应，故在分类上将其归于水溶性维生素。α-硫辛酸在自然界中分布广泛，在肝和酵母中含量尤为丰富。在糖代谢中，α-硫辛酸可作为丙酮酸脱氢酶系和 α-酮戊二酸脱氢酶系的辅助因子，起转酰基的作用。目前尚未发现 α-硫辛酸缺乏症。

3. 生物素

生物素（biotin）又称维生素 H、维生素 B_7、辅酶 R 等，广泛存在于动植物组织中。它在自然界中存在的形式至少有两种：α-生物素（主要存在于蛋黄中）和 β-生物素（主要存在于肝脏中），如图 4-7 所示。

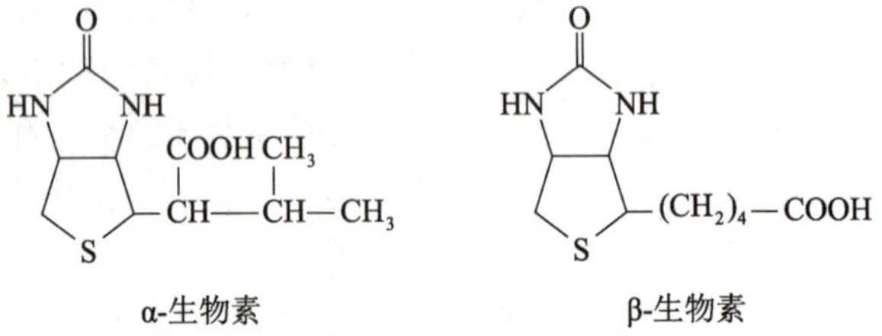

图 4-7 α-生物素和 β-生物素的结构式

机体内，生物素是多种羧化酶（如丙酮酸羧化酶、乙酰 CoA 羧化酶等）的辅基，参与 CO_2 的固定过程，与糖、脂肪、蛋白质和核酸的代谢密切相关。近年的研究表明，生物素还参与细胞信号转导和基因表达，影响细胞周期、基因转录和对 DNA 损伤的修复等。

许多生物自身都能合成生物素，其中以牛、羊的合成力最强，而人体肠道中的细菌也能合成部分生物素，故生物自身很少出现生物素缺乏症。但是，大量生食鸡蛋清可导致生物素缺乏，这是因为新鲜鸡蛋中有一种抗生物素蛋白，它能与生物素结合，使生物素失去活性而不能被吸收。而蛋清加热后，抗生物素蛋白失活，不再妨碍机体对生物素的吸收。长期服用抗生素会抑制肠道细菌的正常生长，可能会造成生物素的缺乏，主要症状是恶心、呕吐、疲乏、食欲不振、皮炎等。

4. 泛酸

泛酸（pantothenic acid）广泛存在于动植物组织中，故又称遍多酸。它在中性溶液中比较稳定，但在酸、碱溶液中加热后极易被破坏。

在机体组织内，泛酸是构成辅酶 A（coenzyme A，CoA）和酰基载体蛋白（acyl carrier protein，ACP）的重要成分。其中，CoA 的主要功能是作为酰基的载体，在代谢过程中参与酰基的运载；ACP 参与脂肪酸的合成代谢。因此，泛酸与糖、脂肪、蛋白质代谢及肝的生物转化都有着密切的关系。生物体内约有 70 多种酶需要 CoA 和 ACP 的参与。

临床上泛酸缺乏症很少见，但可口服泛酸和泛硫乙胺（在体内可合成辅酶 A）或注射辅酶 A 作为治疗其他疾病的辅助药物，以改善厌食、乏力等症状。

（二）维生素 B_2、维生素 PP 和维生素 B_6

维生素 B_2、维生素 PP 和维生素 B_6 常共同存在，在营养上也有共同的特点，即当其缺乏时都表现为皮肤炎症。从在代谢中的作用来看，维生素 B_2 和维生素 PP 共同参与生物氧化过程，而维生素 B_6 主要参与氨基酸的代谢。

1．维生素 B_2

维生素 B_2 又名核黄素（riboflavin），在动物性食物的内脏、鳝鱼、蛋、奶等中含量丰富，也能由某些维生素合成。它在酸性溶液中稳定，但在碱性溶液中受光照射时极易被破坏，因此应将维生素 B_2 置于褐色容器中避光保存。

维生素 B_2 在体内经磷酸化作用可生成黄素单核苷酸（flavin mononucleotide，FMN），FMN 还可经磷酸化作用生成黄素腺嘌呤二核苷酸（flavin adenine dinucleotide，FAD）。FMN 和 FAD 是多种氧化还原酶（如琥珀酸脱氢酶、黄嘌呤氧化酶等）的辅基，在生物氧化中主要起传递氢体的作用，能促进糖、脂肪和蛋白质等的代谢，对维持皮肤、黏膜和视觉的正常功能均有一定的作用。

维生素 B_2 缺乏的原因常见于食物烹饪不当或膳食供应不足。维生素 B_2 缺乏时，主要表现为口角炎、舌炎、阴囊炎、角膜血管增生和巩膜充血等症状。若儿童长期缺乏维生素 B_2，可能会出现生长迟缓、缺铁性贫血的现象。

2．维生素 PP

维生素 PP 即抗癞皮病因子，又称抗癞皮病维生素，包括烟酸（nicotinic acid，又称尼克酸）和烟酰胺（nicotinamide，又称尼克酰胺）。两者均为吡啶衍生物，在体内可相互转化，其结构式如图 4-8 所示。维生素 PP 来源广泛，在酵母、肉类、谷类、花生、豆类、动物肝中含量丰富。其性质比较稳定，不易被酸、碱破坏，也不易因受热而破坏。

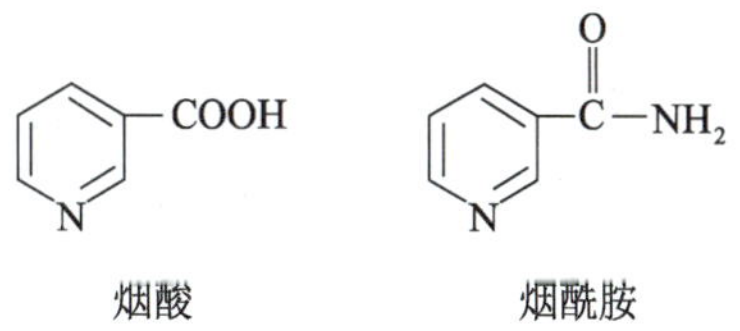

图 4-8　烟酸和烟酰胺的结构式

维生素 PP 在体内的活性形式是烟酰胺腺嘌呤二核苷酸（NAD^+，辅酶Ⅰ）和烟酰胺腺嘌呤二核苷酸磷酸（$NADP^+$，辅酶Ⅱ）。NAD^+和 $NADP^+$在体内是多种不需氧脱氢酶的辅酶，分子中的尼克酰胺部分具有可逆的加氢和脱氢的特性，在生物氧化过程中起着传递氢体的作用，广泛参与体内各种代谢。

一般饮食条件下，很少会出现维生素 PP 缺乏症。而长期以玉米为主食的人群，易缺乏维生素 PP：一方面是因为玉米中色氨酸含量较低，影响烟酸的合成；另一方面是因为维生素 PP 在玉米中常以不易被吸收的结合形式存在。此外，抗结核药物异烟肼的结构与维生素 PP 的结构十分相似，两者有拮抗作用，因此长期服用此类药物的患者易出现维生素 PP 缺乏症。维生素 PP 缺乏症称为癞皮病，其典型特征是体表暴露部分出现对称性皮炎、消化不良、精神状态不安等症状，严重时会出现顽固性腹泻和精神失常。

3．维生素 B_6

维生素 B_6 包括吡哆醇（pyridoxine）、吡哆醛（pyridoxal）和吡哆胺（pyridoxamine）3 种化合物，它们在体内以磷酸酯的形式存在。吡哆醛和吡哆胺可相互转变，但不能逆向转变为吡哆醇，如图 4-9 所示。

图 4-9　3 种维生素 B_6 的结构及相互转化

维生素 B_6 在动植物中分布很广，尤其在酵母、肝脏、鱼类、肉类、豆类、蛋黄及绿叶蔬菜中含量丰富。肠道细菌也能合成维生素 B_6，但只有少量被吸收利用。

磷酸吡哆醛是氨基酸转氨酶的辅酶，具有传递氨基的作用，参与体内氨基酸的代谢；也是氨基酸脱羧酶的辅酶，能促进谷氨酸脱羧，促进抑制性神经递质 γ-氨基丁酸的生成，因此临床上常用维生素 B_6 治疗小儿惊厥和妊娠呕吐；还是血红素合成的限速酶 δ-氨基-γ-酮戊酸合酶的辅酶。此外，磷酸吡哆醛还可作为糖原磷酸化酶的辅酶，参与糖原分解。

人类很少出现维生素 B_6 缺乏症。抗结核药异烟肼能与磷酸吡哆醛结合形成异烟腙而随尿液排出，容易导致体内维生素 B_6 缺乏。因此，长期服用此类药物的人群，应注意补充维生素 B_6。

（三）叶酸和维生素 B_{12}

叶酸和维生素 B_{12} 在体内参与的代谢反应间有密切的联系。它们均与 DNA 的合成有关，两者缺乏时所引起的病症有类似之处。

1. 叶酸

叶酸（folic acid）又称蝶酰谷氨酸，因在绿叶植物中含量丰富而得名。叶酸在小肠黏膜、肝和骨髓等组织中叶酸还原酶的作用下被还原为 5,6-二氢叶酸（FH_2），5,6-二氢叶酸再被还原为 5,6,7,8-四氢叶酸（FH_4），反应过程中需要 $NADPH+H^+$和维生素 C 参与。FH_4 是叶酸在体内的活性形式，也是体内一碳单位转移酶的辅酶。一碳单位在体内参与嘌呤、胸腺嘧啶核苷酸等物质的合成及甲硫氨酸循环，与蛋白质、核酸代谢及红细胞、白细胞成熟有关。

叶酸分布较广，在绿叶、肝脏、酵母、水果中含量较丰富，在肠道细菌中也能合成，因此机体一般不易发生叶酸缺乏症。但在吸收不良、代谢失常或组织需要过多，以及长期使用肠道抑菌药物或叶酸拮抗剂等状况下，会造成叶酸缺乏。当体内缺乏叶酸时，一碳单位的转移发生障碍，使核苷酸的合成减少，以致骨髓中幼红细胞 DNA 的合成受阻，细胞分裂增殖的速度明显下降，最终可导致贫血。幼红细胞因分裂障碍而使细胞增大，形成巨幼红细胞，故由叶酸引起的贫血称为巨幼细胞贫血。

孕妇及哺乳期母亲因代谢旺盛，应适量补充叶酸，以降低胎儿脊柱裂和神经管缺损的危险性。口服避孕药或抗惊厥药会干扰叶酸的吸收和代谢，因此长期服用此类药物的人群，应适量补充叶酸。另外，抗癌药物甲氨蝶呤与叶酸的结构相似，能抑制二氢叶酸还原酶的活性，使四氢叶酸的合成减少，进而抑制体内胸腺嘧啶核苷酸的合成，因此叶酸具有抗癌作用。

提　示

巨幼红细胞贫血简称巨幼贫，因缺乏叶酸和维生素 B_{12} 所致，多见于婴儿和孕妇。正常人缺乏叶酸 15～18 周以上会出现贫血，但由于孕妇对叶酸的需要量较大，同时其尿中叶酸的排出量增加，因此孕妇的贫血症状出现得早且严重。

巨幼红细胞贫血常以感染和妊娠中毒症状为主要诱因，表现为呕吐、腹泻和舌炎，常有低热、水肿和脾肿大症状，可能引起流产、早产及胎儿发育不良等状况。

2. 维生素 B_{12}

扫一扫

B 族维生素

维生素 B_{12} 又称钴胺素（cobalamin），其分子中含有金属钴和许多酰氨基，因此是唯一含有金属元素的维生素。维生素 B_{12} 分子中的钴可以是一价、二价或三价的，能与—CN、—OH、$—CH_3$ 或 5′-脱氧腺苷等基团相连，分别形成氰钴胺素、羟钴胺素、甲钴胺素和 5′-脱氧腺苷钴胺素。其中，甲钴胺素和 5′-脱氧腺苷钴胺素是维生素 B_{12} 在体内的活性形式，也是血液中存在的主要形式。

维生素 B_{12} 对维持机体的正常生长和营养、上皮组织细胞的正常及红细胞的产生等有极其重要的作用。维生素 B_{12} 各种功能的实现，是以辅酶形式参与的。

甲钴胺素是 N^5-CH_3-FH_4 转移酶（甲硫氨酸合成酶）的辅酶，该酶催化同型半胱氨酸甲基化而生成甲硫氨酸，参与体内甲基的转移。当维生素 B_{12} 缺乏时，N^5-CH_3-FH_4 的甲基不能转移出去。这时，一方面会引起甲硫氨酸合成减少，造成同型半胱氨酸不能甲基化而在血液中过量堆积，引发同型半胱氨酸尿症，加速动脉硬化、血栓生成和高血压的危险性；另一方面会影响 FH_4 的再生，造成组织中游离的 FH_4 减少，使一碳单位的代谢受阻，导致核酸合成障碍，产生巨幼红细胞贫血。因此，临床治疗巨幼红细胞贫血时，可将叶酸和维生素 B_{12} 合并使用，以提高疗效。

5′-脱氧腺苷钴胺素是 L-甲基丙二酰 CoA 变位酶的辅酶，该酶催化 L-甲基丙二酰 CoA 转变为琥珀酰 CoA。当维生素 B_{12} 缺乏时，L-甲基丙二酰 CoA 在体内大量堆积，而 L-甲基丙二酰 CoA 的结构与脂肪酸合成的中间产物丙二酰 CoA 相似，因此会影响脂肪酸的正常合成。脂肪酸的合成异常会影响神经髓鞘的转换，造成髓鞘质变性退化，进而引发进行性脱髓鞘。故维生素 B_{12} 在临床上具有营养神经的作用。

维生素 B_{12} 广泛存在于动物性食品中，在肝、肾、鱼类、肉类、牛奶及蛋类中含量丰富。肠道细菌中也能合成维生素 B_{12}，因此正常饮食者很少出现维生素 B_{12} 缺乏症。但是维生素 B_{12} 的吸收需要由胃黏膜分泌的高度特异的糖蛋白（内因子）和胰腺分泌的胰蛋白酶参与，故胃和胰腺功能障碍的患者易出现维生素 B_{12} 缺乏症。对于这类患者，只有采取注射的方式补充维生素 B_{12} 才有效。

二、维生素 C 与辅酶

维生素 C 又称 L-抗坏血酸（ascorbic acid），是一种含有六碳的多羟基化合物，在体内以内酯形式存在。其分子中 C_2 和 C_3 上的两个烯醇式羟基易解离出 H^+，因而维生素 C 的水溶液具有较强的酸性。维生素 C 脱去 C_2 和 C_3 羟基上的 2 个氢原子后转变为氧化型维生素 C，因此维生素 C 具有较强的还原性。而氧化型维生素 C 在一定条件下，又可以接受 2 个氢原子被还原成维生素 C。

维生素C因其还原性较强，极易被高温和氧化剂破坏。在中性或碱性溶液中，或有微量金属离子（如Cu^{2+}、Fe^{3+}等）存在时，维生素C很容易被氧化分解，从而失去生理活性。

（一）来源

维生素C广泛存在于新鲜水果和绿叶蔬菜中，尤以猕猴桃、山楂、橘子、番茄、辣椒中的含量丰富。由于人类、灵长类动物和豚鼠体内缺少合成维生素C的酶类，所以不能自身合成维生素C，必须由食物供给。虽然干种子中不含维生素C，但一发芽便可合成维生素C，因此豆芽也是维生素C的重要来源。

提　示

植物组织中含有抗坏血酸氧化酶，能催化抗坏血酸氧化分解，使其失去活性。因此，储存较久的水果、蔬菜中的维生素C的含量会大大减少。

（二）生化作用

1. 作为羟化酶的辅酶，参与体内多种羟化反应

维生素C是一些羟化酶的辅酶，参与体内多种羟化反应，如促进胶原蛋白的生成，参与胆固醇的转化和芳香族氨基酸的代谢，促进药物或毒物的生物转化等。

（1）促进胶原蛋白的生成。胶原蛋白是体内结缔组织、骨、毛细血管的重要构成成分。胶原蛋白分子中的羟脯氨酸和羟赖氨酸是由脯氨酸和赖氨酸在以维生素C作为辅助因子的羟化酶的催化作用下形成的。因此，维生素C缺乏，会导致胶原蛋白合成受到障碍，影响细胞间物质的完整性，出现毛细血管脆性增强、牙龈肿胀、牙齿松动、骨骼脆弱易折断、创口不易愈合等症状，临床上俗称“坏血病”。

（2）参与胆固醇的转化。正常情况下，体内胆固醇约有80%转变为胆汁酸后排出。在胆固醇转变为胆汁酸前，胆固醇先羟化生成7α-羟基胆固醇，而维生素C正是催化这一反应的7α-羟化酶的辅酶。因此，维生素C缺乏时，会影响胆固醇的转化，造成肝中胆固醇堆积而血中胆固醇浓度增高，成为动脉粥样硬化的危险因素。

（3）参与芳香族氨基酸的代谢。在苯丙氨酸转变为酪氨酸，酪氨酸转变为对羟苯丙酮酸，对羟苯丙酮酸转变为尿黑酸的过程中，均需要维生素C的参与。因此，当维生素C缺乏时，尿中会出现大量对羟苯丙酮酸。此外，维生素C还参与酪氨酸转变为儿茶酚胺、色氨酸转变为5-羟色胺的反应，而儿茶酚胺和5-羟色胺是体内重要的神经递质，它们在调节神经活动方面具有重要作用。

（4）促进药物或毒物的生物转化。药物或毒物在内质网上的羟化过程是重要的生物转化反应，这种反应由混合功能氧化酶完成。维生素C能使该酶的活性增强，促进药物或毒物的代谢转变，因而维生素C有增强机体解毒的作用。

2. 作为抗氧化剂，参与体内多种氧化还原反应

维生素C是体内一种重要的还原剂，可参与体内多种氧化还原反应，具体表现在以下几个方面：

（1）保护巯基功能。体内有很多酶或蛋白质需要还原态的巯基（—SH）来发挥其功

能活性。维生素C在谷胱甘肽还原酶的作用下，使氧化型谷胱甘肽还原为还原型谷胱甘肽，而还原型谷胱甘肽的抗氧化作用能保护细胞膜中含巯基的蛋白质、酶等不被氧化，从而保护细胞膜结构与功能的完整性。还原型谷胱甘肽还可夺取与巯基酶结合的重金属离子，并与其一同排出体外，以发挥解毒作用。

（2）促进铁的吸收和利用。维生素C能将Fe^{3+}还原成Fe^{2+}，不仅有利于肠道内铁的吸收，还可促进机体造血功能。

（3）恢复红细胞运输氧的能力。维生素C能将细胞内的高铁血红蛋白（MHb）还原为血红蛋白（Hb），恢复细胞对氧的运输能力。

（4）促进四氢叶酸的合成。维生素C能促使叶酸转变为四氢叶酸，促进一碳单位的代谢，对巨幼细胞贫血的治疗可起辅助作用。

3. 其他作用

维生素C能促进淋巴细胞的生成，提高吞噬细胞的吞噬能力，促进免疫球蛋白的合成，从而提高机体的免疫力。因此，维生素C在临床上常用于心血管疾病、病毒性疾病等的支持性治疗。此外，维生素C能影响细胞内活性氧敏感的信号转导系统，调节基因表达，维持细胞功能，促进细胞分化。

（三）维生素C中毒

长期大量服用维生素C可引起某些副作用，主要表现为尿中草酸含量显著增加，体内易发生尿道草酸盐结石，还可降低一些妇女的生育能力及影响胚胎的发育等。

做一做

指出下列症状分别是缺乏哪些维生素而引起的：

（1）脚气病。

（2）坏血病。

（3）癞皮病。

（4）巨幼红细胞贫血。

知识拓展

维生素P

维生素P又称生物素黄酮，其化学本质为黄素酮类。维生素P的主要作用在于维持毛细血管壁的正常通透性，机体一旦缺乏该维生素，就会使毛细血管壁的通透性增强，因此维生素P又叫通透性维生素。

自然界中维生素P常与维生素C共存，故一般认为坏血病是这两种维生素共同缺乏所导致。虽然目前还未发现因单纯缺乏维生素P而引起的疾病，但是在临床上，已经有应用维生素P来防治因毛细血管通透性增强而引起的疾病了。

科心报国

维生素C生产的二步发酵法：国家的需要就是我们研究的方向

1986年，一则消息引起了国内外微生物学界甚至科学界的震动：由中科院微生物所和北京制药厂联合研究发明的用于维生素C生产的二步发酵法新技术，以550万美元的价格转让给瑞士某公司。这一技术的出口交易额创造了当年中国最大的单项技术出口交易额纪录。这项技术的一位主要发明人说，20世纪80年代中期，我国的技术出口还处于起步阶段，用于维生素C生产的二步发酵法技术的成功转让，不仅为祖国争了光，也使研究所上下人心大振，科研信心倍增。

当初，这项研究完全是从国家需要出发进行立项研究的。维生素C是人体营养必需的一种维生素，生理作用广泛。传统生产维生素C的方法是1933年德国人发明的“莱氏化学法”，包含5道工序，连续操作有困难，生产中不仅伴有大量有毒气体和“三废”的产出，而且对生产环境有严格的防火防爆安全要求。

20世纪60年代末，北京制药厂有关技术人员向微生物所提出了改革维生素C生产老工艺的迫切需求。经过短暂准备后，1969年2月，微生物所的科研人员开始向这个难题发起挑战。他们利用一切可利用的时间，查阅了大量的国内外文献资料，通过分析，决定另辟蹊径，走一条以生物氧化代替化学氧化的全新工艺路线。通过科研人员的艰苦努力和顽强钻研，二步发酵法最终被成功发明出来。

微生物所科研人员表示，这一成功案例始终激励着研究所职工，激励着科研人员时刻关注国家需要。科研人员意识到，只有具备大胆创新的勇气和智慧，重视国家需要，才能在自己的工作岗位上为国家多做贡献。

关键术语

维生素　　脂溶性维生素　　水溶性维生素　　辅酶

思考题

（1）请通过表格的形式总结脂溶性维生素的来源、生化作用、缺乏症和中毒症。

（2）简述水溶性维生素与辅酶之间的关系。

第二篇　基因信息的传递与调控

本篇讨论基因信息的传递与调控，包括DNA的生物合成、RNA的生物合成、蛋白质的生物合成、基因表达的调控与基因工程共四章。

生物体在繁殖过程中，决定其生物特性的基因信息是代代相传的。除一部分病毒的遗传物质是RNA外，其余病毒及全部具有典型细胞结构的生物的遗传物质都是DNA。

基因信息的传递与表达调控是通过“中心法则”实现的。具体来讲，遗传信息从DNA传递给RNA，再从RNA传递给蛋白质，即完成遗传信息的转录和翻译过程，并最终由蛋白质将遗传性状表现出来；遗传信息也可以从DNA传递给DNA，完成DNA的复制过程。这是有细胞结构的绝大多数生物体所遵循的法则。在某些病毒中，RNA的自我复制（如烟草花叶病毒等）和能以RNA为模板逆转录成DNA的过程（如某些致癌病毒）是对中心法则的补充。此外，基因信息传递的过程需要某些蛋白质参与调控，以确保传递过程的正确性和准确性。

本篇以中心法则为基本线索，依次讨论基因信息的传递（复制、转录、翻译）和调控。

第五章　DNA 的生物合成

知识目标

- 掌握 DNA 复制的特点和体系，熟悉 DNA 复制的过程。
- 掌握逆转录酶的概念，熟悉逆转录的过程及意义。
- 熟悉 DNA 损伤的原因、类型及修复方式。

素质目标

- 体会科研领域的“中国速度”，感受国家创新驱动发展战略的利好作用，坚定跟党走的信念。

DNA 是主要的遗传物质。在细胞分裂前，DNA 进行自我复制，从而将亲代遗传信息准确地传递给子代，这是 DNA 生物合成的主要途径。在某些 RNA 病毒内，遗传信息存在于 RNA 分子中，RNA 可通过逆转录的方式将遗传信息传递给 DNA，这是 DNA 生物合成的又一途径。

由于 DNA 分子存储着生物体赖以生存和繁衍的遗传信息，因此维护 DNA 分子的完整性至关重要。某些外部环境和生物体内部因素会引起 DNA 分子的损伤并导致遗传信息的改变，如果 DNA 分子的损伤不能得到及时修复，可能会影响细胞的正常生理功能和遗传功能。可见，在生物进化过程中，生物细胞所获得的修复损伤 DNA 分子的能力十分重要，它是生物体能保持遗传稳定性的关键之一。

第一节　DNA 的复制

想一想：

遗传信息从 DNA 传递给 RNA，再从 RNA 传递给蛋白质，即完成遗传信息的转录和翻译，并最终由蛋白质将遗传性状表现出来；也可以从 DNA 传递给 DNA，即完成 DNA 的复制。这是所有有细胞结构的绝大多数生物体所遵循的法则。在某些病毒中，RNA 的自我复制（如烟草花叶病毒等）和能以 RNA 为模板逆转录成 DNA 的过程（某些致癌病毒）是对中心法则的补充。

思考：DNA 复制的特点是什么？DNA 分子是如何将亲代遗传信息传递给子代的？

DNA 复制是以亲代 DNA（一条链）为模板，以游离的脱氧核苷酸为原料，在有关酶的作用下，按照碱基互补配对原则合成子代 DNA（两条链）的过程。

一、DNA 复制的特点

DNA 复制的特点主要包括半保留复制、双向复制和半不连续复制。

（一）半保留复制

在 DNA 复制过程中，亲代 DNA 分子解开成两条单链，以每条单链为模板，按照碱基互补配对原则合成与模板互补的子链，每条子链分别与模板组成子代 DNA 分子。在子代 DNA 分子中，一条单链完全来自亲代，另一条单链是以亲代链为模板重新合成的，并且子代 DNA 分子与亲代 DNA 分子的碱基序列完全一致，这种复制方式称为半保留复制（semi-conservative replication）。

扫一扫

半保留复制

DNA 的半保留复制过程如图 5-1 所示，其中实线表示亲代链，虚线表示子代链。半保留复制的阐明，对于理解 DNA 的功能和物种的延续具有重大意义。

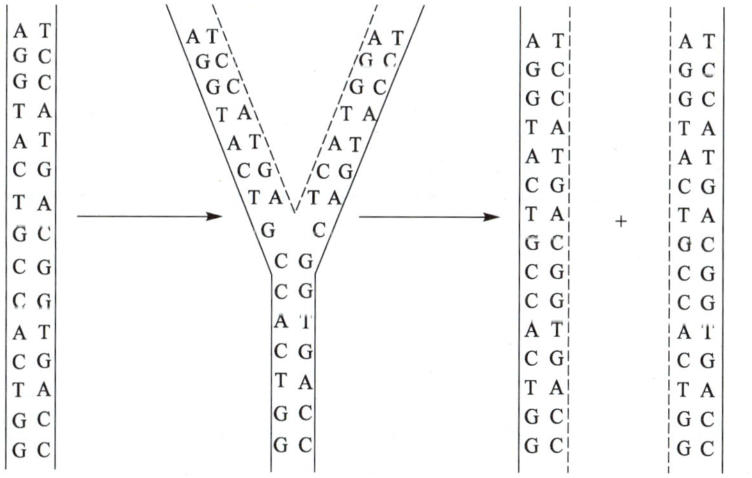

（a）亲代 DNA 分子　（b）复制过程中形成的复制叉　（c）两个子代 DNA 分子

图 5-1　DNA 的半保留复制过程

提　示

> 复制叉是指 DNA 双链解开成两条单链时，以每条单链为模板，子链沿模板延长，由此解开的两条单链和未解开的双螺旋所形成的“Y”字形结构。

知识拓展

DNA 的复制方式

在 DNA 的复制方式被确定之前，科学家们提出了全保留复制、半保留复制和弥散复制 3 种方式，如图 5-2 所示。其中，全保留复制是指一个子代 DNA 分子完全由新合成的两条子链结合而成，而另一个子代 DNA 分子则完全由解链的两条单链重新结合而成；弥散复制是指亲代 DNA 分子被切成片段，这些片段再作为新合成双链片段的模板，然后新、老双链片段以某种方式聚集成“杂种链”。

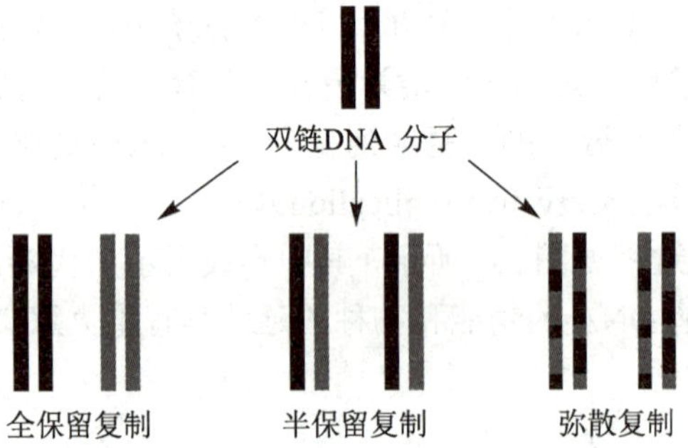

图 5-2 DNA 复制方式的 3 种假设

1958 年，美国科学家梅塞尔森和斯塔尔在 DNA 同位素标记实验中证实了半保留复制的假设，并否定了其他两种复制方式。

（二）双向复制

有些生物体的 DNA 复制总是从一段特殊的碱基序列开始，这些具有特殊碱基序列的部位称为复制起始点。

原核生物的基因组是环状 DNA，只有一个复制起始点。复制时，DNA 从复制起始点向两个方向延伸，形成两个延伸方向相反的复制叉，这种复制方式称为双向复制（bidirectional replication）。

真核生物的基因组庞大而复杂，它由多个染色体组成，而每个染色体又有多个复制起始点。复制时，DNA 从各复制起始点产生两个延伸方向相反的复制叉，当一个复制叉与相邻复制起始点产生的复制叉相遇并连接时，复制停止。从一个复制起始点到一个复制终止点的复制区域称为复制子。复制子是独立完成复制的功能单位。原核生物是单复制子的复制，真核生物是多复制子的复制。

（三）半不连续复制

亲代 DNA 分子由两条方向相反的单链组成。复制开始时，亲代 DNA 分子解开成两条单链，再以每条单链为模板合成两条新的互补链。由于 DNA 分子中一条链的走向是 5′→3′，另一条链的走向是 3′→5′，而且生物体内的 DNA 聚合酶只能催化走向为 5′→3′的 DNA 合成，因此 DNA 复制时，其中一条链是连续合成的，而另外一条链是不连续合成的。

如图 5-3 所示，在以 3′→5′方向的亲代链为模板时，通过 DNA 复制合成一条 5′→3′方向的连续链，此连续链称为前导链。在以 5′→3′方向的亲代链为模板时，受 DNA 聚合酶方向性的限制，DNA 双链只能解开至一定长度后才能沿 5′→3′方向合成引物并延长。此子链的延伸方向与复制叉的延伸方向相反，称为随从链。随从链复制只能先以短片段的形式合成，最后将多个片段连接成一条完整的链。组成随从链的片段是由日本科学家冈崎于 1968 年发现的，故称为冈崎片段（Okazaki fragments）。

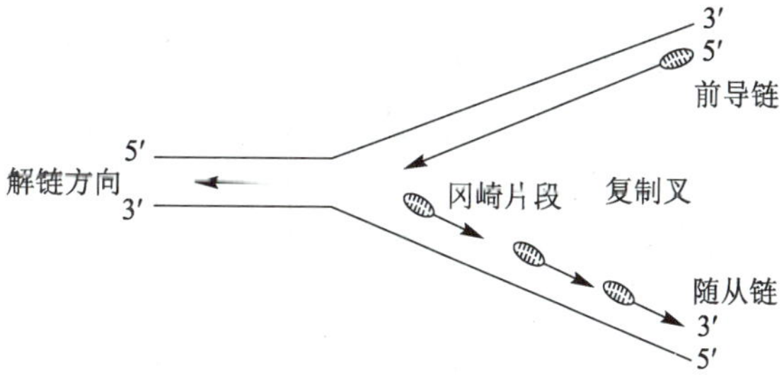

图 5-3　DNA 的半不连续复制

由此可见，DNA 复制时，一条链合成的方向与复制叉延伸的方向相同，可以连续复制；另一条链合成的方向与复制叉延伸的方向相反，不能连续复制。这种复制方式称为半不连续复制（semi-discontinuous replication）。

二、DNA 复制的体系

DNA 复制是一个复杂的脱氧核苷酸聚合的酶促反应，需要模板、原料、引物、酶和蛋白因子等多种物质共同参与，并由 ATP、CTP 提供能量。

（一）DNA 复制的模板、原料和引物

1. 模板

DNA 复制的模板是亲代 DNA 解开形成的两条单链。DNA 复制时，以亲代 DNA 解开的单链为模板，严格按照碱基互补配对原则指导 dNTP 逐一加入，合成子代 DNA。

2. 原料

DNA 复制的原料（底物）是 4 种脱氧核苷三磷酸（dNTP，其中 N 代表碱基 A、G、C、T 中的一种），即 dATP（脱氧腺苷三磷酸）、dGTP（脱氧鸟苷三磷酸）、dCTP（脱氧胞苷三磷酸）和 dTTP（脱氧胸苷三磷酸）。在模板存在的前提下，dNTP 在 DNA 聚合酶的作用下脱掉分子中的焦磷酸，再以 dNMP（脱氧核苷一磷酸）的形式相连形成多聚核苷酸链。

3. 引物

DNA 聚合酶不能催化两个游离的 dNTP 直接聚合，第一个游离的 dNTP 必须添加到已有的寡核苷酸链的 3′-OH 末端上，然后继续子链的延长。引物就是为 DNA 聚合酶提供 3′-OH 末端的小分子寡核苷酸链，通常是长短为十余个至数十个核苷酸的 RNA 片段，但冈崎片段的引物有可能是 DNA 片段。

提　示

RNA作引物，一方面可提高DNA复制的准确性，另一方面更易降解且节省能量。DNA复制起始点的几个核苷酸很容易出现差错，而用RNA作引物，即使DNA在复制过程中出现差错，出错的这些片段也会被DNA聚合酶Ⅰ切除，从而提高了DNA复制的准确性。

（二）DNA复制所需的酶及蛋白因子

1．解旋酶、DNA拓扑异构酶和单链结合蛋白

DNA复制时，首先需要解旋、解链成相对固定的单链状态，才具有指导新链合成的模板作用。参与此过程的酶和蛋白因子主要包括解旋酶（helicase）、DNA拓扑异构酶（DNA topoisomerase）和单链结合蛋白（single strand binding protein，SSB）。

1）解旋酶

DNA双螺旋不会自动解旋，因此细胞中存在一类特殊的可以促使DNA在复制叉处打开的蛋白质，这类蛋白质称为解旋酶。解旋酶的作用机制是与单链DNA和ATP结合，利用ATP分解成ADP时所产生的能量沿DNA链向前运动，从而促使DNA双链打开。

2）DNA拓扑异构酶

DNA拓扑异构酶简称“拓扑酶”，是一类催化DNA拓扑学异构体相互转变的酶，广泛存在于原核生物和真核生物中。在DNA解链过程中，可能会出现复制叉前方的DNA分子打结、缠绕及连环的超螺旋现象，这种现象会影响DNA复制的进程。而拓扑酶能在解螺旋时，通过水解复制叉前方将要打结或已打结处的DNA分子中的磷酸二酯键，“剪开”DNA分子中的一条或两条链，将其从打结处抽出，使结打开或解松。拓扑酶还能连接水解的磷酸二酯键，从而将“剪开”的DNA链连接起来。

拓扑酶有Ⅰ型和Ⅱ型两类。拓扑酶Ⅰ型可切断DNA分子的一条链，使DNA在解链旋转中不至于打结，并且可在适当的时候将切口封住，从而使DNA变为松弛状态，此过程不需要ATP供能。拓扑酶Ⅱ型可同时切断DNA分子的两条链，使超螺旋松弛，然后在ATP供能的情况下，将松弛状态下的DNA的缺口封住。在复制过程中，母链DNA与子链DNA也会互相缠绕，形成打结或连环状态，该过程同样需要拓扑酶Ⅱ型的参与。

3）单链结合蛋白

解旋酶沿复制叉方向并在其前方产生了一段单链区，这种DNA单链极不稳定，很快会重新配对成DNA双链或被核酸酶降解。细胞内有大量SSB，SSB不仅会与已解开的DNA单链迅速结合，以维持两条单链的稳定状态，还能使两条单链呈伸展状态，有利于复制的进行。当子链DNA合成到某一位置时，此处的SSB便会脱落，以供重复利用。

提　示

核酸酶：能将多聚核苷酸链内的磷酸二酯键切断的酶。根据核酸酶作用的位置不同，核酸酶可分为核酸外切酶和核酸内切酶两类。其中，核酸外切酶是指能从DNA或RNA

链的一端逐个水解单核苷酸的酶，核酸内切酶是指能催化水解多聚核苷酸链内的磷酸二酯键的酶。

2．引物酶

引物酶（primase）是复制起始时催化生成 RNA 引物的酶，是一种特殊的依赖 DNA 的 RNA 聚合酶。它以 4 种 NTP 为原料，以解开的 DNA 单链为模板，按 5′→3′方向合成短片段的 RNA。在复制起始过程中，引物酶要与其他蛋白因子形成复合物，才能完成引物的合成。

提　示

依赖 DNA 的 RNA 聚合酶：指能以 DNA 为模板合成 RNA 的酶。

3．DNA 聚合酶

DNA 聚合酶是原料 dNTP 脱去焦磷酸并以 dNMP 方式聚合生成子链 DNA 的酶，是 DNA 复制过程中最重要的酶。该酶以亲代 DNA 解开的单链为模板才能发挥作用，故又称为依赖 DNA 的 DNA 聚合酶（DNA-dependent DNA polymerase DNA-pol）。DNA 聚合酶最早在大肠埃希菌中被发现，之后陆续在其他生物中被找到。这类酶的共同特征是：① 以 dNTP 为原料催化合成 DNA；② 必须以亲代 DNA 解开的单链为模板；③ 不能自行从头合成 DNA 链，只能在引物 3′-OH 末端上催化 dNTP 聚合生成 DNA 链；④ 催化 DNA 合成的方向是 5′→3′。

目前已发现原核生物中有 3 种 DNA 聚合酶，真核生物中有 5 种 DNA 聚合酶。

原核生物如大肠埃希菌中的 DNA 聚合酶有 DNA 聚合酶Ⅰ、DNA 聚合酶Ⅱ和 DNA 聚合酶Ⅲ三种。其中，DNA 聚合酶Ⅰ是多功能酶，具有 5′→3′聚合酶、3′→5′核酸外切酶和 5′→3′核酸外切酶的活性，在 DNA 复制过程中起催化 DNA 合成、校读、切除 RNA 引物、填补空隙、修复损伤 DNA 等作用。DNA 聚合酶Ⅱ在无 DNA 聚合酶Ⅰ和 DNA 聚合酶Ⅲ时起作用，具有 5′→3′聚合酶和 3′→5′核酸外切酶的活性，可能主要参与 DNA 的损伤与修复。DNA 聚合酶Ⅲ是 DNA 复制延长过程中起主要催化作用的酶，具有 5′→3′聚合酶的高活性及 3′→5′核酸外切酶的活性，在 DNA 复制过程中起催化 DNA 高效率合成、校读作用。

提　示

5′→3′核酸外切酶能切除引物和突变的 DNA 片段，在 DNA 损伤与修复中起重要作用。3′→5′核酸外切酶能识别和切除子链中错配的核苷酸，起校读作用。

真核生物的 DNA 聚合酶分为 DNA 聚合酶 α、DNA 聚合酶 β、DNA 聚合酶 γ、DNA 聚合酶 δ 和 DNA 聚合酶 ε 五种。其中，DNA 聚合酶 α 具有引物酶活性，能催化合成 RNA 引物；DNA 聚合酶 β 类似于原核生物中的 DNA 聚合酶Ⅱ，可能在 DNA 损伤与修复中发挥作用；DNA 聚合酶 γ 主要参与线粒体 DNA 的复制；DNA 聚合酶 δ 类似于原核生物中的 DNA 聚合酶Ⅲ，是 DNA 复制延长过程中起主要催化作用的酶，且具有解旋酶的活性；DNA 聚合酶 ε 类似于原核生物的 DNA 聚合酶 Ⅰ，在 DNA 复制过程中起校读、修复和填补引物缺口的作用。

4. DNA 连接酶

DNA 连接酶（DNA ligase）是连接 DNA 单链缺口的酶，可催化一个 DNA 片段的 3′-OH 末端和另一个 DNA 片段的 5′-P 末端脱水形成 3′,5′-磷酸二酯键，从而使两个 DNA 片段连接起来，形成一条完整的 DNA 长链，如图 5-4 所示。此反应需要消耗 ATP。需要注意的是，DNA 连接酶只能连接双链中的单链缺口，不能连接游离 DNA 单链或 RNA 单链上的缺口。

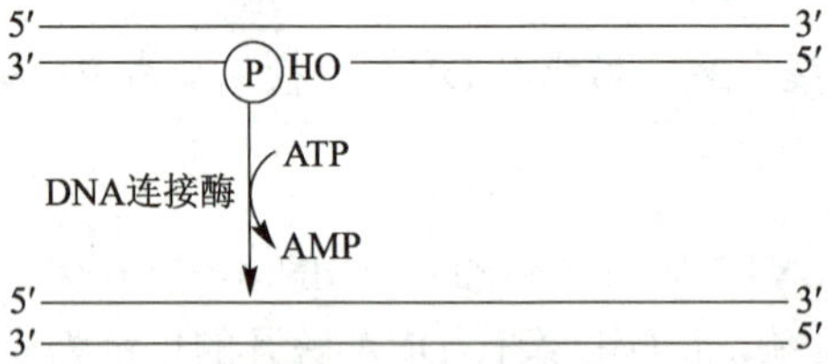

图 5-4　DNA 连接酶的作用

DNA 连接酶不仅在 DNA 复制过程中起接合缺口的作用，在 DNA 损伤与修复中也起接合缺口的作用，是基因工程中不可缺少的工具酶之一。

三、DNA 复制的过程

（一）原核生物 DNA 复制的过程

原核生物 DNA 复制的过程大致可分为 3 个阶段，即复制的起始、复制的延长和复制的终止，如图 5-5 所示。

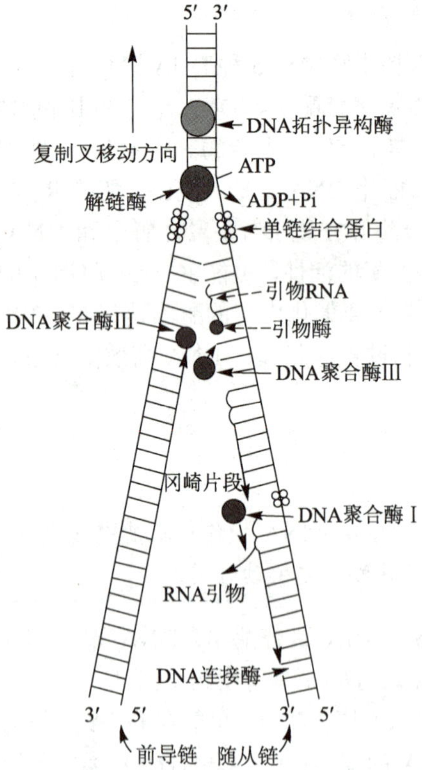

图 5-5　原核生物 DNA 复制的过程

1. 原核生物 DNA 复制的起始

原核生物 DNA 复制从特定的复制起始点开始。在复制起始点处，解旋酶、拓扑酶和多种蛋白因子的协同作用，使得 DNA 分子的构象发生改变，继而解开 DNA 分子的超螺旋结构，从而使 DNA 双链形成局部的 DNA 单链，单链结合蛋白随即结合到形成的单链上，以保护和稳定 DNA 的单链状态，并形成复制叉。此时，引物酶参与进来，形成一个含有 DNA 复制的起始区域、解旋酶、引物酶及单链结合蛋白的复合结构，这一复合结构称为引发体。

在适当位置上，引发体中的引物酶以 4 种 NTP 为原料，以解开的一段 DNA 单链为模板，按 5′→3′方向合成长度为十几个至数十个核苷酸不等的 RNA 引物，为 DNA 复制的延长做准备。

2. 原核生物 DNA 复制的延长

原核生物DNA复制延长的主要任务是DNA聚合酶在复制叉处按照碱基互补配对原则催化 dNTP，并以 dNMP 的方式逐个加入到引物上或延长中子链上的 3′-OH 末端，不断生成 3′,5′-磷酸二酯键，使子代链不断延长。

由于亲代 DNA 双链的方向相反，而 DNA 聚合酶只能按 5′→3′方向合成子链 DNA，这导致了 DNA 复制的半不连续性。其中，前导链的延长方向与解链方向相同，能够连续合成；随从链的延长方向与解链方向相反，不能连续合成，需要不断生成引物并合成冈崎片段。在 DNA 聚合酶III的催化作用下，冈崎片段不断延长，当后一个冈崎片段延长到前一个冈崎片段的引物处时，DNA 聚合酶 I 置换出 DNA 聚合酶III，由此进入 DNA 复制的终止阶段。

3. 原核生物 DNA 复制的终止

原核生物 DNA 复制终止的主要过程包括切除 RNA 引物、填补空缺和连接冈崎片段。当复制延长到具有特定碱基序列的复制终止区域时，参与复制的多种蛋白质终止因子结合到终止区域，此时 DNA 聚合酶 I 通过其 5′→3′核酸外切酶的活性切除前导链和随从链上的 RNA 引物，并通过其 5′→3′聚合酶的活性合成 DNA，以填补引物切除后留下的空隙。在随从链上，前一个冈崎片段和后一个冈崎片段之间的缺口由 DNA 连接酶通过 3′,5′-磷酸二酯键连接，从而形成完整的子代 DNA 链，子代 DNA 链再分别与其模板缠绕成 DNA 双螺旋结构。至此，原核生物 DNA 复制完成。

（二）真核生物 DNA 复制的过程

真核生物的细胞周期分为复制前期（G_1）、复制期（S）、有丝分裂准备期（G_2）和有丝分裂期（M）共 4 个时期，而 DNA 复制仅在 S 期进行。真核生物 DNA 复制的过程与原核生物相似，也分为复制的起始、复制的延长和复制的终止 3 个阶段，但过程比较复杂，此处仅对其做简单介绍。

1. 真核生物 DNA 复制的起始

起始阶段，真核生物有多个复制起始点，且其复制起始点的序列比原核生物短。真核生物 DNA 复制起始需要 DNA 聚合酶 α 和 DNA 聚合酶 δ 的参与，前者具有引物酶的活性，后者具有解旋酶的活性，另外还需要拓扑酶、复制因子和增殖细胞核抗原等物质的参与。增殖细胞核抗原（proliferation cell nuclear antigen，PCNA）是复制起始和复制延长中起关键作用的物质。引物主要是 RNA，但也有小分子的 DNA 片段。引物主要由 DNA 聚合酶 α 催化合成。

与原核生物相似，真核生物 DNA 复制起始也是 DNA 分子打开双链形成复制叉，继而形成引发体和合成 RNA 引物，但其中详细的机制尚未完全明了。

2. 真核生物 DNA 复制的延长

真核生物 DNA 复制的延长主要由 DNA 聚合酶 δ 催化完成。在复制叉和引物生成后，DNA 聚合酶 δ 通过 PCNA 的协同作用逐步取代 DNA 聚合酶 α，再在引物的 3′-OH 末端上连续合成前导链。随从链不能连续合成，需要不断生成引物并合成冈崎片段，这一过程也需要 PCNA 的协同作用。真核生物是以复制子为单位进行复制的，其引物和随从链的冈崎片段都比原核生物短。就酶的催化速度而言，真核生物 DNA 复制远比原核生物慢，但因真核生物是多复制子复制，其总体速度并不慢。

3. 真核生物 DNA 复制的终止

真核生物染色体 DNA 是线状结构。终止阶段，复制过程中冈崎片段的连接和复制子之间的连接，均在线形 DNA 的内部完成，并且染色体两端 DNA 子链上的 RNA 引物将被去除，从而留下空隙。理论上，因没有 3′-OH 作为 DNA 聚合酶的起点，去除引物后留下的空隙无法填补，并且新合成的子链又会作为下一轮复制的模板，故 DNA 分子有可能会变得越来越短，从而使遗传信息不完整甚至丢失。但实际并非如此，真核生物通过端粒结构来解决这个问题。

扫一扫

DNA 复制的过程

端粒是真核生物染色体线形 DNA 分子末端的结构，在维持染色体的稳定性和 DNA 复制的完整性方面有重要作用。目前认为，端粒起作用的主要原因是端粒酶。端粒酶是一种以自身携带的 RNA 为模板的逆转录酶，由端粒酶 RNA、端粒酶协同蛋白和端粒酶逆转录酶组成。端粒酶可以结合到端粒的 3′-OH 末端上，以端粒单链 3′-OH 为起点，以自身携带的 RNA 为模板逆转录合成端粒重复序列，使端粒 DNA 链延长。合成一个重复序列后，端粒酶向前移动继续合成另一个重复序列，如此反复，不断向前延伸。延伸至一定长度后，端粒酶脱离母链，端粒重复序列 3′-OH 末端发生反折，引导合成新生链以填补 5′-末端的短缺。

提　示

实验发现，在体细胞有丝分裂过程中，如果没有端粒酶的活化作用，染色体末端序列会不可避免地缩短直至某个临界点，细胞会退出增殖周期以至衰老。越来越多的证据表明，端粒的长度控制着细胞衰老的进程。

在许多研究中还发现，基因突变、肿瘤形成时，端粒会表现出缺失、融合或序列缩短等现象。临床研究中也发现，某些肿瘤细胞的端粒比正常同类细胞缩短较多。但是，在增殖活跃的肿瘤细胞培养液中，却发现端粒酶的活性增强。这说明，端粒酶的过度激活可能是恶性肿瘤发生过程中的一个重要现象。

做一做

下列关于 DNA 复制的说法中，正确的是（　　）。

A. 按全保留复制进行　　B. 按照 3′→5′方向进行

C. 需要 4 种 dNMP 的参与　　D. 需要 RNA 引物的参与

E. 不需要酶的参与

中国方案

DNA 折纸术的中国思维

我们都熟悉 DNA，知道 DNA 是生命的编码，但你可能不知道，它可以像毛衣一样被编织，像乐高一样被组装，这项技术就叫 DNA 折纸术。

与传统的 DNA 组装技术不同，DNA 折纸术通过将一条长的 DNA 单链与一系列短 DNA 片段进行碱基互补，就能可控地构造出高度复杂的纳米图案或者结构。

2006 年，美国科学家保罗·罗特蒙德用一条具有 7 000 个碱基对的 DNA 长链，弯曲、折叠出一个笑脸。我国分析化学与化学生物学家樊春海院士是最早参与 DNA 折纸术研究的科学家之一。也是在 2006 年，他就和上海交通大学的贺林院士团队基于 DNA 折纸技术原理构造出一幅中国地图的图案，成为这个领域第二个发表的成果。

现在，科学家们已经可以用 DNA 折纸术把我们的遗传物质做成各种各样的形状，比说国宝熊猫。樊春海指出，在自然界中，DNA 并不仅仅以双螺旋的形式存在，而是有各种各样形态的 DNA 和 RNA 核酸，有环形的，有棒状的。“我们可以把 DNA 看作一根很柔软的毛线，当它和几百条短链片段碰撞、组装在一起时，它就像毛线一样，可以被编织成任意我们想要的形状。”

从 2006 年至今，已经过去了十几年的时间，DNA 折纸术也可以从构建一维到二维再到三维的各种纳米级形状，就像 3D 打印一样。那么，我们能拿这些形状来做什么呢?

樊春海指出，在宏观世界里，人类最有用的材料之一就是框架材料。同样，在纳米世界里，把 DNA 的 A、G、T、C 四个字母编码出一些框架物质来，就可以让一些生物分子，比如核酸本身、核酸适体、抗体、蛋白质、酶等物质住进由 DNA 框架搭建的纳米房子里。这就是樊春海提出来的最新定义——框架核酸（用 DNA 做成的框架结构）。

这是一类人工设计的结构核酸，它的尺寸、形貌和力学特性都可以被程序性地调控，为核酸蛋白抗体等元件提供结构支撑，从而更好地用于癌症早期检测或者为像老年痴呆这样的神经退行性疾病的诊疗提供更好的工具。

2019 年，《自然·化学》在创刊十周年之际，邀请了国际上 50 多位科学家共同撰写了专题论文《化学求索之路》，共同探讨在化学领域未来的挑战性问题。其中，樊春海提出的化学领域挑战性问题为：“一个令人激动的学科前沿是理解人工设计的核酸结构如何在活细胞和动物体内组装并发挥作用。创造新的工具来控制活细胞内的天然和人工核酸分子的组装过程，将有可能为核酸化学领域带来革命性的变化，从而推动纳米诊疗和精准医学的发展。更长远考虑的话，另一个大有可为的研究方向是探索和发展具有人工智能的 DNA 或 RNA 机器人，并在动物和人体内工作。”

“目前拥有可用于治疗的 DNA 纳米机器人仍是一个梦想。我个人认为总有一天，我们会有基于 DNA 的机器、基于 DNA 的自组装机器、基于 DNA 的纳米机器人，来治疗人体内的疾病，从而改变人们对疾病和诊疗的看法。”樊春海说道。

第二节　逆转录

想一想：

大多数生物体的遗传信息储存在 DNA 分子中，但某些病毒（如 RNA 病毒）的遗传信息则储存在 RNA 分子中。这类病毒在入侵宿主细胞的过程中，能以 RNA 为模板，以 4 种 dNTP 为原料，遵循碱基互补配对原则，在逆转录酶的催化下合成 DNA。这种合成 DNA 的方式称为逆转录，是 DNA 生物合成的一种特殊方式。逆转录的信息流动方向（RNA→DNA）与转录过程（DNA→RNA）相反，故也称反转录。

思考：RNA 病毒是怎样合成 DNA 的？逆转录现象的发现对临床医学有何帮助？

一、逆转录酶

1970 年，科学家特明和巴尔的摩证实了 RNA 病毒能以 RNA 为模板合成 DNA，并发现了催化此过程的酶。该酶称为逆转录酶，全称是依赖RNA的DNA聚合酶（RNA-dependent DNA polymerase）。这种含逆转录酶的 RNA 病毒称为逆转录病毒。人类免疫缺陷病毒（human immunodeficiency virus，HIV）就是典型的逆转录病毒。

大多数逆转录酶都具有多种酶活性，主要包括：① RNA 指导的 DNA 聚合酶活性，它能以 RNA 为模板，催化 dNTP 聚合生成 DNA；② 核糖核酸酶 H 活性，它能水解 DNA 与模板 RNA 形成的 DNA-RNA 杂化双链中的 RNA；③ DNA 指导的 DNA 聚合酶活性，它能以逆转录合成的 DNA 单链为模板，催化 dNTP 聚合生成另一条 DNA 单链。有些逆转录酶还具有 DNA 内切酶活性，这可能与病毒基因整合到宿主细胞染色体 DNA 中有关。逆转录酶不具有 3′→5′外切酶活性，因此没有校读功能，这使得逆转录酶催化合成的 DNA 链错误率相对较高，这也是逆转录病毒能较快出现新毒株的原因之一。

提　示

核糖核酸酶 H：一种核糖核酸内切酶，可以特异性地水解 DNA-RNA 杂化双链中的 RNA。

二、逆转录过程

单链 RNA 逆转录合成双链 DNA 的过程如下：① 当 RNA 病毒感染宿主细胞后，逆转录酶以病毒的 RNA 为模板，以 dNTP 为原料，按 5′→3′催化合成与模板互补的 DNA 单链，该 DNA 单链称为互补 DNA（complementary DNA，cDNA）；② cDNA 与 RNA 模板链形成 DNA-RNA 杂化双链，之后 DNA-RNA 杂化双链中的 RNA 被逆转录酶水解；③ 以 cDNA 分解后剩下的 DNA 单链为模板，逆转录酶催化 dNTP 合成与 DNA 单链互补的链，从而形成双链 DNA。逆转录过程如图 5-6 所示。

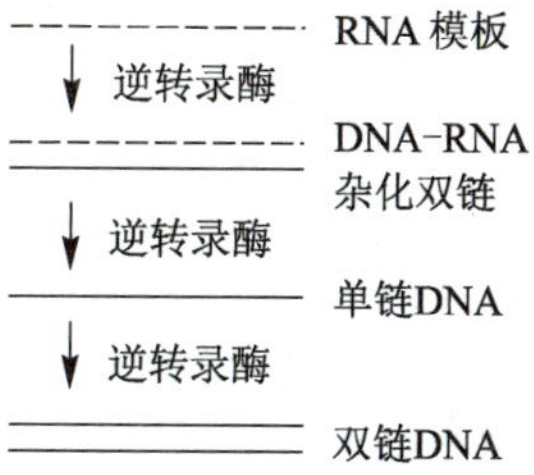

图 5-6 逆转录过程

按照上述过程，RNA 病毒在细胞内复制成双链 DNA 的**前病毒**。前病毒保留了 RNA 病毒的全部遗传信息，可在细胞内独自繁殖。在某些情况下，前病毒基因组通过基因重组的方式整合到宿主细胞基因组内，并随宿主基因一起复制和表达。这种重组方式称为整合。前病毒独立繁殖或整合，都可成为致病的原因。

提 示

前病毒：也叫原病毒，是指存在于宿主染色体内的潜在的病毒基因组。

三、逆转录的意义

首先，逆转录现象的发现使人们对生命信息的传递有了更充分的认识，补充并完善了遗传学中心法则；其次，对逆转录病毒与癌症关系的研究，使人们对癌症有了更清晰的认识，为癌症的治疗奠定了基础。

随着科学技术的不断进步，人们对逆转录机制、逆转录酶、逆转录病毒载体及逆转录抑制因素的了解更加透彻，并越来越多地将其与一些疾病（如癌症）的治疗相结合。由此可见，人们对逆转录的研究具有重要的实践意义。

第三节 DNA 的损伤与修复

想一想：

生物体 DNA 的遗传保守性是物种维持相对稳定的最主要因素，而这种遗传保守性是通过复制的高保真性来实现的。从总体上讲，DNA 复制的精确度极高，在每个复制周期中，每 1 亿个碱基中大约仅有 1 个会发生突变。尽管精确度如此之高，但有一些 DNA 在复制时仍会发生改变。此外，在长期的生命演化进程中，生物体时刻受到来自内外环境各种因素的影响，因此其 DNA 的突变是不可避免的。

思考：DNA 的突变对生物体是否都是不利的？哪些因素会使 DNA 受损？

DNA 损伤又称 DNA 突变，是指在复制过程中，DNA 分子中碱基序列发生改变并导致遗传特征改变的现象。DNA 突变分为自发突变和诱发突变。其中，自发突变是在 DNA 合成过程中偶尔发生的复制差错而导致的突变，其发生频率非常低；诱发突变是由物理因素、化学因素和生物因素而导致的突变。一般情况下，生物体自身能修复损伤的DNA，以保持其正常的功能和遗传的稳定性。

一、DNA 损伤

（一）引起 DNA 损伤的因素

引起 DNA 损伤的因素多种多样，有诱发因素，也有自发因素，其中诱发因素主要包括物理因素、化学因素和生物因素。

1. 诱发因素

（1）物理因素。引起 DNA 损伤的物理因素主要包括紫外线照射和各种电离辐射。紫外线照射能引起 DNA 分子中相邻嘧啶发生共价结合生成嘧啶二聚体，如胸腺嘧啶二聚体、胞嘧啶二聚体等。电离辐射能使 DNA 周围的其他分子（主要是水分子）吸收射线能量，并产生具有很高反应活性的自由基而损伤 DNA。

（2）化学因素。引起 DNA 损伤的化学因素主要是化学诱变剂。化学诱变剂大多数是致癌物，在化工原料、化工产品、工业排放物、农药和汽车废气中比较常见。常见的化学诱变剂包括烷化剂、脱氨剂、亚硝酸和碱基类似物等。

（3）生物因素。引起 DNA 损伤的生物因素主要是某些病毒，如逆转录病毒。这类病毒可以整合到宿主细胞染色体 DNA 上，改变宿主细胞的基因结构或基因表达活性。

2. 自发因素

自发因素引起的 DNA 损伤主要是指不明原因引起的碱基损伤，如碱基自发水解、脱氨基等。

（二）DNA 损伤的类型

DNA 损伤主要包括点突变、插入突变、缺失突变、框移突变和重排突变 5 种类型。

1. 点突变

点突变是指 DNA 分子中单个碱基的改变，包括转换和颠换两种形式。其中，转换是指同型碱基变异，即两种嘌呤之间的互换或两种嘧啶之间的互换；颠换是指异型碱基变异，即嘌呤与嘧啶之间的互换。很多疾病是由点突变引起的，如镰刀形红细胞贫血症。

2. 插入突变

插入突变是指原来不存在的一个碱基或一段核苷酸链插入 DNA 分子中。

3. 缺失突变

缺失突变是指 DNA 分子中一个碱基或一段核苷酸链的消失。

4. 框移突变

一个或多个非 3 的倍数的核苷酸数目的插入或缺失，使得编码区域中该位点后的开放阅读框移位，导致缺失或插入后的 DNA 序列所携带的遗传信息发生改变，造成氨基酸的排列顺序发生改变，其后果是翻译出的蛋白质可能完全不同。这种突变称为框移突变。

5. 重排突变

重排突变是指 DNA 分子内较大片段的交换，即 DNA 分子中的一段核苷酸链可以在新位点上发生倒位，也可从一处迁移到另一处。

提　示

倒位：指染色体断裂后，某一区段颠倒 180°并重新连接而成染色体的变异类型。

（三）DNA 损伤的后果

DNA 损伤发生的部位、范围不同，造成后果的程度也有所不同。有些部位的 DNA 损伤只造成基因型改变，而表现型不变，从而表现出基因多态性；有些部位的 DNA 损伤会造成遗传性疾病（如血友病等）或遗传倾向疾病（如糖尿病等）；有些部位关键基因的损伤甚至会造成个体死亡。然而，并不是所有的DNA损伤都是有害的，有些DNA损伤能使生物体更好地适应环境，是物种进化、分化的基础。

知识拓展

血友病

血友病是一组遗传性凝血功能障碍的出血性疾病，其特征是活性凝血活酶生成障碍，凝血时间延长，患者终身有轻微创伤后出血的倾向。有些重症患者没有明显外伤，也可发生"自发性"出血。

二、DNA 损伤的修复

DNA 损伤可促进生物进化，也可导致生物遗传信息的稳定性下降，甚至引发疾病，使生物细胞或个体死亡。而生物体通过生物进化所具有的修复能力可提高其遗传信息的稳定性，减少 DNA 损伤对生物细胞或个体带来的不利影响。DNA 损伤的修复主要包括直接修复、切除修复、重组修复和 SOS 修复 4 种类型。

（一）直接修复

直接修复是指直接作用于受损核苷酸，并将 DNA 恢复到原有结构的方式。直接修复是一种较简单的修复方式，主要包括光修复、单链断裂的修复、无嘌呤位点的修复和烷基化碱基的修复 4 种类型。

1. 光修复

光修复是一种在 DNA 光解酶催化作用下完成损伤修复的方式，是最早发现的 DNA 损伤的修复方式。DNA 光解酶能特异性地识别核酸链上相邻嘧啶共价结合的二聚体并与其结合，形成的复合物经 300～600 nm 波长照射后被激活，继而催化嘧啶二聚体分解为两个正常的嘧啶单体，从而使 DNA 链恢复正常。

2. 单链断裂的修复

如果 DNA 单链上缺口两端的 5′-磷酸基和 3′-羟基没有受到损伤，只是磷酸二酯键断裂，则缺口可被 DNA 连接酶直接修复。电离辐射造成的缺口也可被 DNA 连接酶直接修复。

3．无嘌呤位点的修复

DNA 链上的嘌呤碱基受损时，会被糖基化酶水解而脱落，生成无嘌呤位点。而 DNA 嘌呤插入酶能识别无嘌呤位点，在 K^+存在的条件下，催化游离的嘌呤碱基或脱氧核苷与无嘌呤位点重新生成糖苷键，从而使 DNA 链恢复正常。

4．烷基化碱基的修复

某些 DNA 链的烷基化损伤可以被一些酶逆转，催化此类损伤修复的酶是一类特殊的烷基转移酶。这类酶可以将烷基从受损核苷酸链上直接转移到自身肽链上，修复的同时自身发生不可逆失活。

（二）切除修复

切除修复是指在一系列酶的催化作用下，将 DNA 分子中的受损部位切除，并以其中完整的链为模板，合成出与切除部位互补配对的片段并进行填补，然后将 DNA 链重新连接，使其恢复正常结构的修复方式。DNA 损伤的切除修复过程主要包括识别、切除、填补和连接几个步骤，如图 5-7 所示。

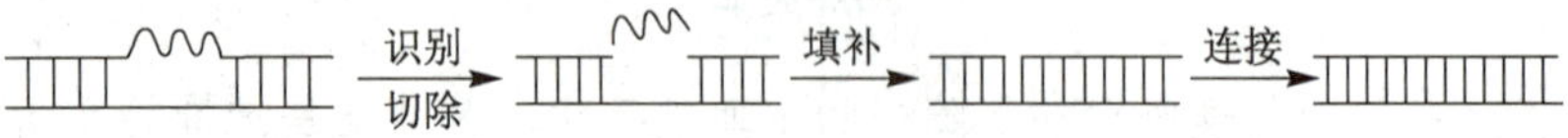

图 5-7　DNA 损伤的切除修复

切除修复是细胞内最重要和有效的修复方式。根据修复机制的不同，切除修复可分为碱基切除修复和核苷酸切除修复两种。

1．碱基切除修复

碱基切除修复主要用于 DNA 分子中单个碱基的突变。其主要过程为：① DNA 糖基化酶识别 DNA 链中已受损的碱基并水解去除，从而产生一个缺失嘌呤或嘧啶的位点；② 核酸内切酶识别缺失嘌呤或嘧啶的位点，并切断该位点 5′-末端的磷酸二酯键；③ 在 DNA 聚合酶Ⅰ的催化作用下，以完整的互补链为模板，按 5′→3′方向填补切除修复留下的空隙；④ DNA 连接酶将新合成的 DNA 片段与原来的 DNA 断链连接起来。

2．核苷酸切除修复

如果 DNA 损伤造成 DNA 螺旋结构发生较大改变，则需要以核苷酸切除修复的方式进行修复。核苷酸切除修复过程与碱基切除修复过程类似，此处不再赘述。在核苷酸切除修复过程中，主要参与的酶有核酸内切酶、解旋酶、DNA 聚合酶Ⅰ和 DNA 连接酶。

知识拓展

着色性干皮症

着色性干皮症（xeroderma pigmentosum，XP）是一种罕见的常染色体隐性遗传性皮肤病，可累及各种族人群。患有 XP 的人群，皮肤部位缺乏核酸内切酶，不能通过切除修复因紫外线受损的 DNA。因此，日光照射后，该类患者的皮肤容易受到损伤，先是出现皮肤炎症，甚至还会出现皮肤癌变。

（三）重组修复

当 DNA 分子的受损面积较大且还未修复就进行 DNA 复制时，因损伤部位没有模板指引，复制出来的子链出现缺口，此时可以通过重组过程来进行修复。重组修复的过程为：① RecA 蛋白结合在子链的空缺处，引发对侧正常模板与该子链重组，将子链恢复成完整的子链而模板出现缺口；② 以另一条子链 DNA 为模板，在 DNA 聚合酶 I 的催化作用下合成 DNA 片段，以填补母链 DNA 的缺口；③ DNA 连接酶连接 DNA 片段，使母链 DNA 重新成为一条完整的 DNA 链。

DNA 的重组修复过程如图 5-8 所示。

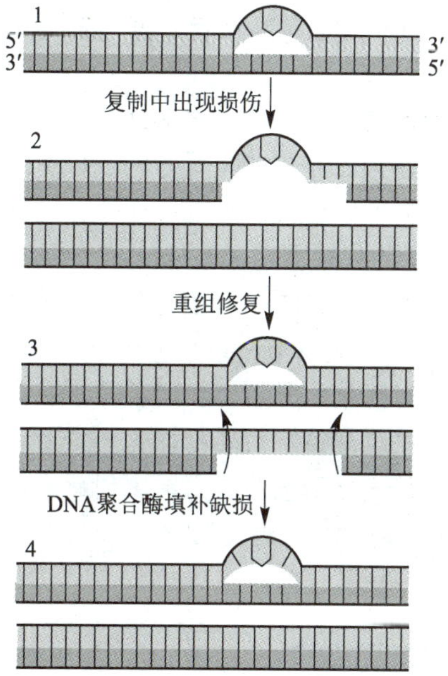

图 5-8　DNA 的重组修复

扫一扫

DNA 的损伤与修复

重组修复不能完全去除损伤，损伤的 DNA 片段仍然保留在亲代 DNA 链上，只是重组修复后合成的 DNA 分子不带损伤。但是随着复制的不断进行，若干代后，即使损伤还未从母链中去除，其在后代细胞中也已经被“稀释”了，实际上消除了损伤的影响。

（四）SOS 修复

SOS 修复是指 DNA 损伤严重、细胞处于危急状态下产生的一种抢救性修复。其机制是：当 DNA 损伤严重时，原有 DNA 聚合酶受到抑制，同时诱导产生一种识别碱基精确性较差的 DNA 聚合酶进行错误倾向的修复。经过 SOS 修复，细胞得以存活，但留下的错误较多，这些错误会引起长期而又广泛的突变。

科心报国

Sc2.0 计划的“中国速度”——创新驱动发展战略的成果

继“DNA 双螺旋发现”和“人类基因组测序计划”之后，以基因组设计合成为标志的合成生物学引发第三次生物技术革命。如果说基因测序是“读”基因，那么合成生物学就是“写”基因。多国合作的“人工合成酵母基因组计划”（简称“Sc2.0 计划”）是人类首次尝试改造并从头合成真核生物，旨在重新设计并合成酿酒酵母的全部 16 条染色体。该项目由美国、中国、英国、法国、澳大利亚、新加坡等多国研究机构参与并分工协作，希望通过对酿酒酵母的改造，更加透彻地了解机体的生物学机制、生物学反应、对环境的适应性、进化过程等，从而更好地解决人类面临的身体健康、能源短缺、环境污染等问题。

2017 年，我国有 4 篇关于真核生物酿酒酵母染色体合成的论文在国际顶级学术期刊 *Science* 上发表，这是我国在真核生物人工基因组设计与合成研究领域取得的突破性进展，意味着我国已经掌握了单细胞真核生物基因组的设计合成技术，并为下一步在多细胞生物的化学合成领域实现新的突破奠定了基础。

2010 年之前我国尚未完全接触该领域，到 2017 年我国已经成为第二个具备真核基因组设计与构建能力的国家。我国科研人员完成第一条染色体合成时用了整整 5 年的时间，而完成第二条染色体才用了不到两年的时间。我国科学家在基因组设计合成领域实现了从追随到领先，从跟跑、并跑到领跑的转折，这一方面源于我国科研人员创造了许多新的方法和专利技术，另一方面也凸显出国家创新驱动发展战略大背景下，新科研体制和新科研环境下催生的“中国速度”。

关键术语

DNA 复制	半保留复制	双向复制
半不连续复制	逆转录	DNA 损伤与修复

思考题

（1）在生物体内，DNA 生物合成的途径包括哪些？

（2）DNA 复制有哪些特点？

（3）原核生物与真核生物中的 DNA 聚合酶有哪些区别？

（4）简述原核生物 DNA 复制的过程。

（5）简述逆转录的基本过程。

（6）DNA 损伤有哪些生物学意义？

第六章　RNA 的生物合成

知识目标

- 掌握 RNA 转录的体系。
- 熟悉真核生物 RNA 转录的过程，掌握原核生物 RNA 转录的过程和真核生物 RNA 转录后的加工过程。
- 掌握 RNA 复制酶，熟悉 RNA 复制的方式。

素质目标

- 培养爱国情感，将个人梦与中国梦紧密相连，并为之努力奋斗。

RNA 的生物合成有 RNA 转录和 RNA 复制两种方式。其中，RNA 转录是以 DNA 为模板合成 RNA 的过程，是绝大多数生物体内 RNA 合成的方式；RNA 复制是以亲代 RNA 为模板合成子代 RNA 的过程，常见于病毒，是除逆转录病毒以外的 RNA 病毒在宿主体内合成的方式。经转录生成的 RNA 绝大多数是不成熟的初级产物，需要经过一系列加工才能成为具有生物活性的成熟 RNA 分子。

第一节　RNA 的转录与加工

想一想：

基因表达是指将来自基因的遗传信息合成具有生物学功能产物（蛋白质或 RNA）的过程。在遗传信息传递过程中，终产物为 RNA 的基因，经过转录、转录后加工过程，基本完成了基因表达的全过程；而终产物为蛋白质的基因，除了要经过转录、转录后加工过程，还要将加工后生成的成熟的 mRNA 翻译成蛋白质，这才完成了基因表达的全过程。可见，转录是基因表达的第一步，也是遗传信息传递的重要环节。

思考：原核生物与真核生物 RNA 转录的过程是否一样？它们经转录生成的产物是否都需要加工？

一、RNA 转录的体系

RNA 转录的体系包括模板、原料、RNA 聚合酶、某些蛋白因子及必要的无机离子等。

（一）模板

在遗传信息传递过程中，生物体为保留全部的遗传信息，需要对整个 DNA 基因组进行复制。然而，在庞大的基因组中，按细胞不同的发育阶段、生存条件和生理需要，只有少部分的基因发生转录。通常将能转录出 RNA 的 DNA 区段称为结构基因（structural gene）。在结构基因所在的 DNA 双链中，能作为模板合成 RNA 的 DNA 单链称为模板链（template strand），也称 Watson 链；与模板链互补的另一条链称为编码链（coding strand），也称 Crick 链。模板链既与编码链互补，又与合成的 mRNA 互补。因此，在 mRNA 的碱基序列中，除了碱基 T 被 U 取代外，其余序列均与编码链一致。

通常将转录的这种选择性称为不对称转录。不对称转录有两层含义：一方面，在 DNA 分子中，只有一条链可以作为模板指导转录；另一方面，模板链并非总是在同一条单链上。RNA 的不对称转录如图 6-1 所示。在该图中，表示模板链，表示编码链，→表示 mRNA。

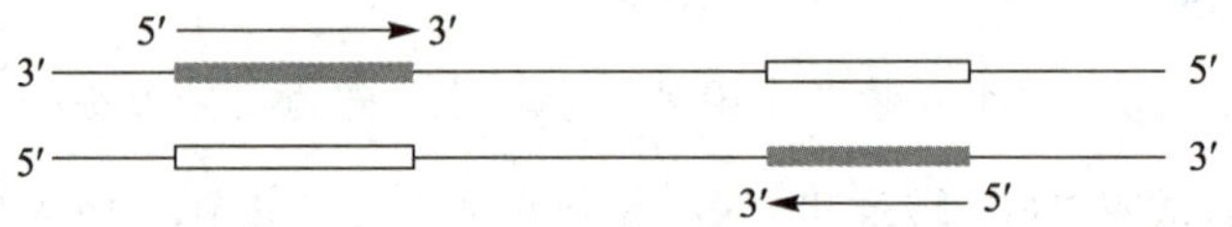

图 6-1　RNA 的不对称转录

（二）原料

转录所需的原料（底物）为 4 种核苷三磷酸（NTP），即 ATP（腺苷三磷酸）、GTP（鸟苷三磷酸）、CTP（胞苷三磷酸）和 UTP（尿苷三磷酸），另外还包括一些金属离子，如 Mg^{2+}、Zn^{2+}等。

（三）RNA 聚合酶

RNA 聚合酶又称依赖 DNA 的 RNA 聚合酶（DNA-dependent RNA polymerase，DDRP），它以 DNA 的一条链为模板，以 4 种 NTP 为原料，按照碱基互补配对原则催化合成 3′,5′-磷酸二酯键，进而合成 RNA。

1. 原核生物中的 RNA 聚合酶

原核生物细胞中只有一种 RNA 聚合酶，该酶兼有合成各种 RNA（mRNA、tRNA 和 rRNA）的功能。原核生物中的 RNA 聚合酶是一种多聚体蛋白质。以大肠埃希菌中的 RNA 聚合酶为例，该酶是由 α、β、β′、σ 四种亚基组成的五聚体（α2ββ′σ），其中 α2ββ′亚基合称核心酶，σ 亚基又称 σ 因子，σ 亚基与 α2ββ′亚基结合形成的复合物称为 RNA 聚合酶全酶（α2ββ′σ）。在活体细胞中，核心酶参与整个转录过程，其催化活性中心由 β 亚基和 β′ 亚基组成；RNA 聚合酶全酶只参与转录起始过程。各亚基的功能如表 6-1 所示。

表 6-1　大肠埃希菌中的 RNA 聚合酶各亚基的功能

亚　基	功　能
Α	与启动子上游原件和活化因子结合（决定哪些基因被转录），促进酶的装配
Β	结合核苷酸底物，催化磷酸二酯键形成
β′	与模板 DNA 链结合
Σ	识别并结合启动子

原核生物中的 RNA 聚合酶受某些抗生素特异性抑制。例如，利福霉素类抗生素是由地中海链丝菌产生的一类抗生素，它通过与细菌中的 RNA 聚合酶的 β 亚基结合，阻止第一个 NTP 的进入，进而抑制 RNA 合成的起始。临床上常将这类抗生素作为治疗结核病的药物。

2．真核生物中的 RNA 聚合酶

已在真核生物中发现的 3 种 RNA 聚合酶分别为 RNA 聚合酶Ⅰ、RNA 聚合酶Ⅱ和 RNA 聚合酶Ⅲ，它们专一性地转录不同的基因，催化生成不同的产物。其中，RNA 聚合酶Ⅰ存在于核仁中，催化生成 45S rRNA，45S rRNA 经剪接修饰后生成除 5S rRNA 外的各种 rRNA 前体；RNA 聚合酶Ⅱ存在于核质中，催化生成 hnRNA，hnRNA 经加工后生成 mRNA；RNA 聚合酶Ⅲ存在于核质中，催化生成 tRNA、5S rRNA 和 snRNA 等小分子量 RNA。

真核生物中的 RNA 聚合酶均受鹅膏蕈碱的特异性抑制，但它们对鹅膏蕈碱的反应敏感性不同。其中，RNA 聚合酶Ⅰ对鹅膏蕈碱的反应是耐受，RNA 聚合酶Ⅱ对鹅膏蕈碱的反应是敏感，RNA 聚合酶Ⅲ对高浓度鹅膏蕈的反应是敏感。

提　示

mRNA 在各种 RNA 中寿命最短，最不稳定，需经常合成，故 RNA 聚合酶Ⅱ是真核生物中最活跃的 RNA 聚合酶。

（四）蛋白因子

除以上物质外，RNA 转录还需要一些蛋白因子的参与。例如，一些原核生物中的 RNA 转录终止需要释放因子的参与，真核生物启动转录时需要一些转录因子的参与。

二、RNA 转录的过程

原核生物和真核生物的 RNA 转录均包括转录起始、转录延长和转录终止 3 个阶段。但由于 RNA 聚合酶的不同，原核生物和真核生物的 RNA 转录过程有所差别，并且真核生物转录生成的产物还要经过修饰、剪接等加工过程才能转变为成熟的 RNA 分子。

（一）原核生物 RNA 转录的过程

目前对原核生物 RNA 转录过程的研究较为清楚，下面以大肠埃希菌为例来介绍原核生物 RNA 转录的过程。

1. 原核生物 RNA 转录的起始

原核生物 RNA 转录从模板链上特定的部位开始，此部位称为转录起始点。从转录起始点开始，与转录方向相同的区域称为下游，与转录方向相反的区域称为上游。DNA 分子上能被 RNA 聚合酶特异结合的部位称为启动子，位于起始点的上游。转录起始前，RNA 聚合酶全酶通过 σ 因子识别并结合启动子，然后使 DNA 双链局部打开约 17 个碱基对，从而暴露出模板链。RNA 聚合酶与启动子结合后，沿解开的 DNA 双链移动。进入起始部位后，RNA 聚合酶以模板链为模板，以 4 种 NTP 为原料，按照碱基互补配对原则合成新的 RNA。

新生成的 RNA 链的 5′-端的第一个核苷酸通常为 GTP 或 ATP，以 GTP 更为常见。第二个核苷酸在 RNA 聚合酶的催化下，与第一个核苷酸的 3′-OH 末端聚合生成第一个磷酸二酯键，从而形成转录起始复合物。当第一个磷酸二酯键生成后，σ 因子从 RNA 聚合酶全酶上脱落，至此完成转录的起始。脱落的 σ 因子可再次与核心酶结合成 RNA 聚合酶全酶，开始下一次的转录。新生成的 RNA 链的 5′-端结构会一直保留，直至转录完成。

提　示

与 DNA 聚合酶不同，RNA 聚合酶可自行开始新 RNA 链的合成，转录起始不需要引物。

2. 原核生物 RNA 转录的延长

σ 因子脱落后，核心酶沿局部解开的 DNA 链下游方向（3′→5′方向）移动，一方面使 DNA 链不断解链，另一方面催化与模板链互补配对结合的 NTP 间不断形成磷酸二酯键，使新生成的 RNA 链沿 5′→3′方向不断延伸，直至转录终止。在转录延长过程中，新生成的 RNA 链与模板链形成一小段 DNA-RNA 杂化双链，这样由核心酶-DNA-RNA 形成的转录复合物被形象地称为转录空泡。

如图 6-2 所示，聚合反应局部前方的 DNA 链被不断解开，完成转录后的部分 DNA 链重新恢复双螺旋结构，并且随着 RNA 链的不断延长，新生 RNA 链的 5′-端脱离模板链向转录空泡外伸展。

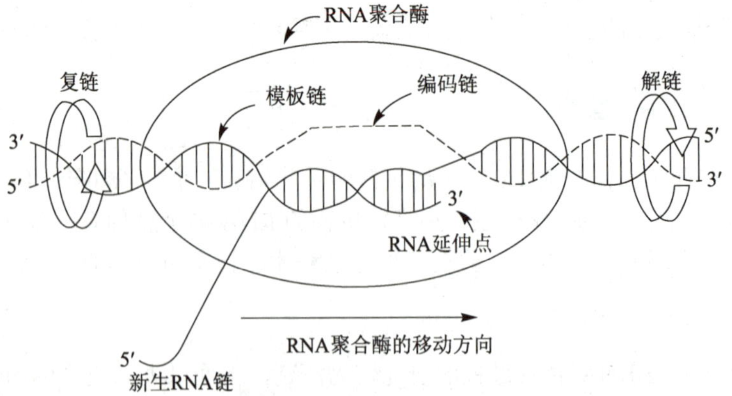

图 6-2　原核生物 RNA 转录延长示意图

研究发现，在同一条模板链上同时进行多个转录过程，而且在较长的 RNA 链上看到有核糖体附着，说明转录尚未完成即已开始翻译（详见第七章），同时也说明原核生物转录生成的 mRNA 不需要进行加工。

提　示

> 原核生物与真核生物的区别在于有无以核膜为界限的细胞核。原核生物没有核膜，转录未完成便可进行翻译；真核生物有核膜，转录和翻译须在细胞的不同区域进行。可见，原核生物的转录和翻译是同步进行的，真核生物的转录和翻译不是同步进行的。

3. 原核生物 RNA 转录的终止

当核心酶移动到转录终止部位时，核心酶不再向前移动合成磷酸二酯键，转录空泡瓦解，DNA 恢复成双链，核心酶与 RNA 链从模板链上脱落，转录终止。依据是否需要蛋白因子的参与，原核生物转录终止的方式有两种：一种是依赖 ρ 因子的转录终止，另一种是非依赖 ρ 因子的转录终止。

（1）依赖 ρ 因子的转录终止。ρ 因子是在大肠埃希菌中发现的能控制转录终止的蛋白质，是一种由相同亚基组成的六聚体蛋白质，具有 ATP 酶和解旋酶的活性。当 RNA 链 3′-端出现富含 C 碱基的序列时，ρ 因子借助其 ATP 酶活性提供的能量移动到该特殊序列部位并与之结合，结合后的 ρ 因子和 RNA 聚合酶的构象均发生变化，此时 RNA 聚合酶停止移动。并且，ρ 因子还借助其解旋酶活性使 DNA-RNA 杂化双链解开，从而使 RNA 链从模板链上脱落，转录终止。

（2）非依赖 ρ 因子的转录终止。模板链上靠近终止部位处有一些特殊的碱基序列，一般为较密集的 A-T 和 G C 碱基配对区，称为终止子。在该部位转录生成的 RNA 链可形成特殊的鼓槌状的茎环或发夹形式的二级结构，其 3′-端常有若干个连续的 U 碱基。该二级结构可改变 RNA 聚合酶的构象，使 RNA 聚合酶停止移动，还使 DNA-RNA 杂化双链极不稳定，容易解离释放 RNA 链，从而使 RNA 链从模板链上脱落，转录终止。

扫一扫

原核生物 RNA 转录的过程

（二）真核生物 RNA 转录的过程

真核生物 RNA 转录的过程与原核生物 RNA 转录的过程有许多相似之处，但又比原核生物复杂得多。其主要区别为：① 真核生物 RNA 聚合酶不能直接与模板链上的启动子结合，而要在转录因子的协助下与启动子结合；② 真核生物 RNA 转录主要发生在细胞核中，而转录产物必须运出细胞核外才能作为翻译模板；③ 真核生物的转录产物属于初级转录产物，还须经转录后加工过程才能成为成熟的 RNA。

1. 真核生物 RNA 转录的起始

真核生物 RNA 转录的起始过程与原核生物基本相似，但更为复杂。转录起始时，真核生物 RNA 聚合酶不能直接与模板链上的启动子结合，必须借助转录因子才能结合到启动子上。转录因子（transcriptional factors，TF）是指能直接或间接识别并结合启动子的蛋白质，在真核生物转录的起始过程中起调控作用。真核生物有 RNA 聚合酶Ⅰ、RNA 聚合酶Ⅱ和 RNA 聚合酶Ⅲ3 种，其转录因子也有 3 类，即 TF Ⅰ、TF Ⅱ和 TF Ⅲ。其中，与 RNA 聚合酶Ⅱ对应的 TF Ⅱ是真核生物转录过程中最为重要的转录因子，包括 TF ⅡA、TF ⅡB 和 TF ⅡD 等亚型。除个别转录因子（如 TF ⅡD）是通用的转录因子外，大多数转录因子是各 RNA 聚合酶所特有的转录因子。

真核生物 RNA 聚合酶在转录因子的协助下识别并结合启动子后形成转录起始复合物，从而完成转录的起始。

2. 真核生物 RNA 转录的延长

真核生物 RNA 转录的延长过程与原核生物基本一致，即当转录复合物形成后，RNA 聚合酶按照碱基互补配对原则沿 5′→3′方向逐一加入 NTP，使新生成的 RNA 链不断延伸，直至转录终止。真核生物 DNA 上存在核小体结构，当 RNA 聚合酶在移动过程中遇到核小体时，核小体会发生移位和解聚现象，以保证 RNA 链的完整性。

3. 真核生物 RNA 转录的终止

真核生物 RNA 转录终止与转录后修饰有着密切的关系。大多数真核生物的结构基因下游有一段 AATAAA 共同序列，其下游还有一段富含 GT 的序列，这些序列称为转录终止的修饰点。当转录越过修饰点时，RNA 链中与修饰点对应的 mRNA 序列会被特异的核酸酶识别并切断，随即其断端的 3′-端被加入 polyA 尾、5′-端被加入帽子结构。虽然断端下游的 RNA 链会被继续合成，但很快就被 RNA 酶降解。

中国方案

中国发现 RNA 新型工具酶

在 2017 年的华创会生物论坛上，一项由华中科技大学教授朱斌带来的科研成果引发专家热议，与会专家一致认为，该成果是世界级的突破性发现。

“长链及修饰 RNA 的合成工具酶”，在这个看似复杂的名称背后，隐藏着分子生物学上的巨大进步空间。“DNA 和 RNA 是生命中最重要的核酸大分子，生命上的几乎所有问题都可以在 DNA 和 RNA 中找到答案。一直以来，长链 RNA 体外合成非常困难，核心就在于缺少工具酶。”朱斌介绍道，20 世纪 70 年代，美国科学家发现一种工具酶，在之后的 40 年里，全世界仅有这一种工具酶在使用，“全世界的实验室和企业，只要想研究长链 RNA，就只能从美国大型生物试剂公司购买这种工具酶。”

这一现状带来的结果是，被美国垄断的工具酶价格高昂，“比如我国生物领域研究，大量的科研经费被用来购买工具酶。”朱斌说道。另外，使用这种工具酶合成出的 RNA 是有限的，研究范围也很局限。

朱斌发现的新品种合成工具酶，可大大提升 RNA 合成的长度、精度和范围。意义有多大？全球一半的分子生物学研究和 RNA 相关，这一发现可直接推动全球分子生物学研究的宽度、广度和深度。

朱斌说，工具酶是制造 RNA 的一种工具，与美国产品相比，“类似于计算机从

286 时代跨入到 586 时代；也可用盖房子作比喻，用美国的合成酶盖房子，房屋类型有限，高楼盖不了，用这种新的工具酶，就可以盖高楼了。”

目前，这种工具酶已经小批量生产，主要提供给生物实验室和大型药企。

三、真核生物 RNA 转录后的加工

原核生物 RNA 转录后的加工相对比较简单，通常 RNA 转录尚未结束，翻译即已开始。真核生物体内几乎所有的初级转录产物都要经过一系列酶的加工，才能成为具有生物活性的 RNA 分子。下面主要介绍真核生物 RNA 转录后的加工。

（一）真核生物 mRNA 转录后的加工

真核生物 mRNA 的初级转录产物是核内分子量较大的非均一核 RNA（heterogeneous nuclear RNA，hnRNA）。hnRNA 在细胞核中合成后，必须经过 5′-端和 3′-端的修饰及剪接等一系列处理后，才能成为成熟的 mRNA，如图 6-3 所示。成熟的 mRNA 被转运到核糖体上，用以指导蛋白质的生物合成。

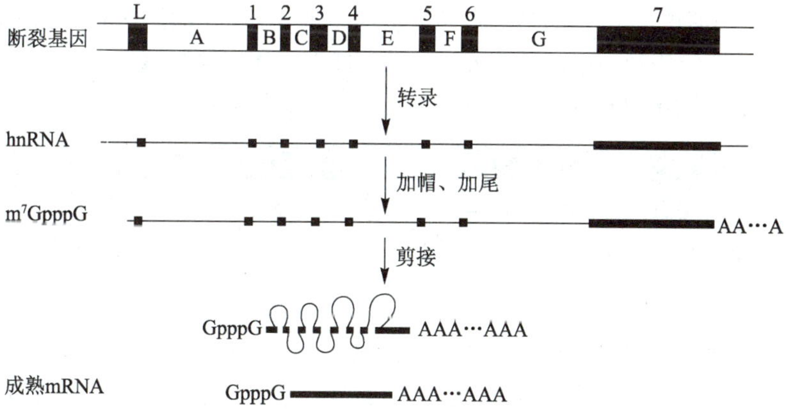

图 6-3　mRNA 转录后的加工示意图

1. 5′-端的修饰

成熟的 mRNA 的帽子结构是在 5′-端形成的。hnRNA 第一个核苷酸通常是 5′-三磷酸鸟苷（5′-pppG），转录完成后，该核苷酸在细胞核内的**磷酸酶**的作用下水解释放焦磷酸，然后在鸟苷酸**转移酶**的作用下，第一个核苷酸的 5′-端与另一分子的三磷酸鸟苷反应生成三磷酸双鸟苷。最后在甲基转移酶的作用下，三磷酸双鸟苷的第一个或第二个鸟嘌呤发生甲基化反应，形成“帽子”结构。

帽子结构常出现在核内的 hnRNA 上，说明 5′-端的修饰是在核内完成的，而且先于 mRNA 链上的剪接过程。帽子结构的作用可能是保护 mRNA 免遭核酸酶水解，被蛋白质合成的起始因子所识别，从而促进翻译的起始。

提　示

磷酸酶： 一种能够将对应底物去磷酸化的酶。磷酸酶通过水解磷酸单酯将底物分子上的磷酸基团除去，并生成磷酸根离子和自由的羟基。

转移酶： 能够催化除氢以外的各种官能团从一种底物转移到另一种底物的酶类，如甲基转移酶、转氨酶、己糖激酶和磷酸化酶等。

2. 3′-端的修饰

3′-端的修饰与转录终止是同时进行的。成熟 mRNA 的 3′-端大多含有一段长 80～250 个腺苷酸的多聚腺苷酸尾。多聚腺苷酸尾并非由 DNA 链编码而来，而是在加工过程中形成的。hnRNA 的 3′-端往往长于成熟的 mRNA，因此认为核酸外切酶先切去 hnRNA 的 3′-端的一些过剩的核苷酸，再以 ATP 为底物，由多聚腺苷酸聚合酶催化进行聚合反应，从而形成多聚腺苷酸尾结构。多聚腺苷酸尾结构可能与 mRNA 结构的稳定及翻译模板活性有关。

3. 剪接

hnRNA 在加工成为成熟的 mRNA 的过程中，有 50%～70%的核苷酸片段被剪切。绝大多数高级真核生物的结构基因是一种断裂基因，即由若干个编码区和非编码区序列相互间隔连接而成。在结构基因中，具有表达活性、能编码相应氨基酸的序列称为外显子，无表达活性、不能编码相应氨基酸的序列称为内含子，如图 6-4 所示。

图 6-4　核生物基因简图

在转录过程中，外显子和内含子均被转录到 hnRNA 中。而剪接就是在细胞核内，由特定的酶催化切除初级产物中的内含子，然后将外显子连接起来，使之成为具有翻译功能的模板 mRNA。这一过程必须依赖核小 RNA（small nuclear RNA，snRNA）协助完成。

提　示

原核生物 mRNA 的前体一般不需要加工，可以直接作为模板参与蛋白质的合成。

（二）真核生物 tRNA 转录后的加工

tRNA 的前体由 RNA 聚合酶Ⅲ催化生成，需要经过剪切、末端添加和碱基修饰等加工方式才能成为具有生物活性的成熟 tRNA。剪切即核糖核酸酶切除 tRNA 前体 5′-端的 16 个核苷酸序列；末端添加即核酸外切酶先切除 tRNA 前体 3′-端的 2 个鸟嘧啶核苷酸，然后在核苷酸转移酶的作用下，3′-末端的氨基酸臂被添加 CCA-OH 结构，从而具有携带氨基酸的功能；碱基修饰即在修饰酶的作用下生成稀有碱基的过程，如甲基化反应、脱氨基反应、还原反应和碱基转位反应等。

（三）真核生物 rRNA 转录后的加工

rRNA 转录后的加工与核糖体的形成是同步进行的，即一边转录，一边有蛋白质结合到 rRNA 上形成核蛋白颗粒。

真核生物 rRNA 的前体是 45S rRNA。rRNA 的加工，即在核酸酶的催化下，45S rRNA 断裂生成 5.8S rRNA、18S rRNA 和 28S rRNA，另外还需要一些碱基修饰作用，以碱基的甲基化为主。成熟的 rRNA 与多种蛋白质结合形成核糖体，然后被转移到细胞质中，作为蛋白质生物合成的场所（详见第七章）。

提　示

原核生物 tRNA 的前体与 rRNA 的前体一般没有活性，须经过剪切、碱基修饰等加工方式才能成为具有生物活性的成熟 tRNA。

知识拓展

核　酶

核酶是指具有催化作用的 RNA。与酶相比，核酶的催化效率较低，其作用的底物可以是不同的核酸分子，也可以是同一 RNA 分子中的某些部位。核酶的发现，对中心法则做出了重要补充，是继逆转录之后的另一对 RNA 重要功能的阐明，也是对传统酶学的挑战。近年来，核酶在基因治疗中的应用越来越广泛，如用人工核酶破坏病原微生物、干扰正常免疫过程的某些基因等。

第二节　RNA 复制

想一想：

在生物细胞中，RNA 一般是由 RNA 聚合酶以 DNA 为模板经转录生成的，而在一些 RNA 病毒中还有另外一种合成 RNA 的方式，即以 RNA 为模板合成 RNA。

思考：新冠病毒属于 RNA 病毒吗？RNA 病毒是如何将遗传信息传递给子代的？

一、RNA 复制酶

RNA 复制酶是一种依赖 RNA 的 RNA 聚合酶（RNA dependent RNA polymerase，RDRP），它能以 RNA 为模板，催化 4 种 NTP 由 5′→3′ 方向依次聚合生成与模板互补的 RNA 链。不同 RNA 病毒中的 RNA 复制酶的来源和组成不同，有的 RNA 病毒全部自己合成 RNA 复制酶，有的 RNA 病毒只能合成 RNA 复制酶中的部分亚基，其余亚基须从宿主细胞的蛋白质中获取。由于 RNA 复制酶不具有校读功能，因此 RNA 复制的错误率较高，这与逆转录酶的特点相似。另外，RNA 复制酶具有很强的特异性，只对病毒本身的 RNA 起作用，对宿主细胞及其他与病毒无关的 RNA 分子不起作用。

二、RNA 复制的方式

RNA 病毒的种类有很多，其 RNA 复制的方式也多种多样。一般将能直接用作蛋白质翻译模板的 mRNA 称为正链，与之互补的 RNA 称为负链。根据 RNA 病毒所含 RNA 的情况，RNA 病毒中 RNA 复制的方式可分为以下几种类型。

1. 含正链 RNA 病毒中 RNA 的复制

由于含正链 RNA 病毒中携带的 RNA 链可直接用作翻译的模板，故这类病毒（如噬菌体）进入宿主细胞后，首先合成 RNA 复制酶及与 RNA 复制有关的蛋白质，然后在 RNA 复制酶的作用下进行 RNA 的复制，最后将 RNA 和蛋白质装配成病毒颗粒。

2. 含负链 RNA 和 RNA 复制酶病毒中 RNA 的复制

由于含负链 RNA 病毒中携带的 RNA 链不能用作翻译的模板，故这类病毒（如狂犬病毒）进入宿主细胞后，首先通过自身携带的 RNA 复制酶合成正链 RNA，再以正链 RNA 为模板合成有关的蛋白质和负链 RNA，进而包装成病毒颗粒。

3. 含双链 RNA 和 RNA 复制酶病毒中 RNA 的复制

含双链 RNA 和 RNA 复制酶的病毒（如呼肠孤病毒）进入宿主细胞后，在自身携带的 RNA 复制酶的作用下，以双链 RNA 为模板合成正链 RNA，再以正链 RNA 为模板合成有关的蛋白质和负链 RNA。正链 RNA 和负链 RNA 结合形成双链 RNA，随即组装成病毒颗粒。

4. 致癌 RNA 病毒中 RNA 的复制

致癌 RNA 病毒(如白血病病毒)进入宿主细胞后，需要将自身的 RNA 逆转录为 DNA，再将 DNA 装入宿主细胞染色体上随宿主细胞复制，然后以 DNA 为模板合成有关的蛋白质和 RNA，随即组装成病毒颗粒后从细胞中释放。这类病毒一般带有逆转录酶。

科心报国

巾帼心向党，肩扛国家责

王恩多，1944 年生于重庆，生物化学家与分子生物学家，中国科学院院士。

王恩多主要从事酶学和酶与核酸的相互作用的研究。她通过基因定点研究了 ArgRS 与氨基酰化活力有关的重要的氨基酸残基；首次发现大肠杆菌 tRNAArg2 分子上的 A20 是大肠杆菌 ArgRS 识别 tRNA 的重要元件；首次结晶了大肠杆菌 ArgRS，解出了晶胞参数，对晶体进行了初步研究；用核磁共振方法研究了 ArgRS 与底物结合时引起的构象变化；首次发现并证明 LeuRS 的 CP1 结构域内的 292E 和 293A 间的肽键对酶活力至关重要；首次发现 LeuRS 的 292E－293A 肽键间插入 253－292 之间 40 个氨基酸残基的插入突变变种 LeuRS-A 催化 tRNALeu2 亮氨酰化的速度为 tRNALeu1 的 3 倍，证明了 LeuRS-A 对 tRNALeu 等受体的识别是对接受茎上第一对碱基对是否为摆动碱基对的识别；首次发现 LeuRS 的 CP1 是编校活性中心所在，某些在该结构域的变种也可以不同程度误氨基酰化 tRNALeu 的等受体；最先提出大肠杆菌亮氨酰-tRNA 合成酶的 CP1 结构域与编校误氨基酰-tRNA 有关；系统研究了超嗜热菌亮氨酰-tRNA 合成酶单独的 CP1 结构域编校功能，提出古老的细菌带有合成酶的进化遗迹，证明了氨基酰-tRNA 合成酶/tRNA 共进化的理论。

2021 年 6 月，王恩多院士为社会学研究所党员上了一节党课。王恩多院士以“脚踏实地，实现梦想”为主题，以国家、理想、坚持、健康为关键词，介绍了自己的成长历程、求学经历、科研工作，再现了她以热爱科学、报效国家为人生理想的科学家形象。

王院士将自己的科研经历概括为一句话——“我 40 年只做了一件事，就是研究酶与核酸的相互作用”。她自豪地说：“我们的研究与国际同行的关系由仰视变平视，已经得到国际同行的认可，跻身于世界前列。”

王院士以自身经历告诉青年科研人员：个人命运与国家命运息息相关，个人的成长与所在单位息息相关，个人成绩离不开团队每个人的贡献。王院士寄语大家，科学研究需要热爱科学的好奇心，克服困难的精神，循序渐进的不断积累，要耐得住寂寞、坚持不懈地努力，要坚持科学真理，不迷信权威，以及互相欣赏、互相支持、互相帮助的科研环境。

关键术语

RNA 转录　　mRNA　　tRNA　　rRNA　　RNA 复制

思考题

（1）RNA 生物合成的方式有哪几种？
（2）简述 RNA 的转录体系。
（3）简述原核生物 RNA 转录和真核生物 RNA 转录后加工的过程。

第七章　蛋白质的生物合成

知识目标

- 掌握翻译体系，熟悉翻译和翻译后加工修饰的过程，了解蛋白质的靶向输送。
- 掌握分子病的概念，了解干扰蛋白质生物合成的药物和毒物。

素质目标

- 牢固树立科技报国为人民的价值追求，牢记科技强国使命。

蛋白质的生物合成也称翻译，是以 mRNA 为模板，按照 mRNA 分子中核苷酸组成的密码信息合成蛋白质的过程，是基因表达的最主要环节。其本质是将 mRNA 分子中编码的遗传信息解读为蛋白质一级结构中 20 种氨基酸的排列顺序。

生物体的多种生命活动如生长发育、对环境的适应及组织修复等，都与蛋白质的生物合成有关，因此研究蛋白质生物合成的机理，对临床医学中遇到的许多问题，如肿瘤的发病机理、病毒、免疫及遗传等具有指导作用。另外，许多抗菌药物是通过干扰、抑制病菌的蛋白质合成过程而发挥作用的。

第一节　翻　译

想一想：

根据遗传学的中心法则可知，蛋白质的生物合成是遗传信息表达的最终阶段。而蛋白质的生物合成是细胞内各种生物合成机制中最为复杂的，所消耗的能量占细胞内所有生物合成反应总能耗的 90%。

思考：参与蛋白质生物合成的物质有哪些？生物体内蛋白质的合成是怎样进行的？

一、翻译体系

蛋白质的生物合成是一个多种分子参与的复杂过程。除了基本原料 20 种氨基酸外，参与蛋白质生物合成的物质还有 mRNA（翻译的模板）、tRNA（氨基酸的转运工具）、核糖体（翻译的装配场所）、酶、多种蛋白因子、ATP 或 GTP 及无机离子等。

（一）原料

翻译的基本原料是 20 种编码氨基酸。另外，翻译过程中还需要 ATP 或 GTP 提供能量，以及 Mg^{2+}、K^{+}等无机离子的参与。

提　示

编码氨基酸：遗传基因中有相应的密码，能对蛋白质分子中的氨基酸进行编码。
非编码氨基酸：遗传基因中无相应的密码，不能对蛋白质分子中的氨基酸进行编码。

（二）酶

参与翻译的酶主要包括氨酰-tRNA 合成酶、转肽酶和转位酶。

1. 氨酰-tRNA 合成酶

在 ATP 存在的情况下，氨酰-tRNA 合成酶能活化氨基酸并使其与对应的 tRNA 结合，从而生成氨酰-tRNA。氨酰-tRNA 合成酶存在于细胞液中，对氨基酸和 tRNA 都具有高度特异性。氨酰-tRNA 合成酶的这种特异性是保证翻译准确性的关键因素之一。

2. 转肽酶

转肽酶是核糖体大亚基的组成成分，具有酯酶的水解活性，能使核糖体 P 位点上的肽链与 tRNA 分离，并将解离出的核糖体 P 位点上的肽酰基转移至核糖体 A 位点氨酰-tRNA 的氨基上，同时催化肽酰基与氨基形成肽键。

知识拓展

转肽酶的临床应用

转肽酶在体内分布很广，如肾脏、肝脏、胰脏等器官中均有转肽酶。血清中的转肽酶主要来自肝脏，具有较强的特异性。当机体的肝胆系统出现病变时，体内转肽酶的活性会增强，因此临床上可通过测定转肽酶的活性来协助诊断肝胆系统疾病。但是，经常大量饮酒的人，体内也会出现转肽酶活性暂时性偏高的现象，此种情况一般在停酒一段时间后即可恢复正常。由此可见，引起转肽酶活性增强的原因有很多，应做进一步全面检查，然后根据检查结果判断病情并采取有效措施，以减少疾病对身体的危害。

3. 转位酶

转位酶可催化核糖体沿 mRNA 的 5′→3′方向移动一个密码子的距离，并使下一个密码子定位于核糖体的 A 位点上。转位酶的活性存在于延长因子中。

（三）蛋白因子

翻译过程还需要多种蛋白因子的参与，主要包括起始因子（initiation factor，IF）、延长因子（elongation factor，EF）和释放因子（releasing factor，RF）。

1. 起始因子

IF 是与肽链合成起始阶段有关的蛋白因子，其主要功能是促进核糖体大、小亚基分离，以及核糖体小亚基、起始tRNA与mRNA结合。原核生物中存在3种起始因子，分别为IF-1、IF-2和IF-3；真核生物中存在9种起始因子，分别为eIF-1、eIF-2、…、eIF-9。

2. 延长因子

EF是肽链延长过程中发挥作用的蛋白因子，其主要功能是促使氨酰-tRNA进入核糖体的“A位”并促进移位过程。原核生物中存在3种延长因子，分别为EF-Tu、EF-Ts和EF-G；真核生物中存在2种延长因子，分别为EF-1和EF-2。

3. 释放因子

RF是肽链终止过程中发挥作用的蛋白因子，其主要功能是识别mRNA上所有的终止密码子，并诱导转肽酶转变为酯酶活性，使肽链从核糖体上释放。原核生物中存在3种释放因子，分别为RF-1、RF-2和RF-3；真核生物中只有eRF这一种释放因子。

（四）翻译的模板——mRNA

mRNA是翻译的模板。在原核生物中，每种mRNA一般携带几种功能相关的蛋白质的编码信息，这些编码信息通常构成一个转录单位，指导多条肽链的合成，故原核生物中的mRNA又称多顺反子mRNA。在真核生物中，每种mRNA一般只携带一种蛋白质的编码信息，指导一条多肽链的合成，故真核生物中的mRNA又称单顺反子mRNA。

1. 什么是密码子

在mRNA的开放阅读框（open reading frame，ORF）区，每3个相邻的核苷酸组成一个三联体，代表一种氨基酸或一种信息。该三联体称为遗传密码（genetic codon）或密码子（codon）。mRNA以密码子的排列方式决定蛋白质中氨基酸的排列顺序。生物体内共有64个密码子，其中61个密码子可编码组成人体蛋白质的20种氨基酸，如表7-1所示。

表7-1 遗传密码表

第一个核苷酸（5′-端）	第二个核苷酸				第三个核苷酸（3′-端）
	U	C	A	G	
U	苯丙氨酸	丝氨酸	酪氨酸	半胱氨酸	U
	苯丙氨酸	丝氨酸	酪氨酸	半胱氨酸	C
	亮氨酸	丝氨酸	终止密码	终止密码	A
	亮氨酸	丝氨酸	终止密码	色氨酸	G
C	亮氨酸	脯氨酸	组氨酸	精氨酸	U
	亮氨酸	脯氨酸	组氨酸	精氨酸	C
	亮氨酸	脯氨酸	谷氨酰胺	精氨酸	A
	亮氨酸	脯氨酸	谷氨酰胺	精氨酸	G
A	异亮氨酸	苏氨酸	天冬酰胺	丝氨酸	U
	异亮氨酸	苏氨酸	天冬酰胺	丝氨酸	C
	异亮氨酸	苏氨酸	赖氨酸	精氨酸	A
	甲硫氨酸	苏氨酸	赖氨酸	精氨酸	G
G	缬氨酸	丙氨酸	天冬氨酸	甘氨酸	U
	缬氨酸	丙氨酸	天冬氨酸	甘氨酸	C
	缬氨酸	丙氨酸	谷氨酸	甘氨酸	A
	缬氨酸	丙氨酸	谷氨酸	甘氨酸	G

提　示

开放阅读框：从 mRNA 的 5′-端的起始密码子到 3′-端的终止密码子之间的核苷酸序列。

为了使遗传信息能正确转译，通常需要从某个特定的位置开始转译，这个起始点的密码子称为起始密码子(initiation codon)。原核生物和真核生物共用 1 个起始密码子 AUG。原核生物的起始密码子 AUG 可对应翻译为甲酰甲硫氨酸，真核生物的起始密码子 AUG 可对应翻译为甲硫氨酸。生物体内有 3 个密码子(UAA、UAG 和 UGA)不编码任何氨基酸，只作为肽链合成的终止信号，故称为终止密码子（termination codon）。

2. 密码子的特点

密码子通常具有方向性、连续性、简并性、摆动性和通用性等特点。

（1）方向性。mRNA 分子中的密码子的排列是有方向性的，起始密码子总是位于 mRNA 的 5′-端，终止密码子则位于 mRNA 的 3′-端。翻译时从 mRNA 的起始密码子开始，沿 5′→3′方向逐一阅读，直到终止密码子。相应地，肽链中氨基酸的排列顺序为 N-端到 C-端。

（2）连续性。mRNA 分子中的密码子之间既无间断也无交叉。翻译时必须从起始密码子开始，连续地从一个密码子挨着另一个密码子阅读下去，直到终止密码子。

（3）简并性。组成人体蛋白质的 20 种氨基酸中，除色氨酸和甲硫氨酸只对应 1 个密码子外，其余氨基酸均对应 2～6 个密码子。一种氨基酸可由 2 个或 2 个以上的密码子编码得到，这种现象称为密码子的简并性。同一种氨基酸所对应的不同密码子互称为简并密码子或同义密码子。密码子的简并性主要体现在密码子的前 2 位碱基相同而第 3 位碱基不同，可见密码子的专一性主要由前 2 位碱基决定。因此，第 3 位碱基的改变一般不会造成翻译时氨基酸序列的改变。密码子的这一特性可以减少有害突变，对于保证遗传信息的稳定性具有重要意义。

（4）摆动性。mRNA 分子中的密码子与 tRNA 分子中的反密码子在配对辨认时，有时不完全遵守碱基互补配对原则，尤其是密码子的第 3 位碱基与反密码子的第 1 位碱基不严格互补但也能相互辨认，这种现象称为密码子的摆动性。密码子的这一特性，使一种 tRNA 能识别 mRNA 分子中的 1～3 种简并密码子。

提　示

反密码子在 tRNA 三叶草二级结构反密码环的中部，能与 mRNA 中的密码子互补配对。

（5）通用性。一般来说，从病毒、细菌到人类几乎使用同一套密码子，这种现象称为密码子的通用性。但近几年研究发现，某些动植物细胞的线粒体及植物细胞的叶绿体以 AUG、AUU、AUA 为起始密码子，少数细菌（属于原核生物）以 GUG 或 UUG 为起始密码子。

（五）氨基酸的转运工具——tRNA

在翻译过程中，组成人体蛋白质的 20 种氨基酸由特定的 tRNA 转运到核糖体上。tRNA 有两个关键部位：一个是 3′-端的氨基酸臂，其功能是与氨基酸结合形成氨酰-tRNA；另一个是反密码环上的反密码子，其功能是与 mRNA 分子中的密码子按照碱基互补配对原则结合，并将其所携带的氨基酸准确地运送到核糖体上的相应位置。可见，在翻译过程中，tRNA 起着适配器的作用。

每种氨基酸可由 2～6 种特异的 tRNA 转运，但每一种 tRNA 只能特异地转运某一种氨基酸，如丙氨酸 tRNA 只携带丙氨酸。在同一生物中，携带同一种氨基酸的不同 tRNA 称为同功受体 tRNA。

（六）翻译的装配场所——核糖体

核糖体是由 rRNA 与多种蛋白质共同构成的超大分子复合体，是肽链合成的场所，也是翻译的装配场所。参与翻译的各种物质均须结合到核糖体上，之后氨基酸按特定顺序聚合成多肽链。核糖体主要由大、小亚基组成。原核生物的核糖体由 30S 小亚基和 50S 大亚基组成，其沉降系数为 70S；真核生物的核糖体由 40S 小亚基和 60S 大亚基组成，其沉降系数为 80S。

在生物体中，与翻译有关的功能位点包括：① A 位点，又称受位或氨酰基位点，是氨酰-tRNA 进入核糖体后占据的位置；② P 位点，又称给位或肽酰基位点，是延伸中肽酰-tRNA 的结合位点；③ E 位点，又称出位，是空载 tRNA 的排出位点。真核生物核糖体上没有 E 位点，故空载 tRNA 直接从 P 位点脱落。此外，核糖体还有结合模板 mRNA 和各种蛋白因子的功能。原核生物核糖体的结构如图 7-1 所示。

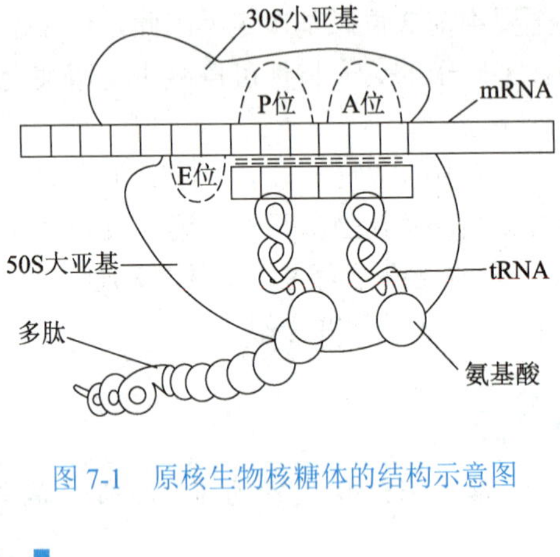

图 7-1　原核生物核糖体的结构示意图

提　示

核糖体小亚基上有 mRNA 结合部位，能结合 mRNA；大亚基具有转肽酶活性，能催化肽键形成，还能与翻译有关的多种可溶性蛋白因子结合。

二、翻译过程

与原核生物相比，真核生物的翻译过程更为复杂，下面着重介绍原核生物的翻译过程。原核生物的翻译过程包括氨基酸的活化和多肽链的合成，而多肽链的合成又包括起始阶段、延长阶段和终止阶段。

（一）氨基酸的活化

氨基酸必须通过活化才能参与翻译过程。氨基酸的活化是指氨基酸与特异的 tRNA 结合形成氨酰-tRNA 的过程。活化反应在氨基酸的羧基上进行，由氨酰-tRNA 合成酶催化，ATP 供能。每活化 1 分子氨基酸须消耗 2 个高能磷酸键。具体反应为

$$\text{氨基酸}+\text{tRNA}+\text{ATP} \xrightarrow[\text{Mg}^{2+}]{\text{氨酰-tRNA合成酶}} \text{氨酰-tRNA}+\text{AMP}+\text{PPi}$$

氨基酸被活化后才能由 tRNA 将其转运到核糖体上，参与多肽链的合成。

（二）多肽链的合成

多肽链的合成是指活化的氨基酸被 tRNA 转运到核糖体上，然后以 mRNA 为模板合成多肽链的过程。该过程是翻译的中心环节。

1. 起始阶段

多肽链合成的起始阶段是指 mRNA 和起始氨酰-tRNA 分别与核糖体结合形成翻译起始复合物的过程。该过程需要 GTP、起始因子 IF 和 Mg^{2+}参与。其主要步骤如下：

（1）核糖体大、小亚基分离。多肽链合成是一个连续过程，上一轮合成的终止紧接着下一轮合成的开始。下一轮合成开始前，IF-1、IF-3 与核糖体的小亚基结合，促使大、小亚基分离，为 mRNA、起始氨酰-tRNA 与小亚基的结合做准备。其中，IF-1 结合到小亚基的 A 位点上，可防止起始氨酰-tRNA 以外的其他 tRNA 结合。

提　示

起始氨酰-tRNA：识别 mRNA 起始部位 AUG 的氨酰-tRNA。在原核生物中，甲酰甲硫氨酰-tRNA（fMet-tRNA）为起始氨酰-tRNA；在真核生物中，甲硫氨酰-tRNA（Met-tRNA）为起始氨酰-tRNA。

（2）mRNA 在小亚基上准确结合。一条 mRNA 链上可有多个起始密码子 AUG，从而形成多个开放阅读框，这些开放阅读框能编码出多条多肽链。而小亚基与 mRNA 结合时，能识别一个合适的起始密码子 AUG，从而形成特异的开放阅读框，进而准确地翻译出目的蛋白质。mRNA 在小亚基上能准确结合涉及两个机制：① mRNA 的 5′-端起始密码子的上游约 8～13 个核苷酸部位有一段富含嘌呤的特殊保守序列，即 SD 序列，这段序列可被小亚基 16S rRNA 的 3′-端富含嘌呤的短序列识别并结合；② 在 mRNA 序列上，紧接在 SD 序列后的小核苷酸序列可被小亚基蛋白 rpS-1 识别并结合。

（3）起始氨酰-tRNA 的结合。起始氨酰-tRNA、IF-2 和 GTP 形成复合体，识别并结合对应于小亚基 P 位点上的起始密码子 AUG，促使 mRNA 准确就位。

（4）核糖体大、小亚基结合。当小亚基完成与 mRNA、起始氨酰-tRNA 的结合后，大亚基随即与小亚基结合。同时，结合于 IF-2 上的 GTP 被水解，释放的能量促使 3 种 IF 释放，形成了由完整核糖体、mRNA 和起始氨酰-tRNA 组成的翻译起始复合物。此时，结合于起始密码子 AUG 的起始氨酰-tRNA 占据 P 位点，而 A 位点空缺，且对应于 AUG 之后的第一个密码子，为新的氨酰-tRNA 进入及多肽链的延长做准备。

提　示

真核生物多肽链合成的起始阶段与原核生物相似，但更为复杂。真核生物需要更多的起始因子参与，起始甲硫氨酸不用活化便可参与多肽链的合成。并且成熟的 mRNA 分子中有 5′-端帽子结构和 3′-端多聚腺苷酸尾，这两个结构与 mRNA 在核糖体上定位结合有关。

2. 延长阶段

多肽链合成的延长阶段是指在翻译起始复合物的基础上，新的氨酰-tRNA 按 mRNA 上密码子的顺序在核糖体上对号入座，其所携带的氨基酸依次以肽键缩合形成多肽链的过程。这一阶段在核糖体上连续循环进行，每个循环包括进位、成肽和转位 3 个步骤。每循环一次，多肽链上会增加一个氨基酸。该过程需要延长因子 EF 和 GTP 参与。

（1）进位。进位又称注册，是指相应的氨酰-tRNA 按照 mRNA 中密码子的指令进入并结合到核糖体 A 位点上的过程。这一过程需要延长因子 EF-T 参与，EF-T 是由 EF-Tu 和 EF-Ts 两个亚基组成的二聚体。

如图 7-2 所示，EF-Tu 与 GTP 结合形成 EF-Tu-GTP 复合物后，便与 EF-Ts 分离。按照 A 位点上所对应的 mRNA 上的第 2 个密码子，相应的氨酰-tRNA 与 EF-Tu-GTP 复合物形成氨酰-tRNA-EF-Tu-GTP 复合物，并通过 tRNA 上的反密码子识别 mRNA 上的密码子，进入 A 位点。此时，EF-Tu 发挥 GTP 酶活性，水解 GTP 释放能量，释放的能量促使 EF-Tu 和 GDP 从核糖体上释放。释放的 EF-Tu 重新与 EF-Ts 形成 EF-T，为下一个氨酰-tRNA 进位做准备。

（2）成肽。成肽是指转肽酶催化两个氨基酸形成肽键的反应。如图 7-3 所示，在大亚基上转肽酶的催化下，P 位点上的起始氨酰-tRNA 所携带的甲酰甲硫氨酰基（或肽酰基）转移到 A 位点上，并与 A 位点上新进入的氨酰-tRNA 上的氨基缩合形成肽键。第一个肽键形成后，二肽酰-tRNA（即携带二肽的 tRNA）占据着 A 位点，而空载的 tRNA 仍在 P 位点上。该过程需要 Mg^{2+}和 K^{+}的参与。

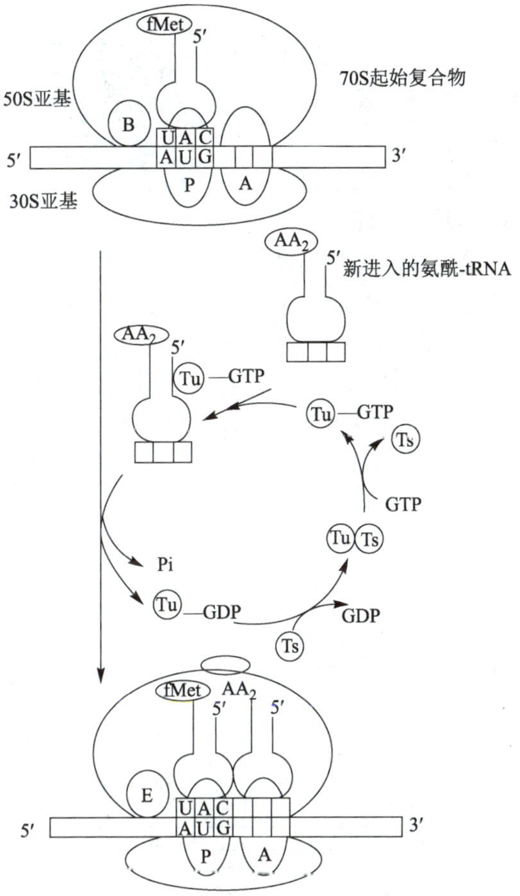

图 7-2　进位过程

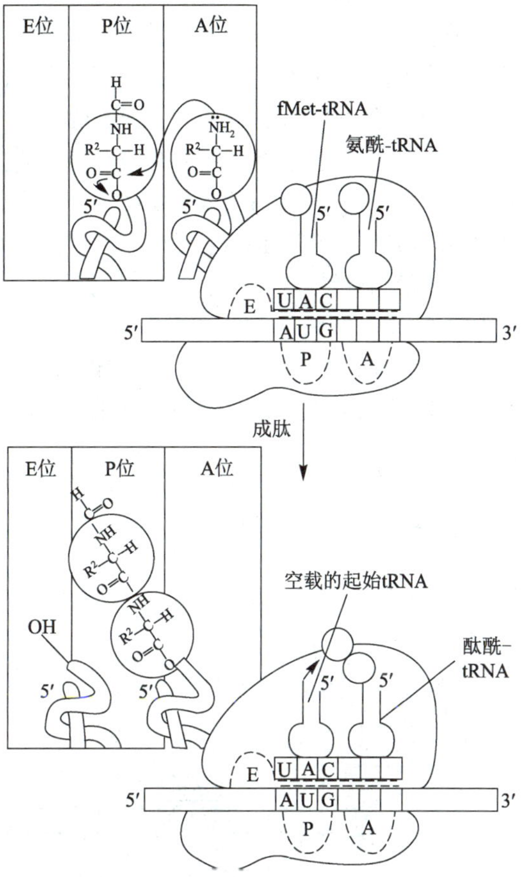

图 7-3　成肽过程

（3）转位。转位是指核糖体沿着 mRNA 的 5′→3′方向移动一个密码子距离的过程。如图 7-4 所示，在 EF-G 和 GTP 的作用下，核糖体向 mRNA 的 3′-端移动一个密码子的距离，从而使 A 位点上的二肽酰-tRNA 移到 P 位点上，而空载的 tRNA 移到 E 位点上，同时 A 位点空出，为下一个氨酰-tRNA 进位做准备。当下一个氨酰-tRNA 进入 A 位点注册时，E 位点上的空载 tRNA 脱落。

之后，核糖体沿 mRNA 的 5′→3′方向阅读密码子，连续进行进位、成肽和转位的循环过程，直到终止密码子出现在核糖体 A 位点上，翻译才停止。新肽链上每增加 1 个氨基酸，须消耗 2 分子 GTP。

提　示

延长因子 EF-G 具有转位酶的活性，可结合并水解 GTP，为转位过程提供能量。转位过程须消耗 1 分子 GTP。

真核生物多肽链合成的延长阶段与原核生物基本相似，只是它们各自有不同的反应体系。另外，真核生物核糖体内无 E 位点，转位时空载 tRNA 直接从 P 位点上脱落。

3. 终止阶段

扫一扫

翻译过程

在多肽链延长过程中，当终止密码子（UAA、UAG 和 UGA）出现在核糖体的 A 位点上时，没有相应的氨酰-tRNA 能与之结合，此时即进入终止阶段。此阶段需要释放因子 RF 的参与。

如图 7-5 所示，当多肽链合成至 A 位点上出现终止密码子时，终止密码子不能被任何的氨酰-tRNA 识别进位，但是 RF 能识别并进入 A 位点。首先，RF 进入 A 位点后便与 GTP 结合，可诱导转肽酶改变为酯酶活性，从而水解肽链与结合在 P 位点上的 tRNA 之间的酯键，使多肽链从核糖体上释放。然后，GTP 水解释放能量，从而使 tRNA 和 RF 释放、核糖体与 mRNA 分离。最后，在 IF 的作用下，核糖体内的大、小亚基分离。解离后的大、小亚基又可重新参与新肽链的合成，循环往复，因此多肽链在核糖体上的合成过程又称核糖体循环。

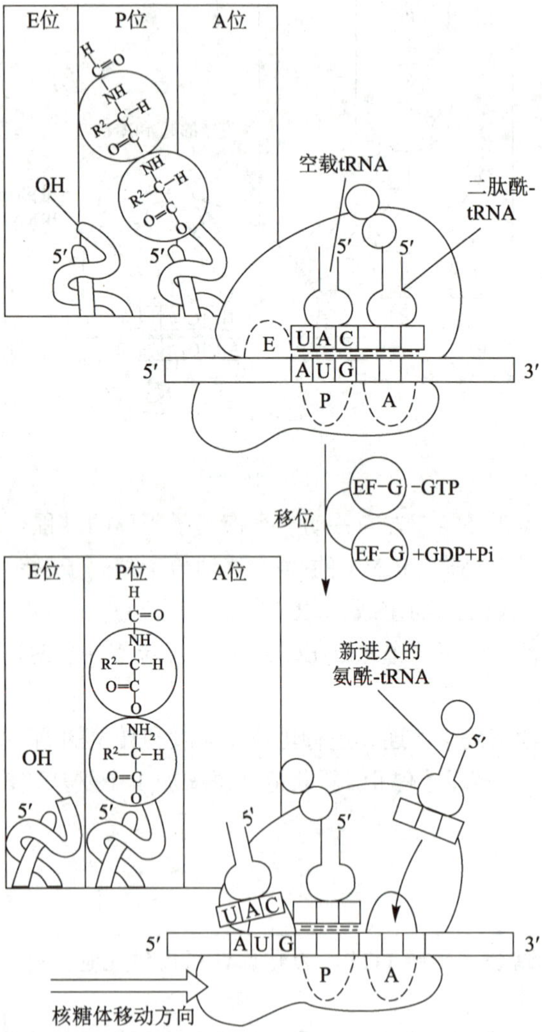

图 7-4 转位过程

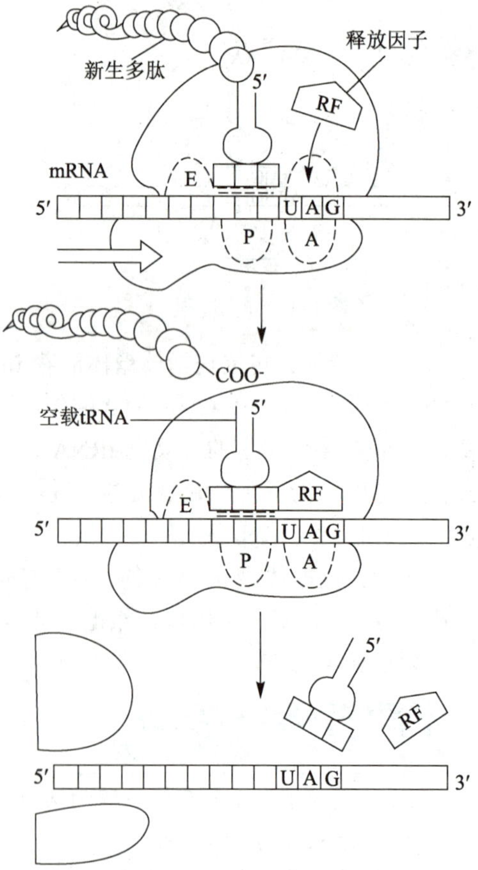

图 7-5 多肽链合成的终止阶段

提　示

真核生物多肽链合成的终止阶段与原核生物基本相似，但参与的释放因子不同。原核生物有3种释放因子，即RF-1、RF-2和RF-3，RF-1可以识别终止密码子UAA和UAG，RF-2可以识别终止密码子UAA和UGA；真核生物只有一种释放因子eRF，eRF可以识别UAA、UAG和UGA。

三、翻译后的加工修饰

从核糖体上释放的新生多肽链一般没有生物活性，必须经过复杂的加工过程才能转变为具有生物活性的功能蛋白质，这一过程称为蛋白质翻译后的加工修饰。常见的加工修饰包括一级结构的加工修饰和空间结构的加工修饰等。

（一）一级结构的加工修饰

1. N-端甲酰甲硫氨酸或甲硫氨酸的切除

原核生物内几乎所有蛋白质的生物合成都是从N-端甲酰甲硫氨酸开始的，真核生物内几乎所有蛋白质的生物合成都是从N-端甲硫氨酸开始的，但绝大多数天然蛋白质的N-端第一位不是甲酰甲硫氨酸或甲硫氨酸，这是因为细胞中存在一种脱甲酰基酶或氨基肽酶，它们可以切除N-端甲酰甲硫氨酸或甲硫氨酸。多肽链N-端的切除通常发生在多肽链合成后或多肽链延伸过程中。

2. 个别氨基酸残基的化学修饰

蛋白质分子中某些氨基酸残基的侧链存在共价结合的化学基团，这些化学基团是翻译后经特异加工形成的。氨基酸残基的化学修饰主要包括糖基化、羟基化、磷酸化及二硫键的形成等。例如，胶原蛋白内有特殊的羟脯氨酸和羟赖氨酸，这两种氨基酸并无密码子，由胶原蛋白前体肽链中的脯氨酸和赖氨酸残基羟化而来；不少酶的活性中心有磷酸化的丝氨酸、苏氨酸甚至酪氨酸，这些氨基酸是翻译后经磷酸化而来的。这些化学修饰可以进一步改变蛋白质的溶解度、稳定性、亚细胞定位等，使得蛋白质的功能更具多样性。

3. 水解修饰

一些多肽链合成后，需要在特异蛋白水解酶的作用下去除某些肽段或氨基酸残基，从而生成有活性的多肽，如分泌性蛋白质去除N-端信号肽、酶原的激活等。此外，真核细胞某些大分子多肽前体经水解修饰，可以生成数种不同活性的小分子活性肽，如哺乳动物的鸦片促黑皮激素可被水解生成β-脂肪酸释放激素、促肾上腺皮质激素和β-内啡肽等活性物质。

（二）空间结构的加工修饰

1. 亚基的聚合

具有2个或2个以上亚基的蛋白质，在各条肽链合成后，还要通过非共价键将各个亚基聚合成寡聚体，形成蛋白质的四级结构后才能具有生物活性。

2. 辅基的连接

各种结合蛋白质如糖蛋白、脂蛋白、色蛋白及各种带辅基的酶，合成后还要进一步与相应的辅基连接起来，才能成为具有功能活性的天然蛋白质。

提　示

结合蛋白分子除氨基酸组分外，还含有非氨基酸物质，后者称为辅因子，两者以共价或非共价形式结合。

四、蛋白质的靶向输送

在细胞液中合成的各种蛋白质还要被靶向输送到合适的亚细胞部位，才能发挥其生物学功能，这个过程称为蛋白质的靶向输送。新合成的蛋白质，有的留在细胞质中，有的进入细胞核、线粒体或其他细胞器内，有的分泌到体液中后被输送到应发挥其作用的靶器官或靶细胞中。所有靶向输送的蛋白质结构中均存在分选信号，这些分选信号主要为N-端特异氨基酸序列，可以引导蛋白质转移到细胞的适当靶部位，称为信号序列。信号序列是决定蛋白质靶向输送特性的最重要元件。

多数靶向输送到溶酶体、质膜或分泌到细胞外的蛋白质，其肽链的N-端一般都带有一段保守的氨基酸序列，此类序列称为信号肽。常见的信号肽由 13～36 个氨基酸残基组成。这类蛋白质的靶向输送是靠信号肽与细胞质中的信号肽识别颗粒（signal recognition particle，SRP）特异性结合，再通过 SRP 与内置网膜上的对接蛋白识别并结合，然后将其所携带的蛋白质转运出细胞或定位于特定的亚细胞部位上。

中国引领

“中国人类蛋白质组计划”领跑全球

蛋白质是遗传信息表达的“最后一公里”，蛋白质组是构成生物系统与执行生命过程的功能性实体，是人体表型（生理与病理状态）的直接物质基础。

蛋白质组学这一概念提出于 1995 年，是继基因组学研究之后，生命科学领域又一重要研究方向。蛋白质组学研究对象比基因组更加复杂，对实验设备、技术水平、数据挖掘能力等多方面都有着比基因组学更大的挑战。

2014 年，在科技部整合 973 计划、863 计划、国际合作计划，历经数年论证后，由军事科学院军事医学研究院蛋白质组学国家重点实验室牵头，正式启动“中国人类蛋白质组计划”。这是中国科学界乃至世界生命科学领域一件具有里程碑意义的大事。

“中国人类蛋白质组计划”的主要目标是以中国重大疾病的防治需求为牵引，发展蛋白质组研究相关设备及关键技术，绘制人类蛋白质组生理和病理精细图谱，构建人类蛋白质组“百科全书”，全景式揭示生命奥秘，为提高重大疾病防诊治水平提供有效手段，为中国生物医药产业发展提供原动力。

2018 年 3 月 8 日，*Nature Communications* 在线发表了一项弥漫性胃癌蛋白质组研究最新成果。文章首次描绘了弥漫性胃癌的蛋白质组全谱，绘制了胃癌的蛋白组“地形图”，为深刻理解胃癌分子机制提供了宝贵素材，并为胃癌病人的精准医疗提供依据。

2019 年 2 月 28 日，早期肝细胞癌蛋白质组研究成果在 *Nature* 上在线发表。文章首次描绘了早期肝细胞癌的蛋白质组表达谱和磷酸化蛋白质组图谱，发现了肝癌精准治疗的新靶点。

2020 年 7 月 9 日，国际顶尖学术期刊 *Cell* 在线发表了由中国科学家完成的大规模临床肺腺癌蛋白质组草图的绘制工作。该工作首次大规模、系统性构建了肺腺癌的蛋白全景图和分子亚型特征，揭示了中国人肺腺癌的分子特征及预后和诊疗生物标志物，为肺腺癌的精准医疗提供了重要资源和线索。该工作是“中国人类蛋白质组计划”继胃癌、肝癌工作之后取得的又一重大成果，也是中国科学家主导的“蛋白质组学驱动的精准医学”的又一次重大突破，具有广泛的社会意义，更预示着蛋白质组学在精准医学中的独特性和重要性。

作为该成果的共同通讯作者之一，中国科学院院士、国家蛋白质科学中心（北京）首席科学家贺福初给出这样的评价：“该成果再次证明了蛋白质组学的成熟度，足以帮助解决认识一系列的重大医学问题，也再度证明了中国的蛋白质组研究，不仅站在了全球的制高点，也站在了时代的制高点。”

“经过 10 余年的积累沉淀，由我国主导的蛋白质组学驱动精准医学研究已开始‘领跑’国际蛋白质组学发展!”贺福初说，肝癌、肺癌、胃癌等研究突破，即是“中国人类蛋白质组计划”的标志性成果，此外，有关胰腺癌、心血管病等 10 余种重大疾病的研究成果也即将陆续发布。下一步，“中国人类蛋白质组计划”团队将在国际大科学计划的支撑下，打造医药卫生领域的“千人千面”体系，进一步提升对重大、疑难疾病的“精准定位”和“精确打击”能力，从而提升国民健康水平，造福大众。

第二节　蛋白质生物合成与医学

想一想：

蛋白质是生命的物质基础，是生命活动的主要承担者。而某些抗生素如四环素、霉毒素等能抑制或干扰细菌、病菌体内蛋白质的生物合成，进而起到抑菌、杀菌作用。

思考：四环素、霉毒素的抗菌作用机制是否一样？除抗生素外，还有其他物质可以干扰蛋白质的生物合成吗？

一、分子病

分子病是指由于基因突变而导致蛋白质一级结构发生改变，进而引起机体功能出现障碍的一类疾病。分子病中最典型的是镰刀型细胞贫血症。患有该疾病的人群，体内血红蛋白β链的基因发生点突变，导致合成的β链N-端第6位氨基酸残基由亲水的谷氨酸突变为疏水的缬氨酸，使原来水溶性的血红蛋白分子形成黏性小区并聚集成丝附着在红细胞膜上，导致红细胞变形为镰刀状而极易破裂，进而出现溶血性贫血。

二、干扰蛋白质生物合成的药物和毒素

蛋白质生物合成是很多药物和某些毒素的作用靶点。这些药物和毒素可以阻断真核生物或原核生物体内蛋白质合成体系中某些组分的功能，从而干扰和抑制蛋白质的生物合成过程。

（一）抗生素

抗生素是由微生物（细菌、真菌和放线菌属等）或高等动植物产生的具有抗病原体或其他活性的一类次级代谢产物，也是一种能干扰其他活细胞发育功能的化学物质。临床上常用的抗生素多为微生物培养液中的提取物或用化学方法合成或半合成的化合物，可直接阻碍细菌或肿瘤细胞的蛋白质合成，从而起到预防、治疗感染性疾病及抗肿瘤的作用。常见的抑制蛋白质生物合成的抗生素有嘌呤霉素、四环素、氯霉素、链霉素、卡那霉素和新霉素等。

1. 嘌呤霉素

嘌呤霉素的结构与酪氨酰-tRNA相似，在翻译过程中可取代一些酪氨酰-tRNA进入核糖体的A位点上，但新生成的肽酰-嘌呤霉素在A位点上的结合力较弱，容易从核糖体上脱落，从而中断肽链的合成。嘌呤霉素对原核生物和真核生物均有干扰作用，故一般不用作抗菌药物。

2. 四环素

四环素属于广谱抗生素，对革兰氏阴性菌的作用较好，高浓度四环素还有杀菌作用。其作用机制为：① 在多肽链合成的起始阶段，四环素作用于细菌内核糖体中的30S小亚基，从而抑制翻译起始复合物的形成；② 在多肽链合成的延长阶段，四环素抑制氨酰-tRNA进入核糖体的A位点上，从而阻止多肽链的延长；③ 在多肽链合成的终止阶段，四环素影响释放因子与核糖体的结合，使已合成的多肽链不能从核糖体上脱落。

四环素类抗生素对菌细胞的70S核糖体和体细胞的80S核糖体有抑制作用，但对菌细胞的70S核糖体的敏感性更高，即对细菌蛋白质合成的抑制作用更强。

提　示

革兰氏阳性菌和革兰氏阴性菌是利用革兰氏染色法来鉴别的两类细菌。其中，革兰氏阳性菌是指革兰氏染色反应呈紫色或深蓝色的细菌，如葡萄球菌、链球菌、白喉杆菌和肺炎双球菌等；革兰氏阴性菌是指革兰氏染色反应呈红色的细菌，如大肠埃希菌、变形杆菌、流感嗜血杆菌和痢疾杆菌等。

大多数化脓性球菌属于革兰氏阳性菌，它们能产生外毒素使人致病，而大多数肠道菌属于革兰氏阴性菌，它们能产生内毒素，靠内毒素使人致病。

3. 氯霉素

氯霉素属于广谱抗生素，其主要作用于原核生物多肽链合成的延长阶段：① 与核糖体上的 A 位点紧密结合，阻碍氨酰-tRNA 进入 A 位点上；② 抑制转肽酶的活性，使多肽链的延长受到影响。

4. 链霉素、卡那霉素和新霉素

链霉素、卡那霉素和新霉素都属于氨基苷类抗生素，其主要作用于革兰氏阴性菌肽链合成的 3 个阶段：① 起始阶段，使氨酰-tRNA 从翻译起始复合物中脱落；② 延长阶段，使氨酰-tRNA 与 mRNA 错配；③ 终止阶段，阻碍释放因子与核糖体结合，使已合成的多肽链不能从核糖体上脱落。

提　示

> 使用抗生素时应遵循临床使用规范。长期重复使用同种抗生素，可能会使病菌产生耐药性；过量使用抗生素，可能会抑制体内有益菌，使肠道菌群失衡。

（二）其他干扰蛋白质生物合成的药物和毒素

1. 干扰素

干扰素是真核细胞感染病毒后分泌的一类具有抗病毒作用的蛋白质。干扰素抑制病毒的作用机制包括两个方面：一是干扰素可以活化一种特异蛋白激酶，活化的蛋白激酶能使真核生物体内的起始因子 eIF-2 磷酸化失活，从而抑制病毒蛋白质的生物合成；二是干扰素可以间接活化一种核酸内切酶 RNase L，该酶能使病毒 mRNA 发生降解，从而阻断病毒蛋白质的生物合成。此外，干扰素还有调节细胞生长分化、激活免疫系统等作用，已普遍应用于临床治疗。

干扰素具有很强的抗病毒作用，在医学上有较大的实用价值，但在生物组织中含量很少，难以获取。目前已通过基因工程手段合成干扰素，以满足研究与临床应用的需要。

2. 毒素

某些毒素可作用于多肽链合成的延长阶段而产生毒性，如白喉毒素是由白喉杆菌所产生的毒蛋白，可使真核生物体内的延长因子 EF-2 发生糖基化反应而失活，从而抑制蛋白质的生物合成。

提　示

> 革兰氏阳性菌和革兰氏阴性菌是利用革兰氏染色法来鉴别的两类细菌。其中，革兰氏阳性菌是指革兰氏染色反应呈紫色或深蓝色的细菌，如葡萄球菌、链球菌、白喉杆菌和肺炎双球菌等；革兰氏阴性菌是指革兰氏染色反应呈红色的细菌，如大肠埃希菌、变形杆菌、流感嗜血杆菌和痢疾杆菌等。
>
> 大多数化脓性球菌属于革兰氏阳性菌，它们能产生外毒素使人致病，而大多数肠道菌属于革兰氏阴性菌，它们能产生内毒素，靠内毒素使人致病。

科心报国

施蕴渝：用科技和教育报效祖国

施蕴渝，1942 年生于重庆，分子生物物理学家，中国科学院院士，第三世界科学院院士。

施蕴渝院士深入开展了与蛋白质分子设计及药物设计有关的基础理论和方法学的研究，包括酶与底物、药物与靶分子结合自由能的计算、蛋白质稳定性的计算机模拟、蛋白质分子的随机动力学模拟、蛋白质静电相互作用研究，以及酶作用机理的计算机模拟。

在 40 余年的科研生涯中，施蕴渝院士不光为国家做出了大量的科研成果，同时也为国家培养了一批新生代人才。她在培养学生的过程中，会创造各种条件把学生送到国际一流的实验室，让他们去开眼界，但是学成之后，她也非常期盼学生们能够回来。在施蕴渝心中，中国的科学技术走向世界前列是她的梦想。“科教报国不是简单地喊口号，实际上这是一种对国家对民族的事业心和使命感。”

施蕴渝院士始终认为，教师的天职就是追求知识、追求真理。20 世纪 80 年代初，她请来了中科院生物物理研究所的梁栋才研究员来学校讲授蛋白质晶体学课，她自己开设了生物核磁共振波谱学和生物大分子分子动力学模拟的课程，这是在国内完全空白的情况下，在国内高校率先建立的结构生物学与计算生物学完整的教学体系。施蕴渝院士说：“要想从根本上解决目前生命科学学科原创性工作少的问题，要非常重视人才的培养和教育。”

施蕴渝院士说：“经常，我的有些学生毕业要走了，会说‘你给我们写几句话吧’。我说‘我送你们几句话，也是要跟我自己讲的几句话’。一是，我们要‘仰望星空’，做一个有理想、有抱负的人。二是，我们要‘脚踏实地’，做科学研究的人一定是要踏踏实实去干的。三是要‘与爱同行’，我们要爱祖国、爱人民、爱父母、爱我们的亲人，爱老师，爱同学，爱朋友，要永远关爱那些比你更困难的人。”

关键术语

翻译	蛋白因子	密码子	mRNA	tRNA	核糖体
加工修饰	靶向输送	分子病	抗生素	干扰素	毒素

思考题

（1）简述翻译体系。

（2）简述翻译过程及翻译后的加工修饰。

（3）哪些抗生素可以干扰蛋白质的生物合成？它们的作用机理是怎样的？

第八章 基因表达的调控与基因工程

知识目标

- 掌握基因表达的概念、特点及方式，基因表达调控的概念和意义。
- 熟悉原核生物基因表达的调控，了解真核生物基因表达的调控。
- 掌握基因工程的概念，熟悉基因工程的体系、操作步骤及基因工程在医学中的应用。

素质目标

- 学习老一辈科学家对党忠诚、爱国奉献的政治品格，接续前辈精神力量，弘扬科学家精神。
- 培养淡泊名利、甘于奉献的精神。

20 世纪 50 年代末，遗传学的中心法则被提出后，科学家们一直在研究遗传信息的传递与表达是如何被调控的。直至 1961 年，法国科学家莫诺和雅各布提出了操纵子学说，该学说开创了基因表达调控研究的新纪元。对基因表达调控的研究，能够解释在特定细胞状态下，基因表达是通过何种方式调控的，表达产物对细胞的生理活动有哪些影响等。因此，对基因表达调控的研究是揭示生命奥秘不可或缺的重要内容。

基因工程是在对遗传物质深入研究后，基于分子生物学基础建立起来的以基因为操作对象的一门技术，是分子生物学最基本的核心技术之一。基因工程可以生产人类所需要的基因产物，如基因工程药物、基因工程疫苗等；可以有目的地改造生物基因组，从而改变某些生物的生物学性状或功能，进而创造出优良品种，如转基因农作物、转基因动物等；也可用于重大疾病的基因诊断与治疗等。基因工程的建立，使得人们能够在基因水平上进行操作，以满足人类的需要和保持自然界的生态平衡。

第一节　基因表达的调控

想一想：

无论是原核生物还是真核生物，在某一时刻基因组内的各个基因并不都处于表达状态，而且各个基因的表达强度也不一样。例如，大肠埃希菌基因组含有约 4 000 个基因，一般情况下只有 5%～10%的基因处于高水平转录状态，其他基因大多不表达或处于低水平表达；人类基因组含有约 5 万个基因，但在某一特定时期，只有少数基因处于转录激活状态，其余大多数基因则处于静息状态。

思考：生物体是通过何种机制对基因表达进行调控的？真核生物与原核生物基因表达的调控方式是否一样？

一、基因表达的概念、特点及方式

（一）基因表达的概念

从遗传学角度来说，基因（gene）是遗传的基本单位，含有编码一种 RNA 或一种多肽的信息单位；从分子生物学角度来说，基因是负载特定遗传信息的 DNA 片段。基因组（genome）是指一种生物的一整套遗传信息的遗传物质。原核生物的基因组是单个环状染色体所包含的全部基因；真核生物的基因组是指一个生物体的染色体所包含的全部 DNA，通常又称为染色体基因组。

基因表达是指在一定的调节机制的控制下，基因组 DNA 经转录、翻译等一系列过程，合成具有特异生物学功能的蛋白质的过程。必须明确的是，并非所有基因表达过程都产生蛋白质，rRNA、tRNA 编码基因转录生成功能型 RNA 的过程也属于基因表达。

（二）基因表达的特点

生物体的基因表达呈现出严格的规律性，即时间特异性和空间特异性。

1. 时间特异性

基因表达的时间特异性是指生物体内某一特定基因的表达严格按照一定的时间顺序开启和关闭。多细胞生物从受精卵到发育、分化为组织和器官的各个阶段，会有相应的基因严格按照一定的时间顺序开启或关闭，从而表现出与发育、分化阶段相一致的时间性，因此多细胞生物基因表达的时间特异性又称阶段特异性。例如，编码甲胎蛋白的基因在胚胎时期表达活跃，在成年后则很少表达或基本不表达，但当肝细胞转化为肝癌细胞时，该基因又被重新激活。

2. 空间特异性

基因表达的空间特异性是指多细胞生物个体在生长发育过程中，同一种基因在个体的不同组织或器官中表达不一致。基因表达所表现出的这种空间分布差异，实际上是由细胞在器官中的分布决定的，因此基因表达的空间特异性又称细胞特异性或组织特异性。

（三）基因表达的方式

1. 组成性表达

组成性表达又称基本的基因表达，是指在生物体发育的任一阶段都能在大多数细胞中持续进行的基因表达。组成性表达产物是细胞或生物体整个生命过程中都持续需要或必不可少的。这种在一个生物体的几乎所有细胞中持续表达的基因称为管家基因。例如，三羧酸循环是一枢纽性代谢途径，催化该过程的酶蛋白编码基因就属于这类基因。组成性表达水平较少受环境因素的影响，在生物体大多数生长阶段或几乎全部组织中持续表达或变化很小。需要注意的是，组成性表达不是一成不变的，其表达强弱是受一定机制调控的。

2. 诱导表达和阻遏表达

与管家基因不同，有些基因表达很容易受环境因素的影响。随着外部环境条件的变化，这类基因表达水平会出现升高或降低的现象。

诱导表达是指在特定环境因素的刺激下，相应的基因（即诱导基因）被激活，从而使基因表达产物增加的表达方式。例如，当 DNA 受损时，修复酶编码基因会被诱导激活，从而使修复酶反应性地增加。

阻遏表达是指在特定环境因素的刺激下，相应的基因（即阻遏基因）被抑制，从而使基因表达产物减少的表达方式。例如，当培养基中色氨酸供应充分时，细菌内与色氨酸合成有关的酶蛋白编码基因的表达会被抑制。

诱导表达和阻遏表达在生物界中普遍存在，是生物体适应环境的基本途径。

二、基因表达调控的概念和意义

（一）基因表达调控的概念

基因表达调控是指细胞或生物体在接收内外环境信号刺激或适应环境变化的过程中，在基因表达水平上所做出的应答，即基因组内的基因如何被表达、表达多少等。基因表达调控大致可以在 5 个层次上进行，即转录前、转录、转录后、翻译和翻译后。转录起始点是基因表达的基本控制点，对转录起始点的调控是基因表达调控的主要内容。

（二）基因表达调控的意义

1. 适应环境、维持生长和增殖

生物体所处的内、外环境是不断变化的，生物体必须对这种变化做出适当反应，以便能更好地适应环境。生物体这种适应环境的能力与某种或某些蛋白质分子的功能有关，而细胞内某种功能蛋白质分子的有或无、多或少的变化，则由编码这些蛋白质分子的基因是否表达及表达水平的高低来决定。因此，基因表达调控能够使生物体表达出种类与数量都合适的蛋白质，以便能更好地适应环境、维持生长和增殖。

例如，当培养基中含有足量的葡萄糖时，细菌中与葡萄糖代谢有关的酶编码基因表达增强，而其他与葡萄糖类代谢无关的酶编码基因则处于关闭状态；当培养基中只含有乳糖时，细菌中与乳糖代谢有关的酶编码基因表达增强，此时细菌可利用乳糖作碳源，以维持其生长和增殖等。

2. 维持个体发育与分化

一个受精卵含有发育成一个成熟个体的全部遗传信息，在个体发育分化的各个阶段，各种基因极为有序地表达：一般在胚胎时期，基因开放的数量最多，随着分化的进行，细胞中某些基因关闭、某些基因转向开放；并且胚胎发育不同阶段、不同部位的细胞中开放的基因及这些基因开放的程度不一样，导致合成蛋白质的种类和数量均不相同，显示出基因表达调控在空间和时间上极高的有序性，从而逐步生成形态与功能各不相同、极为协调、巧妙有序的组织脏器。即使是同一个细胞，处在不同的细胞周期状态，其基因的表达和蛋白质合成的情况也不尽相同，这种细胞生长过程中基因表达调控的变化，正是维持个体正常发育与分化的基础。

大国先锋

保障粮食安全，为水稻基因打上“中国标记”

对于中国这样一个人口大国，保障粮食安全是头等大事。随着城镇化建设的发展，我国耕地面积逐年减少，依靠科技进步提高作物产能成为根本出路。水稻是我国最重要的粮食作物之一，开展水稻复杂性状遗传学研究，发掘关键基因资源，对于改良水稻、提高产量、保障粮食安全有重大战略意义。

林鸿宣，作物遗传学家，中国科学院院士。抗热、耐盐、抗旱、粒型、株型等一系列与水稻生产密切相关的“重量级”基因，均是被林鸿宣和他的同事打上的“中国发现”的标记。随着成果的不断涌现，林鸿宣近年来拿奖拿到“手软”，但他始终以淡泊的心对待接踵而至的荣誉。

对于林鸿宣，中科院这样评价道：林鸿宣在水稻产量性状以及抗逆性状的遗传机理与功能基因研究方面取得了一系列创新性成果。林鸿宣具有至诚报国的爱国情怀和求真务实的钻研精神，淡泊名利、潜心科研，每年无论是在烈日炎炎的上海实验基地，还是在条件艰苦的海南试验田，都会出现他的身影，被称为“泥腿子”院士。林鸿宣长期致力于作物重要性状遗传学研究，创立研究体系，坚持面向农业重大需求，瞄准作物科学发展前沿，率先在中国系统开展数量性状分子遗传学研究，并首次在国际上成功克隆了多个控制水稻重要性状的基因并阐明数量性状的分子遗传调控机理，取得了一系列国际领先水平的创新成果，多次填补了相关领域的空白，引领和带动了作物遗传学研究领域的发展，为学科发展做出了重要贡献。

林鸿宣自己说道：“成果都是一步一个脚印做出来的，不是一朝一夕的事。现在又是一个新的起点，要为中国多注册几个水稻功能基因的专利，要对得起国家给的科研经费，要为中国在国际水稻研究界立起更高的地位。”

三、原核生物基因表达的调控

原核生物作为单细胞生物，能随环境的变化迅速改变其某些基因的表达状态，表现出对外部环境的高度适应性。原核生物的转录与翻译是偶联进行的，原核生物基因表达的调控主要发生在转录起始阶段，但此过程所经历的时间很短，只有数分钟。

（一）操纵子的基本组成

大多数原核生物基因表达的调控是通过操纵子机制实现的。操纵子通常由结构基因和调控区组成，而调控区又由启动子、操纵基因和调节基因组成，如图 8-1 所示。

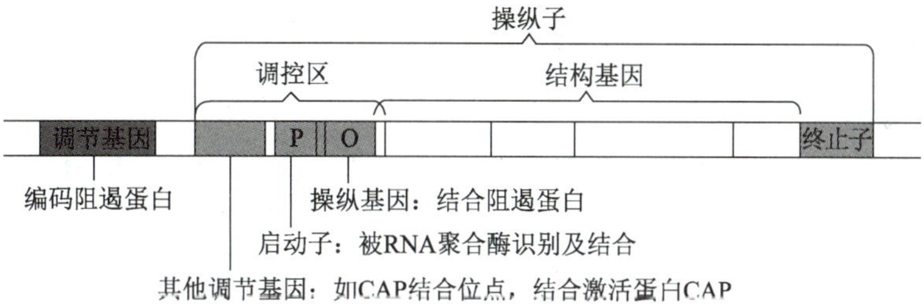

图 8-1　操纵子的基本组成及功能

1. 结构基因

操纵子中被调控的编码蛋白质的基因称为结构基因。一个操纵子中含有 2 个以上的结构基因，多的可达 20 个以上。各结构基因头尾衔接、串联排列，组成结构基因群。

2. 启动子

启动子是指能被 RNA 聚合酶识别、结合并启动基因转录的特异 DNA 序列，是决定基因表达效率的关键元件。操纵子至少有一个启动子，启动子一般在第一个结构基因 5′-侧上游，主要控制整个结构基因群的转录。

3. 操纵基因

操纵基因是指能被阻遏蛋白特异性识别并结合的一段 DNA 序列，常与启动子邻近或与启动子序列重叠。当阻遏蛋白结合在操纵基因上，阻遏蛋白会阻碍 RNA 聚合酶与启动子结合或使 RNA 聚合酶不能沿 DNA 链向前移动，从而阻遏转录的进行。

4. 调节基因

调节基因是指能与操纵序列结合的调节蛋白的编码基因。调节蛋白包括特异因子、阻遏蛋白和激活蛋白。其中，特异因子决定 RNA 聚合酶对一个或一套启动子的特异性识别能力和结合能力；阻遏蛋白可以识别、结合特异 DNA 序列——操纵基因，抑制基因转录，因此阻遏蛋白所介导的调控方式称为负性调控；激活蛋白可结合启动子邻近的 DNA 序列，提高 RNA 聚合酶与启动子的结合能力，从而增强 RNA 聚合酶的转录活性，因此激活蛋白所介导的调控方式称为正性调控。

（二）乳糖操纵子的结构及其调控机制

1. 乳糖操纵子的结构

与前述操纵子的基本组成一样，乳糖操纵子也是由结构基因和调控区组成的。乳糖操纵子包括 Z、Y 和 A 三个结构基因，其中 Z 结构基因编码 β-半乳糖苷酶，催化乳糖转变为别乳糖；Y 结构基因编码半乳糖透过酶，促使半乳糖透过酶进入细菌内；A 结构基因编码乙酰转移酶，催化半乳糖形成乙酰半乳糖。调控区包括调节基因（I）、启动子（P）、操纵基因（O）及启动子上游的一个 CAP 结合位点，其中 P 和 O 是两个关键的调控点，称为两个调控开关。

提　示

分解代谢物基因激活蛋白（catabolite gene activator protein，CAP）是一种典型的激活蛋白，是细菌中一种能与 cAMP 特异结合的蛋白质。

2．乳糖操纵子的调控机制

（1）阻遏蛋白的负性调控。当环境中没有乳糖时，阻遏蛋白与操纵基因 O 结合，阻止 RNA 聚合酶沿 DNA 链移动，抑制转录的进行；当环境中有乳糖时，乳糖被微量存在的 β-半乳糖苷酶催化水解生成半乳糖，半乳糖作为诱导剂与阻遏蛋白结合，促使阻遏蛋白的构象发生改变，不能与操纵基因 O 结合。此时，RNA 聚合酶与启动子 P 顺利结合并启动下游基因的转录，进而翻译出较多的 β-半乳糖苷酶。这一诱导过程属于负性调控。异丙基硫代半乳糖苷是一种作用极强的诱导剂，不被细菌代谢且十分稳定，在实验室中被广泛应用。

扫一扫

原核生物基因表达的调控

（2）CAP 的正性调控。乳糖操纵子不仅受到阻遏蛋白的负性调控，还受到 CAP 的正性调控。CAP 是同二聚体，分子内有 DNA 结合区和 cAMP 结合位点。相对于乳糖而言，大肠埃希菌优先利用葡萄糖作为糖源。环境中葡萄糖的浓度决定大肠埃希菌内的 cAMP 浓度。当环境中有葡萄糖时，葡萄糖分解代谢产物抑制细胞内腺苷酸环化酶的活性，使 cAMP 的浓度降低，导致 cAMP 与 CAP 的结合受阻，从而使结构基因的转录活性下降；当环境中无葡萄糖时，腺苷酸环化酶的活性恢复，催化 ATP 环化生成大量 cAMP，高水平的 cAMP 与 CAP 结合形成活性复合物，有利于 CAP 结合到启动子附近的 CAP 结合位点，从而提高 RNA 聚合酶的转录活性。

乳糖操纵子的转录活性受阻遏蛋白负性调控和 CAP 正性调控的协调作用。当阻遏蛋白封闭操纵基因时，CAP 对乳糖操纵子的转录活性不能发挥作用，但如果没有 CAP 来加强转录活性，即使阻遏蛋白从操纵基因上脱落，转录活性仍然很低。

四、真核生物基因表达的调控

真核生物的细胞结构、基因组结构比原核生物复杂，其基因表达的调控机制也比原核生物要复杂得多。与原核生物一样，真核生物基因表达的调控主要发生在转录起始阶段，但要利用顺式作用元件、反式作用因子和 RNA 聚合酶来完成。正性调控是真核生物基因表达调控的主导方面。

（一）顺式作用元件与反式作用因子

顺式作用元件又称分子内作用元件，是指在同一 DNA 分子中位于结构基因上下游，能结合转录因子、参与转录调控的特异 DNA 序列。按照功能特性的不同，顺式作用元件可分为启动子、增强子和沉默子。其中，启动子是与RNA聚合酶识别并结合的特异DNA序列；增强子是一种能够增强启动子转录活性的特异DNA序列；沉默子是能结合特异蛋白因子，对基因转录起阻遏作用的特异DNA序列。

反式作用因子又称分子间作用因子，是指直接或间接与顺式作用元件结合，调控特异基因转录的一类蛋白质。反式作用因子与DNA链中不同顺式作用元件的相互作用及不同反式作用因子之间的相互作用，是真核生物基因转录调控复杂机制的分子基础。根据功能特性的不同，反式作用因子可分为通用转录因子和特异转录因子。其中，通用转录因子是RNA聚合酶结合启动子所必需的一组蛋白质，如TF ⅡA、TF ⅡB、TF ⅡD、TF ⅡE、TF ⅡF和TF ⅡH是真核生物DNA聚合酶Ⅱ结合启动子所必需的；特异转录因子是指个别基因转录时所必需的蛋白因子，它们决定基因表达的时间特异性和空间特异性。有些特异转录因子对转录起激活作用，称为转录激活因子；有些特异转录因子对转录起抑制作用，称为转录抑制因子。

（二）RNA聚合酶

顺式作用元件与反式作用因子对基因转录活性的调控最终由RNA聚合酶的活性体现。RNA聚合酶活性得以体现的最关键环节是转录起始复合物的形成，而在此过程中，除了RNA聚合酶外，还需要若干转录因子的协同作用才能完成。

以真核生物RNA聚合酶Ⅱ启动基因转录表达为例，首先由通用转录因子TF ⅡD的组成成分TBP识别并与特异基因的TATA盒结合，有时会有TAF协助结合，继而在其他通用转录因子的参与下形成一个具有功能性的转录前起始复合物。在几种通用转录因子中，TF ⅡD是唯一具有位点特异的DNA结合因子，在上述有序的组装过程中起关键性指导作用。但是转录前起始复合物很不稳定，不能有效启动mRNA的转录。在迂回折叠的DNA构象中，与增强子结合的转录激活因子EBP与转录前起始复合物中的TBP接近，使该复合物形成稳定的转录起始复合物。此时，RNA聚合酶Ⅱ才能真正启动mRNA的转录。

第二节　基因工程

想一想：

基因工程产生于20世纪70年代。自1977年成功地用大肠埃希菌生产生长激素释放抑制因子以来，人胰岛素、胸腺素、干扰素、尿激酶等数种基因工程产品相继问世，并于1982年开始陆续进入商品市场，在疾病防治中获得广泛应用。

思考：什么是基因工程？基因工程是如何获得表达产物的？

一、基因工程的概念

基因工程又称重组DNA技术，是指按照人类的意愿，在体外将不同来源的DNA分子进行“剪切”并重新“拼接”成一个新的重组DNA分子，再将重组DNA分子导入合适的宿主细胞内，使其大量复制或获得表达产物的过程。

基因工程主要包括DNA重组和DNA克隆两大环节。DNA重组又称基因重组，是指用酶学方法对不同来源的DNA进行切割、连接，进而组成一个新的DNA分子的过程，包括体内DNA重组和体外人工DNA重组两大类。其中，体内DNA重组是在自然界不同物种或个体之间发生的DNA重组和基因转移的现象，如同源重组、位点特异性重组和转座重组等，其构成了基因变异、物种演进和生物进化的基础；体外人工DNA重组则是人类在进行基因重组、基因治疗等科学试验和实践中所进行的人工基因操作的过程。DNA克隆又称基因克隆，是将重组DNA分子导入合适的受体细胞内，使其扩增和繁殖，以获得大量相同DNA分子的过程。

知识拓展

基因工程的产生

1973年，博耶和科恩将非洲爪蟾核糖体蛋白基因与质粒重组后导入大肠埃希菌中，该重组基因在大肠埃希菌中得到了表达。该研究除证明质粒可以作为载体外，还证实了真核生物的基因可以在原核生物中成功表达。至此，基因工程正式问世。

二、基因工程的体系

（一）目的基因

应用基因工程的目的是分离并获得某一感兴趣的基因或DNA序列，或是为获得某一感兴趣基因的表达产物——蛋白质。这些感兴趣的基因或DNA序列就是目的基因。目的基因又称目的DNA、外源基因或外源DNA，包括cDNA和基因组DNA两种类型。其中cDNA是指经逆转录合成的、与RNA（通常指mRNA或病毒RNA）互补的单链cDNA，再以单链cDNA为模板经聚合反应合成的双链cDNA；基因组DNA是指代表一个细胞或生物体整套遗传信息（染色体和线粒体）的所有DNA序列。

（二）载体

载体是指携带目的基因进入受体细胞内，以实现目的基因的自我复制或表达的一类DNA分子。按功能划分，载体可分为克隆载体和表达载体。其中，克隆载体用于目的基因的克隆和在受体细胞中的扩增，如质粒DNA、噬菌体DNA和病毒DNA等；表达载体用于目的基因的表达。

提　示

质粒是指独立于细菌染色体之外，能自主复制和稳定遗传的小型环状双链DNA。噬菌体是感染细菌的一类病毒。噬菌体的基因组可以是RNA或DNA。

（三）工具酶

基因工程中常用的工具酶包括限制性核酸内切酶、DNA聚合酶、DNA连接酶和修饰酶等，其中限制性核酸内切酶和 DNA 连接酶最为关键。

（1）限制性核酸内切酶。限制性核酸内切酶是指能特异性识别双链 DNA 分子中的特定碱基序列，并在识别位点或其周围切割磷酸二酯键的一类内切酶，多在原核生物中存在。根据酶的结构、与 DNA 结合和切割的特异性，限制性核酸内切酶可分为 I 型、II 型和III型 3 种，其中 II 型限制性核酸内切酶是基因工程中常用的工具酶。

（2）DNA 连接酶。DNA 连接酶是催化 DNA 链的 5′-磷酸基与相邻的另一条链的 3′-羟基末端之间生成 3′,5′-磷酸二酯键，从而使 DNA 切口封闭的酶。常见的 DNA 连接酶包括 T_4 噬菌体 DNA 连接酶、T_4 噬菌体 RNA 连接酶和大肠埃希菌 DNA 连接酶等。

三、基因工程的操作步骤

基因工程主要包括目的基因的获取、载体的选择与构建、目的基因与载体的连接、将重组 DNA 导入受体细胞中、重组体的筛选和克隆基因的表达共 6 个步骤。图 8-2 是以质粒为载体进行的基因工程流程图。

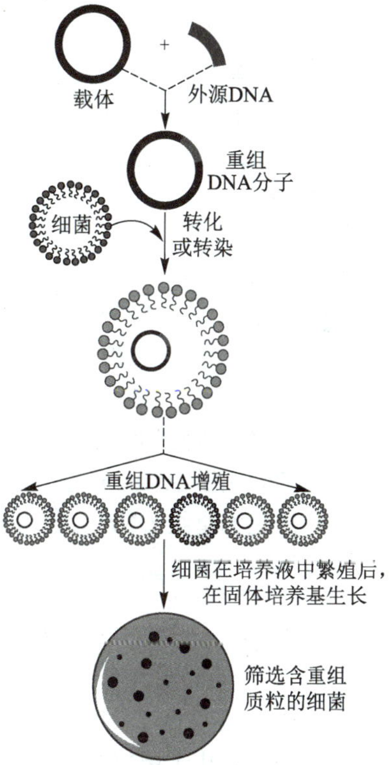

图 8-2　基因工程流程图

（一）目的基因的获取

获取目的基因是基因工程的第一步。目前，获取目的基因的方法有化学合成法、基因组 DNA 文库、cDNA 文库和聚合酶链反应。

（1）化学合成法。如果已知某种基因的核苷酸序列，或根据某种基因产物的氨基酸序列推导出编导该多肽链的核苷酸序列，则可利用 DNA 合成仪通过化学合成法合成目的基因。此法只适用于已知核苷酸序列且分子量较小的目的基因的制备。

（2）基因组 DNA 文库。从组织细胞中提取基因组 DNA，并采用限制性核酸内切酶将其切成许多片段，将每一片段与一个载体拼接成重组 DNA 分子，再将所有的重组 DNA 分子导入细菌内进行扩增，这样生长的全部细菌内所携带的各种染色体片段就代表了整个基因组。基因组 DNA 文库则是指存在于转化细菌内、由载体携带的所有基因组 DNA 的集合。要想从基因组 DNA 文库中获取目的基因，须采用适当筛选方法从众多转化子菌落中选出含有目的基因的菌落，再对这些菌落进行扩增，然后对重组 DNA 进行分离及目的基因片段回收。

（3）cDNA 文库。以 mRNA 为模板，利用逆转录酶合成与 mRAN 互补的 DNA，再复制成双链 cDNA 片段，然后将双链 cDNA 片段与适当载体连接后转入受体菌内，通过扩增、构建获得 cDNA 文库。与基因组 DNA 文库类似，cDNA 文库包括细胞表达的各种基因，因此需要采用适当方法从 cDNA 文库中挑选出目的基因片段。

（4）聚合酶链反应。聚合酶链反应是指在体外利用酶促反应获得特异序列的基因组

DNA 或 cDNA 的一种方法。要获取目的基因，除聚合酶链反应的通用条件外，还应知道目的基因 5′-端和 3′-端的各一段核苷酸序列及其他相关条件。

（二）载体的选择与构建

应根据基因工程的目的选择载体，即如果为了获得目的基因，则选用克隆载体；如果为了获得目的基因编码的蛋白质，则选择表达载体。此外，还应考虑目的基因的大小与载体的容量是否相匹配、载体多克隆位点中所含限制性核酸内切酶是否适用于目的基因等。

（三）目的基因与载体的连接

通过不同途径获取目的基因、选择载体后，将目的基因与载体连接在一起，即通过 DNA 连接酶催化将经限制性核酸内切酶切过的目的基因与合适的载体连接起来，从而形成重组 DNA 分子。目的基因与载体的连接方式一般包括黏性末端连接、平端连接等。

扫一扫

基因工程

（四）将重组 DNA 导入受体细胞中

形成重组 DNA 分子后，需要将重组 DNA 分子导入受体细胞中，以实现扩增。将重组 DNA 分子导入受体细胞前，应先选择合适的受体细胞，并对受体细胞进行适当的处理，使其处于最适摄取和容忍重组体的状态，即成为感受态细胞。根据载体性质的不同，导入的方法可分为转化、转染和转导。其中，转化是指将质粒或其他载体导入细菌、酵母等受体细胞中，进而获得新表型的过程；转染是指真核细胞（除酵母外）主动或被动导入重组 DNA 分子而获得新表型的过程；转导是指将以噬菌体或真核细胞病毒为载体构建的重组 DNA 分子导入受体细胞中，进而获得新表型的过程。

（五）重组体的筛选

重组 DNA 分子被导入宿主细胞后，经培养基培养，可得到大量转化子菌落或转染噬菌斑。由于每一重组 DNA 分子只携带某一段目的基因，而将重组 DNA 导入受体细胞中时，每一受菌体只能接受一个重组 DNA 分子，因此应将众多的转化子菌落或转染噬菌斑分离，并鉴定哪一些转化子菌落或转染噬菌斑带有目的基因片段，即可得到目的基因的克隆，这一过程称为重组体的筛选。

（六）克隆基因的表达

经上述过程获得目的基因的克隆，是进行基因工程操作的基本目的之一。此外，利用基因工程可进行目的基因的表达，以实现生命科学研究、医药或商业目的，这是基因工程的最终目的。制约目的基因高效表达的因素包括目的基因是否插入到载体中正确的开放阅读框内，目的基因能否有效转录，mRNA 能否有效翻译，转录后、翻译后是否进行正确加工等。

四、基因工程在医学中的应用

（一）基因工程制药

利用基因工程生产药物有两个不同的途径：一是利用基因工程改造传统的制药工业，如用基因工程改造制药所需的菌种或创建新的菌种，以提高抗生素、维生素和氨基酸等的产量；二是利用基因工程生产有用的肽类、蛋白质药物或疫苗等。

1. 基因工程疫苗

由于基因工程日渐成熟，基因工程疫苗在一定程度上克服了传统疫苗的不足，因此被称为第二代疫苗。基因工程疫苗研制的基础是有已确定的保护性抗原及其保护性表位，其中保护性抗原是指能诱导受体细胞产生免疫反应的抗原物质，是病原体的一个亚单位成分。基因工程还可将病毒基因组中与毒性相关的基因删除，制备成稳定的减毒疫苗，或是将多种外源病毒抗原基因插入同一载体上表达，制备成能够预防多种疾病的多价疫苗。

2. 基因工程药物

很多天然活性蛋白和多肽类物质都具有治疗和预防疾病的作用，但对天然活性蛋白和多肽类物质的提取往往受含量极少、来源困难、种属特异性、易受病原体污染等方面的限制，而利用基因工程可以生产出重组蛋白和多肽类药物，是一种既安全又经济的策略。通过基因工程获得的用于临床治疗的重组蛋白和多肽类药物包括：免疫性蛋白，如一些抗原和单克隆抗体；细胞因子，如干扰素、生长因子等；激素，如胰岛素、心钠素等；酶类，如尿激酶、链激酶等。

（二）基因诊断与基因治疗

1. 基因诊断

基因诊断又称 DNA 诊断，已发展成为一门独具特色的诊断学科。基因诊断是指利用分子生物学和分子遗传学的技术和原理，在 DNA 水平上检测与疾病相关的分子结构和表达水平是否异常，以便对疾病做出判断的方法。基因诊断的方法有很多，但过程基本相似，即首先分离、扩增待测的 DNA 片段，然后利用适当分析手段区分或鉴定该 DNA 片段的异常。目前，基因诊断已被广泛应用于遗传病、肿瘤、心脑血管疾病、病毒感染和职业病等的诊断。

人类基因组计划的完成和重要病原体、微生物等基因组测序工作的相继完成，为医学领域提供了更多可供检测的基因，将促进基因诊断向临床应用快速发展。

2. 基因治疗

与基因诊断对应的治疗方法称为基因治疗。基因治疗是通过基因工程克隆目的基因，并将目的基因导入体内相应功能缺陷的细胞或其他细胞中，以纠正基因缺陷或补偿其基因功能，从而达到治疗目的的方法。随着人们更深入和更科学地开展基因治疗的基础研究与临床试验，基因治疗无疑将成为攻克各类疑难病症的有力武器。

科心报国

李载平院士：为党工作，为国服务

李载平，出生于福建福州，分子生物学家，中国工程院院士。

李载平院士长期从事分子生物学和基因工程研究工作，是我国分子生物学领域的开拓者。他在1958年发现了DNA分子受X-射线的隐藏破坏作用；20世纪60年代初开始噬菌体ΦX174活性DNA的研究，发现了ΦX174小噬斑变异株。这些早年DNA方面的研究积累，为他对生物学奥秘的机制探索，以及以后开展基因工程和分子生物学的研究奠定了坚实的科学理念。

改革开放之前，李载平有幸参加了当年仅有的几个科学家代表团。当时基因工程和生物技术的发展已经成为科技界最激动人心的科学进展。

改革开放之后，李载平被委任国内第一个“基因工程分子生物学研究”的研究室主任，带领课题组开展重组DNA和基因工程的研究。他带领团队在国际上首先克隆成功了中国流行的乙肝病毒adr亚型基因组DNA；用化学法进行DNA测序，克服了当时的困难条件，报导了padrI基因组的全顺序分析，实现了我国在基因组克隆和DNA测序上零的突破；还开创了既简单又快速的DNA酶切图谱的检测新方法——末端片段标记杂交法。

“我想我的岗位工作是科研，我就要把科研工作做好，做出水平，为人民解决问题。”这段话，来自李载平院士在1949年写下的《入党志愿书》。在《入党志愿书》中，他还说道：“接受党的领导和教育，更好地为人民服务，彻底地解放人民和解放自己。”短短几句话承载着李载平院士对党的认识和理解，承载着他愿以所学为党工作、为国服务的真挚情感！

关键术语

基因表达	基因表达调控	操纵子	顺式作用元件
反式作用因子	RNA聚合酶	基因工程	目的基因
载体	工具酶	基因诊断	基因治疗

思考题

（1）简述基因表达的概念、特点和方式。
（2）研究基因表达调控有什么现实意义？
（3）原核生物与真核生物基因表达的调控有什么区别？
（4）举例说明基因工程在临床上的应用。

第三篇　物质代谢与调节

本篇讨论物质代谢与调节，包括生物氧化、糖代谢、脂类代谢、核苷酸代谢及蛋白质分解代谢，共五章。

物质代谢是生命活动的基本特征之一。物质代谢又称新陈代谢，是生物体内各种化学变化的总称，包括合成代谢和分解代谢两个方面。生物体从环境中摄取的营养物质主要包括糖、脂类、蛋白质和核酸等，这些物质进入体内后，各自进入其代谢途径。每一个代谢途径均由许多化学反应组成，这些化学反应在细胞内有组织、有次序地进行着。细胞内的绝大多数化学反应是由酶催化的，并且伴随着多种形式的能量变化。

生物体内各种物质的代谢按一定规律不断进行，以实现生物体与外部环境的物质交换、生物体的自我更新及体内环境的相对稳定。各种物质代谢之间有着广泛的联系，并且机体具有调节物质代谢的能力，从而使这些物质构成一个统一的整体。正常的物质代谢是生命过程所必需的，而物质代谢的紊乱则往往是一些疾病产生的重要原因。

第九章　生物氧化

知识目标

- 掌握生物氧化的概念，熟悉生物氧化的特点，理解生物氧化的方式、过程及参与生物氧化的酶。
- 掌握氧化呼吸链、氧化磷酸化的概念及线粒体内重要的氧化呼吸链，熟悉氧化呼吸链的组成、氧化呼吸链中的复合体及 ATP 的生成、利用与转移，了解胞浆中 NADH 的氧化。
- 了解非线粒体氧化体系。

素质目标

- 培养踏实做事，为国家和人民奉献一切的工作作风。

生物氧化（biological oxidation）是指物质在生物体内氧化分解的过程，主要是指糖、脂肪、蛋白质等营养物质在生物体内经过一系列氧化分解，最终生成 CO_2、H_2O 并释放能量的过程。由于生物氧化过程中伴有 O_2 的利用和 CO_2 的产生，因此生物氧化又称组织呼吸或细胞呼吸。

生物氧化所释放的能量，一部分以化学能的形式储存在 ATP 中，作为机体的各种生理活动的直接能源；另一部分则以热能的形式散发，用以维持体温。在细胞内，产生 ATP 的主要场所是线粒体，线粒体内产生 ATP 的一系列反应构成了体内最重要的生物氧化体系。除了线粒体氧化体系外，细胞内还有一些非线粒体氧化体系，该体系能代谢进入体内的一些非营养物质，如药物、毒物等。

第一节　生物氧化概述

想一想：

生物体内的能量主要来自细胞对糖、脂肪、蛋白质等营养物质的氧化分解。细胞生物氧化所释放的能量，有相当大的一部分能使 ADP 磷酸化成为 ATP，从而把能量储存在 ATP 中。ATP 几乎是生物组织细胞能够直接利用的唯一能源。

思考：与体外氧化相比，生物氧化有何特点？生物氧化的方式有哪些？

一、生物氧化的特点

物质在体内、外氧化时所消耗的氧气量、产生的终产物（CO_2、H_2O）及释放的能量均相同，但生物氧化又有与体外氧化显著不同的特点：① 生物氧化是在细胞内进行的，所处的环境比较温和（pH 接近中性，温度约为 37℃）；② 生物氧化是在一系列酶的催化下逐步进行的，使得物质中的能量逐步释放，有利于机体捕获能量，提高了 ATP 的有效利用率；③ 生物氧化所释放的能量，一部分以化学能的形式储存在 ATP 中，另一部分则以热能的形式散失；④ 终产物中的 CO_2 是有机酸经脱羧反应产生的，H_2O 是由底物中脱下的氢经呼吸链传递后与氧结合而生成的。

二、生物氧化的方式

生物氧化的方式主要有加氧反应、脱氢反应和失电子氧化反应。加氧反应是指在底物分子上直接加入氧原子或氧分子的反应。脱氢反应是最主要的生物氧化方式，有两种类型：一种是从底物分子上脱去一对氢原子的反应；另一种是加水脱氢反应，即在底物分子中加入 H_2O，底物分子脱去两个氢原子同时加入来自水分子的氧原子的反应。失电子氧化反应是指从底物分子上脱去电子的反应。

三、生物氧化的过程

生物氧化的过程大致分为 3 个阶段：第一阶段，乙酰 CoA 的生成，即糖、脂肪和蛋白质经过分解代谢生成乙酰 CoA；第二阶段，乙酰 CoA 的氧化，即乙酰 CoA 进入三羧酸循环脱羧生成 CO_2，同时 NAD^+、FAD 分别被还原成 $NADH+H^+$和 $FADH_2$；第三阶段，电子传递和氧化磷酸化，即 $NADH+H^+$和 $FADH_2$ 上的电子经氧化呼吸链逐步传递，最后传递给 O_2 生成 H_2O，释放的能量用于 ATP 的合成。

从广义上讲，这 3 个阶段均属于生物氧化；从狭义上讲，只有第三阶段属于生物氧化，它是体内能量生成的主要阶段。本章只讨论第三阶段，前面两个阶段在第十章糖代谢中均会涉及。

四、参与生物氧化的酶

参与生物氧化的酶主要包括氧化酶、脱氢酶及其他酶，其中脱氢酶最为重要。

（一）氧化酶

氧化酶是指能使氧分子活化的酶。氧化酶能催化某些代谢物脱氢，并将氢原子直接交给氧分子，产物为 H_2O。氧化酶属于结合酶，其辅基常含有 Cu^{2+}。常见的氧化酶有细胞色素氧化酶、抗坏血酸氧化酶、酚氧化酶等。

（二）脱氢酶

脱氢酶包括需氧脱氢酶和不需氧脱氢酶两种。

1. 需氧脱氢酶

需氧脱氢酶可催化代谢物脱氢，并将氢原子直接交给氧分子，产物为 H_2O_2（过氧化氢）。需氧脱氢酶的辅基是黄素腺嘌呤二核苷酸（FAD）或黄素单核苷酸（FMN），故需氧脱氢酶又称黄素酶。常见的需氧脱氢酶包括 L-氨基酸氧化酶（辅基为 FMN）、黄嘌呤氧化酶（辅基为 FAD）等。

2. 不需氧脱氢酶

不需氧脱氢酶是机体内主要的脱氢酶，可催化代谢物脱氢，但不以氧分子为直接受氢体，而是将代谢物脱下的氢原子经一系列传递体的传递后交给氧原子，产物为 H_2O。根据辅助因子的不同，不需氧脱氢酶可分为两类：一类是以 NAD^+、$NADP^+$为辅酶的不需氧脱氢酶，如乳酸脱氢酶、苹果酸脱氢酶等；另一类是以 FAD、FMN 为辅酶的不需氧脱氢酶，如琥珀酸脱氢酶、脂酰 CoA 脱氢酶等。

（三）其他酶

生物体内还有一些氧化还原酶，如单加氧酶、双加氧酶、过氧化氢酶和过氧化物酶等。这些酶主要参与体内非营养物质的代谢过程。

第二节　线粒体氧化体系

想一想：

线粒体氧化体系的主要功能是为机体提供能量，包括 ATP、热能等。在线粒体内，糖、脂类、蛋白质等营养物质氧化分解过程中常伴有脱氢反应，脱下的2H($2H^+$+$2e^-$)以 NADH+H^+、$FADH_2$ 等形式存在，并通过线粒体内多种酶催化的氧化还原的连锁反应逐步传递，最终与 O_2 结合生成 H_2O，释放的能量用于 ATP 的合成。由于该过程与细胞呼吸有关，这一包含多种氧化还原组分的传递链形成氧化呼吸链。在氧化呼吸链中，参与氧化还原反应的酶和辅酶按一定顺序排列在线粒体内膜上。

思考：线粒体内有哪些重要的氧化呼吸链？氧化呼吸链是通过怎样的作用机制生成 ATP 的？

一、氧化呼吸链

所谓氧化呼吸链（oxidative respiratory chain），是指起递氢或递电子作用的酶或辅酶按一定顺序排列而成的链状传递体系。其中，起递氢作用的酶或辅酶称为递氢体，起递电子作用的酶或辅酶称为递电子体。不论递氢体还是递电子体，都起传递电子的作用，所以氧化呼吸链又称电子传递链。真核生物的氧化呼吸链在线粒体内膜上，原核生物的氧化呼吸链在细胞质膜上。

（一）氧化呼吸链的组成

目前已发现的参与构成氧化呼吸链的递氢体和递电子体的成分有 20 余种，这些成分大体上可分为如下 5 类。

1. NAD^+和 $NADP^+$

NAD^+（辅酶Ⅰ，CoⅠ）和 $NADP^+$（辅酶Ⅱ，CoⅡ）是烟酰胺脱氢酶的辅酶，两者分子中均含有烟酰胺(维生素 PP)。烟酰胺能进行可逆的加氢和脱氢反应，故 NAD^+和 $NADP^+$是氧化呼吸链中的递氢体。烟酰胺中的氮为五价氮，能可逆地接受 2 个电子而成为三价氮，并且与氮对位的碳比较活泼，能可逆地接受 1 个氢原子而被还原。反应时，从代谢物上脱下 2H（$2H^+ + 2e^-$），其中 1 个氢原子和 2 个电子与烟酰胺结合，另外 1 个氢原子则游离在介质中，因此可将还原型的 NAD^+和 $NADP^+$分别写成 $NADH + H^+$和 $NADPH + H^+$。反应式为

$$NAD^+ + 2H^+ + 2e^- \rightarrow NADH + H^+$$

$$NADP^+ + 2H^+ + 2e^- \rightarrow NADPH + H^+$$

2. 黄素蛋白

黄素蛋白是以黄素单核苷酸（FMN）或黄素腺嘌呤二核苷酸（FAD）为辅基的脱氢酶。FMN 和 FAD 分子中均含有核黄素（维生素 B_2），其异咯嗪环的 N_1 和 N_{10} 都能进行可逆的加氢和脱氢反应，故 FMN 和 FAD 是氧化呼吸链中的递氢体。反应时，黄素蛋白可将代谢物上脱下的 2H 交给其辅基 FMN 或 FAD，生成 $FMNH_2$ 或 $FADH_2$，生成的 $FMNH_2$ 或 $FADH_2$ 再进一步将 2H 传递给泛琨。

3. 铁硫蛋白

铁硫蛋白又称铁硫中心，是氧化呼吸链中的递电子体，因辅基为等量的非铁原子和硫原子所构成的铁硫簇（iron-sulfur cluster，Fe-S）而得名。铁硫簇中的铁和硫有 3 种组合方式：① 单个铁原子与 4 个半胱氨酸残基上的巯基硫相连；② 2 个铁原子与 2 个硫原子相连（Fe_2S_2），其中每个铁原子还各与 2 个半胱氨酸残基上的巯基硫相连；③ 4 个铁原子与 4 个硫原子相连（Fe_4S_4），并且 4 个铁原子还各与 1 个半胱氨酸残基上的巯基硫相连。铁硫蛋白通常以第 2 种和第 3 种方式存在，如图 9-1 所示。

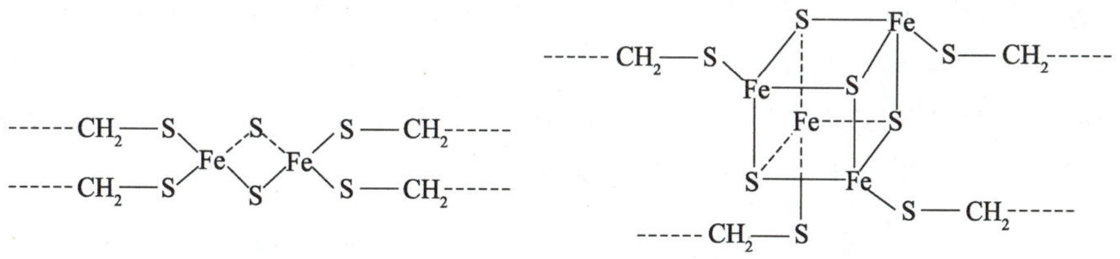

图 9-1 铁硫簇结构示意图

铁硫蛋白中的铁可以呈二价（还原型），也可以呈三价（氧化型）。铁硫蛋白通过铁的氧化还原反应而达到传递电子的作用，反应式为

$$Fe^{2+} \rightarrow Fe^{3+} + e^-$$

在氧化呼吸链中，铁硫蛋白常与其他递氢体或递电子体构成复合物，从而参与复合体的电子传递过程。

4. 泛醌

泛醌也称辅酶 Q（CoQ），是一类广泛存在于生物体内的脂溶性醌类化合物。泛醌分子中的苯醌能进行可逆的加氢和脱氢反应，故泛醌是氧化呼吸链中的递氢体。泛醌分子中有一个很长的聚异戊二烯侧链，因侧链的疏水作用，泛醌能在线粒体内膜中迅速扩散，并且极易从线粒体内膜中分离出来，故泛醌在氧化呼吸链中是以游离形式存在的递氢体。

在氧化呼吸链中，泛琨接受 $FMNH_2$ 或 $FADH_2$ 传递来的 2H（$2H^++2e^-$）后，将 $2H^+$ 释放在线粒体基质中，而把 $2e^-$ 继续传递给细胞色素。

5. 细胞色素

1926 年，基林首次在使用分光镜观察昆虫飞翔肌的振动时，发现有特殊的吸收光谱，因此把细胞内的吸光物质命名为细胞色素（cytochrome，Cyt）。细胞色素是一类以铁卟啉为辅基的催化电子传递的色素蛋白，因具有特殊的吸收光谱并呈现出颜色而得名。根据吸收光谱的不同，细胞色素可分为细胞色素 a（Cyt a）、细胞色素 b（Cyt b）和细胞色素 c（Cyt c）三类，每一类又因其最大吸收峰的微小差别分为若干亚类。各种细胞色素的主要差别在于分子内铁卟啉的侧链及铁卟啉与蛋白质部分的连接方式不同。

参与氧化呼吸链的细胞色素主要包括 Cyt a、Cyt a_3、Cyt b、Cyt c 和 Cyt c_1 等，各种细胞色素依靠铁卟啉环中铁离子价态的变化（$Fe^{2+} \rightarrow Fe^{3+}+e^-$）发挥传递电子的作用。由于 Cyt a 与 Cyt a_3 结合紧密，不易分开，故统称为 Cyt aa_3。除铁卟啉外，Cyt aa_3 还是以铜离子为辅基的递电子体，它能将 Cyt c 的电子直接传递给 O_2，使其还原为氧离子，故 Cyt aa_3 又称 Cyt c 氧化酶。Cyt b 和 Cyt c 中的辅基铁卟啉都是铁原卟啉Ⅸ，与血红素相同。其中 Cyt c 呈水溶性，与线粒体内膜外表面结合不紧密，极易与线粒体内膜分离，故 Cyt c 在氧化呼吸链中是以游离形式存在的递电子体。

各细胞色素传递电子的顺序为

$$\text{Cyt b} \rightarrow \text{Cyt } c_1 \rightarrow \text{Cyt c} \rightarrow \text{Cyt } aa_3 \rightarrow \frac{1}{2}O_2$$

（二）氧化呼吸链中的复合体

科学家用胆酸、脱氧胆酸等反复处理线粒体内膜，将氧化呼吸链分离成 4 种仍具有传递电子功能的复合体——复合体Ⅰ、复合体Ⅱ、复合体Ⅲ和复合体Ⅳ。其中，复合体Ⅰ、复合体Ⅲ和复合体Ⅳ完全镶嵌在线粒体内膜中，复合体Ⅱ镶嵌在线粒体内膜的基质侧。氧化呼吸链中的各复合体及其主要功能如表 9-1 所示。

表 9-1　氧化呼吸链中的各复合体及其主要功能

复合体	酶名称	辅　基	主要功能
复合体Ⅰ	NADH-泛醌还原酶或 NADH 脱氢酶	FMN 和 Fe-S	将 $NADH+H^+$ 中的电子传递给泛琨
复合体Ⅱ	琥珀酸-泛醌还原酶	FAD 和 Fe-S	将电子从琥珀酸传递给泛琨
复合体Ⅲ	泛醌-细胞色素 c 还原酶	铁卟啉和 Fe-S	将电子从泛琨传递给 Cyt c
复合体Ⅳ	细胞色素 c 氧化酶	铁卟啉和 Cu	将电子从 Cyt c 传递给 O_2

1．复合体Ⅰ

复合体Ⅰ又称 NADH-泛醌还原酶或 NADH 脱氢酶，含有以 FMN 为辅基的黄素蛋白和以铁硫簇为辅基的铁硫蛋白。其主要功能是将 $NADH+H^+$中的 2H 传递给泛琨，同时发生 H^+的跨膜运输。复合体Ⅰ既是电子传递体，又是质子移位体。

2．复合体Ⅱ

复合体Ⅱ是三羧酸循环中的琥珀酸脱氢酶，又称琥珀酸-泛醌还原酶，含有以 FAD 为辅基的黄素蛋白和以铁硫簇（Fe-S）为辅基的铁硫蛋白，主要功能是将电子从琥珀酸传递给泛琨。复合体Ⅱ只能传递电子，不能使质子跨膜运输。

3．复合体Ⅲ

复合体Ⅲ又称泛醌-细胞色素 c 还原酶，含有细胞色素 b（Cyt b_{562}、Cyt b_{566}）、细胞色素 c_1（Cyt c_1）和铁硫蛋白。其主要功能是将电子从泛琨传递给细胞色素 c（Cyt c），同时发生 H^+的跨膜运输。复合体Ⅲ既是电子传递体，又是质子移位体。

4．复合体Ⅳ

复合体Ⅳ又称细胞色素 c 氧化酶，含有 Cyt aa_3、Cu_A 和 Cu_B，主要功能是将电子从 Cyt c 传递给 O_2，同时发生 H^+的跨膜运输。复合体Ⅳ既是电子传递体，又是质子移位体。

泛琨作为可移动的递氢体，Cyt c 作为可移动的递电子体，它们与镶嵌在线粒体内膜上的复合体共同组成氧化呼吸链。氧化呼吸链中各复合体的位置如图 9-2 所示。

扫一扫

氧化呼吸链

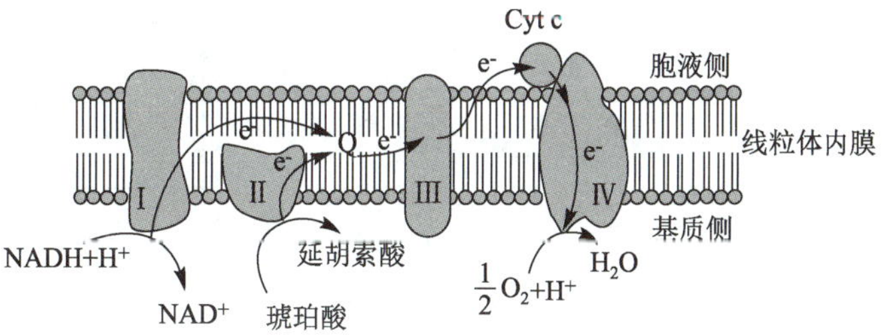

图 9-2　呼吸链中各复合体的位置示意图

（三）线粒体内重要的氧化呼吸链

目前认为，线粒体内有两条氧化呼吸链，即 NADH 氧化呼吸链和 $FADH_2$ 氧化呼吸链。

1．NADH 氧化呼吸链

扫一扫

线粒体内重要的氧化呼吸链

NADH 氧化呼吸链由复合体Ⅰ、复合体Ⅲ、复合体Ⅳ、泛醌和 Cyt c 组成，是线粒体内最常见的一种氧化呼吸链。

如图 9-3 所示，在脱氢酶的催化下，底物 SH_2 将脱下的 2H（$2H^++2e^-$）交给 NAD^+生成 $NADH+H^+$。在 NADH 脱氢酶的催化下，$NADH+H^+$通过复合体Ⅰ进入氧化呼吸链，并在复合体Ⅰ的作用下将 2H 传递给 FMN 生成 $FMNH_2$，$FMNH_2$ 再将 2H 传递给辅酶 Q（CoQ）生成二氢泛琨（$CoQH_2$）。此时，$CoQH_2$ 中的 2H 解离成 $2H^+$和 $2e^-$，其中 $2H^+$游离于介质中，$2e^-$则经复合体Ⅲ传递给 Cyt c，最后在复合体Ⅳ的作用下传递给 $\frac{1}{2}O_2$ 并生成 O^{2-}。O^{2-}再与介质中游离的 $2H^+$结合生成水。

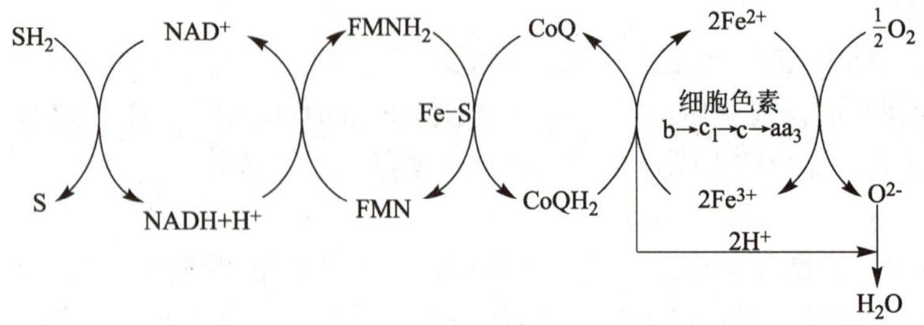

图 9-3 NADH 氧化呼吸链

NADH 氧化呼吸链的电子传递顺序为

$$NADH \rightarrow 复合体\text{I} \rightarrow CoQ \rightarrow 复合体\text{III} \rightarrow Cyt\ c \rightarrow 复合体\text{IV} \rightarrow O_2$$

2. $FADH_2$ 氧化呼吸链

$FADH_2$ 氧化呼吸链由复合体Ⅱ、复合体Ⅲ、复合体Ⅳ、泛醌和 Cyt c 组成。在琥珀酸脱氢酶的催化下，琥珀酸脱氢生成延胡索酸。脱下的 2H 经复合体Ⅱ中的 FAD 接受并生成 $FADH_2$，$FADH_2$ 再将 2H 传递给 CoQ 生成 $CoQH_2$。$CoQH_2$ 之后的电子传递与 NADH 氧化呼吸链相同，如图 9-4 所示。

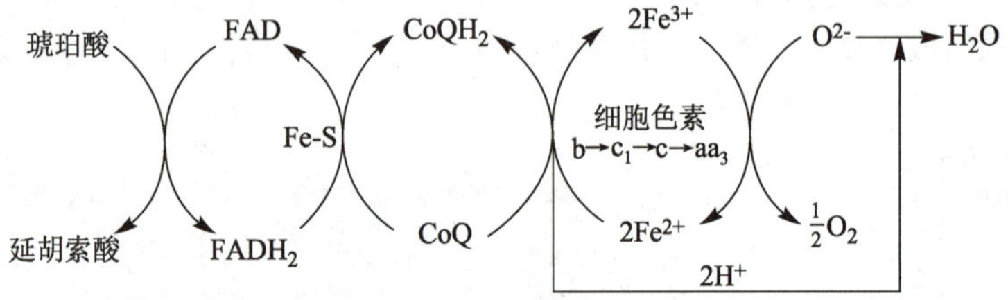

图 9-4 $FADH_2$ 氧化呼吸链

$FADH_2$ 氧化呼吸链的电子传递顺序为

$$琥珀酸 \rightarrow 复合体\text{II} \rightarrow CoQ \rightarrow 复合体\text{III} \rightarrow Cyt\ c \rightarrow 复合体\text{IV} \rightarrow O_2$$

做一做

在氧化呼吸链中，能将电子传递给氧的物质是（　　）。

A. Cyt b　B. Cyt aa_3　C. Cyt c　D. Cyt a　E. Cyt c_1

二、ATP 的产生机理

（一）ATP 的生成方式

在物质代谢中，ATP 是生物体内直接供能的主要高能化合物。细胞内 ATP 生成的方式有氧化磷酸化和底物水平磷酸化两种。

1. 氧化磷酸化

在生物氧化过程中，代谢物脱下的氢经氧化呼吸链传递并释放能量，所释放的能量可驱动 ADP 磷酸化生成 ATP，这种氧化与 ADP 磷酸化相偶联的过程称为氧化磷酸化。在氧化磷酸化过程中，氧化是磷酸化的基础，磷酸化是氧化的结果。氧化磷酸化是生物体代谢过程中能量的主要来源。

2. 底物水平磷酸化

在分解代谢过程中，底物因脱氢、脱水等作用而使能量在分子内部重新分布形成高能磷酸化合物，高能磷酸化合物再将分子内的高能磷酸基团转移给 ADP 形成 ATP，此过程称为底物水平磷酸化。底物水平磷酸化在胞浆和线粒体中进行，是酵解组织、红细胞和组织相对缺氧时能量的主要来源。

提　示

高能化合物是指生物体中水解所释放的能量大于 21 kJ/mol 的含磷酸酯键或硫酯键的化合物。高能化合物中所含的磷酸酯键称为高能磷酸键，常用符号“~P”表示；高能化合物中所含的硫酯键称为高能硫酯键。实际上，一种化合物水解时释放自由能的多少取决于该化合物的整个分子结构，而不是某个特殊的化学键。因此高能磷酸键的名称是不够确切的，但为了叙述方便，目前仍采用这一名称。

（二）氧化磷酸化的偶联部位

氧化磷酸化的偶联部位是氧化呼吸链中偶联生成 ATP 的部位，可通过计算 P/O 值和自由能变化来确定。

1. P/O 值

P/O 值是指在氧化磷酸化过程中，每消耗 1/2 摩尔 O_2 所消耗的无机磷酸的摩尔数，或者每消耗 1/2 摩尔 O_2 所生成的 ATP 的摩尔数。P/O 值实质上是指呼吸过程中磷酸化的效率。

通过测定离体线粒体内几种物质氧化时的 P/O 值，可大致推测出氧化磷酸化的偶联部位。研究发现：β-羟丁酸经 NADH 氧化呼吸链氧化，测得的 P/O 值约为 2.5，这说明 NADH 氧化呼吸链中可能存在 3 个偶联部位；琥珀酸经 $FADH_2$ 氧化呼吸链氧化，测得的 P/O 值约为 1.5，这说明 $FADH_2$ 氧化呼吸链中可能存在 2 个偶联部位。因此推测在 NADH→CoQ（复合体Ⅰ）之间存在 1 个偶联部位。此外，测得抗坏血酸氧化时 P/O 值接近 1，已知抗坏血酸是作为底物并通过 Cyt c 传递电子进行氧化的，因而推测在 Cyt c→O_2 之间也存在 1 个偶联部位。结合 β-羟丁酸、琥珀酸和抗坏血酸氧化时的 P/O 值，推测在 CoQ→Cyt c 之间也存在 1 个偶联部位。

2. 自由能变化

通过自由能变化，可进一步佐证通过 P/O 值所推测的氧化磷酸化的偶联部位。根据 P/O 值推测出氧化呼吸链中可能有 3 个偶联部位，即 NADH→CoQ、CoQ→Cyt c 和 Cyt c→O_2。测得这 3 个部位的电位差分别为 0.36V、0.19V 和 0.58V，并推算出它们在 pH=7.0 时的标准自由能分别为−69.5 kJ/mol、−36.7 kJ/mol 和−112 kJ/mol。已知生成 1 摩尔 ATP 需消耗 30.5 kJ 的能量，可见这 3 个部位足以提供生成 ATP 所需的能量，说明在复合体Ⅰ、复合体Ⅲ和复合体Ⅳ内各存在 1 个偶联部位。

扫一扫

ATP 的产生机理

（三）氧化磷酸化的偶联机制

1. 化学渗透学说

1961 年，英国科学家米切尔提出的化学渗透学说是目前公认的氧化磷酸化的偶联机制。化学渗透学说的基本要点是：氧化呼吸链在传递电子的过程中所释放的能量，将 H^+ 从线粒体内膜的基质侧泵到线粒体内膜的细胞液侧，从而在膜内、外产生电化学梯度（H^+ 浓度梯度和跨膜电位差），以此储存能量；当 H^+ 顺浓度梯度回流时，储存的能量被 ATP 合酶利用，进而催化 ADP 与 Pi 生成 ATP。

递氢体和递电子体在线粒体内膜上交替排列。实验证实，复合体Ⅰ、复合体Ⅲ和复合体Ⅳ均具有质子泵作用，每传递 2 个电子，它们分别向线粒体内膜的细胞液侧泵出 $4H^+$、$4H^+$ 和 $2H^+$，如图 9-5 所示。

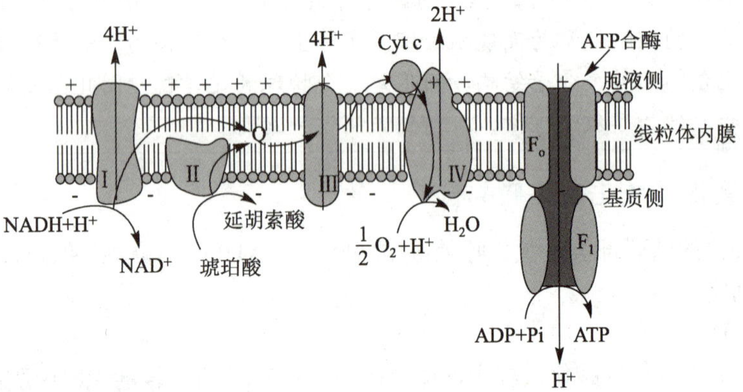

图 9-5　化学渗透学说示意图

2. ATP 合酶

在分离氧化呼吸链时，除了得到 4 种复合体外，还得到复合体Ⅴ（即 ATP 合酶）。ATP 合酶主要由 F_0（疏水部分）和 F_1（亲水部分）组成。其中，F_0 镶嵌在线粒体内膜中，主要由 a、b_2、$c_{9\sim12}$ 亚基组成，形成跨内膜质子通道；F_1 为线粒体内膜基质侧颗粒状突起，主要由 α_3、β_3、γ、δ、ε 亚基组成，主要功能是催化 ATP 合成。当 H^+ 顺浓度梯度经 F_0 回流时，F_1 催化 ADP 与 Pi 生成并释放 ATP。

（四）影响氧化磷酸化的因素

1. ATP/ADP 值

正常情况下，机体的氧化磷酸化主要受细胞对能量需求的调节。当细胞对能量的需求增加时，ATP 加快分解，ADP 的浓度升高，使得 ATP/ADP 值降低，进而导致氧化磷酸化的速度加快（补充 ATP），用于满足机体进行合成代谢的需求。随着 ATP 的不断合成，ADP 的浓度降低，使得 ATP/ADP 值升高；当其回升至正常水平后，氧化磷酸化的速度也随之减慢。这种调节作用有利于机体合理地利用体内的能源物质，避免浪费。

2. 抑制剂

一些化合物可以通过阻断或干扰氧化磷酸化过程中的某个环节，实现对氧化磷酸化的抑制作用。氧化磷酸化抑制剂可分为呼吸链抑制剂、解偶联剂和氧化磷酸化抑制剂 3 类。

1）呼吸链抑制剂

呼吸链抑制剂能在特异部位阻断氧化呼吸链中氢和电子的传递。例如，鱼藤酮、粉蝶霉素 A 和异戊巴比妥等主要与复合体 I 中的铁硫蛋白结合，阻断电子从铁硫蛋白向泛醌传递；抗霉素 A 可抑制复合体III中的 Cyt b→Cyt c_1 之间的电子传递；CN^-可结合复合体IV中的氧化型 Cyt a_3，阻断电子由 Cyt a 传递到 Cyt a_3；CO 可结合复合体IV中的还原型 Cyt a_3，阻断电子传递给 O_2。这类抑制剂可使细胞内呼吸停止，进而使得相关细胞的生命活动停止，引起机体迅速死亡。

知识拓展

CO 及其中毒机制

CO 为无色、无臭、无味气体，是碳或含碳物质不完全燃烧时产生的一种气体，具有强毒性。在使用柴炉、煤炉或煤气热水器时，若使用不当或室内通风不畅，会增加 CO 中毒的危险。CO 进入体内后，一部分与血红蛋白结合，引起血红蛋白的氧运输量明显减少；另一部分直接与线粒体内的 Cyt a_3 结合，抑制细胞内呼吸。因此，CO 中毒时的临床表现与血中 HbCO 水平可能不太一致，但临床上可将血浆中的 HbCO 水平作为 CO 中毒的诊断依据。

2）解偶联剂

解偶联剂能使氧化与磷酸化之间的偶联过程脱离。其基本作用机制是使在氧化呼吸链的电子传递过程中泵出的 H^+不经 ATP 合酶的 F_0 质子通道回流，而通过线粒体内膜中的其他途径返回线粒体基质，破坏了内膜两侧质子的电化学梯度，导致电化学梯度储存的能量只能以热能的形式释放，从而抑制了 ATP 的合成。

常用的解偶联剂是 2,4-二硝基苯酚。2,4-二硝基苯酚为脂溶性物质，在线粒体内膜中可以自由移动。它在进入线粒体基质侧时释放 H^+，在返回线粒体胞质侧时结合 H^+，因此破坏了内膜两侧质子的电化学梯度，使体温升高。

哺乳类动物的棕色脂肪组织线粒体内膜中含有丰富且独特的解偶联蛋白（uncoupling protein，UCP）。UCP 在内膜上形成质子通道，H^+可经此通道返回线粒体基质中，并通过氧化磷酸化释放热量，对于机体维持体温十分重要。例如，新生儿如果不注意保暖，会因散热过多而导致棕色脂肪耗尽，使得体温下降，进而出现新生儿硬肿症。

知识拓展

新生儿硬肿症

新生儿硬肿症又称寒冷损伤综合征，是由寒冷损伤、感染或早产引起的一种综合征，以寒冷损伤最为多见。新生儿硬肿症以皮下脂肪硬化和水肿为特征，多发生在寒冷季节。严重低体温、硬肿症者可继发肺出血、休克及多脏器功能衰竭甚至致死。

“复温”是治疗该病症的首要措施，另外还应补充充足的热量和营养，但因低温时患者的心、肾功能下降，因此应严格控制输液速度和输液量。对该病的预防应重于治疗，要加强产前检查，尽量减少早产儿。一旦新生儿娩出，应立即用预暖的毛巾包裹，并移至保暖床上处理。对于高危儿，应采取体温监护措施，以防止硬肿症的发生。

3）氧化磷酸化抑制剂

氧化磷酸化抑制剂又叫 ATP 合酶抑制剂，它对 ADP 磷酸化及电子传递均有抑制作用。例如，寡霉素可与 ATP 合酶分子中的 F_0 结合，阻止 H^+从 F_0 质子通道回流，进而抑制 ATP 的生成，同时导致线粒体内膜两侧质子的电化学梯度增大而影响质子的泵出，继而抑制电子传递。

3. 甲状腺激素

甲状腺激素可诱导细胞膜上 Na^+、K^+-ATP 酶的生成，促使 ATP 加速分解生成 ADP 和 Pi，而 ATP/ADP 值的降低可促进氧化磷酸化反应的进行，促使 ATP 的生成。可见，甲状腺激素可导致 ATP 的生成速度与分解速度都加快。此外，甲状腺激素 T_3 还能使解偶联蛋白基因表达增加，使 ATP 的合成减少，导致机体耗氧和产热同时增加，故甲状腺功能亢进者常表现出基础代谢率增高、怕热、易出汗等症状。

三、ATP 的利用与转移

ATP 是机体能量的直接供能物质。糖、蛋白质和脂类三大营养物质氧化分解所释放的能量，能够使 ADP 磷酸化生成 ATP，而 ATP 又可分解为 ADP、Pi 并释放能量，供肌肉收缩、神经传导、合成代谢和维持体温等生命活动之所需。ADP 和 ATP 之间的相互转化，实现了机体能量的生成和利用，保证了机体的能量代谢平衡。

ATP 还能将高能磷酸基团转移给其他高能化合物进行储存。例如，当机体处于安静状态或能量供过于求时，ATP 可以将能量转移给肌酸生成磷酸肌酸；当机体消耗的 ATP 增多时，磷酸肌酸可以将高能磷酸基团转移给 ADP 生成 ATP，以供机体需要。另外，ATP 还能将高能磷酸基团转移给 UDP、CDP 和 GDP，为糖原、磷脂和蛋白质的合成提供能量。

ATP 的生产、利用与转移如图 9-6 所示。

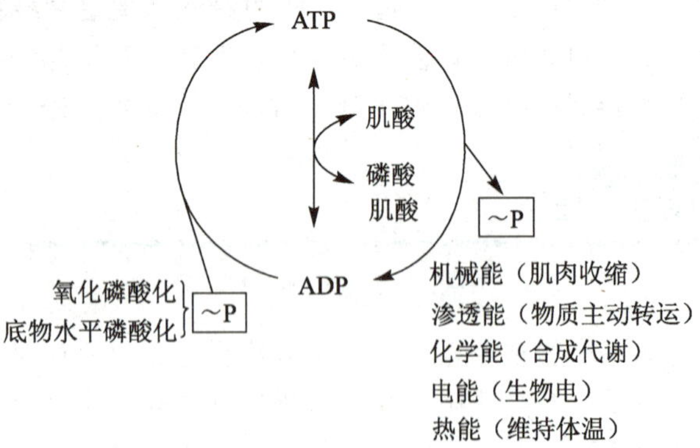

图 9-6　ATP 的生成、利用与转移

四、胞浆中 NADH 的氧化

线粒体内生成的 NADH 可直接参与氧化磷酸化过程，但在胞浆中生成的 NADH 必须借助某种穿梭机制进入线粒体内膜，再经氧化呼吸链参与氧化磷酸化过程。线粒体内膜上转运 NADH 的穿梭机制主要有 α-磷酸甘油穿梭和苹果酸-天冬氨酸穿梭两种。

（一）α-磷酸甘油穿梭

α-磷酸甘油穿梭主要存在于脑和骨骼肌中。如图 9-7 所示，胞浆中的 NADH 在 α-磷酸甘油脱氢酶（辅酶为 NAD^+）的催化下，使磷酸二羟丙酮还原成 α-磷酸甘油。生成的 α-磷酸甘油穿过线粒体外膜，在位于线粒体内膜近胞浆侧的含 FAD 辅基的 α-磷酸甘油脱氢酶的催化下生成磷酸二羟丙酮和 $FADH_2$。磷酸二羟丙酮可返回线粒体外侧继续下一轮穿梭，而 $FADH_2$ 则进入 $FADH_2$ 氧化呼吸链，生成 1.5 分子 ATP。

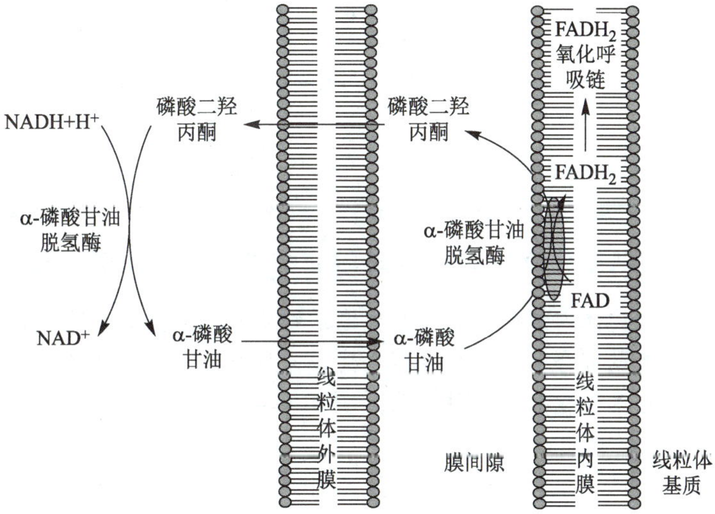

图 9-7　α-磷酸甘油穿梭示意图

（二）苹果酸-天冬氨酸穿梭

苹果酸-天冬氨酸穿梭主要存在于肝脏和心肌中。如图 9-8 所示，细胞液中的 NADH 在苹果酸脱氢酶的催化下，使草酰乙酸还原成苹果酸。苹果酸通过线粒体内膜上的 α-酮戊二酸转运蛋白进入线粒体内，在线粒体内苹果酸脱氢酶的催化下生成 NADH 和草酰乙酸。其中，NADH 进入 NADH 氧化呼吸链，生成 2.5 分子 ATP；草酰乙酸在谷草转氨酶的催化下生成 α-酮戊二酸和天冬氨酸，天冬氨酸借线粒体膜上的酸性氨基酸转运蛋白将其运出线粒体外并转化成草酰乙酸，继续进行下一轮穿梭。

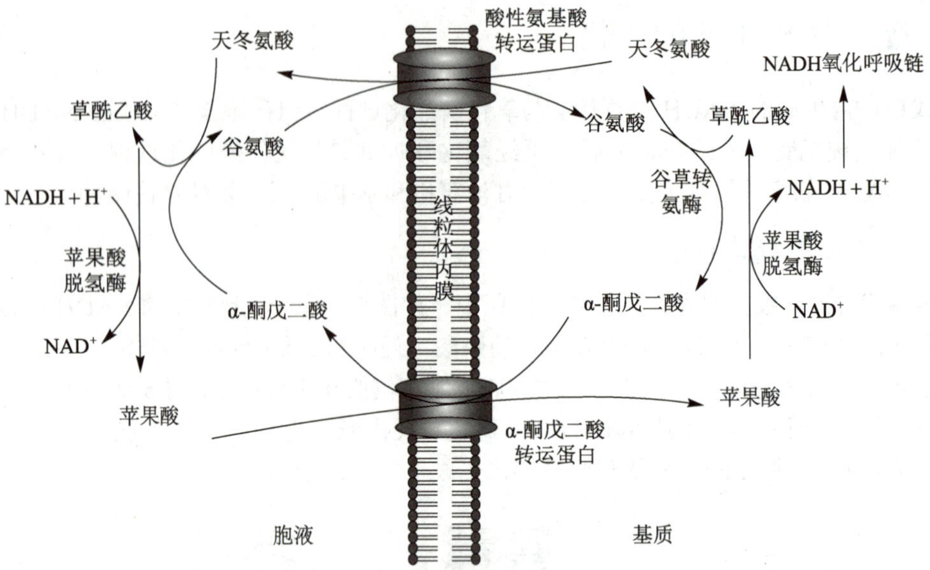

图 9-8　苹果酸-天冬氨酸穿梭示意图

中国引领

我国科学家在线粒体呼吸链研究领域取得重要进展

呼吸作用是生物体内最基础的能量代谢活动之一。人类线粒体呼吸链系统异常会导致如阿尔茨海默综合症、帕金森综合症、多发性硬化、少年脊髓型共济失调以及肌萎缩性脊髓侧索硬化症等多种疾病。一百多年来，对线粒体呼吸链的研究一直都是生命科学领域的热点之一。

清华大学生命科学学院杨茂君教授及其研究团队长期致力于线粒体呼吸链蛋白的结构与功能研究。经过多年的努力，杨茂君教授研究团队于 2016 年攻克了哺乳动物线粒体呼吸链超级复合物的原子分辨率结构这一难题。2017 年，杨茂君教授研究团队经过大量探索，首次从体外培养的人源细胞中分离、纯化出高纯度的呼吸链蛋白复合物，并且首次发现并解析了人源超超级复合物 I2III2IV2 中高分辨率三维结构。

2019 年 6 月 14 日，杨茂君教授研究团队又在国际顶级期刊 *Science* 杂志发表了题为《结合 IF1 抑制蛋白的哺乳动物 ATP 合酶四聚体冷冻电镜结构》的研究长文，通过高性能冷冻电镜技术，突破性地发现了哺乳动物线粒体呼吸链复合物 5 四聚体的构成形式并解析了其高分辨率结构。通过对结构的分析，阐释了高等哺乳动物 ATP 合酶的结构组成样式、发挥功能的分子机理、复合物之间协同关系以及对线粒体嵴的形态的影响，为治疗能量代谢疾病、神经退行疾病等，提供了重要的实验依据及结构基础。

在此次发表的论文中，杨茂君教授研究团队通过反复实践，优化实验条件，首次分离、纯化出哺乳动物 ATP 合酶四聚体蛋白，并采用了新的计算方法得到该超大蛋白质的高分辨率结构。对于这种新颖的纯化及计算方法，审稿专家给予了高度的评价："他们将温和、部分提取纯化的方法与大数据收集相结合，该方法将为不能采用常规纯化手段获得的、高度脆弱的蛋白复合物的结构生物学研究开辟新的途径。"

在文章的审稿过程中，审稿人对于该研究给予了很高的评价："IF1 抑制的四聚体结构是'第一个'F 型 ATP 酶的四聚体结构，也是哺乳动物 ATP 合酶第一个真正意义上的完整结构，几十年来，世界范围内众多结构生物学家为之进行了大量的努力，都没能完成杨教授团队这样的成绩。"

第三节　非线粒体氧化体系

想一想：

生物氧化过程主要在线粒体内进行，但线粒体外也有其他的氧化体系。线粒体外的所有氧化体系统称为非线粒体氧化体系。其中，以微粒体氧化体系和抗氧化酶体系最为重要。非线粒体氧化体系的特点是水的生成不经过氧化呼吸链的电子传递，氧化过程无 ATP 的生成。非线粒体氧化体系与过氧化氢、类固醇、儿茶酚胺类化合物，以及药物和毒物等的代谢有着密切的关系，是生物转化作用的重要场所。

思考：微粒体氧化体系与抗氧化酶体系的作用机制是怎样的？它们分别具有哪些生理意义？

一、微粒体氧化体系

微粒体氧化体系有加单氧酶系、加双氧酶系、脱氧酶系等多种酶系。其中，加单氧酶系所催化的反应在生物转化过程中最为重要。

加单氧酶系由细胞色素 P_{450}、$NADPH+H^+$和 NADPH-细胞色素 P_{450} 还原酶组成。加单氧酶系可催化 O_2，使其中的一个氧原子加到底物分子上（羟化），另一个氧原子被氢（来自 $NADPH+H^+$）还原生成 H_2O，故又称混合功能氧化酶系或羟化酶系。加单氧酶系的作用机制比较复杂，其总反应式可以表示为

$$RH+NADPH+H^++O_2 \rightarrow ROH+NADP^++H_2O$$

加单氧酶系在生物体中分布广泛，以肝脏、肾上腺组织的含量最多。加单氧酶系不仅可以增加许多脂溶性药物或毒物的水溶性以利于排泄，而且与体内重要生理活性物质的生成和活化也密切相关。例如，肾上腺皮质激素和性激素的合成，维生素 D_3 的活化，胆汁酸、儿茶酚胺类物质的生成等，都需要加单氧酶系的参与。

二、抗氧化酶体系

体内的物质在氧化过程中会产生一些由氧形成的、性质极为活泼的强氧化成分，如超氧阴离子（$O_2^{\bar{\cdot}}$）、H_2O_2、羟自由基（·OH）等，通常将它们称为活性氧类（reactive oxygen species，ROS）。ROS 可引起体内的蛋白质、DNA、脂类等生物大分子的氧化损伤，造成正常细胞的结构和功能受损，进而引起相应的疾病。因此，机体需通过抗氧化酶体系及时将 ROS 清除，防止 ROS 累积对机体造成有害影响。抗氧化酶体系主要包括过氧化物酶体氧化体系和超氧化物歧化酶两种酶系。

（一）过氧化物酶体氧化体系

过氧化物酶体氧化体系主要包括过氧化氢酶和过氧化物酶两类，其主要作用是消除 H_2O_2。生物体内含有较多的需氧脱氢酶，如黄嘌呤氧化酶、胺氧化酶等，它们都属于黄素蛋白，能直接作用于底物而获得 2H，然后将 2H 交给 O_2 而生成 H_2O_2。适量的 H_2O_2 不但对机体无害，反而具有一定的生理功能。例如，在粒细胞和吞噬细胞内，H_2O_2 可氧化杀死入侵的细菌；在甲状腺细胞中，H_2O_2 参与酪氨酸的碘化反应，促进甲状腺激素的生成。但是，过量的 H_2O_2 对机体具有强烈的氧化损伤作用，如 H_2O_2 能氧化含巯基的蛋白质或酶而使其丧失活性。

1. 过氧化氢酶

过氧化氢酶又称触酶，其化学本质为血红蛋白，广泛分布在血液、骨髓、黏膜、肾脏、肝脏等组织中。过氧化氢酶的辅基是血红素。过氧化氢酶的功能是分解 H_2O_2，反应式为

$$2H_2O_2 \xrightarrow{\text{过氧化氢酶}} 2H_2O+O_2$$

2. 过氧化物酶

过氧化物酶分布在乳汁、白细胞和血小板等体液或细胞中。过氧化物酶的辅基也是血红素。过氧化物酶的功能是利用 H_2O_2 直接氧化酚类或胺类化合物，反应式为

$$R+H_2O_2 \xrightarrow{\text{过氧化物酶}} RO+H_2O$$

$$RH_2+H_2O_2 \xrightarrow{\text{过氧化物酶}} R+2H_2O$$

（二）超氧化物歧化酶

超氧化物歧化酶（superoxide dismutase，SOD）是机体抵御内、外环境中超氧阴离子（$O_2^{\overline{\cdot}}$）损伤的重要酶，于 1968 年由麦科德和弗里多维奇等人发现，广泛存在于各组织的细胞质和多种细胞器中。SOD 是一种金属酶，包含 3 种同工酶。在真核细胞胞浆中，SOD 是以 Cu^{2+}、Zn^{2+}为辅基的酶；在真核细胞线粒体内，SOD 是以 Mn^{2+}为辅基的酶。

在氧化呼吸链的电子传递过程中可产生 $O_2^{\overline{\cdot}}$，体内其他物质（如 NADPH、黄嘌呤等）氧化时也可产生 $O_2^{\overline{\cdot}}$。$O_2^{\overline{\cdot}}$ 的化学性质活泼，可使磷脂分子中不饱和脂肪酸氧化生成过氧化脂质，损伤生物膜。过氧化脂质还可与蛋白质结合形成复合物，在机体内积累成棕褐色的色素颗粒（脂褐素），这一现象与组织老化有关。

SOD 可催化一分子 $O_2^{\overline{\cdot}}$ 生成 O_2，催化另一分子 $O_2^{\overline{\cdot}}$ 还原成 H_2O_2。生成的 H_2O_2 可被活性极高的过氧化氢酶进一步分解。SOD 催化 $O_2^{\overline{\cdot}}$ 的反应式为

$$2O_2^{\overline{\cdot}}+2H^+ \xrightarrow{\text{超氧化物歧化酶}} O_2+H_2O_2$$

科心报国

生物学才子程和平

程和平，973首席科学家，中科院院士，教育部长江特聘教授。

程和平本科就读于北京大学数学力学系，大学三年级时对生物学产生兴趣，开始自主学习一些相关课程。后来，程和平在研究生期间修完了生物系生理专业本科的全部课程，并拿到了生理学的本科学位，成为了北大的第一批双学士。1993年，在美国马里兰大学攻读博士期间，程和平发现了“钙火花”，在生物学界“一战成名”。

2005年，程和平回到祖国，并开始参与建设北京大学分子医学所。程和平及其科研团队克服了重重困难，使分子医学研究所逐渐成长为理念先进、具有强大优势和潜力的转化医学平台，研究所的学术论著和科研项目获得了国际国内的认可，不断有研究论文在 *Cell*、*Nature* 等权威期刊发表。

程和平认为，我国科研环境后发优势强，总体发展非常快。随着国家高端人才引进计划的推进以及国家持续对基础科学的投入，国内的科研环境越来越好。随着科研成果转化，将科学家与企业家、国家资本、政府等组成链条，能与国家的管理层行政部门联动，把成果变成生产力，这是件好事。他说：“我们一定要首先认同国家的创新驱动发展政策，然后埋头苦练真本事，踏踏实实把眼前的事业做好了。”

程和平还曾经这样说过：“基础科学研究要心静如水，厚积薄发，久久为功，在博的基础上有一两项精，做到博而专。不是每个人都要做交叉学科，要找到自己合适的定位。同时，要有家国抱负，有点理想主义、浪漫主义和冒险家的气质，有为国家民族谋划设想未来的精神。在各自岗位上踏踏实实做好自己的事情，就一定能够对国家和民族有所贡献，让个人价值得到发挥升华！”

关键术语

生物氧化	线粒体氧化体系	氧化呼吸链
ATP	氧化磷酸化	非线粒体氧化体系

思考题

（1）参与生物氧化的酶主要有哪些？

（2）什么是氧化呼吸链？

（3）线粒体内主要有哪两条氧化呼吸链？它们的作用机制分别是怎样的？

（4）什么是氧化磷酸化？简述氧化磷酸化的偶联机制。

第十章　糖代谢

知识目标

- 了解糖的分类，熟悉糖的生理功能、消化、吸收及糖代谢的概况。
- 掌握糖的无氧氧化、有氧氧化及磷酸戊糖途径的反应过程，熟悉糖的无氧氧化、有氧氧化及磷酸戊糖途径的调节和生理意义。
- 掌握糖原合成与分解的反应过程，熟悉糖原合成与分解的调节、生理意义。
- 掌握糖异生的反应过程和生理意义，熟悉糖异生的调节。
- 熟悉血糖的来源与去路，了解血糖浓度的调节。
- 了解高血糖和低血糖，学会正确判断糖代谢紊乱而引发的疾病。

素质目标

- 学习老一辈科学家的精神，培养敢为人先、为国奉献的精神。

糖也称碳水化合物，是多羟基醛或多羟基酮及其衍生物的总称。糖是机体主要的能量来源之一。

在自然界中，糖广泛分布在动植物体内，以植物中的含量最多。在植物体内，糖主要以淀粉和纤维素的形式存在。淀粉是植物的主要养分，也是人类从食物中摄取糖的主要来源。纤维素是植物的骨架，由于人体内没有催化水解纤维素的酶，故纤维素不能作为营养物质。在动物体内，糖主要以葡萄糖和糖原的形式存在。葡萄糖是动物体内糖的主要运输形式，也是动物体内血糖的主要成分；糖原是多聚葡萄糖，在动物体内的储存形式主要有肝糖原和肌糖原。

糖在机体内的代谢包括分解代谢和合成代谢两个途径。其中，分解代谢主要包括无氧分解、有氧分解、磷酸戊糖途径和糖原分解等，合成代谢主要包括糖原合成和糖异生途径。

第一节　糖的概述

想一想：

糖是机体主要的能量来源之一，机体所需能量的 50%～70%都是由糖提供的。糖也是组成机体组织结构的重要成分，如蛋白聚糖参与构成结缔组织、软骨和骨基质等，糖蛋白和糖脂参与构成生物膜、神经组织等。此外，糖还参与构成机体内多种重要的生物活性物质，如激素、酶和免疫球蛋白等。

思考：蛋白聚糖、糖蛋白与葡萄糖在结构上有何不同？糖的生理功能有哪些？

一、糖的分类

根据分子结构分类，糖可以分为单糖、寡糖、多糖和结合糖。其中，单糖是指在温和条件下不能再水解的糖，如葡萄糖、果糖、半乳糖等；寡糖又称低聚糖，是指能够水解产生 2～10 个单糖分子的糖，如蔗糖、麦芽糖、乳糖等；多糖是指能够水解产生 10 个以上单糖分子的糖，如淀粉、纤维素、糖原等；结合糖是指能够与蛋白质、脂类等非糖物质结合的糖，如糖脂、糖蛋白、蛋白聚糖等。

二、糖的生理功能

（一）氧化供能

除水以外，糖是人体摄取量最多的物质。糖的主要生理功能是通过氧化为机体提供能量。人体内主要由葡萄糖为各组织提供能量，1 mol 葡萄糖完全氧化生成二氧化碳和水时可释放约 2 840 kJ 的能量，其中 34%的能量转化为 ATP，作为生理活动的化学能。糖是人体所需能量的最主要来源。

（二）维持血糖水平

血液中的葡萄糖称为血糖。糖是动物体内血糖的主要成分。当机体需要能量供应时，机体内的肝糖原很快分解成葡萄糖并进入血液，以维持血糖浓度的相对恒定。恒定的血糖浓度可保证脑等重要器官的能量供应。

（三）参与构成人体组织结构

糖是组成人体组织结构的重要成分。例如，糖与蛋白质结合形成糖蛋白，糖蛋白可构成细胞表面受体、配体，在细胞间的信息传递中起着重要作用；糖与脂类结合形成糖脂，糖脂是组成神经组织和细胞膜的成分；糖胺聚糖与蛋白质结合形成蛋白聚糖，蛋白聚糖参与构成结缔组织、软骨和骨基质等。

（四）为某些物质的合成提供原料

糖代谢过程中产生的中间产物可以作为其他物质（如脂肪、蛋白质等）的合成原料，如糖代谢过程中产生的 α-磷酸甘油可用于脂肪的合成，产生的丙酮酸可转化成丙氨酸用于蛋白质的合成等。

三、糖的消化与吸收

（一）糖的消化

食物中的糖以淀粉为主，此外还有少量的糖原、麦芽糖、蔗糖和乳糖等。这些糖必须在相应酶的催化下水解成单糖，才能被机体所吸收。

唾液和胰液中都含有能水解淀粉分子内 α-1,4-糖苷键的 α-淀粉酶，但由于食物在口腔中停留的时间较短，因此淀粉的消化主要在小肠中进行。在胰液分泌的 α-淀粉酶的催化下，淀粉被水解为麦芽糖、麦芽三糖、异麦芽糖和 α-极限糊精，再经小肠黏膜上皮细胞分解生成葡萄糖。其中，小肠黏膜上的 α-葡萄糖苷酶（包括麦芽糖酶）可将麦芽糖和麦芽三糖水解为葡萄糖，α-极限糊精酶（包括异麦芽糖酶）可将异麦芽糖和 α-极限糊精水解为葡萄糖，蔗糖酶可催化蔗糖水解成葡萄糖和果糖，乳糖酶可催化乳糖水解成葡萄糖和半乳糖。

食物中还含有大量的纤维素，由于人体内不含催化纤维素分解的 β-葡萄糖苷酶，因此纤维素不能作为能源物质。但纤维素有促进肠胃蠕动、防止便秘的作用，也是维持健康所必需的糖类。

提　示

有些人缺乏乳糖酶，食用牛奶后会出现乳糖消化吸收障碍，引起腹泻、腹胀等症状，医学上将这种现象称为乳糖不耐受症。

（二）糖的吸收

消化后生成的单糖主要在小肠上段被吸收。小肠上皮细胞对葡萄糖的摄入是一个依赖于特定载体转运的主动耗能的过程，同时在吸收过程中伴有 Na^+的转运。这类葡萄糖转运体被称为 Na^+依赖型葡萄糖转运体，它们主要存在于小肠黏膜和肾小管细胞中。与葡萄糖类似，半乳糖的吸收也是依赖 Na^+转运的主动耗能的过程，而果糖的吸收不依赖 Na^+的易化扩散作用，其吸收速度比葡萄糖和半乳糖慢。

四、糖代谢的途径

经机体消化吸收后的单糖主要是葡萄糖，而其他单糖（如果糖、半乳糖等）所占比例很小，且主要进入葡萄糖代谢途径代谢，因此糖代谢主要是指葡萄糖的代谢。葡萄糖的代谢涉及分解、储存、合成等途径，如图 10-1 所示。

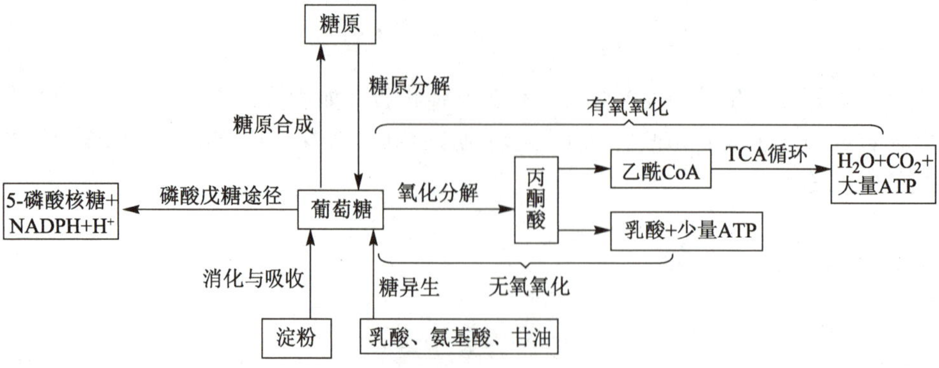

图 10-1　糖代谢的途径

葡萄糖经门静脉进入肝脏后，其中一部分在肝脏内储存、转化和利用，另一部分经肝静脉进入体循环，供机体各个器官组织代谢利用。葡萄糖需要依赖细胞膜上的葡萄糖转运体（glucose transporters，GLUT）的转运，才能由血液进入组织细胞中。现已发现有 5 种 GLUT，它们分别在不同的组织细胞中起作用，如 GLUT-2 主要存在于肝脏和胰腺细胞中，GLUT-4 主要存在于肌肉和脂肪组织细胞中。

葡萄糖在体内的代谢途径取决于组织细胞的类型、机体的供氧状况及机体对物质和能量的需求。血糖正常时，机体主要依赖糖的分解来提供能量。葡萄糖进入细胞后，首先在胞质中被降解为丙酮酸，并释放少量能量，这个过程不需要氧气的参与，称为糖酵解。在供氧充足的情况下，通过三羧酸循环，丙酮酸被彻底氧化为 CO_2、H_2O 并释放大量能量；在无氧或氧气供应不足的情况下，丙酮酸直接被还原为乳酸并释放少量能量。此外，葡萄糖也可进入磷酸戊糖途径进行代谢，以发挥不同的生理作用。

留在肝脏内的葡萄糖在相应酶的催化下合成糖原，进而储存在肝脏中。当血糖浓度降低时，肝糖原分解成葡萄糖，以维持正常的血糖水平。此外，肌肉中也存在糖原的合成与分解，主要提供肌肉收缩时所需要的能量。

当机体内的糖减少到不足以提供能量时，便启动糖异生途径。非糖化合物（如乳酸、甘油、氨基酸等）经糖异生途径转变成葡萄糖或糖原，以维持血糖浓度的相对恒定。

第二节 糖的分解代谢

想一想：

糖的无氧氧化、糖的有氧氧化和磷酸戊糖途径是葡萄糖在体内分解代谢的主要形式。在供氧充足的情况下，葡萄糖进行有氧氧化，生成 CO_2、H_2O 并释放大量的能量；在无氧或氧气供应不足的情况下，葡萄糖进行无氧氧化，生成乳酸并释放少量能量。此外，葡萄糖也可通过磷酸戊糖途径转化生成 5-磷酸核糖和 NADPH。其中 5-磷酸核糖可为核苷酸合成原料；NADPH 可作为供氢体，参与体内多种重要物质的合成。

思考：糖的无氧氧化、糖的有氧氧化和磷酸戊糖途径的反应过程分别是怎样的？它们具有哪些生理意义？

一、糖的无氧氧化

糖的无氧氧化（anaerobic oxidation）是指机体内葡萄糖或糖原在无氧或缺氧条件下分解为乳酸，同时产生少量能量的过程。糖的无氧氧化主要在细胞液中进行。

（一）糖的无氧氧化反应过程

糖的无氧氧化的起始物可以是游离的葡萄糖，也可以是糖原分子分解生成的葡萄糖。若从葡萄糖开始，糖的无氧氧化包括 11 步连续反应；若从糖原开始，糖的无氧氧化包括 12 步连续反应。本节主要介绍从葡萄糖开始的糖的无氧氧化反应过程。

糖的无氧氧化反应过程可以分为两个阶段：第一阶段，葡萄糖或糖原分解生成丙酮酸，此过程称为糖酵解；第二阶段，丙酮酸还原生成乳酸。糖酵解也称 EMP 途径，此过程在无氧、有氧条件下都能进行，是葡萄糖进行有氧氧化或无氧氧化的共有途径。

1. 糖酵解过程

糖酵解过程包括 10 步反应。其中，前 5 步反应为准备阶段，此阶段中 1 分子葡萄糖裂解为 2 分子磷酸丙糖，需消耗 2 分子 ATP；后 5 步反应为产能阶段，此阶段磷酸丙糖经过一系列反应转变为丙酮酸，产生 4 分子 ATP。

1）准备阶段

第 1 步：葡萄糖磷酸化生成 6-磷酸葡萄糖。该反应是糖酵解过程中的第一步磷酸化反应，反应式为

$$\text{葡萄糖}+\text{ATP}\xrightarrow[\text{Mg}^{2+}]{\text{己糖激酶}}\text{6-磷酸葡萄糖}+\text{ADP}$$

具体过程为：在己糖激酶（hexokinase，HK）的催化作用下，由 ATP 提供磷酸基团和能量，葡萄糖磷酸化生成 6-磷酸葡萄糖。HK 是糖酵解过程中的第一个关键酶。此反应为不可逆反应，需要 Mg^{2+}的参与，需消耗 1 分子的 ATP。

知识拓展

己糖激酶

己糖激酶广泛存在于各组织器官中，专一性较差，可作用于葡萄糖、果糖等多种己糖。己糖激酶有 4 种同工酶，分别为己糖激酶Ⅰ、己糖激酶Ⅱ、己糖激酶Ⅲ和己糖激酶Ⅳ。其中，前 3 种己糖激酶主要存在于肝外组织中，对葡萄糖有较强的亲和力，在葡萄糖浓度较低时仍可发挥较强的催化活性。己糖激酶Ⅳ又称葡萄糖激酶，主要存在于肝脏中，只能催化葡萄糖的磷酸化，对葡萄糖的亲和力较低，只有当葡萄糖浓度较高时才能充分发挥其催化活性。

第 2 步：6-磷酸葡萄糖异构化生成 6-磷酸果糖。在磷酸己糖异构酶的催化下，6-磷酸葡萄糖异构化生成 6-磷酸果糖。此反应为可逆反应，需要 Mg^{2+}的参与。反应式为

$$\text{6-磷酸葡萄糖}\xrightleftharpoons[\text{Mg}^{2+}]{\text{磷酸己糖异构酶}}\text{6-磷酸果糖}$$

第 3 步：6-磷酸果糖磷酸化生成 1,6-二磷酸果糖。该反应是糖酵解过程中的第二步磷酸化反应，反应式为

$$\text{6-磷酸果糖}+\text{ATP}\xrightarrow[\text{Mg}^{2+}]{\text{6-磷酸果糖激酶-1}}\text{1,6-二磷酸果糖}+\text{ADP}$$

具体过程为：在 6-磷酸果糖激酶-1（6-phosphofructokinase1，PFK-1）的催化下，由 ATP 提供磷酸基团和能量，6-磷酸果糖磷酸化生成 1,6-二磷酸果糖。PFK-1 是糖酵解过程的第二个关键酶。此反应为不可逆反应，需要 Mg^{2+}的参与，需消耗 1 分子的 ATP。

第 4 步：1,6-二磷酸果糖裂解生成 2 分子的磷酸丙糖。在醛缩酶（aldolase）的催化下，1,6-二磷酸果糖裂解生成 2 分子的磷酸丙糖，分别为 3-磷酸甘油醛和磷酸二羟丙酮。此反应为可逆反应，反应式为

$$\text{1,6-二磷酸果糖} \xrightleftharpoons{\text{醛缩酶}} \text{3-磷酸甘油醛+磷酸二羟丙酮}$$

第 5 步：磷酸丙糖的互变。3-磷酸甘油醛和磷酸二羟丙酮互为同分异构体，它们在磷酸丙糖异构酶的作用下可相互转变，反应式为

$$\text{磷酸二羟丙酮} \xrightleftharpoons{\text{磷酸丙糖异构酶}} \text{3-磷酸甘油醛}$$

提　示

当 3-磷酸甘油醛在下一步反应中被消耗掉时，磷酸二羟丙酮迅速转变为 3-磷酸甘油醛，继续进行代谢。

2）产能阶段

第 1 步：3-磷酸甘油醛脱氢氧化生成 1,3-二磷酸甘油酸。该反应是糖酵解过程中唯一的脱氢（氧化）反应。此反应为可逆反应，反应式为

$$\text{3-磷酸甘油醛+NAD}^{+}\text{+Pi} \xrightleftharpoons{\text{3-磷酸甘油醛脱氢酶}} \text{1,3-二磷酸甘油酸+NADH+H}^{+}$$

具体过程为：在 3-磷酸甘油醛脱氢酶的催化下，3-磷酸甘油醛脱氢氧化生成 1,3-二磷酸甘油酸。脱下的 2 个氢原子与 NAD^+结合生成 NADH 和 H^+。1,3-二磷酸甘油酸分子中含有 1 个高能磷酸键，属于高能化合物。

第 2 步：1,3-二磷酸甘油酸脱磷酸生成 3-磷酸甘油酸。该反应是糖酵解过程中第一个产生 ATP 的反应，其具体过程为：在磷酸甘油酸激酶的催化下，1,3-二磷酸甘油酸将其高能磷酸键转移给 ADP，生成 3-磷酸甘油酸和 ATP。该反应中 ATP 的生成方式属于底物水平磷酸化。此过程为可逆反应，需要 Mg^{2+}的参与。反应式为

$$\text{1,3-二磷酸甘油酸+ADP} \xrightleftharpoons[\text{Mg}^{2+}]{\text{磷酸甘油酸激酶}} \text{3-磷酸甘油酸+ATP}$$

提　示

在红细胞中，除了上述反应外，1,3-二磷酸甘油酸在磷酸甘油酸变位酶的催化下还可转变为 2,3-二磷酸甘油酸（2,3-bisphosphoglycerate，2,3-BPG），2,3-BPG 在 2,3-二磷酸甘油酸磷酸酶的催化下生成 3-磷酸甘油酸。这条代谢途径称为 2,3-二磷酸甘油酸支路，对于红细胞血红蛋白的运氧具有重要作用。

第 3 步：3-磷酸甘油酸转变为 2-磷酸甘油酸。在磷酸甘油酸变位酶的催化下，3-磷酸甘油酸转变为 2-磷酸甘油酸。此反应为可逆反应，需要 Mg^{2+}的参与。反应式为

$$\text{3-磷酸甘油酸} \xrightleftharpoons[\text{Mg}^{2+}]{\text{磷酸甘油酸变位酶}} \text{2-磷酸甘油酸}$$

第 4 步：2-磷酸甘油酸脱水生成磷酸烯醇式丙酮酸。在烯醇化酶的催化下，2-磷酸甘油酸脱水并进行分子内能量的重新分布，生成含高能磷酸键的磷酸烯醇式丙酮酸。此过程是可逆反应，需要 Mg^{2+}或 Mn^{2+}的参与。反应式为

$$\text{2-磷酸甘油酸} \xrightleftharpoons[Mg^{2+}\text{或}Mn^{2+}]{\text{烯醇化酶}} \text{磷酸烯醇式丙酮酸} + H_2O$$

第 5 步：磷酸烯醇式丙酮酸生成丙酮酸。该反应是糖酵解过程中第二个产生 ATP 的反应，反应式为

$$\text{磷酸烯醇式丙酮酸} + \text{ADP} \xrightarrow[Mg^{2+}\text{或}K^{+}]{\text{丙酮酸激酶}} \text{烯醇式丙酮酸} + \text{ATP}$$

$$\text{烯醇式丙酮酸} \xrightarrow{\text{自发}} \text{丙酮酸}$$

具体过程为：在丙酮酸激酶的催化下，磷酸烯醇式丙酮酸将高能磷酸键转移给 ADP，生成烯醇式丙酮酸和 ATP。烯醇式丙酮酸不稳定，可自动转变为丙酮酸。该 ATP 的生成方式也属于底物水平磷酸化。丙酮酸激酶是糖酵解过程中的第 3 个关键酶。此反应为不可逆反应，需要 Mg^{2+}或 K^{+}的参与。

扫一扫

糖的无氧氧化过程

至此，1 分子磷酸丙糖经两次底物水平磷酸化生成丙酮酸，并产生 2 分子 ATP。由于第一阶段中 1 分子葡萄糖裂解生成 2 分子磷酸丙糖，故第二阶段共产生 4 分子 ATP。

2. 丙酮酸还原为乳酸

在乳酸脱氢酶的催化下，由 3-磷酸甘油醛脱氢生成的 NADH 和 H^{+}提供氢原子，将丙酮酸还原为乳酸，而 NADH 和 H^{+}重新转变为 NAD^{+}。此反应为可逆反应，在无氧或缺氧条件下均能进行，反应式为

$$\text{丙酮酸} + \text{NADH} + H^{+} \xrightleftharpoons{\text{乳酸脱氢酶}} \text{乳酸} + NAD^{+}$$

糖的无氧氧化反应的全过程如图 10-2 所示。

（二）糖的无氧氧化反应过程的调节

糖的无氧氧化反应过程中的关键酶有己糖激酶、6-磷酸果糖激酶-1 和丙酮酸激酶。糖的无氧氧化反应过程的调节，主要是通过调节这 3 个关键酶的活性来实现的。一般来说，这 3 个关键酶催化的反应均为不可逆反应，它们构成糖的无氧氧化反应过程中的 3 个调控点，其活性分别受变构效应剂和激素的调节。

1. 变构效应剂的调节

生物体内的许多代谢物是糖的无氧氧化过程中 3 个关键酶的变构效应剂，可通过变构效应剂来影响酶的活性，从而达到调节糖的无氧氧化的目的。

6-磷酸果糖激酶-1（PFK-1）是糖无氧氧化过程中最重要的调节点。PFK-1 是一个四聚体，受多种变构效应剂的影响，其不仅有与 6-磷酸果糖和 ATP 结合的部位，还有与变构效应剂结合的部位。ATP、柠檬酸和长链脂肪酸是 PFK-1 的变构抑制剂，AMP、ADP

和 1,6-二磷酸果糖是 PFK-1 的变构激活剂。细胞内的能量消耗过多时，ATP 减少，AMP、ADP 增加，6-磷酸果糖激酶-1 被激活，导致糖的无氧氧化反应速率增大，进而使得 ATP 的生成量增加；细胞内的 ATP 增多时，ATP 则作为变构抑制剂与 PFK-1 结合，降低 PFK-1 对 6-磷酸果糖的亲和力，使得糖的无氧氧化反应速率减小。

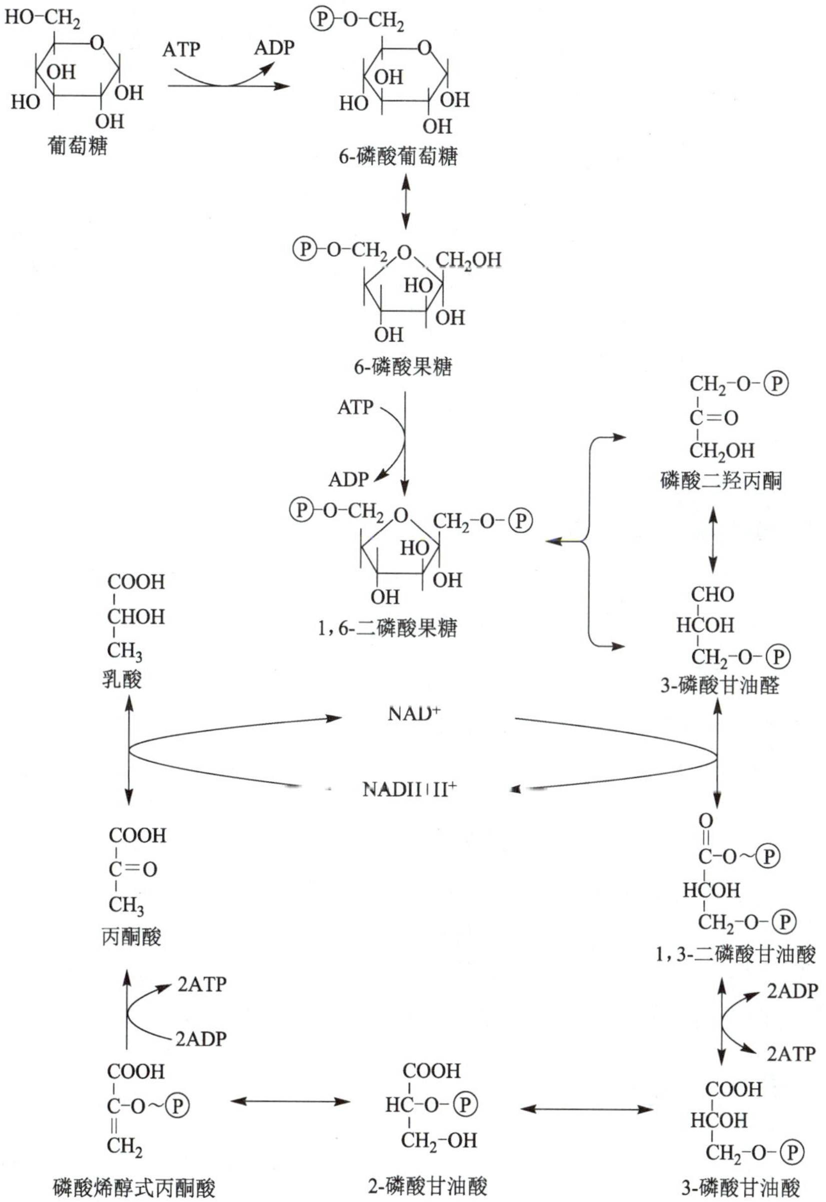

图 10-2　糖的无氧氧化反应的全过程

丙酮酸激酶是糖的无氧氧化过程中第二个重要的调节点。1,6-二磷酸果糖、ADP 是丙酮酸激酶的变构激活剂，ATP、丙酮酸是丙酮酸激酶的变构抑制剂。

己糖激酶的调节作用不如前两者重要。己糖激酶受其反应产物 6-磷酸葡萄糖的变构抑制作用，而且己糖激酶Ⅳ分子内不存在 6-磷酸葡萄糖的结合部位，因此己糖激酶不受 6-磷酸葡萄糖的影响。长链脂酰 CoA 对己糖激酶也有变构抑制作用，这种抑制作用对饥饿时减少肝脏和其他组织摄取葡萄糖具有一定的意义。

2．激素的调节

胰岛素能诱导体内 PFK-1、丙酮酸激酶和己糖激酶的合成，使糖的无氧氧化反应速率增大。一般情况下，激素的调节作用比变构效应剂慢，但作用时间较为持久。

（三）糖的无氧氧化的生理意义

1．糖的无氧氧化是机体在缺氧情况下获取能量的主要方式

在生理性缺氧，如机体在进行剧烈运动或长时间运动时，机体对能量的需求增加，导致糖的分解速率增大，此时即使加快呼吸循环以增加氧气的供应量，仍不能满足体内糖氧化所需的能量，肌肉在这时处于相对缺氧的状态，机体会通过糖的无氧氧化来补充能量。又如，人从平原地区进入高原地区的初期，由于缺氧，组织细胞往往通过增大糖的无氧氧化反应速率而获得额外的能量。

在病理性缺氧，如呼吸或循环功能障碍、严重贫血、大量失血时，糖的无氧氧化可作为应急措施为机体提供能量。

提　示

肌肉组织中糖的无氧氧化程度增强，会使肌肉组织产生较多的乳酸。短时间内乳酸堆积在肌肉组织中，会使机体产生酸胀感。休息一段时间后，乳酸会转化为丙酮酸参与进一步代谢，酸胀感消失。

2．糖的无氧氧化是个别组织细胞获取能量的主要方式

在正常生理状况下，糖的无氧氧化是个别组织细胞获取能量的主要方式。例如，成熟的红细胞没有线粒体，不能进行糖的有氧氧化，只能通过糖的无氧氧化获取能量；肾髓质、睾丸、淋巴细胞、白肌纤维细胞中的线粒体含量相对较少，几乎完全依赖糖的无氧氧化供能。

3．糖的无氧氧化的中间产物是某些物质的合成原料

除了供能作用外，糖在无氧氧化过程中产生的某些中间代谢物能为脂类、氨基酸等物质的合成提供原料。例如，磷酸二羟丙酮是甘油的合成原料，3-磷酸甘油酸是丝氨酸、甘氨酸和半胱氨酸的合成原料，丙酮酸是丙氨酸和草酰乙酸的合成原料。

二、糖的有氧氧化

糖的有氧氧化（aerobic oxidation）是指机体内葡萄糖或糖原在有氧条件下彻底氧化分解，生成 CO_2、H_2O 并产生大量能量的过程。糖的有氧氧化先在细胞液中进行，再在线粒体中进行。

（一）糖的有氧氧化反应过程

糖的有氧氧化反应过程可分为 3 个阶段：第一阶段，葡萄糖转变为丙酮酸，即糖酵解，

此过程在细胞液中进行；第二阶段，丙酮酸进入线粒体，经氧化脱羧生成乙酰 CoA；第三阶段，乙酰 CoA 进入三羧酸循环，被彻底氧化成 CO_2 和 H_2O。

1．葡萄糖转变为丙酮酸

葡萄糖转变为丙酮酸的反应过程与糖酵解基本相同，此处不再赘述。

2．丙酮酸氧化脱羧生成乙酰 CoA

细胞液中生成的丙酮酸进入线粒体后，在丙酮酸脱氢酶系的催化下氧化脱羧，并与辅酶 A（HSCoA）结合生成含有高能硫酯键的乙酰 CoA，同时生成 $NADH+H^+$。反应式为

$$\text{丙酮酸}+HSCoA+NAD^+ \xrightarrow{\text{丙酮酸脱氢酶系}} \text{乙酰}CoA+CO_2+NADH+H^+$$

丙酮酸脱氢酶系是由丙酮酸脱氢酶（E_1）、二氢硫辛酸乙酰基转移酶（E_2）和二氢硫辛酸脱氢酶（E_3）3 种酶按一定比例组成的多酶复合体。其中，E_1 所对应的辅助因子为硫胺素焦磷酸（TPP），E_2 所对应的辅助因子为二氢硫辛酸和 HSCoA，E_3 所对应的辅助因了为 FAD 和 NAD^+。此反应是一个高度不可逆反应，是连接糖酵解与三羧酸循环的关键性环节，也是糖类物质经丙酮酸进入线粒体进行氧化分解的必经途径。

3．三羧酸循环

三羧酸循环（tricarboxylic acid cycle，TCA）又称柠檬酸循环，是指从乙酰 CoA 与草酰乙酸缩合生成含有 3 个羧基的柠檬酸开始，经历一系列反应后又重新生成草酰乙酸的过程。这一代谢途径是德国科学家克雷布斯（Krebs）于 1937 年发现的。为纪念克雷布斯在阐明三羧酸循环方面做出的贡献，三羧酸循环又称 Krebs 循环。

1）三羧酸循环的反应过程

三羧酸循环在线粒体中进行，包括 8 步反应。

第 1 步：乙酰 CoA 与草酰乙酸缩合生成柠檬酸。在柠檬酸合酶的催化下，乙酰 CoA 分子内的高能硫酯键水解，所释放的能量促进其乙酰基与草酰乙酸缩合生成柠檬酸，同时释放 HSCoA。柠檬酸合酶是三羧酸循环的第一个关键酶。此反应为不可逆反应，是三羧酸循环的第一个限速反应。反应式为

$$\text{乙酰}CoA+\text{草酰乙酸}+H_2O \xrightarrow{\text{柠檬酸合酶}} \text{柠檬酸}+HSCoA$$

第 2 步：柠檬酸异构化生成异柠檬酸。在顺乌头酸酶的催化下，柠檬酸脱去 1 分子水生成顺乌头酸，顺乌头酸在顺乌头酸酶的催化下加水生成异柠檬酸。这两步反应都是可逆反应，反应式为

$$\text{柠檬酸} \xrightleftharpoons{\text{顺乌头酸酶}} \text{顺乌头酸}+H_2O \xrightleftharpoons{\text{顺乌头酸酶}} \text{异柠檬酸}$$

第 3 步：异柠檬酸氧化脱羧生成 α-酮戊二酸。在异柠檬酸脱氢酶的催化下，异柠檬酸发生氧化脱羧生成 α-酮戊二酸，同时释放 1 分子 CO_2，反应中脱下的 2H 与 NAD^+结合生成 $NADH+H^+$。反应式为

$$\text{异柠檬酸}+NAD^+ \xrightarrow[Mg^{2+}\text{或}Mn^{2+}]{\text{异柠檬酸脱氢酶}} \alpha\text{-酮戊二酸}+CO_2+NADH+H^+$$

异柠檬酸脱氢酶是三羧酸循环的第二个关键酶，其活性受 NAD^+、ADP 和 AMP 的别构激活，受 $NADH+H^+$和 ATP 的别构抑制。此反应为不可逆反应，需要 Mg^{2+}或 Mn^{2+}的参

与，是三羧酸循环的第二个限速反应。

第 4 步：α-酮戊二酸氧化脱羧生成琥珀酰 CoA。在 α-酮戊二酸脱氢酶系的催化下，α-酮戊二酸氧化脱羧生成琥珀酰 CoA，同时释放 1 分子 CO_2。反应中脱下的 2H 由 NAD^+接受并生成 $NADH+H^+$。α-酮戊二酸脱氢酶系是三羧酸循环的第 3 个关键酶，是由 3 种酶蛋白和 5 种辅助因子构成的多酶复合体。其中的 3 种酶蛋白分别是 α-酮戊二酸脱氢酶、二氢硫辛酰琥珀酰转移酶、二氢硫辛酰脱氢酶，5 种辅助因子分别是 TPP、HSCoA、FAD、NAD^+和硫辛酸。此反应为不可逆反应，是三羧酸循环的第 3 个限速反应。反应式为

$$\alpha\text{-酮戊二酸}+NAD^++HSCoA \xrightarrow{\alpha\text{-酮戊二酸脱氢酶系}} \text{琥珀酰}CoA+NADH+H^++CO_2$$

第 5 步：琥珀酰 CoA 生成琥珀酸。琥珀酰 CoA 是高能化合物，在琥珀酰 CoA 合成酶的催化下，其分子中的高能硫酯键水解所释放的能量转移给 GDP，并且生成琥珀酸和 GTP。此反应为可逆反应，是三羧酸循环中唯一的底物水平磷酸化反应，反应式为

$$\text{琥珀酰}CoA+GDP+Pi \xrightleftharpoons{\text{琥珀酰}CoA\text{合成酶}} \text{琥珀酸}+GTP+HSCoA$$

$$GTP+ADP \rightarrow GDP+ATP$$

GTP 可直接利用，也可将其高能磷酸基团转移给 ADP 生成 ATP。

第 6 步：琥珀酸脱氢生成延胡索酸。在琥珀酸脱氢酶的催化下，琥珀酸脱氢生成延胡索酸。琥珀酸脱氢酶的辅酶是 FAD，FAD 与反应中脱下的 2H 结合生成 $FADH_2$。琥珀酸脱氢酶是三羧酸循环中唯一与线粒体内膜结合的酶。反应式为

$$\text{琥珀酸}+FAD \xrightleftharpoons{\text{琥珀酸脱氢酶}} \text{延胡索酸}+FADH_2$$

第 7 步：延胡索酸加水生成苹果酸。在延胡索酸酶的催化下，延胡索酸加水生成苹果酸。此反应为可逆反应，反应式为

$$\text{延胡索酸}+H_2O \xrightleftharpoons{\text{延胡索酸酶}} \text{苹果酸}$$

第 8 步：苹果酸脱氢生成草酰乙酸。在苹果酸脱氢酶的催化下，苹果酸脱氢生成草酰乙酸，草酰乙酸可再次接受乙酰基进入下一次循环。反应中脱下的 2H 与 NAD^+结合生成 $NADH+H^+$。反应式为

$$\text{苹果酸}+NAD^+ \xrightleftharpoons{\text{苹果酸脱氢酶}} \text{草酰乙酸}+NADH+H^+$$

三羧酸循环反应的全过程如图 10-3 所示。

扫一扫

糖的有氧氧化过程

2）三羧酸循环的特点

（1）三羧酸循环每循环一次，消耗 1 分子乙酰 CoA，发生 4 次脱氢（3 次生成 3 分子的 $NADH+H^+$，1 次生成 1 分子 $FADH_2$）、2 次脱羧（生成 2 分子 CO_2）和 1 次底物水平磷酸化（产生 1 分子 GTP）。由于 1 分子 NADH 经 NADH 氧化呼吸链可生成 2.5 分子的 ATP，1 分子 $FADH_2$ 经 $FADH_2$ 氧化呼吸链可生成 1.5 分子的 ATP，故 1 分子乙酰 CoA 经三羧酸循环可生成 10 分子的 ATP。

（2）三羧酸循环有 3 个关键酶，即柠檬酸合酶、异柠檬酸脱氢酶和 α-酮戊二酸脱氢酶系。这 3 种酶催化的反应在生理条件下是不可逆的，因此整个三羧酸循环只能单向进行。

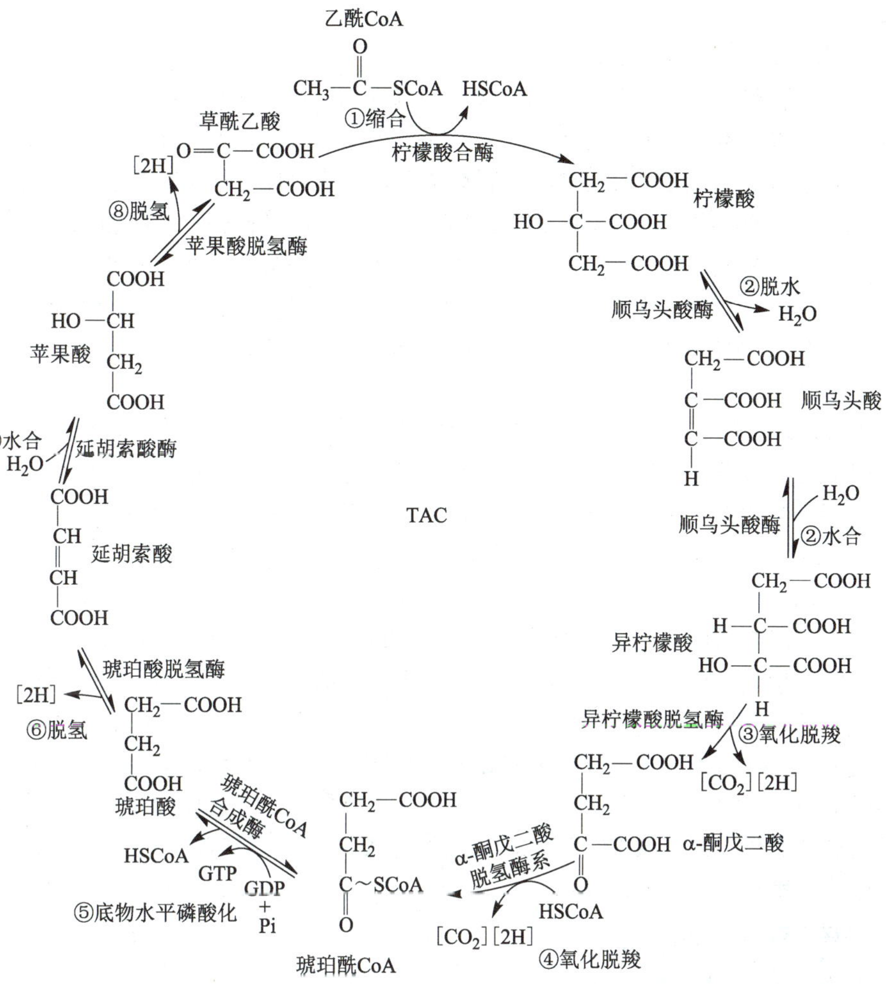

图 10-3　三羧酸循环反应的全过程

3）三羧酸循环的生理意义

（1）三羧酸循环是糖、脂类和蛋白质三大营养物质分解代谢的共同途径。三羧酸循环的起始物乙酰 CoA 不仅来自糖的分解代谢，它还是脂类、蛋白质等营养物质分解的共同产物。进入三羧酸循环的乙酰 CoA 经彻底氧化分解生成 CO_2 和 H_2O，并释放大量能量，以满足机体的需要。

（2）三羧酸循环是体内物质代谢相互联系和转变的枢纽。三羧酸循环是一个开放系统，它的许多中间产物与其他物质的代谢途径相联系。例如，某些氨基酸的碳架可转变为三羧酸循环的中间产物，再经糖异生途径转变为葡萄糖；脂肪酸、胆固醇、氨基酸等的合成也需要三羧酸循环协助提供前体物质。

（二）糖的有氧氧化反应过程的调节

在糖的有氧氧化反应过程的 3 个阶段中，第一阶段的调节同糖的无氧氧化反应过程的调节，这里主要介绍第二阶段和第三阶段的调节，即对丙酮酸脱氢酶系和三羧酸循环的调节。

1. 丙酮酸脱氢酶系的调节

丙酮酸脱氢酶系的活性受变构调节和化学修饰的作用。在变构调节中，ATP、乙酰 CoA、NADH 是变构抑制剂，ADP、HSCoA、NAD^+是变构激活剂。当 ATP/ADP、NADH/NAD^+和乙酰 CoA/HSCoA 的比值增大时，丙酮酸脱氢酶系的活性受到抑制，使得糖的有氧氧化过程被抑制，大多数组织器官将脂肪酸作为能量来源，以确保脑等组织的正常运行。丙酮酸脱氢酶系还受到化学修饰的调节作用，如丙氨酸脱氢酶系中的丝氨酸残基可被丙酮酸脱氢酶激酶磷酸化而失活。乙酰 CoA 和 NADH+H^+除对丙酮酸脱氢酶系有直接抑制作用外，还可间接通过增强丙酮酸脱氢酶激酶的活性，使丙酮酸脱氢酶系失活。

2. 三羧酸循环的调节

三羧酸循环中的 3 个关键酶分别是柠檬酸合酶、异柠檬酸脱氢酶和 α-酮戊二酸脱氢酶系，它们是三羧酸循环的重要调节点，均受代谢物浓度的调节。例如，ATP、α-酮戊二酸和 NADH 是柠檬酸合酶的变构抑制剂，AMP 是柠檬酸合酶的变构激活剂；ATP、NADH 是异柠檬酸脱氢酶的变构抑制剂，ADP 是异柠檬酸脱氢酶的变构激活剂；ATP、GTP、NADH 和琥珀酰 CoA 可抑制 α-酮戊二酸脱氢酶系的活性。

另外，三羧酸循环中的 3 个关键酶还受细胞内能量状态的调节。例如，当 ATP/ADP、NADH/NAD^+的比值增大时，这 3 种酶的活性均受到抑制，从而使得三羧酸循环的反应速率减小。

总之，当消耗 ATP 而使 ADP 和 AMP 的浓度升高时，6-磷酸果糖激酶-1、丙酮酸激酶、丙酮酸脱氢酶系、柠檬酸合酶、异柠檬酸脱氢酶和 α-酮戊二酸脱氢酶系等均被激活，从而加快糖的有氧氧化，补充 ATP。反之，当细胞内 ATP 含量丰富时，上述酶的活性均降低，从而使糖的有氧氧化反应速率减小。

知识拓展

巴斯德效应与反巴斯德效应

法国微生物学家巴斯德在研究酵母菌发酵时，发现在供氧充分的情况下，细胞内糖的无氧氧化过程受到抑制，使得乳酸的生成量减少。这种糖的有氧氧化对糖的无氧氧化的抑制作用称为巴斯德效应。之后，克拉布特里在研究癌细胞时发现，无论供氧充足与否，葡萄糖都呈现出很强的无氧氧化反应，而糖的有氧氧化反应受到抑制。这种糖的无氧氧化对糖的有氧氧化的抑制作用称为反巴斯德效应。反巴斯德效应普遍存在于肿瘤细胞中，也存在于视网膜、睾丸等组织细胞中。

（三）糖的有氧氧化的生理意义

糖的有氧氧化最重要的生理意义是为机体提供能量。1 分子葡萄糖经有氧氧化可净生成 30 或 32 分子的 ATP，如表 10-1 所示。

表 10-1　葡萄糖有氧氧化过程中 ATP 的生成与消耗

反应过程	ATP 的生成方式	ATP 数量
葡萄糖→6-磷酸葡萄糖		−1
6-磷酸果糖→1,6-二磷酸果糖		−1
3-磷酸甘油醛→1,3-二磷酸甘油酸	NADH（或 $FADH_2$）呼吸链氧化磷酸化	2.5（或 1.5）×2
1,3-二磷酸甘油酸→3-磷酸甘油酸	底物磷酸化	1×2
磷酸烯醇式丙酮酸→丙酮酸	底物磷酸化	1×2
丙酮酸→乙酰 CoA	NADH 呼吸链氧化磷酸化	2.5×2
异柠檬酸→α-酮戊二酸	NADH 呼吸链氧化磷酸化	2.5×2
α-酮戊二酸→琥珀酰 CoA	NADH 呼吸链氧化磷酸化	2.5×2
琥珀酰 CoA→琥珀酸	底物磷酸化	1×2
琥珀酸→延胡索酸	$FADH_2$ 呼吸链氧化磷酸化	1.5×2
苹果酸→草酰乙酸	NADH 呼吸链氧化磷酸化	2.5×2
合计		30 或 32

注：1. 1 分子葡萄糖生成 2 分子 3-磷酸甘油醛，故从 3-磷酸甘油醛之后的反应所生成的能量均乘以 2。
　　2. 1 分子 $NADH+H^+$可生成 2.5 分子 ATP，若经 α-磷酸甘油穿梭进入线粒体，则只产生 1.5 分子 ATP。

三、磷酸戊糖途径

糖的无氧氧化和有氧氧化是机体内糖分解代谢的主要途径，另外还存在其他代谢途径，如磷酸戊糖途径。磷酸戊糖途径（pentose phosphate pathway，PPP）又称磷酸戊糖旁路，是葡萄糖氧化分解代谢的另一条重要途径。其主要作用不是产生 ATP，而是产生细胞所需的具有重要生理作用的特殊物质，如 NADPH 和 5-磷酸核糖。磷酸戊糖途径主要存在于肝脏、甲状腺、肾上腺皮质、性腺、红细胞等组织中。

（一）磷酸戊糖途径的反应过程

磷酸戊糖途径的反应过程从 6-磷酸葡萄糖开始，具体可分为两个阶段：第一阶段是氧化反应阶段，反应产物为 NADPH 和 5-磷酸核糖；第二阶段是非氧化反应阶段，该阶段的反应是一系列基团的转移反应。磷酸戊糖途径的全部反应都在细胞液中进行。

1. 氧化反应阶段

氧化反应阶段共包括 4 步反应。

第 1 步：6-磷酸葡萄糖脱氢生成 6-磷酸葡萄糖酸内酯。在 6-磷酸葡萄糖脱氢酶的催化下，6-磷酸葡萄糖脱氢生成 6-磷酸葡萄糖酸内酯，反应中脱下的 2H 与 $NADP^+$结合生成 $NADPH+H^+$。反应式为

$$\text{6-磷酸葡萄糖}+NADP^+ \xrightarrow{\text{6-磷酸葡萄糖脱氢酶}} \text{6-磷酸葡萄糖酸内酯}+NADPH+H^+$$

6-磷酸葡萄糖脱氢酶是磷酸戊糖途径的关键酶。此反应为不可逆反应，是磷酸戊糖途

径的限速反应。

第 2 步：6-磷酸葡萄糖酸内酯水解生成 6-磷酸葡萄糖酸。在 6-磷酸葡萄糖酸内酯酶的催化下，6-磷酸葡萄糖酸内酯水解生成 6-磷酸葡萄糖酸。此反应为不可逆反应，需要 Mg^{2+} 的参与，反应式为

$$\text{6-磷酸葡萄糖酸内酯} + H_2O \xrightarrow[Mg^{2+}]{\text{6-磷酸葡萄糖酸内酯酶}} \text{6-磷酸葡萄糖酸}$$

第 3 步：6-磷酸葡萄糖酸脱氢、脱羧生成 5-磷酸核酮糖。在 6-磷酸葡萄糖酸脱氢酶的催化下，6-磷酸葡萄糖酸脱氢、脱羧生成 5-磷酸核酮糖，同时生成 1 分子的 CO_2。反应中脱下的 2H 与 $NADP^+$结合生成 $NADPH+H^+$。此反应为不可逆反应，需要 Mg^{2+}的参与，反应式为

$$\text{6-磷酸葡萄糖酸} + NADP^+ \xrightarrow[Mg^{2+}]{\text{6-磷酸葡萄糖酸脱氢酶}} \text{5-磷酸核酮糖} + NADPH + H^+ + CO_2$$

第 4 步：5-磷酸核酮糖异构化生成 5-磷酸核糖或 5-磷酸木酮糖。在 5-磷酸核酮糖异构酶的催化下，5-磷酸核酮糖异构化生成 5-磷酸核糖；或者在 5-磷酸核酮糖差向异构酶的催化下，5-磷酸核酮糖异构化生成 5-磷酸木酮糖。反应式为

$$\text{5-磷酸核酮糖} \xrightleftharpoons{\text{5-磷酸核酮糖异构酶}} \text{5-磷酸核糖}$$

$$\text{5-磷酸核糖} \xrightleftharpoons{\text{5-磷酸核酮糖差向异构酶}} \text{5-磷酸木酮糖}$$

2. 非氧化反应阶段

5-磷酸核糖经过一系列转酮基及转醛基反应，最后生成 3-磷酸甘油醛和 6-磷酸果糖，3-磷酸甘油醛和 6-磷酸果糖则可进入糖酵解途径进行代谢。此反应为可逆反应。

磷酸戊糖途径的反应过程如图 10-4 所示。

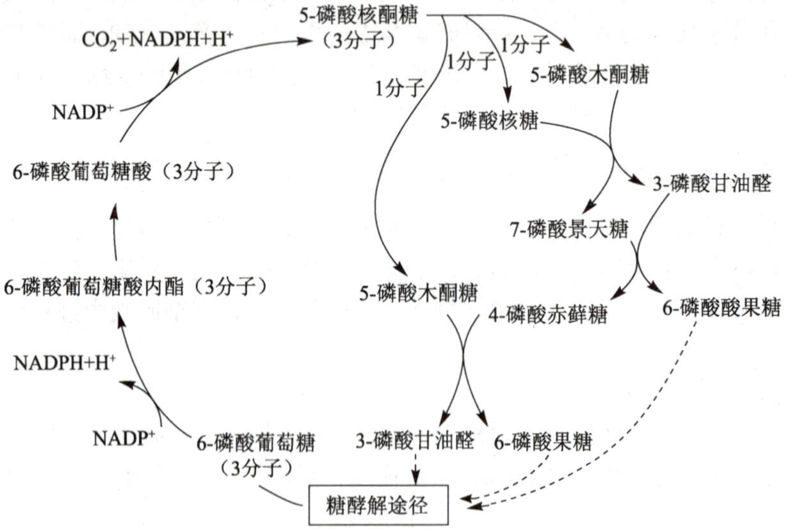

图 10-4　磷酸戊糖途径的反应过程

（二）磷酸戊糖途径反应过程的调节

6-磷酸葡萄糖脱氢酶是磷酸戊糖途径的关键酶，其活性的调节受 $NADPH/NADP^+$ 比值的影响。当 $NADPH/NADP^+$ 的比值增大时，6-磷酸葡萄糖脱氢酶的活性受到抑制；当 $NADPH/NADP^+$ 的比值降低时，6-磷酸葡萄糖脱氢酶被激活。并且，NADPH 的浓度对 6-磷酸葡萄糖脱氢酶有更强的抑制作用，因此磷酸戊糖途径的流量主要取决于对 NADPH 的需求。

（三）磷酸戊糖途径的生理意义

1. 磷酸戊糖途径为核苷酸及其衍生物的合成提供了重要原料

磷酸戊糖途径是葡萄糖在体内生成 5-磷酸核糖的唯一途径，而 5-磷酸核糖是合成核苷酸及其衍生物的重要原料，并且在修复损伤组织方面起重要作用。例如，在肾上腺皮质、梗死后的心肌及部分切除后的肝脏中，磷酸戊糖途径比较活跃。

2. 反应产物 $NADPH+H^+$ 作为供氢体，参与体内许多重要的代谢反应

磷酸戊糖途径中生成的 $NADPH+H^+$ 作为供氢体，参与体内许多重要的代谢反应，如 $NADPH+H^+$ 参与体内脂肪酸、胆固醇、类固醇激素等物质的生物合成。并且，$NADPH+H^+$ 是谷胱甘肽还原酶的辅酶，对于维持细胞中足量的还原型谷胱甘肽（GSH）起着十分重要的作用。GSH 是体内重要的氧化剂，可作为供氢体保护细胞膜上含巯基的蛋白质或酶免遭氧化，还能维持红细胞膜的正常结构与功能。此外，$NADPH+H^+$ 是肝细胞微粒体加单氧酶系的组成成分，参与激素、药物和毒物的生物转化。

知识拓展

蚕豆病

先天缺乏 6-磷酸葡萄糖脱氢酶的患者，其体内的磷酸戊糖途径不能正常进行，导致 $NADPH+H^+$ 缺乏而不能有效维持 GSH 的还原状态。这类患者体内红细胞膜的结构与功能会遭到破坏，容易在某些因素的诱导下破裂而发生急性溶血。由于这种溶血现象常在食用蚕豆后出现，故称为“蚕豆病”。

第三节 糖原的合成与分解

想一想：

生物体摄入的糖类，大部分转变成脂肪后储存于脂肪组织中，一小部分则以糖原的形式存在。

糖原（glycogen）是由葡萄糖聚合而成的具有多分支结构的大分子多糖，是动物体内葡萄糖的储存形式。糖原主要存在于肝脏和肌肉组织中。储存在肝脏中的糖原称为肝糖原，肝糖原占肝脏总重的 6%～8%，主要用于调节血糖浓度，对脑、红细胞等组织的能量供应尤为重要；储存在肌肉中的糖原称为肌糖原，肌糖原占肌肉总重的 1%～2%，主要用于肌

肉收缩。

思考：糖原是如何进行合成与分解的？它们具有哪些生理意义？

一、糖原的合成

由单糖（主要是葡萄糖）合成糖原的过程称为糖原合成（glycogenesis）。糖原合成的过程包括糖原直链的合成和糖原分支的形成两个阶段，这两个阶段交替进行，最后形成糖原大分子。糖原合成主要在肝脏和骨骼肌细胞的细胞液中进行。

（一）糖原直链的合成

糖原直链的合成分为以下 4 个步骤。

1. 葡萄糖磷酸化生成 6-磷酸葡萄糖

在己糖激酶（肝脏内为葡萄糖激酶）的催化下，葡萄糖磷酸化生成 6-磷酸葡萄糖。此反应与糖酵解过程的第一步反应相同，同样需要消耗 1 分子 ATP 及 Mg^{2+}的参与。反应式为

$$\text{葡萄糖+ATP} \xrightarrow[Mg^{2+}]{\text{己糖激酶/葡萄糖激酶}} \text{6-磷酸葡萄糖+ADP}$$

2. 6-磷酸葡萄糖异构化生成 1-磷酸葡萄糖

在磷酸葡萄糖变位酶的催化下，6-磷酸葡萄糖异构化生成 1-磷酸葡萄糖。此反应为可逆反应，反应式为

$$\text{6-磷酸葡萄糖} \xrightleftharpoons{\text{磷酸葡萄糖变位酶}} \text{1-磷酸葡萄糖}$$

3. 尿苷二磷酸葡萄糖的生成

在尿苷二磷酸葡萄糖焦磷酸化酶的催化下，1-磷酸葡萄糖与 UTP（尿苷三磷酸）反应生成尿苷二磷酸葡萄糖（uridine diphosphate glucose，UDPG），反应式为

$$\text{1-磷酸葡萄糖+UTP} \xrightleftharpoons{\text{UDPG焦磷酸化酶}} \text{UDPG+PPi}$$

UDPG 常被称为“活性葡萄糖”，是体内糖原合成葡萄糖的供体。

4. 糖原的生成

糖原合酶是糖原合成的关键酶。在糖原合酶的催化下，UDPG 分子将携带的葡萄糖单位转移到细胞内原有的糖原引物的非还原端上，以 α-1,4-糖苷键相连。由此，糖原引物上就增加了 1 个葡萄糖单位。每增加 1 个葡萄糖单位，需要消耗 2 个高能磷酸键。反应式为

$$\text{糖原（}G_n\text{）+UDPG} \xrightarrow{\text{糖原合酶}} \text{糖原（}G_{n+1}\text{）+UDP}$$

提　示

糖原引物：原有的细胞内较小的糖原分子。

上述 4 个步骤不断进行，每进行 1 次，在原有糖链直链的基础上会增加 1 个葡萄糖单位，从而使糖原直链不断延长。

（二）糖原分支的形成

糖原分支的形成需要分支酶的作用。当糖链长度达到 12～18 个葡萄糖单位时，分支酶可将一段 6～7 个葡萄糖单位的糖链转移到邻近的糖链上，并以 α-1,6-糖苷键连接形成分支结构。在糖原合酶和分支酶的交替作用下，糖原分支不断增多，糖原分子不断增大，最终形成大分子糖原。

二、糖原的分解

由糖原分解为葡萄糖的过程为糖原分解（glycogenolysis）。糖原分解主要在细胞液中进行，反应过程并非糖原合成的逆过程。糖原分解大致分为以下 4 个步骤。

1．糖原分解为 1-磷酸葡萄糖

从糖原分子的非还原端开始，糖原磷酸化酶催化葡萄糖单位之间的 α-1,4-糖苷键断裂，并逐个生成 1-磷酸葡萄糖。反应式为

$$\text{糖原}\ (G_{n+1})+Pi \xrightarrow{\text{糖原磷酸化酶}} \text{糖原}\ (G_n)+1\text{-磷酸葡萄糖}$$

糖原磷酸化酶是糖原分解的限速酶，故此反应为不可逆反应。

2．1-磷酸葡萄糖转变为 6-磷酸葡萄糖

在磷酸葡萄糖变位酶的催化下，1-磷酸葡萄糖转变为 6-磷酸葡萄糖。此反应为糖原分解的可逆反应，反应式为

$$1\text{-磷酸葡萄糖} \xrightleftharpoons{\text{磷酸葡萄糖变位酶}} 6\text{-磷酸葡萄糖}$$

3．6-磷酸葡萄糖水解为葡萄糖

在葡萄糖-6-磷酸酶的催化下，6-磷酸葡萄糖水解为葡萄糖，生成的葡萄糖进入血液以补充血糖。反应式为

$$6\text{-磷酸葡萄糖}+H_2O \xrightarrow{\text{葡萄糖-6-磷酸酶}} \text{葡萄糖}+Pi$$

葡萄糖-6-磷酸酶主要存在于肝细胞中，不存在于肌肉组织中，因此肌糖原不能直接分解为葡萄糖来补充血糖浓度。但是肌糖原可通过糖酵解途径生成乳酸，乳酸再经血液循环运输到肝脏进行糖异生作用，最终生成葡萄糖（详见本章第四节）。

4．糖原分支的水解

糖原磷酸化酶只能催化糖原分子中 α-1,4-糖苷键的断裂，并且催化至距分支点（α-1,6-糖苷键）4 个葡萄糖单位时暂停作用。这种距分支点 4 个葡萄糖单位的寡糖链称为极限糊精。极限糊精的继续分解需要脱支酶的作用。脱支酶是一种双功能酶（见图 10-5）：第一种功能是将极限糊精分子中的 α-1,6-糖苷键一侧糖链上所连接的 3 个葡萄糖残基转移到另一侧链的支端上，并以 α-1,4-糖苷键相连，结果使直链延长了 3 个葡萄糖单位，此时该直链可继续受糖原磷酸化酶的作用而水解；第二种功能是水解分支点处剩余的葡萄糖，生成游离葡萄糖，从而使糖原分子脱去 1 个分支。

在糖原磷酸化酶与脱支酶的协同作用下，糖原分支不断减少，糖原分子不断缩小，最终生成 1-磷酸葡萄糖和少量的游离葡萄糖。1-磷酸葡萄糖则按糖原分解过程中的步骤 2 和步骤 3 代谢分解为葡萄糖。

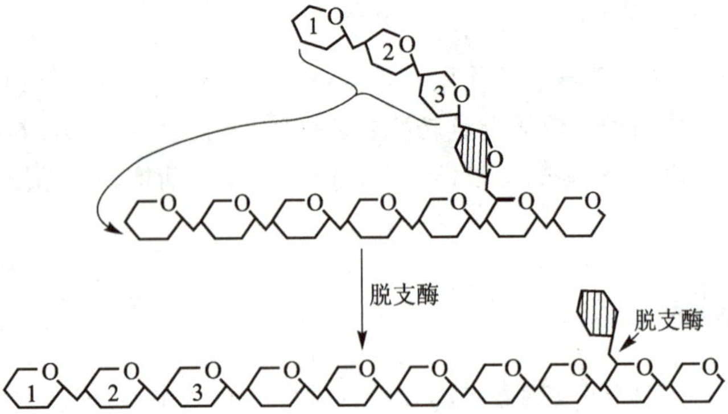

图 10-5　脱支酶的作用

三、糖原合成与分解的调节

糖原合酶和糖原磷酸化酶分别是糖原合成与糖原分解过程中的限速酶，其活性的强弱直接影响糖原代谢的速率甚至方向。糖原合酶和糖原磷酸化酶在体内均以活性型和无活性型两种形式存在，受到化学修饰和变构调节的双重调节。

（一）化学修饰

糖原合酶与糖原磷酸化酶经磷酸化反应或去磷酸化反应后，其活性的改变是不同的，反应式分别为

$$\underset{\text{（有活性）}}{\text{糖原合酶 a}} \underset{\text{磷酸化反应}}{\overset{\text{去磷酸化反应}}{\rightleftharpoons}} \underset{\text{（无活性）}}{\text{糖原合酶 b}}$$

$$\underset{\text{（活性强）}}{\text{糖原磷酸化酶 a}} \underset{\text{磷酸化反应}}{\overset{\text{去磷酸化反应}}{\rightleftharpoons}} \underset{\text{（活性很弱）}}{\text{糖原磷酸化酶 b}}$$

当机体受到某些因素的影响，如血糖水平下降、剧烈运动和应激反应时，机体内肾上腺素和胰高血糖素的分泌会增加，两者与靶细胞膜上的特异性受体结合，使 cAMP 的合成增加，进而激活蛋白激酶 A 的活性。活化后的蛋白激酶 A 能使糖原合酶和糖原磷酸化酶发生磷酸化修饰作用，进而使原来有活性的糖原合酶 a 失活，糖原的合成反应减弱；也能使活性弱的糖原磷酸化酶 b 变成活性强的糖原磷酸化酶 a，致使糖原的分解反应增强。这种双向调节的最终结果是抑制了糖原合成而促进了糖原分解。

可见，在这种调控下，糖原代谢仅在一个方向上进行，避免了糖原分解与糖原合成同时进行而造成的无效循环局面。

（二）变构调节

糖原合酶与糖原磷酸化酶都是由亚基构成的寡聚酶，均受到代谢物的变构调节。例如，6-磷酸葡萄糖是糖原合酶 b 的变构激活剂，当血糖浓度升高时，进入组织细胞内的葡萄糖含量增加，使得 6-磷酸葡萄糖的生成增加，进而激活糖原合酶 b，增强糖原的合成反应；AMP 是糖原磷酸化酶 b 的变构激活剂，当细胞内的能量供应不足（即 AMP 浓度升高）时，糖原磷酸化酶 b 易发生磷酸化而被激活，从而加速糖原的分解；ATP 是糖原磷酸化酶 a 的

变构抑制剂，当细胞内的能量供应充足（即 ATP 浓度升高）时，糖原磷酸化酶 a 易发生去磷酸化而失活，从而使糖原的分解减少。此外，Ca^{2+}可激活糖原磷酸化酶激酶，进而激活糖原磷酸化酶，促进糖原分解。

知识拓展

糖原贮积症

由于个体先天缺乏分解糖原所需的一些酶，导致糖原代谢出现障碍，造成大量糖原堆积在某些组织器官中，引起组织器官功能损伤，临床上称为糖原贮积症（glycogen storage disease，GSD）。糖原贮积症主要表现为肝大和低血糖。

机体所缺乏的酶在糖原代谢中的作用和受累器官不同，并且糖原的结构有所差异，故对机体造成的影响程度也不同。例如，葡萄糖-6-磷酸酶缺乏时，肝糖原分解代谢出现障碍，不能用以维持血糖平衡，因此会对机体造成严重影响；溶酶体中的 α-葡萄糖苷酶缺乏时，会影响 α-1,4 糖苷键和 α-1,6 糖苷键的水解，使组织受损，严重时可导致心肌受损甚至突然死亡。

四、糖原合成与分解的生理意义

糖原是葡萄糖的一种高效储能形式。当体内糖供应丰富且细胞中的能量充足时，葡萄糖便以糖原的形式储存，以防止血糖浓度过高；当体内糖供应不足或细胞对能量的需求增加时，糖原可迅速分解为葡萄糖以补充血糖。糖原的合成与分解，对于依赖血糖作为能量来源的脑、红细胞等组织尤为重要。

第四节 糖异生

想一想：

空腹或饥饿时，机体首先依靠肝糖原分解来补充能量，但体内肝糖原的储量是有限的。当空腹持续 8～12 小时后，肝糖原将被耗尽，此时糖异生就成为补充血糖的重要来源。糖异生（gluconeogenesis）是指乳酸、丙酮酸、甘油和生糖氨基酸等非糖化合物转变为葡萄糖的过程。机体进行糖异生作用的主要器官是肝脏，其次是肾脏。正常情况下，肾脏的糖异生能力只有肝脏的 1/10，但在长期饥饿时，肾脏的糖异生能力则大大增强。

思考：糖异生是糖酵解的逆反应吗？机体是如何调节糖异生作用的？

一、糖异生的反应过程

糖异生途径中的多步反应是糖酵解的逆过程，它们由相同的酶催化。但是在糖酵解过程中，由己糖激酶、6-磷酸果糖激酶-1 和丙酮酸激酶催化的 3 个单向反应都需要糖异生作用中特有的关键酶来催化。这些酶包括丙酮酸羧化酶、磷酸烯醇式丙酮酸羧激酶、果糖-1,6-二磷酸酶和葡萄糖-6-磷酸酶。

（一）丙酮酸转变为磷酸烯醇式丙酮酸

从丙酮酸或乳酸开始生成葡萄糖时，遇到的第一个障碍是在糖酵解途径中，丙酮酸激酶催化的、由磷酸烯醇式丙酮酸生成丙酮酸的反应。想要绕过这个障碍将丙酮酸转变为磷酸烯醇式丙酮酸，需要丙酮酸羧化酶和磷酸烯醇式丙酮酸羧激酶的催化。

该过程分两步反应来完成：首先由 ATP 供能，丙酮酸在丙酮酸羧化酶的催化下生成草酰乙酸；然后由 GTP 提供能量和磷酸基，草酰乙酸在磷酸烯醇式丙酮酸羧激酶的催化下生成磷酸烯醇式丙酮酸。此过程称为丙酮酸羧化支路，共消耗 2 个高能磷酸键。反应式为

$$\text{丙酮酸} + \text{ATP} + CO_2 \xrightarrow{\text{丙酮酸羧化酶}} \text{草酰乙酸} + \text{ADP} + \text{Pi}$$

$$\text{草酰乙酸} + \text{GTP} \xrightarrow{\text{磷酸烯醇式丙酮酸羧激酶}} \text{磷酸烯醇式丙酮酸} + \text{GDP} + CO_2$$

（二）1,6-二磷酸果糖水解为 6-磷酸果糖

第二个障碍是在糖酵解途径中，6-磷酸果糖激酶-1 催化的、由 6-磷酸果糖生成 1,6-二磷酸果糖的反应。绕过这个障碍，需要果糖-1,6-二磷酸酶的催化，将 1,6-二磷酸果糖转变为 6-磷酸果糖。反应式为

$$\text{1,6-二磷酸果糖} + H_2O \xrightarrow{\text{果糖-1,6-二磷酸酶}} \text{6-磷酸果糖} + \text{Pi}$$

（三）6-磷酸葡萄糖水解为葡萄糖

第三个障碍是在糖酵解途径中，己糖激酶催化的、由葡萄糖转变为 6-磷酸葡萄糖的反应。绕过这个障碍需要葡萄糖-6-磷酸酶的催化，将 6-磷酸葡萄糖转变为葡萄糖。此反应与糖原分解的最后一步反应相同，反应式为

$$\text{6-磷酸葡萄糖} + H_2O \xrightarrow{\text{葡萄糖-6-磷酸酶}} \text{葡萄糖} + \text{Pi}$$

由此可见，糖酵解途径中的 3 个不可逆反应都可经特定的酶催化绕道逆行，使得整个糖酵解过程可逆。糖异生是一个耗能的过程，从 2 分子丙酮酸开始，最终生成 1 分子葡萄糖需要消耗 6 分子的 ATP。在以上反应过程中，底物之间的互变反应分别由不同的酶催化，这种互变循环称为底物循环。

扫一扫

糖异生过程

做一做

下列选项中，不能进行糖异生作用的是（　　）。

A. 乳酸　B. 丙酮酸　C. 草酰乙酸　D. 甘油　E. 乙酰 CoA

二、糖异生的调节

糖异生的 4 个关键酶分别是丙酮酸羧化酶、磷酸烯醇式丙酮酸羧激酶、果糖-1,6-二磷

酸酶和葡萄糖-6-磷酸酶，它们受多种代谢物和激素的调节。

（一）代谢物的调节

糖异生途径中的4个关键酶的活性可受到多种代谢物浓度变化的调节，进而影响糖异生作用。例如，当肝细胞内的甘油、氨基酸、乳酸及丙酮酸等糖异生原料的浓度升高时，糖异生作用增强；当脂肪酸氧化生成的乙酰CoA的含量增加时，乙酰CoA可以变构激活丙酮酸羧化酶，并抑制丙酮酸脱氢酶，促使丙酮酸转变为草酰乙酸，从而加速糖异生作用。ATP是丙酮酸羧化酶和果糖-1,6-二磷酸酶的变构激活剂，同时又是丙酮酸激酶和6-磷酸果糖激酶-1的变构抑制剂。当细胞内ATP的含量较高时，糖异生作用增强，AMP、ADP的作用则与ATP相反。

（二）激素的调节

激素对糖异生调节的实质是调节糖异生和糖酵解两个途径中关键酶的活性，其中以胰高血糖素和胰岛素的作用较为突出。

6-磷酸果糖磷酸化生成1,6-二磷酸果糖，此过程需要6-磷酸果糖激酶-1的参与；1,6-二磷酸果糖去磷酸化生成6-磷酸果糖，此过程需要果糖-1,6-二磷酸酶的参与。果糖-2,6-双磷酸和AMP可激活6-磷酸果糖激酶-1的活性，同时抑制果糖-1,6-二磷酸酶的活性，使反应向糖酵解方向进行。胰高血糖素通过cAMP和依赖cAMP的蛋白激酶，使6-磷酸果糖激酶-2磷酸化而失活，降低了肝细胞内果糖-2,6-双磷酸的含量，从而促进糖异生作用。胰岛素的作用则与胰高血糖素相反。

磷酸烯醇式丙酮酸生成丙酮酸，此过程需要丙酮酸激酶的参与；丙酮酸生成磷酸烯醇式丙酮酸，此过程需要丙酮酸羧化酶和磷酸烯醇式丙酮酸羧激酶的参与。1,6-二磷酸果糖是丙酮酸激酶的变构激活剂，胰高血糖素可通过抑制果糖-2,6-双磷酸的合成来减少1,6-二磷酸果糖的生成量，进而降低丙酮酸激酶的活性。胰高血糖素还能通过cAMP使丙酮酸激酶磷酸化而失活，从而促进糖异生作用。此外，胰高血糖素还可通过cAMP快速诱导磷酸烯醇式丙酮酸羧激酶的合成，从而促进糖异生作用。胰岛素的作用则与胰高血糖素相反。

三、糖异生的生理意义

（一）维持空腹或饥饿状态下血糖浓度的相对恒定

机体在不进食的情况下，其某些组织，特别是脑组织、红细胞等主要依靠葡萄糖作为能源的组织，可以通过分解肝糖原来维持血糖浓度。但是机体储备肝糖原的能力有限，在长期饥饿或空腹状态下，肝糖原已不足以维持血糖浓度的相对恒定，此时机体通过糖异生作用将非糖物质转变为葡萄糖，进而补充能量。

（二）有利于乳酸的再利用

在剧烈运动或氧气供应不足的情况下，肌糖原因糖酵解作用增强而生成大量乳酸，乳酸再经血液循环运输至肝脏。在肝脏内，乳酸经糖异生作用生成葡萄糖，葡萄糖释放到血液中后又可被肌肉组织摄取利用，如此形成一个循环过程。该循环过程称为乳酸循环（Cori

循环）。可见，糖异生作用可将不能直接分解为葡萄糖的肌糖原间接转变为葡萄糖，这对回收乳酸分子中的能量，补充血糖和防止乳酸酸中毒均有重要意义。

（三）协助氨基酸代谢

有些氨基酸在体内可转化为丙氨酸、α-酮戊二酸和草酰乙酸等物质，这些物质通过糖异生作用可转变为葡萄糖。实验证明，长期禁食时，机体内的糖异生作用增强，可促进组织蛋白的水解，使血液中的氨基酸浓度增大，这时氨基酸是糖异生作用的主要原料来源。

（四）有利于维持酸碱平衡

长期禁食或饥饿后，体液的 pH 降低，促使肾小管中磷酸烯醇式丙酮酸羧激酶的合成，从而使肾脏的糖异生作用增强。当肾脏的糖异生作用增强时，肾脏中 α-酮戊二酸的含量减少，会促使谷氨酰胺脱氨生成谷氨酸及谷氨酸的脱氨反应。随后，肾小管细胞将 NH_3 分泌到肾小管腔中并与原尿中的 H^+ 结合，降低原尿中 H^+ 的浓度，有利于排氢保钠作用的进行，对防止酸中毒、维持酸碱平衡具有重要意义。

第五节　血　糖

想一想：

血糖是指血液中的葡萄糖，它是糖在体内的运输形式。正常情况下，机体内的血糖浓度保持相对恒定。而血糖浓度的相对恒定，是机体对血糖的来源和去路进行精细调节的结果。

思考：血糖的来源和去路分别有哪些？机体可通过哪些机制对血糖进行调节？

一、血糖的来源和去路

血糖的来源主要包括：① 食物中多糖的消化吸收，这是体内血糖的主要来源；② 空腹时肝糖原分解成葡萄糖进入血液，这是空腹时血糖的重要来源；③ 长期饥饿时，储存的肝糖原不足以维持血糖浓度的相对恒定，此时甘油、乳酸、生糖氨基酸等非糖物质通过糖异生作用生成葡萄糖，进而补充血糖。

血糖的去路主要包括：① 在各组织细胞中进行氧化分解提供能量，这是血糖的主要去路；② 当机体内糖供应充足时，血糖可被肝脏、肌肉等组织器官合成糖原而被储存；③ 当机体内血糖含量较高时，血糖可转化为脂肪、氨基酸、单糖及其衍生物（如核糖、氨基糖、葡萄醛酸等）；④ 当血糖浓度超过肾糖阈时，葡萄糖随尿排出。

血糖的来源与去路如图 10-6 所示。

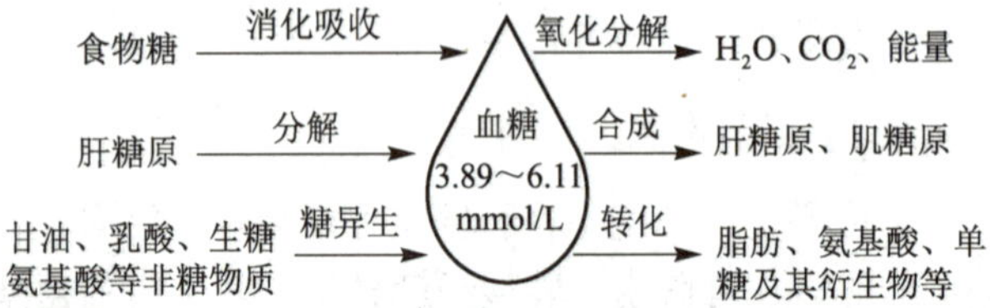

图 10-6　血糖的来源与去路

知识拓展

肾糖阈

正常人的肾小管可将肾小球滤液中的葡萄糖绝大部分重吸收回血液，使得尿中只有极微量的葡萄糖。但是近端小管对葡萄糖的重吸收有一定限度，当血糖浓度超过8.89～10.0 mmol/L 时，部分近端小管上皮细胞对葡萄糖的吸收已经达到极限，此时葡萄糖不能被全部重吸收。未被重吸收的葡萄糖随尿液排出，从而出现糖尿。

肾糖阈是指尿液中开始出现葡萄糖时的最低浓度。当老年人和糖尿病患者体内的血糖浓度超过 10.0 mmol/L 甚至 13.0～16.8 mmol/L 时，由于肾糖阈升高，可能不会出现糖尿。相反，妊娠期妇女和肾性糖尿病患者，由于肾糖阈降低，即使血糖浓度正常，也可能出现糖尿。

二、血糖浓度的调节

（一）肝脏对血糖浓度的调节

肝脏是体内调节血糖浓度的主要器官。例如，餐后血糖浓度升高时，肝糖原的合成作用增强，使得血糖浓度不会因饮食而过度升高；空腹时，肝糖原的分解作用增强，进而向血液补充葡萄糖；在饥饿或禁食情况下，肝脏的糖异生作用增强，以维持血糖浓度的相对恒定。

（二）神经系统对血糖浓度的调节

神经系统对血糖浓度的调节属于整体调节，通过对各种促激素或激素分泌的调节来影响糖代谢中酶的活性而完成调节作用。例如，当情绪亢奋时，交感神经兴奋，促使肾上腺素的分泌加快，进而促进肝糖原的分解和肌糖原的糖异生作用，使血糖浓度升高；当处于安静状态时，迷走神经兴奋，促使胰岛素的分泌加快，从而使血糖的浓度下降。

提　示

人类的胰岛细胞按其染色和形态学特点，主要分为胰岛 A 细胞、胰岛 B 细胞、胰岛 D 细胞和胰岛 PP 细胞。其中，胰岛 A 细胞约占胰岛细胞的 20%，能分泌胰高血糖素；胰岛 B 细胞占胰岛细胞的 60%～80%，能分泌胰岛素。

（三）激素对血糖浓度的调节

调节血糖的激素有两类：一类是降低血糖的激素——胰岛素；另一类是升高血糖的激素，主要有胰高血糖素、肾上腺素和糖皮质激素等。这两类激素相互协调，共同调节血糖浓度的恒定。

1. 降低血糖的激素

胰岛素是唯一能降低血糖的激素，也是唯一同时促进糖原、脂肪、蛋白质合成的激素。胰岛素的分泌受血糖浓度的控制。若血糖浓度升高，胰岛素的分泌将加快；若血糖浓度减少，胰岛素的分泌将减慢。

胰岛素降低血糖是多方面作用的结果，具体包括：① 促进肌肉、脂肪组织等的细胞膜葡萄糖载体将葡萄糖转运给细胞；② 通过增强磷酸二酯酶的活性来降低 cAMP 的水平，从而使糖原合酶的活性增强，磷酸化酶的活性降低，进而加速糖原的合成和抑制糖原的分解；③ 通过激活丙酮酸脱氢酶磷酸酶而使丙酮酸脱氢酶的活性增强，从而加速糖的有氧氧化过程；④ 通过抑制磷酸烯醇式丙酮酸羧激酶的合成及促进氨基酸进入肌肉组织合成蛋白质，减少糖异生的原料，进而抑制糖异生作用；⑤ 通过抑制脂肪组织内的激素敏感性脂肪酶，可降低脂肪动员的速率，促进组织对葡萄糖的利用。

提 示

脂肪动员：指储存在脂肪组织中的甘油三酯在脂肪酶的催化下逐步水解为游离脂肪酸和甘油，并释放到血液中，再经血液运输到全身各组织进行氧化利用的过程。

2. 升高血糖的激素

胰高血糖素是体内主要升高血糖的激素，可促进肝糖原分解和糖异生作用，并激活脂肪组织内的激素敏感性脂肪酶，增大脂肪动员的速率，进而间接提升血糖水平。胰高血糖素与胰岛素是调节血糖最主要的两种激素，一般情况下这两种激素的分泌是相反的，即引起胰岛素分泌的信号可抑制胰高血糖素的分泌，使胰岛素分泌减少的信号可促进胰高血糖素的分泌。

肾上腺素是强有力的升高血糖的激素，可促进肝糖原分解、肌糖原酵解及糖异生作用。糖皮质激素主要促进肌蛋白分解生成氨基酸并转移到肝脏内进行糖异生作用，从而抑制肝外组织细胞摄取和利用葡萄糖。

三、高血糖和低血糖

（一）高血糖

临床上将空腹血糖浓度高于 6.9 mmol/L 的状态称为高血糖。高血糖分为生理性高血糖和病理性高血糖。引起生理性高血糖的常见原因有：① 一次性摄入葡萄糖过多，如进食大量高糖食物或者静脉输入过量葡萄糖；② 情绪激动，引起交感神经兴奋，肾上腺素分泌加快，使肝糖原大量分解。病理性高血糖是指由于糖尿病、甲状腺功能亢进、颅外伤、脱水或服用某些药物等病理情况而引起的高血糖，其中糖尿病是临床上导致高血糖最常见的因素。

知识拓展

糖尿病

糖尿病是指由于胰岛素分泌缺陷或其生物作用受损而引起的一组以高血糖为特征的代谢性疾病，典型的临床症状是多尿、多饮、多食和体重减轻（即“三多一少”）。糖尿病患者不仅会发生糖代谢紊乱，还会引起脂类和蛋白质代谢的紊乱，进而诱发多种并发症。

（二）低血糖

临床上将空腹血糖浓度低于 3.0 mmol/L 时的状态称为低血糖。引起低血糖的常见原因有：① 长期饥饿或不良进食时，糖的来源不足；② 胰岛 β-细胞功能亢进（如胰岛肿瘤）时，胰岛素分泌过多；③ 严重肝病时，肝功能障碍，肝不能及时、有效地调节血糖浓度；④ 内分泌异常（如垂体功能或肾上腺皮质功能减退）时，分泌的升高血糖的激素减少；⑤ 空腹饮酒。

低血糖的主要危害是影响脑的正常功能，这是因为脑细胞所需要的能量主要来自葡萄糖的氧化。血糖水平过低时，会影响脑细胞的功能，从而出现头晕、倦怠无力、出冷汗、手颤、心悸等，严重时会出现昏迷甚至死亡。

提　示

空腹饮酒时，由于乙醇在肝脏内脱氢氧化，会使 NAD^+过多地转化为 $NADH+H^+$，进而使丙酮酸更倾向于在细胞液中还原为乳酸。这不仅会使乳酸的浓度升高，还会抑制糖异生作用，使血糖的来源减少，进而引起低血糖。

科心报国

张树政院士的工业报国梦

张树政，著名生物化学家，中国科学院院士。

张树政院士长期致力于我国微生物生物化学的研究，在白地霉糖代谢、红曲糖化酶结构与功能、糖苷酶和耐热酶、糖生物学和糖生物工程学等研究中成就卓著，是中国微生物生化的重要领军人，是糖生物学的奠基人之一。

1941 年，张树政考入燕京大学（现其各学院已被并入北京大学、中央财经大学、中国政法大学、中央民族大学等）化学系。开学后不久，女部主任龚兰贞问她为什么学化学，她答道："中国贫弱，要发展工业才能富强，我将来要到化工厂工作。"龚兰贞认为工厂并不愿意聘用女工作人员，劝她转到家政系。张树政没有接受这种劝告，反而下决心去竞争。

毕业之后，张树政留校担任助教，她欢欣雀跃，因为这离她工业救国的梦想又近了一步。不久，她到北医生化科工作，但生活并不稳定。即便如此，张树政始终没有放弃工业报国的理想。1948 年，她被调到理学院化学系，在这里，她做过一些研究工作，包括"食物中含铁量的测定""大豆发芽时氮的分配"等，这为她后来的科研工作打下了良好的基础。

20 世纪 50 年代初，张树政到重工业部综合工业试验所工作，该所请来中国工业微生物的奠基人方心芳先生进行科研指导。在方先生的指导下，张树政的科研能力有了大幅提升。她聪慧的天资、积极的工作态度和一腔爱国报国的热忱，深深地感动了方先生。1954 年 1 月，慧眼识珠的方先生将张树政这个不可多得的人才引入了中国科学院菌种保藏委员会（中国科学院微生物研究所前身之一）。

从此以后，张树政在中国科学院微生物研究所扎根科研，默默耕耘六十余年。60 多年来，她主要从事黑曲霉、白地霉、红曲菌淀粉酶、糖苷酶及糖生物工程研究，并硕果累累——20 世纪 50 年代，分析比较了酒精工业的不同种曲霉淀粉酶系的组成，确定了黑曲霉的优越性。20 世纪 60 年代，阐明了白地霉的木糖和阿拉伯糖的代谢途径，纯化了木糖醇脱氢酶并证明为诱导酶；发现白地霉中有甘露醇，阐明了其合成途径；发现并纯化了 NADP-甘露醇脱氢酶。20 世纪 70 年代，首次得到红曲霉糖化酶的结晶，并进行了性质、化学组成、糖肽结构、化学修饰和光谱学构象研究，发现不同分子型有构象差异，后来证明是糖基化引起的。20 世纪 80 年代，选育出 β- 淀粉酶高产细菌，活力当时在国际上领先；研究了 20 多种糖苷酶，首次发现了有严格底物专一性的 β-D-岩藻糖苷酶；从嗜热菌纯化了 8 种酶。

张树政把自己的一生都献给了微生物研究所，献给了微生物事业，献给了微生物工业。她没有辜负老师的教诲，没有辜负自己的梦想，没有辜负燕京大学的校训——因真理，以服务，得自由。

关键术语

糖	糖代谢	糖的无氧氧化	糖酵解	糖的有氧氧化
磷酸戊糖途径	糖原的合成与分解		糖异生	血糖

思考题

（1）简述糖的生理功能。
（2）简述糖的无氧氧化反应过程。
（3）简述糖的有氧氧化反应过程。
（4）简述磷酸戊糖途径的反应过程及其生理意义。
（5）简述糖原合成与分解的反应过程。
（6）简述糖异生的反应过程及其生理意义。
（7）糖代谢异常所引起的常见疾病有哪些？

第十一章　脂类代谢

知识目标

- 了解脂类的分类、脂类在体内的分布，熟悉脂类的消化与吸收、生理功能。
- 掌握甘油三酯的分解代谢与合成代谢。
- 熟悉甘油磷脂的代谢及代谢异常，了解鞘磷脂的代谢。
- 熟悉胆固醇的合成、酯化，以及胆固醇在体内的转变与排泄。
- 掌握血脂和血浆脂蛋白的概念，熟悉血浆脂蛋白的分类、组成、结构、代谢及其代谢异常。

素质目标

- 培养敢于创造、执着追求的精神。

脂类（lipids）又称脂质，是一类不溶于水而溶于有机溶剂（如乙醚、氯仿、苯等）的有机化合物。大多数脂类的化学本质是脂肪酸和醇所形成的酯类及其衍生物。脂类代谢主要是指脂类在生物体内的分解代谢与合成代谢。机体内脂类代谢障碍常导致许多疾病，如高脂血症、动脉粥样硬化、冠心病、肥胖症和脂肪肝等。

第一节　脂类概述

想一想：

脂类是脂肪和类脂的总称。其中，脂肪又称甘油三酯（triglyceride，TG）或三脂酰甘油，由 1 分子甘油与 3 分子脂肪酸通过酯键结合而生成，它是体内能量的主要来源。类脂是某些物理性质与脂肪相似的化合物，包括磷脂（phospholipid，PL）、糖脂（glycolipid，GL）、胆固醇（cholesterol，Ch）和胆固醇酯（cholesteryl ester，CE），它是细胞膜结构的重要组成成分，对维持细胞形态和细胞内外物质的转运具有重要作用。

思考：脂肪和类脂在机体内是如何分布的？它们分别具有怎样的生理功能？

一、脂类的分类

根据分子组成和化学结构特点，脂类大体上可分为单纯脂类、复合脂类和衍生脂类。

（一）单纯脂类

单纯脂类是脂肪酸与醇（甘油、高级一元醇或固醇）所形成的酯类，包括脂、油和蜡。其中，脂是1分子甘油与3分子脂肪酸（大多是不饱和脂肪酸）所形成的甘油三酯，一般在室温时为固态；油是指一般在室温时为液态的脂肪（含较多的不饱和脂肪酸和低分子脂肪酸）；蜡是高级脂肪酸和高级一元醇所形成的脂，如虫蜡、蜂蜡等。

（二）复合脂类

复合脂类分子中除含有脂肪酸和醇外，还含有非脂成分，如糖、磷酸及含氮碱等。复合脂类分为磷脂和糖脂两大类。其中，磷脂的非脂成分是磷酸和含氮碱（如胆碱、乙醇胺）。根据醇成分的不同，磷脂可分为甘油醇磷脂（如磷脂酸、磷脂酰胆碱）和鞘氨醇磷脂（简称鞘磷脂）。糖脂的非脂成分是糖。根据醇成分的不同，糖脂可分为鞘糖脂和甘油糖脂。

（三）衍生脂类

衍生脂类是单纯脂类和复合脂类的衍生物，或与之密切相关并具有脂类一般性质的物质，包括脂肪酸及其衍生物、固醇类、萜及其他脂类。

二、脂类在体内的分布

脂肪主要储存在脂肪组织中，多分布于皮下组织、腹腔大网膜、肠系膜和肾脏周围。通常将上述这些部位称为脂库，而将这些部位所储存的脂肪称为储存脂。男性和女性体内的脂肪含量存在差异，正常成年男性的脂肪含量一般占体重的10%～20%，而正常成年女性较男性的脂肪含量稍高。脂肪含量在个体间的差异较大，容易受膳食、营养状况和机体活动等多种因素的影响而发生变动，因此脂肪又称可变脂。

类脂是生物膜的基本组成成分，约占脂类总量的5%。类脂在各器官和组织中的含量恒定，基本不受膳食、营养状况和机体活动的影响，故类脂又称固定脂或基本脂。

三、脂类的消化与吸收

（一）脂类的消化

食物中的脂类主要是甘油三酯，此外还有少量的磷脂、胆固醇及胆固醇酯等。脂类的消化主要在小肠上段进行，消化酶有胰脂酶、磷脂酶 A_2、胆固醇酯酶及辅脂酶等。脂类难溶于水，必须经胆汁中胆汁酸盐的作用乳化成细小的颗粒并溶于消化液中，才能被消化酶消化。

脂类中的甘油三酯在胰脂酶和辅脂酶的作用下逐步水解，生成甘油、脂肪酸及少量的甘油一酯。磷脂在磷脂酶 A_2 的作用下水解，生成游离脂肪酸和溶血磷脂；胆固醇在胆固醇酯酶的作用下水解，生成游离胆固醇和游离脂肪酸。

（二）脂类的吸收

脂类的消化产物主要在十二指肠下端及空肠上端被吸收。中链脂肪酸（含碳原子数为6～10个）及短链脂肪酸（含碳原子数为2～4个）分别组成的甘油三酯，在小肠上段经胆汁酸盐乳化后被直接吸收，再在小肠黏膜细胞内脂肪酶的催化下水解为脂肪酸和甘油，然后通过门静脉进入血液循环。长链脂肪酸（含碳原子数为12～26个）被小肠黏膜细胞吸收后合成甘油三酯，甘油三酯再与载脂蛋白、胆固醇、磷脂等结合成乳糜颗粒，乳糜颗粒随后经淋巴进入血液循环，最后被输送到各组织细胞中被机体利用。

四、脂类的生理功能

（一）脂肪的生理功能

1. 储能和供能

脂肪在体内最重要的生理功能是储能和供能。生物体内可储存大量的脂肪。当机体需要时，储存的脂肪可通过氧化分解给机体提供能量。正常情况下，机体生命活动所需能量的17%～25%由脂肪供给，而空腹时机体50%以上的能量来自脂肪的氧化。可见，脂肪是机体饥饿或禁食期间能量的主要来源。

2. 维持体温和保护内脏

分布在皮下的脂肪组织不易导热，因此可防止体内热量的散失，起到维持体温的作用。并且分布在内脏周围的脂肪组织还能缓冲外界的机械冲击，保护内脏器官免受损伤。

3. 供给必需脂肪酸

组成三酰甘油的大部分脂肪酸可由机体自身合成，但亚油酸、亚麻酸和花生四烯酸等多不饱和脂肪酸不能在人体内合成，必须从食物中摄取，故将此类脂肪酸称为必需脂肪酸。必需脂肪酸与儿童的生长发育和智力发育密切相关，此外还有降血脂、预防冠心病及增强记忆力等生理功能。

（二）类脂的生理功能

磷脂是构成生物膜的重要成分，其所具有的亲水头部和疏水尾部构成生物膜脂质双分子层结构的基本骨架。该骨架不仅构成了镶嵌膜蛋白的基质，也为细胞提供了通透性屏障，从而维持了细胞的正常结构与功能。此外，细胞膜上的磷脂（如磷脂酰肌醇4,5-二磷酸）可水解生成三磷酸肌醇和甘油三酯，三磷酸肌醇和甘油三酯均可作为激素作用的第二信使参与代谢调节。

胆固醇是细胞膜的基本结构成分，它镶嵌在细胞膜的磷脂双层之间，使细胞膜的结构富有流动性，并且胆固醇在体内还可转变为胆汁酸、维生素D_3、性激素和肾上腺皮质激素等具有重要生理功能的物质。

此外，脂类对促进脂溶性维生素的吸收也有重要的作用。

第二节　甘油三酯的代谢

想一想：

甘油三酯是机体内含量最多的脂类，是机体重要的能量来源。大部分组织可利用甘油三酯分解产物并供给能量，同时肝脏、脂肪等组织还可以进行甘油三酯的合成，并将其储存在脂肪组织中。

甘油三酯在体内不断进行着分解代谢与合成代谢，其中以肝细胞和脂肪组织中的代谢最为活跃，其次为小肠黏膜上皮细胞。甘油三酯的代谢在脂类代谢中占有重要地位。

思考：甘油三酯在机体内是如何进行代谢的？甘油三酯的代谢有哪些生理意义？

一、甘油三酯的分解代谢

在糖原供应不足的情况下，甘油三酯通过自身的分解给机体提供能量。甘油三酯的分解代谢途径如图 11-1 所示。

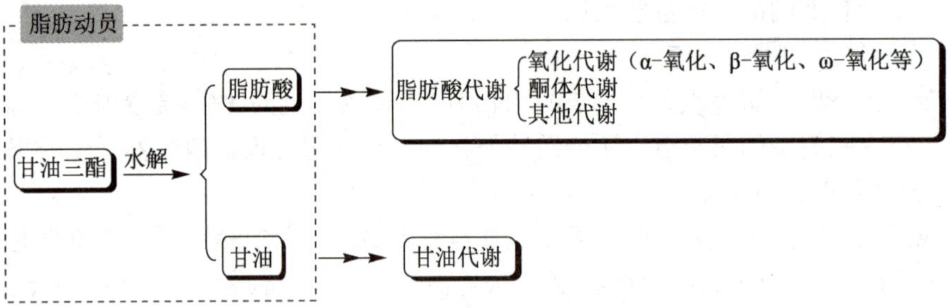

图 11-1　甘油三酯的分解代谢途径

（一）脂肪动员

储存在脂肪组织中的甘油三酯在脂肪酶的催化下逐步水解为游离脂肪酸和甘油并释放在血液中，再经血液运输到全身各组织进行氧化利用，这个过程称为脂肪动员。反应式为

$$\text{甘油三酯} \xrightarrow[H_2O\ \to\ \text{脂肪酸}]{\text{甘油三酯脂肪酶}} \text{甘油二酯} \xrightarrow[H_2O\ \to\ \text{脂肪酸}]{\text{甘油二酯脂肪酶}} \text{甘油一酯} \xrightarrow[H_2O\ \to\ \text{脂肪酸}]{\text{甘油一酯脂肪酶}} \text{甘油}$$

参与脂肪动员的酶有甘油三酯脂肪酶、甘油二酯脂肪酶和甘油一酯脂肪酶。其中，甘油三酯脂肪酶是脂肪动员的限速酶，其活性受多种激素的调节，故甘油三酯又称激素敏感性甘油三酯脂肪酶。肾上腺素、去甲肾上腺素、胰高血糖素、肾上腺皮质激素等能与脂肪细胞膜的表面受体作用，使甘油三酯脂肪酶的活性增强，促使脂肪动员，这些激素称为脂解激素。胰岛素、前列腺素 E_2 等可使甘油三酯脂肪酶的活性降低，抑制脂肪动员，这些激素称为抗脂解激素。

人在禁食、饥饿或交感神经兴奋时，脂解激素分泌增加，脂肪分解作用增强；人在进食后或睡眠时，抗脂解激素分泌增加，脂肪分解作用减弱。脂解激素与抗脂解激素的协同作用，使得人体脂肪的水解速度得到有效调节。

（二）脂肪酸的氧化

脂肪酸是机体重要的能源物质。在供氧充足的条件下，脂肪酸在体内可彻底氧化分解生成 CO_2、H_2O 并释放大量能量。除脑组织和成熟红细胞外，大多数组织都能氧化利用脂肪酸，其中以肝脏和肌肉组织中的脂肪酸最为活跃。线粒体是脂肪酸氧化的主要场所。

1. 脂肪酸氧化的反应过程

脂肪酸在体内氧化的方式有 α-氧化、β-氧化和 ω-氧化等，其中 β-氧化是脂肪酸氧化的主要方式。脂肪酸 β-氧化的反应过程包括脂肪酸的活化、脂酰 CoA 进入线粒体、脂酰 CoA 的 β-氧化和乙酰 CoA 的彻底氧化 4 个阶段。

1）脂肪酸的活化

脂肪酸在进行氧化前必须活化，活化反应在细胞液中进行。在 ATP、辅酶 A（HSCoA）和 Mg^{2+}存在的条件下，脂肪酸在脂酰 CoA 合成酶的催化下生成脂酰 CoA。脂酰 CoA 合成酶分布在胞浆中、线粒体膜和内质网膜上。反应式为

$$\text{脂肪酸}+\text{HSCoA}+\text{ATP}\xrightarrow[\text{Mg}^{2+}]{\text{脂酰CoA合成酶}}\text{脂酰CoA}+\text{AMP}+\text{PPi}$$

脂肪酸活化后生成的脂酰 CoA 含有极性极高的高能硫酯键。反应生成的焦磷酸（PPi）可以立即被细胞内的焦磷酸酶水解，阻止逆向反应的进行。因此每活化 1 分子脂肪酸，实际上消耗了 2 个高能磷酸键的能量。

2）脂酰 CoA 进入线粒体

脂肪酸的活化在细胞液中进行，而催化脂肪酸氧化的酶系存在于线粒体基质内，因此活化后生成的脂酰 CoA 必须进入线粒体内才能进行氧化反应。但是长链脂酰 CoA 不能直接穿过线粒体内膜，需要借助肉碱的转运才能进入线粒体基质内。

线粒体内膜的外侧和内侧分别有肉碱脂酰转移酶Ⅰ（carnitine acyl transferase Ⅰ，CATⅠ）和肉碱脂酰转移酶Ⅱ（carnitine acyl transferase Ⅱ，CATⅡ）。首先，CATⅠ催化脂酰 CoA 转化为脂酰肉碱，脂酰肉碱通过线粒体内膜上的载体转移到线粒体内膜上。然后，脂酰肉碱在 CATⅡ的催化下重新生成脂酰 CoA 并释放肉碱，脂酰 CoA 随后进入线粒体基质中进行氧化分解，肉碱则转运至线粒体细胞液中，继续发挥转运脂酰基的作用。长链脂酰 CoA 进入线粒体机制的示意图如图 11-2 所示。

CATⅠ是脂肪酸氧化的限速酶，脂酰 CoA 进入线粒体是脂肪酸氧化的主要限速步骤。在饥饿、高脂低糖膳食或糖尿病等情况下，因糖的供应不足，使得机体需要依赖脂肪酸供能，这时 CATⅠ的活性增强，从而加速脂肪酸的氧化。饱食后，脂肪的生成量增多，抑制了 CATⅠ的活性，导致脂肪酸的氧化减弱。

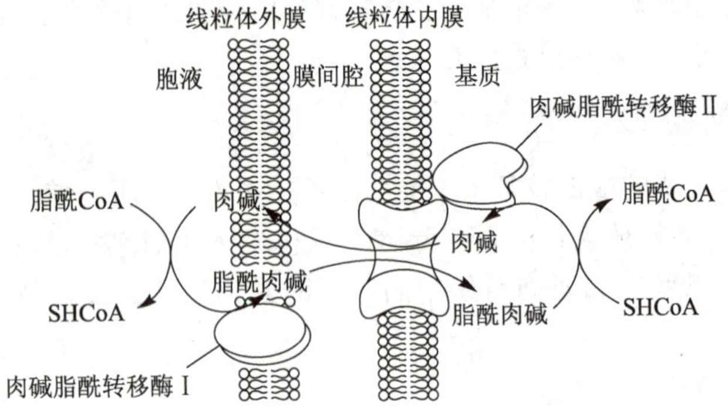

图 11-2　长链脂酰 CoA 进入线粒体机制的示意图

3）脂酰 CoA 的 β-氧化

脂酰 CoA 进入线粒体基质后，在脂肪酸 β-氧化多酶复合体的催化下，经历多轮 β-氧化作用逐步降解为多个二碳单位——乙酰 CoA。由于脂肪酸的氧化分解主要发生在脂酰 CoA 烃链的 β-碳原子上，故称脂酰 CoA 的 β-氧化。每轮 β-氧化作用包括脱氢、加水、再脱氢和硫解 4 步连续反应。

（1）脱氢。在脂酰 CoA 脱氢酶的催化下，脂酰 CoA 烃链上的 α 碳原子和 β 碳原子各脱去一个氢原子，生成 α,β-烯脂酰 CoA。脱下的 2H 与脂酰 CoA 脱氢酶的辅酶 FAD 结合生成 $FADH_2$。

（2）加水。在 α,β-烯脂酰 CoA 水化酶的催化下，α,β-烯脂酰 CoA 加水生成 β-羟脂酰 CoA。

（3）再脱氢。在 β-羟脂酰 CoA 脱氢酶的催化下，β-羟脂酰 CoA 烃链上的 β 碳原子再次脱去一对氢原子，生成 β-酮脂酰 CoA。脱下的 2H 与 β-羟脂酰 CoA 脱氢酶的辅酶 NAD^+ 结合生成 $NADH+H^+$。

（4）硫解。在 β-酮脂酰 CoA 硫解酶的催化下，β-酮脂酰 CoA 烃链上的 α 碳原子和 β 碳原子之间的化学键断裂并加上 1 分子辅酶 A（HSCoA），生成 1 分子乙酰 CoA 和 1 分子比原来少 2 个碳原子的脂酰 CoA。

每进行一次 β-氧化，可生成 1 分子乙酰 CoA、1 分子 $FADH_2$、1 分子 $NADH+H^+$ 和 1 分子比原来少 2 个碳原子的脂酰 CoA。比原来少 2 个碳原子的脂酰 CoA 又可再次进行 β-氧化，如此反复进行，直至完全氧化，并且最终产物为乙酰 CoA。脂酰 CoA 的 β-氧化流程如图 11-3 所示。

4）乙酰 CoA 的彻底氧化

脂肪酸经 β-氧化生成的大部分乙酰 CoA 在线粒体中经三羧酸循环彻底氧化分解，生成 CO_2、H_2O 并释放大量能量，少部分转变为其他代谢中间产物。例如，乙酰 CoA 在肝细胞线粒体中可缩合成酮体，酮体再经血液循环运送至肝外组织氧化利用。

2．脂肪酸氧化的能量生成

脂肪酸氧化分解可释放大量能量。以软脂酸为例，1 分子软脂酸含 16 个碳原子，软脂酸先在细胞液中活化生成软脂酰 CoA，然后进入线粒体经 7 次 β-氧化，生成 7 分子

$FADH_2$、7 分子 NADH+H^+和 8 分子乙酰 CoA。由于 1 分子 $FADH_2$ 经 $FADH_2$ 氧化呼吸链产生 1.5 分子 ATP，1 分子 NADH+H^+经 NADH 氧化呼吸链产生 2.5 分子 ATP，1 分子乙酰 CoA 经三羧酸循环产生 10 分子 ATP，并且脂肪酸活化需消耗 2 分子 ATP，因此 1 分子软脂酸彻底氧化共生成 $7\times2.5+7\times1.5+8\times10-2=106$ 分子 ATP。脂肪酸氧化分解所释放的能量，除一部分以热能形式散发外，其余均用于 ATP 的合成。

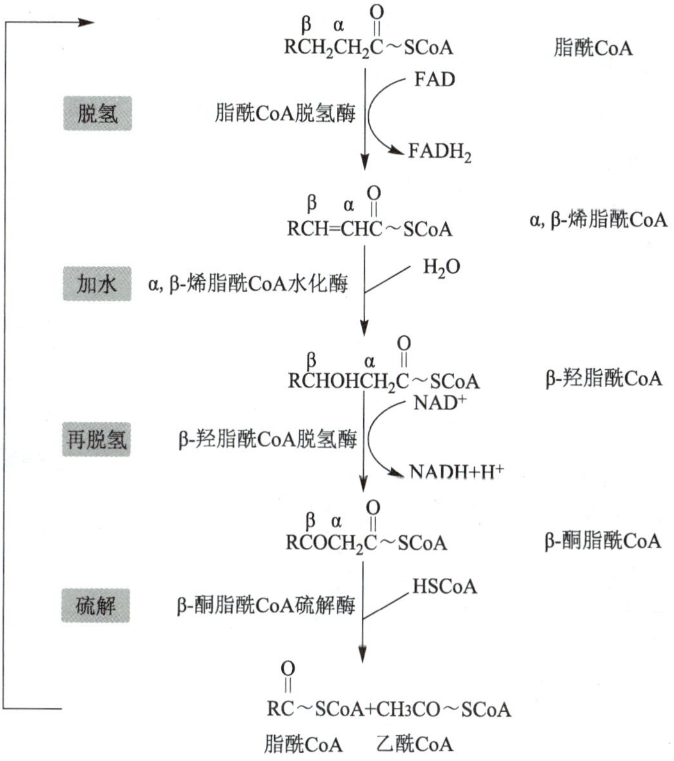

图 11-3　脂酰 CoA 的 β-氧化流程

（三）酮体的代谢

在心肌和骨骼肌等组织中，脂肪酸经 β-氧化生成的乙酰 CoA 能够被彻底氧化生成 CO_2 和 H_2O，但在肝细胞中生成的乙酰 CoA 除少部分直接氧化供能外，大部分在肝脏内生酮酶系的催化下合成酮体。酮体包括乙酰乙酸、β-羟丁酸和丙酮。酮体是脂肪酸在肝脏内氧化分解所形成的特有的中间代谢物。肝脏内生成的酮体被及时输送，供肝外组织氧化利用。

1. 酮体的生成

酮体是在肝细胞线粒体中生成的，其合成原料是脂肪酸 β-氧化生成的乙酰 CoA。肝细胞线粒体中含有丰富的生酮酶系，尤其是 HMG-CoA 合酶和 HMG-CoA 裂解酶。酮体的合成过程分为 3 步。

（1）乙酰乙酰 CoA 的生成。在乙酰乙酰 CoA 硫解酶的催化下，2 分子乙酰 CoA 缩合生成乙酰乙酰 CoA，并释放 1 分子 HSCoA。

（2）HMG-CoA 的生成。在羟甲基戊二酸单酰 CoA（HMG-CoA）合酶的催化下，乙酰乙酰 CoA 与 1 分子乙酰 CoA 缩合生成羟甲基戊二酸单酰 CoA（HMG-CoA），并释放 1 分子 HSCoA。

（3）酮体的形成。在 HMG-CoA 裂解酶的催化下，HMG-CoA 裂解生成乙酰乙酸和乙酰 CoA。大部分乙酰乙酸在线粒体内膜 β-羟丁酸脱氢酶的催化下还原生成 β-羟丁酸，反应所需的氢由 $NADH+H^+$提供，该反应速率由线粒体内 $NADH/NAD^+$的比值决定；少部分乙酰乙酸在乙酰乙酸脱羧酶的催化下脱羧或自发脱羧生成丙酮。

酮体的生成过程实际上是一个循环过程，又称“雷宁循环”，如图 11-4 所示。

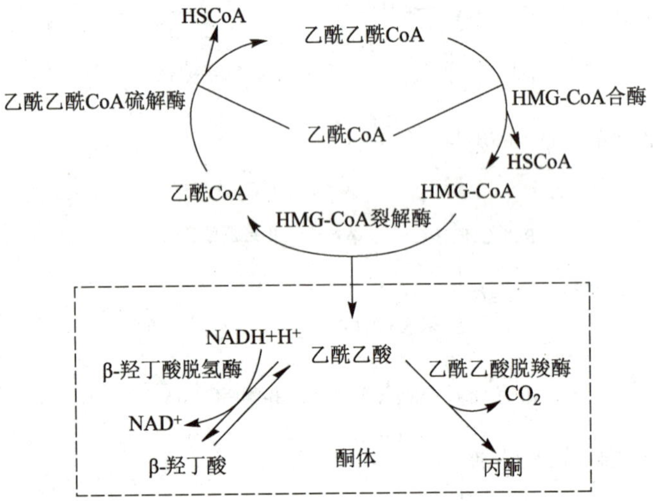

图 11-4　雷宁循环

甘油三酯的分解代谢过程

2．酮体的利用

由于肝脏内缺少氧化利用酮体的酶，因此肝脏内生成的酮体必须穿过肝细胞膜进入血液循环，然后运送到肝外组织被进一步氧化利用。

肝外组织，特别是骨骼肌、心肌、脑和肾脏有活性较强的氧化酮体酶，如琥珀酰 CoA 转硫酶、乙酰乙酰 CoA 硫解酶及乙酰乙酸硫激酶。在琥珀酰 CoA 转硫酶或乙酰乙酸硫激酶的催化下，乙酰乙酸被活化为乙酰乙酰 CoA，然后在乙酰乙酰 CoA 硫解酶的催化下分解成 2 分子乙酰 CoA，乙酰 CoA 主要进入三羧酸循环被彻底氧化。β-羟丁酸可在 β-羟丁酸脱氢酶的催化下生成乙酰乙酸，然后沿上述途径进行分解利用。丙酮含量很少，主要随尿液排出。当血液中酮体的含量显著升高时，丙酮可通过肺的呼吸而排出。

3．酮体生成的生理意义

酮体是肝脏内脂肪酸正常代谢的中间产物，是肝脏输出能源的一种形式。酮体分子小，极性大，易溶于水，能通过血脑屏障和肌肉的毛细血管壁，是脑、肌肉和骨骼肌等组织的重要能源。脑组织不能氧化脂肪酸，却能利用酮体。在长期饥饿或糖供应不足的情况下，酮体可代替葡萄糖成为脑组织及肌肉组织的主要来源。

提　示

正常人的血液中的酮体含量很少，为 0.03～0.05 mmol/L。在饥饿、高脂低糖膳食及糖尿病的情况下，脂肪动员加强，酮体的生成量增多。当肝脏内酮体的生成量超过肝脏外组织利用的能力时，血液中酮体的含量会升高，称为酮血症。如果尿液中出现酮体，则称为酮尿症。由于酮体中的乙酰乙酸和β-羟丁酸都是较强的有机酸，当血液中酮体的浓度过高时，易使血液 pH 降低而导致酸中毒，故称为酮尿酸中毒。

（四）甘油的代谢

脂肪动员生成的甘油可溶于水，并直接由血液运输到肝脏、肾脏、肠道等组织，再在甘油激酶的催化下生成α-磷酸甘油，α-磷酸甘油在α-磷酸甘油脱氢酶的催化下生成磷酸二羟丙酮。磷酸二羟丙酮是糖酵解过程的中间产物，可循糖酵解过程继续氧化分解，也可以在肝细胞内经糖异生作用转变为糖原或葡萄糖。

二、甘油三酯的合成代谢

脂肪酸和α-磷酸甘油是甘油三脂合成的基本原料。甘油三酯的合成可分为脂肪酸的合成、α-磷酸甘油的合成和甘油三酯的合成 3 个步骤。

（一）脂肪酸的合成

1. 合成部位与原料

脂肪酸的合成酶系主要存在于肝脏、肾脏、乳腺及脂肪组织等细胞液中，其中肝脏是脂肪酸合成的主要场所，而乙酰 CoA 是脂肪酸合成的主要原料。乙酰 CoA 主要来自葡萄糖的有氧氧化，某些氨基酸的分解代谢也能提供部分乙酰 CoA。此外，脂肪酸合成还需要 ATP 供能、NADPH 供氢及其他因子的参与。NADPH 主要来自磷酸戊糖途径。可见，糖是脂肪酸合成原料的主要来源。

2. 反应过程

1）乙酰 CoA 的转移

乙酰 CoA 主要在线粒体内产生，而脂肪酸的合成酶系存在于细胞液中，因此线粒体内生成的乙酰 CoA 必须转移到细胞液中才能参与脂肪酸的合成。然而乙酰 CoA 不能自由穿过线粒体内膜进入到细胞液中，需要通过柠檬酸-丙酮酸循环来完成。

如图 11-5 所示，线粒体内的乙酰 CoA 首先与草酰乙酸缩合生成柠檬酸，柠檬酸通过线粒体内膜上的载体转运至细胞液中，再经细胞液中的柠檬酸裂解酶催化裂解，生成乙酰 CoA 和草酰乙酸。乙酰 CoA 用于脂肪酸的合成，草酰乙酸则在苹果酸脱氢酶的催化下还原为苹果酸，再经线粒体内膜上的载体转运到线粒体内。苹果酸也可在苹果酸酶的催化下分解为丙酮酸，丙酮酸再经载体转运到线粒体内，生成的 $NADPH+H^+$可参与脂肪酸的合成。进入线粒体内的苹果酸和丙酮酸最终均可转变为草酰乙酸，草酰乙酸再继续参与乙酰 CoA 的转运。

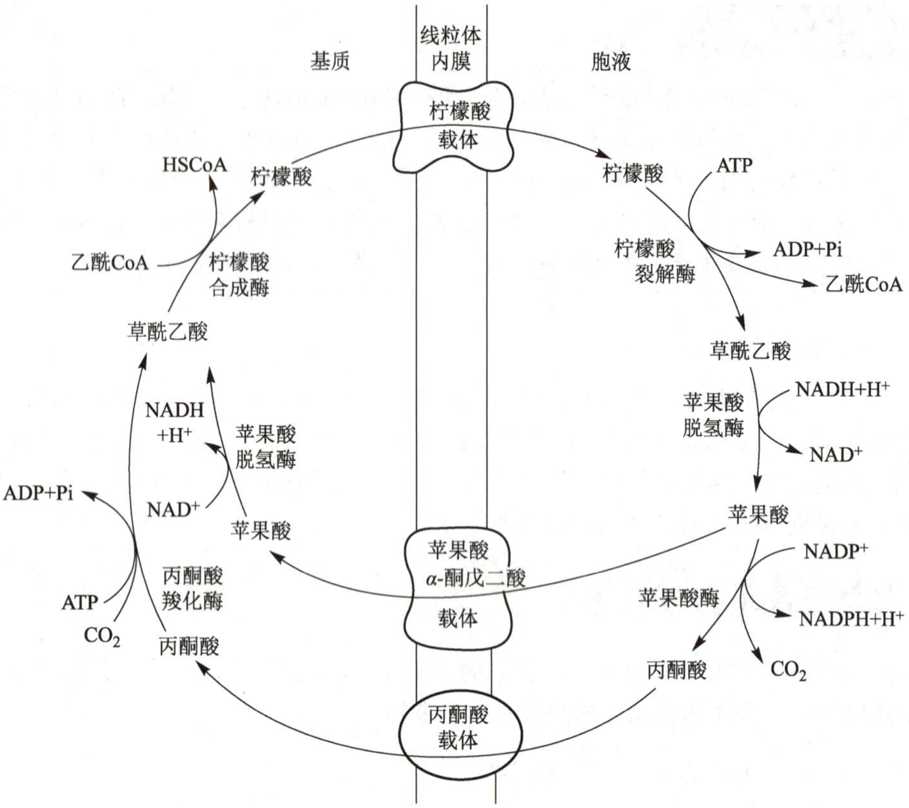

图 11-5 柠檬酸-丙酮酸循环

2）丙二酰 CoA 的生成

由碳酸氢盐提供的 CO_2、ATP 为反应供能，乙酰 CoA 在乙酰 CoA 羧化酶的催化下生成丙二酰 CoA。反应式为

$$\text{乙酰CoA}+HCO_3^-+ATP \xrightarrow[\text{生物素、}Mn^{2+}]{\text{乙酰CoA羧化酶}} \text{丙二酸CoA}+ADP+Pi$$

乙酰 CoA 羧化酶是脂肪酸合成的限速酶，其辅基为生物素。乙酰 CoA 羧化酶有两种存在形式：一种是无活性的单体；另一种是有活性的多聚体。柠檬酸、异柠檬酸是乙酰 CoA 羧化酶的变构激活剂，可促进无活性的单体聚合成有活性的多聚体；软脂酰 CoA 和其他长链脂酰 CoA 是乙酰 CoA 羧化酶的变构抑制剂，能使有活性的多聚体解聚成无活性的单体。

乙酰 CoA 羧化酶还受磷酸化与去磷酸化的调节，可被一种依赖于 AMP 的蛋白激酶磷酸化而失活。例如，胰高血糖素能促进该蛋白激酶的磷酸化作用，从而抑制乙酰 CoA 羧化酶的活性，进而抑制脂肪酸的合成；胰岛素能促进该蛋白激酶的去磷酸化作用，使乙酰 CoA 羧化酶的活性得以恢复，进而促进脂肪酸的合成。

3．软脂酸的合成

软脂酸的合成过程是一个连续的酶促反应过程。在脂肪酶合成酶系的催化下，以 $NADPH+H^+$作为供氢体，1 分子乙酰 CoA 与 7 分子丙二酸 CoA 进行连续的加成反应，包括缩合、加氢、脱水和再加氢 4 个步骤。每次循环会增加 2 个碳原子，经过 7 次循环后生成含有16碳的软脂酸ACP，软脂酸ACP再经硫酯酶的催化作用生成软脂酸。在大肠埃希菌中，脂肪酶合成酶系是一个以酰基载体蛋白（acyl carrier protein，ACP）为核心的，由7种酶蛋白聚合在一起的多酶复合体。软脂酸合成的总反应式为

$$\text{乙酰CoA}+7\text{丙二酸单酰CoA}+14NADPH+14H^{+}\xrightarrow{\text{脂肪酶合成酶系}}\text{软脂酸}+8HSCoA+14NADP^{+}+7H_2O+6CO_2$$

4. 软脂酸碳链的延长

软脂酸合成酶系合成的脂肪酸是软脂酸，但更长碳链的脂肪酸则是通过对软脂酸进行加工来完成的。软脂酸碳链的延长是在肝细胞的内质网或线粒体中进行的，反应过程为：在内质网脂肪酸碳链延长酶系的催化下，以丙二酰CoA为二碳单位的供体，由$NADPH+H^{+}$供氢，软脂酸循环进行缩合、加氢、脱水和再加氢等反应。每次循环可增加2个碳原子，故脂肪酸碳链将不断延长，一般可延长至24个碳原子，但以18碳的硬脂酸居多。

在线粒体脂肪酸延长酶系的催化下，软脂酰CoA与乙酰CoA缩合生成β-酮硬脂酰CoA，然后由$NADPH+H^{+}$供氢，β-酮硬脂酰CoA进行加氢、脱水、再加氢等反应生成硬脂酰CoA。该过程反复进行，每循环一次可增加2个碳原子，故脂肪酸碳链将不断延长，一般可延长至24或26个碳原子，以硬脂酸居多。

提　示

人体内含有的不饱和脂肪酸主要有软油酸、油酸、亚油酸、亚麻酸和花生四烯酸。其中，软油酸和油酸分别由软脂酸和硬脂酸通过脱饱和作用合成，而亚油酸、亚麻酸在人体内不能合成，花生四烯酸在人体内的合成量不足。它们必须由食物供给，是人体营养所需的必需脂肪酸。

（二）α-磷酸甘油的合成

合成甘油三酯所需的α-磷酸甘油主要由糖代谢转变而来。在α-磷酸甘油脱氢酶的催化下，以$NADH+H^{+}$为辅酶，糖代谢的中间产物——磷酸二羟丙酮被还原为α-磷酸甘油，这是α-磷酸甘油的主要来源。此外，在肝脏、肾脏、肠黏膜等组织中含有丰富的甘油激酶，细胞内的甘油在甘油激酶的催化下可生成α-磷酸甘油。

扫一扫

甘油三酯的合成代谢过程

（三）甘油三酯的合成

机体内几乎所有组织都能合成甘油三酯，尤其以肝细胞、脂肪细胞和小肠黏膜中的合成最为活跃。甘油三酯的合成有两条途径：甘油一酯途径和甘油二酯途径。

甘油一酯途径是小肠黏膜上皮细胞合成甘油三酯的主要途径。在脂酰CoA转移酶的催化下，经消化吸收的甘油一酯与2分子脂酰CoA合成甘油三酯。反应式为

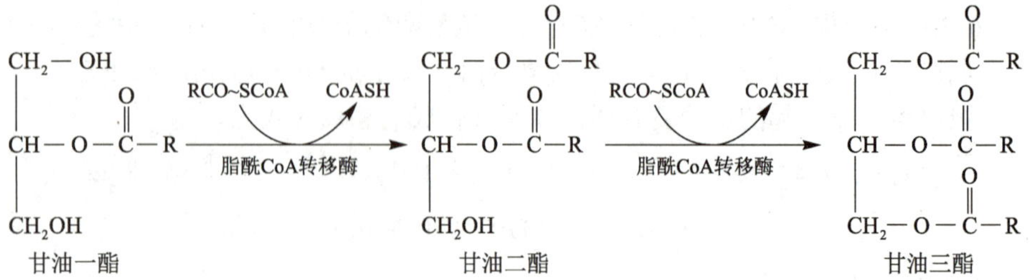

甘油二酯途径是肝细胞和脂肪细胞合成甘油三酯的主要途径，该途径所需的α-磷酸甘油主要由糖代谢转变而来。在α-磷酸甘油脂酰转移酶的催化下，α-磷酸甘油依次加上2分子脂酰CoA生成磷脂酸。在磷酸酶的催化下，磷脂酸水解脱去磷酸生成甘油二酯，甘油二酯在甘油三酯脂酰转移酶的催化下加上1分子脂酰CoA，生成甘油三脂。反应式为

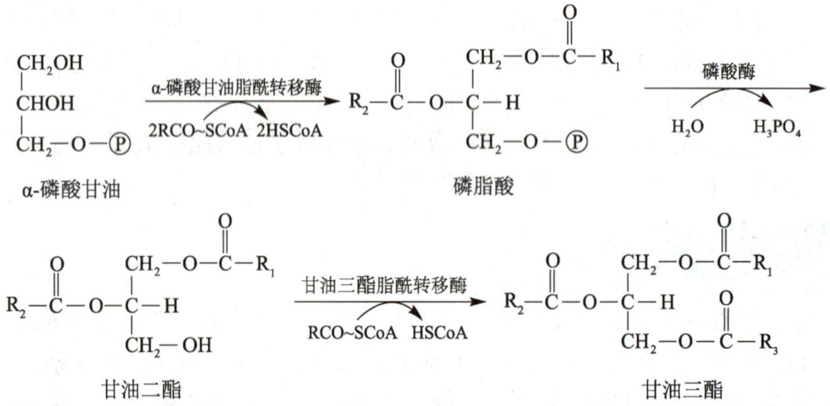

第三节　磷脂的代谢

想一想：

磷脂是指含有磷酸的脂类，属于复合脂类。按化学组成的不同，磷脂可分为甘油磷脂和鞘磷脂两类。甘油磷脂由甘油、脂肪酸、磷酸及含氮化合物等组成，是机体内含量最多的一类磷脂。根据与磷酸相连的取代基团的不同，甘油磷脂可分为磷脂酰胆碱（卵磷脂）、磷脂酰乙醇胺（脑磷脂）、磷脂酰丝氨酸、双磷脂酰甘油（心磷脂）和磷脂酰肌醇共5类。其中，磷脂酰胆碱和磷脂酰乙醇胺是最为重要的两类磷脂，它们占血液和组织中磷脂的75%以上；双磷脂酰甘油是线粒体内膜和细菌膜的重要成分，是唯一具有抗原性的磷脂分子。鞘磷脂是指由鞘氨醇构成的磷脂，主要分布在大脑和神经髓鞘中。

思考：甘油磷脂在机体内是如何进行代谢的？甘油磷脂的代谢有哪些生理意义？

磷脂是两性化合物，当它分散在水溶液中时，其亲水的头部趋向于水相，而疏水的尾部则互相聚集，避免与水接触。这种结构特点使得磷脂在水和非极性溶剂中都有很大的溶解度，能同时与极性和非极性物质结合，可作为水溶性蛋白质和非极性脂类之间的结构桥梁。因此，磷脂是构成生物膜和血浆脂蛋白的重要成分。此外，磷脂在细胞识别和细胞信

号转导方面也起着十分重要的作用。

一、甘油磷脂的代谢及代谢异常

（一）甘油磷脂的合成

1. 合成部位

机体各组织细胞（除成熟红细胞外）的内质网中均有合成磷脂的酶系，但以肝脏、肾脏及小肠等组织中的最为活跃。

2. 合成原料

合成甘油磷脂的基本原料有甘油、脂肪酸、磷酸盐、胆碱、乙醇胺、丝氨酸和肌醇等。其中，甘油和脂肪酸主要来自糖代谢，胆碱和乙醇胺可由丝氨酸在体内转变生成或从食物中获取。此外，合成甘油磷脂还需 ATP、CTP 的参与。

3. 合成途径

甘油磷脂的合成途径有甘油二酯合成途径和 CDP-甘油二酯合成途径两种。

（1）甘油二酯合成途径。此途径主要合成磷脂酰乙醇胺和磷脂酰胆碱。在相应激酶的催化下，由 ATP 提供能量，乙醇胺和胆碱分别生成磷酸乙醇胺和磷酸胆碱。磷酸乙醇胺和磷酸胆碱与 CTP 反应，分别生成 CDP-乙醇胺和 CDP-胆碱，CDP-乙醇胺和 CDP-胆碱与 1,2-甘油二酯结合，分别生成磷脂酰乙醇胺和磷脂酰胆碱。此外，磷脂酰胆碱也可以由磷脂酰乙醇胺甲基化生成。1,2-甘油二酯是合成这类磷脂的重要中间物。

（2）CDP-甘油二酯合成途径。此途径主要合成磷脂酰丝氨酸、磷脂酰肌醇和双磷脂酰甘油。在磷脂酰胞苷转移酶的催化下，由 ATP 提供能量，磷脂酸生成 CDP-甘油二酯。在相应合成酶的催化下，CDP-甘油二酯与丝氨酸、肌醇和磷脂酰甘油缩合，分别生成磷脂酰丝氨酸、磷脂酰肌醇和双磷脂酰甘油。CDP-甘油二酯是合成这类磷脂的直接前体和重要中间物。

（二）甘油磷脂的分解

生物体内存在多种能使甘油磷脂水解的磷脂酶，主要有磷脂酶 A_1、磷脂酶 A_2、磷脂酶 B_1、磷脂酶 C 和磷脂酶 D。甘油磷脂可在各种磷脂酶的催化下水解产生各种组分（如甘油、脂肪酸、磷酸和含氮碱）及中间产物。各种磷脂酶的作用部位如图 11-6 所示。

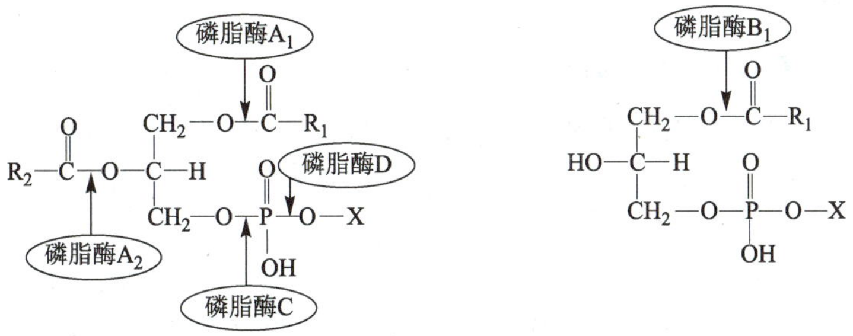

（a）甘油磷脂　　（b）溶血磷脂

图 11-6　各种磷脂酶的作用部位

磷脂酶 A_1 主要存在于细胞的溶酶体内，另外还存在于蛇毒及某些微生物中，能使甘油磷脂分子中的第 1 位酯键水解，产物为饱和脂肪酸和溶血磷脂-2。磷脂酶 A_2 存在于动物各组织的细胞膜及线粒体膜上，以 Ca^{2+}为激活剂，可使甘油磷脂分子中的第 2 位酯键水解，产物为溶血磷脂-1 及多不饱和脂肪酸。溶血磷脂可在磷脂酶 B_1 的催化下进一步水解生成脂肪酸和甘油磷酸胆碱，甘油磷酸胆碱再经磷脂酶 D 水解生成甘油和含氮碱。磷脂酶 C 主要存在于细胞膜和某些细菌中，能水解甘油磷脂分子中的第 3 位酯键，产物为甘油二酯、磷酸胆碱或磷酸乙醇胺。

提　示

溶血磷脂-1 和溶血磷脂-2 是一类具有较强表面活性的物质，能破坏红细胞膜或其他细胞膜，进而引起溶血或细胞坏死。某些毒蛇的唾液中含有磷脂酶 A_1，当人被这类毒蛇咬伤后可能会出现因红细胞被大量破坏而引起的溶血现象。

（三）脂肪肝

肝细胞虽能合成大量脂肪，但不能储存脂肪。在肝脏内合成的甘油三酯主要与载脂蛋白、磷脂和胆固醇等组装成 VLDL，并以 VLDL 的形式分泌进入血液，供其他组织器官摄取与利用。若甘油三酯在肝脏内蓄积过多，则会导致脂肪肝。

形成脂肪肝的常见原因有以下 3 种：① 肝脏内脂肪的来源过多，如高糖高热量饮食；② 肝功能障碍导致氧化脂肪酸的能力下降，合成、释放脂蛋白的功能降低；③ 因合成磷脂的原料不足而使得甘油二酯转变为磷脂的量减少，甘油二酯转而生成甘油三酯，同时由于磷脂合成量减少，导致 VLDL 的合成出现障碍，使得肝脏内的脂肪来源增多，输出减少，从而在肝脏内堆积。

临床上常用磷脂及其合成原料（丝氨酸、甲硫氨酸、胆碱、肌醇及乙醇胺等）、有关辅助因子（叶酸、维生素 B_{12}、ATP 和 CTP）等来防治脂肪肝。

二、鞘磷脂的代谢

鞘磷脂由鞘氨醇、脂肪酸和磷酸胆碱所构成。神经鞘磷脂是人体含量最多的鞘磷脂，它是神经髓鞘的主要成分，也是构成生物膜的重要磷脂。本节主要以神经鞘磷脂的代谢为例来介绍鞘磷脂的代谢。

（一）神经鞘磷脂的合成

机体各组织细胞的滑面内质网都可合成鞘氨醇，以脑组织中的最为活跃。软脂酰 CoA 和丝氨酸是合成鞘氨醇的基本原料，合成过程还需要磷酸吡哆醛、NADPH+H^+及 FAD 等辅酶的参与。

神经鞘磷脂的合成过程为：在内质网 3-酮基二氢鞘氨醇合成酶和磷酸吡哆醛的作用下，软脂酰 CoA 与丝氨酸缩合并脱羧生成 3-酮基二氢鞘氨醇；由 NADPH+H^+供氢，在还原酶的催化下，3-酮基二氢鞘氨醇生成二氢鞘氨醇，二氢鞘氨醇在脱氢酶的催化下生成鞘氨醇，脱下的氢与 FAD 结合；在脂酰转移酶的催化下，鞘氨醇的氨基与软脂酰 CoA 缩合生成 N-脂酰鞘氨醇，再由 CDP-胆碱供给磷酸胆碱，N-脂酰鞘氨醇生成神经鞘磷脂。

（二）神经鞘磷脂的分解

催化神经鞘磷脂分解的磷脂酶主要存在于脑、肝脏、脾脏、肾脏等组织细胞的溶酶体中。在神经鞘磷脂酶的催化下，神经鞘磷脂水解生成磷酸胆碱和 N-脂酰鞘氨醇。如果先天缺乏分解神经鞘磷脂的酶，神经鞘磷脂因不能分解而在细胞内积存，进而引起肝大、脾脏肿大、中枢神经系统功能障碍等鞘磷脂沉积病症。

第四节　胆固醇的代谢

想一想：

胆固醇是具有环戊烷多氢菲烃核和一个羟基的固醇类化合物，因最早从动物的胆石中分离出来而得名。胆固醇既是细胞膜的重要组成成分，也是合成类固醇激素、胆汁酸盐及维生素 D_3 的前体物质。机体内的胆固醇以游离胆固醇和胆固醇酯两种形式存在，其中游离胆固醇是未与脂肪酸结合的胆固醇，胆固醇酯是与脂肪酸相连而形成的胆固醇。

思考：机体是如何合成胆固醇的？胆固醇的合成部位主要分布在哪里？

机体内的胆固醇分为内源性胆固醇和外源性胆固醇。其中，内源性胆固醇由机体自身合成而来，正常成人体内 50%以上的胆固醇来自机体自身合成；外源性胆固醇主要来自动物性食物，如蛋黄、肉类等。胆固醇广泛存在于全身各组织中，其中约 1/4 分布在脑和神经组织中。肝脏、肾脏、肠和脂肪组织中也含有较多的胆固醇，以肝脏中的最多。肌肉组织中胆固醇的含量较低。

一、胆固醇的合成

（一）合成部位

除脑组织及成熟红细胞外，成年人几乎全身各组织均可合成胆固醇。其中，肝脏是合成胆固醇的主要场所，其合成量占胆固醇总合成量的 70%～80%；其次是小肠，小肠中的合成量占胆固醇总合成量的 10%。胆固醇的合成主要在细胞液及内质网中进行。

（二）合成原料

乙酰 CoA 是胆固醇合成的直接原料，另外还需要 ATP 供能和 $NADPH+H^+$供氢。乙酰 CoA 是葡萄糖、脂肪酸及氨基酸在线粒体内的代谢产物，它需要通过柠檬酸-丙酮酸循环进入细胞液中参与胆固醇的合成。ATP 大多来自糖的有氧氧化，$NADPH+H^+$则主要来自磷酸戊糖途径。每合成 1 分子胆固醇，需消耗 18 分子乙酰 CoA、36 分子 ATP 和 16 分子 $NADPH+H^+$。

（三）合成过程

胆固醇的合成过程十分复杂，有近 30 步酶促反应，可大致分为 3 个阶段。

1. 甲羟戊酸的生成

在细胞液中，2 分子乙酰 CoA 在硫解酶的催化下缩合生成乙酰乙酰 CoA，然后在 HMG-CoA 合酶的催化下，乙酰乙酰 CoA 与 1 分子乙酰 CoA 缩合生成 HMG-CoA。在 HMG-CoA 还原酶的作用下，由 NADPH+H^+供氢，HMG-CoA 还原生成甲羟戊酸。此步反应是胆固醇合成的限速反应，HMG-CoA 还原酶是胆固醇合成的限速酶。

2. 鲨烯的生成

在一系列酶的催化下，由 ATP 供能，甲羟戊酸经磷酸化、脱羧、脱羟基等反应生成 5 碳焦磷酸化合物。3 分子的 5 碳焦磷酸化合物再缩合生成 15 碳的焦磷酸法尼酯，然后 2 分子 15 碳的焦磷酸法尼酯在内质网鲨烯还原酶的催化下，经缩合、还原反应生成 30 碳的多烯烃化合物——鲨烯。

3. 胆固醇的合成

鲨烯与细胞液中固醇载体蛋白结合，并在内质网加单氧酶、环化酶等的催化下环化生成羊毛固醇，再经氧化、脱羧和还原等反应脱去 3 个甲基（以 CO_2 形式），生成 27 碳的胆固醇。

扫一扫

胆固醇的合成过程

（四）胆固醇合成的调节

HMG-CoA 还原酶是胆固醇合成的限速酶。通过影响 HMG-CoA 还原酶的活性，可调节胆固醇的合成速率。

1. 激素调节

胰高血糖素和糖皮质激素能抑制 HMG-CoA 还原酶的活性，进而抑制胆固醇的合成。胰岛素和甲状腺激素能诱导肝细胞内 HMG-CoA 还原酶的合成，进而促进胆固醇的合成。甲状腺激素除了能促进 HMG-CoA 还原酶的合成外，还能促进胆固醇在肝细胞内转变成胆汁酸，并且后者的作用比前者强，因此甲状腺功能亢进者体内的血清胆固醇的含量较低。

2. 胆固醇的反馈抑制

食物中胆固醇的含量或体内合成胆固醇的含量增加，均会反馈抑制 HMG-CoA 还原酶的活性，从而抑制胆固醇的合成；食物中胆固醇的含量降低，可解除胆固醇对 HMG-CoA 还原酶的抑制作用，从而促进胆固醇的合成。这种反馈作用主要发生在肝细胞中。由于食物中的胆固醇不能抑制小肠黏膜细胞内 HMG-CoA 还原酶的活性，故小肠黏膜细胞内胆固醇的合成不受这种调节作用。可见，单靠限制食物中胆固醇的含量，对降低血浆中胆固醇浓度的作用是有限的。

3. 饥饿与饱食的调节

饥饿或禁食可使 HMG-CoA 还原酶的合成减少、活性降低，还使胆固醇合成所需的原料如乙酰 CoA、NADPH+H^+和 ATP 等不足。相反，机体摄取高糖、高脂肪食物后，HMG-CoA 还原酶的活性增强，从而促进了胆固醇的合成。

探渊索珠

勇闯科研“无人区”——在独创独有上下功夫

在营养过剩的今天，心脑血管疾病已经成为威胁人类健康的“头号杀手”，而心脑血管疾病，又与血液中的低密度脂蛋白胆固醇（LDL-C）关联性最强。探究人体内 LDL-C 的控制水平，已成为全世界无数科研团队的奋斗目标。

在武汉大学，就有这样一支科研团队。多年来，他们夙兴夜寐、执着追求，在胆固醇与脂代谢领域取得了一系列原创发现，他们的研究成果被收录到十多部英文教材或专著中。他们，就是由武汉大学生命科学学院院长、教授宋保亮领衔的胆固醇与脂代谢研究团队。

“胆固醇水平主要受两方面调控：日常饮食生活方式和遗传因素。长期摄入过量的胆固醇，导致 LDL-C 升高，容易引起心脑血管疾病。但是由于我们每个人的基因组内都有一些微小差异，使得不同个体之间胆固醇与脂代谢会有不同，甚至有巨大影响。”宋保亮举了这样一个例子：有一个人持续十年每日食用十几个鸡蛋，多年后心血管功能依旧正常；而另一个人也每天吃十几个鸡蛋，仅仅一年后却发展成动脉粥样硬化。为何会出现两个迥然相异的结局？揭开这些日常现象背后的科学规律，是胆固醇与脂代谢研究团队的一个重要探索方向。

破解这些难题，自然离不开大量的科研工作。“但对我们团队来说，由于承担的任务基本都在科研‘无人区’，鲜有现成的理论或者工具。这就要求团队成员思考别人没解决的问题，要学会‘大胆假设，小心求证’。”宋保亮说。

为此，团队大胆猜测，是否存在一种新的胆固醇调控基因？带着这样的疑问，团队与新疆医科大学马依彤教授合作，发现了一个家族性低胆固醇的哈萨克族家系，这个家族中的一些成员血脂明显低于正常人，但他们却很健康。通过全基因组外显子测序和基因关联性分析，研究人员发现了一个新的胆固醇吸收调控基因——LIMA1。他们构建基因敲除小鼠，证明 LIMA1 基因缺失后，动物对饮食中的胆固醇吸收明显降低。

2018 年 6 月，国际顶级期刊 *Science* 以研究长文形式发表了团队的这一研究成果。业内认为这一发现科学解释了人体内胆固醇吸收差异的原因，并且提示人们可以通过抑制 LIMA1 的功能，达到健康降脂的目的。

“宋保亮教授有一句口头禅：要成为一个有用的人，要成为一个有精神追求的人。加入团队以来，我看到他是工作最勤奋的，一直是实验室去得最早和走得最晚的一个人。在他身上，我看到了对科研的热爱和对事业的追求。”课题组内一位成员说。

二、胆固醇的酯化

细胞和血浆中的游离胆固醇均可被酯化成胆固醇酯，并以胆固醇酯的形式存在。但在不同部位，催化胆固醇酯化的酶及反应过程不同。

（一）细胞内胆固醇的酯化

在组织细胞中，胆固醇在脂酰 CoA 胆固醇脂酰转移酶（ACAT）的催化下，接受脂酰 CoA 分子中的脂酰基生成胆固醇酯。反应式为

$$\text{胆固醇+脂酰CoA} \xrightarrow{\text{ACAT}} \text{胆固醇酯+HSCoA}$$

（二）血浆中胆固醇的酯化

在血浆中，卵磷脂-胆固醇脂酰基转移酶（LCAT）可催化卵磷脂分子中 C_2 位的脂酰基（大多为不饱和脂肪酸）转移到胆固醇分子中 C_3 位的羟基上，生成胆固醇酯和溶血卵磷脂。反应式为

$$\text{胆固醇+卵磷脂} \xrightarrow{\text{LCAT}} \text{胆固醇酯+溶血卵磷脂}$$

LCAT 在肝脏内合成后分泌到血液中，并在血浆中发挥催化作用。因此当肝细胞受损时，血浆中 LCAT 的活性降低，使得胆固醇的酯化作用减弱，导致血浆中胆固醇酯的含量降低。临床上可根据血浆胆固醇酯的含量推测肝功能的情况。

三、胆固醇在体内的转变与排泄

胆固醇在体内不能被彻底氧化分解为 CO_2 和 H_2O，但可经氧化、还原等反应转变为胆汁酸、类固醇激素、维生素 D_3 等具有重要生理活性的物质，或者直接排出体外。

（一）胆固醇的转变

1. 转变为胆汁酸

胆固醇在肝脏内转变为胆汁酸是胆固醇代谢转化的主要途径。正常成人每天合成的胆固醇中，约有 40%在肝脏中转变为胆汁酸。胆汁酸以钠盐或钾盐的形式存在，称为胆汁酸盐或胆盐。胆汁酸盐或胆盐随胆汁排入肠道内，在脂类的消化与吸收中起重要作用。

2. 转变为类固醇激素

胆固醇是肾上腺皮质、睾丸、卵巢内分泌腺合成及分泌类固醇激素的原料。例如，肾上腺皮质球状带、束状带及网状袋细胞能以胆固醇为原料，分别合成醛固酮、皮质醇和少量皮质酮；睾丸间质细胞能以胆固醇为原料合成睾丸酮；卵巢的卵泡内膜细胞及黄体能以胆固醇为原料分别合成雌二醇、孕酮。

3. 转变为维生素 D_3

人体皮肤细胞内的胆固醇经脱氢氧化生成 7-脱氢胆固醇（维生素 D 前体），7-脱氢胆固醇经紫外线照射后即可转变为维生素 D_3。

做一做

胆固醇不能转化为（　　）。

A. 胆汁酸　　B. 肾上腺皮质激素　　C. 胆红素

D. 维生素 D_3　　E. 性激素

（二）胆固醇的排泄

体内胆固醇的代谢去路主要是转变为胆汁酸盐，并以胆汁酸盐的形式随胆汁排泄。另外，还有一部分胆固醇可直接随胆汁或通过肠黏膜排到肠道中。排到肠道中的胆固醇，一部分经肝肠循环进入血液，另一部分受肠道细菌作用还原生成粪固醇，粪固醇随粪便排出体外。

第五节　血脂和血浆脂蛋白

想一想:

血浆中的脂类物质统称血脂，而大部分血脂与载脂蛋白结合形成血浆脂蛋白。血浆脂蛋白是血浆在机体内的主要存在形式。一旦血浆脂蛋白代谢出现异常，可能导致相关疾病的发生。

思考: 血浆脂蛋白在机体内是如何进行代谢的？血浆脂蛋白的代谢具有哪些生理意义？

一、血脂

血浆中的脂类物质统称血脂，主要包括甘油三酯、磷脂、胆固醇、胆固醇酯和游离脂肪酸等。血浆中脂类的含量为 4.0～7.0 g/L。血脂有两个来源：一是外源性，即从食物中摄取的脂类经消化道吸收并进入血液；二是内源性，由肝脏、脂肪细胞及其他组织合成或分解脂类物质并将其释放在血液。血脂可以经血液循环流到各组织中进行氧化供能，可以进入脂库储存，可以作为生物膜合成的原料，也可以转变为其他物质。

正常情况下，血脂的来源与去路处于动态平衡状态，血脂含量相对稳定。但若长期摄入高脂肪、高热量食物，机体内的血脂含量会升高，容易诱发疾病。此外，血脂含量远不如血糖含量恒定，易受年龄、性别、膳食、运动及代谢等多种因素的影响，波动范围较大。

血脂测定是临床常规分析的重要指标。通过血脂水平的测定、分析，不仅可以了解机体脂类代谢的状况，还可以作为高脂血症、动脉粥样硬化和冠心病的辅助诊断指标。

二、血浆脂蛋白

血液中的脂类物质不溶于水或微溶于水，除游离脂肪酸与清蛋白结合外，其余脂类物质均与载脂蛋白结合形成血浆脂蛋白。血浆脂蛋白具有亲水性，是血脂的主要存在形式、运输形式及代谢形式。

（一）血浆脂蛋白的分类

因所含脂类和蛋白质的种类及其比例不同，血浆脂蛋白的理化性质（如密度、颗粒大小、表面电荷等）、生理功能等均有所不同。通常可用电泳分离法和超速离心法对血浆脂蛋白进行分离，在此基础上可将血浆脂蛋白分为 4 类物质。

1．电泳分离法

电泳分离法是分离血浆脂蛋白最常用的一种方法，它以各种血浆脂蛋白的表面电荷量和颗粒大小的不同作为分离基础。由于各种脂蛋白的表面电荷量和颗粒大小不同，它们在电场中的迁移率也会不同，从而彼此分离。根据各种血浆脂蛋白在电场中移动的快慢，并对照血清蛋白电泳图谱中的相对位置进行命名，分离的血浆脂蛋白依次为 α-脂蛋白（α-LP）、前 β-脂蛋白（前 β-LP）、β-脂蛋白（β-LP）和乳糜微粒（CM），如图 11-7 所示。其中，α-LP 的迁移率最高，CM 则基本停留在原点。

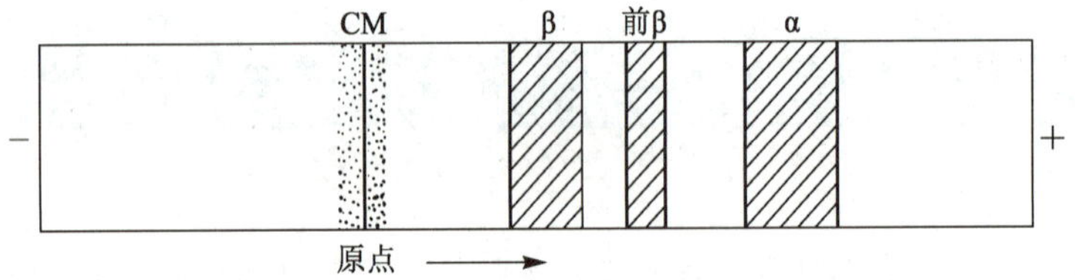

图 11-7　血浆脂蛋白琼脂糖凝胶电泳示意图

2．超速离心法

由于各种血浆脂蛋白中的蛋白质与脂类的比例不同，故其分子密度也各不相同。因此，在一定密度的盐溶液中进行超速离心时，各血浆脂蛋白因密度不同而沉降或上浮，从而彼此分离。根据沉浮情况，血浆脂蛋白可分为乳糜微粒（CM）、极低密度脂蛋白（VLDL）、低密度脂蛋白（LDL）和高密度脂蛋白（HDL），如图 11-8 所示。其中，CM 的密度最小，位于最上层；HDL 的密度最大，位于最下层。

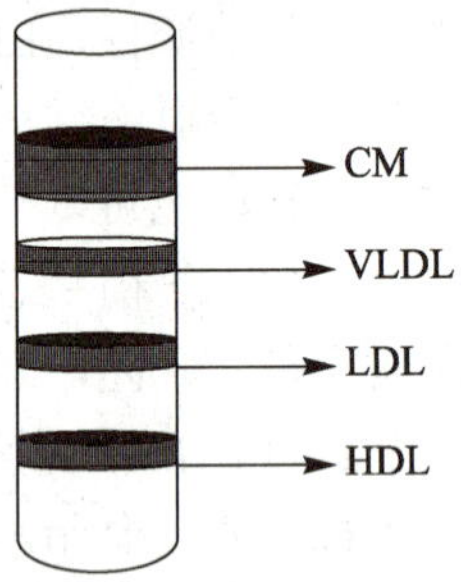

图 11-8　血浆脂蛋白超速离心法示意图

电泳分离法与超速分离法分离出的物质的对应关系为：α-LP 相当于 HDL，前 β-LP 相当于 VLDL，β-LP 相当于 LDL。除上述 4 类脂蛋白外，还有一种中间密度脂蛋白（IDL），它是 VLDL 在血浆中的代谢物，其密度介于 VLDL 与 LDL 之间。

（二）血浆脂蛋白的组成

血浆脂蛋白由脂类（如甘油三酯、磷脂、胆固醇及胆固醇酯等）和蛋白质两部分组成。其中，血浆脂蛋白中的蛋白质部分称为载脂蛋白（apolipoprotein，apo）。载脂蛋白主要包括 apoA、apoB、apoC、apoD 和 apoE 共 5 类。这 5 类又可细分为几个亚类，如 apoA 类可分为 apoAⅠ、apoAⅡ、apoAⅣ和 apoAⅤ，apoB 类可分为 $apoB_{100}$ 和 $apoB_{48}$，apoC 类可分为 apoCⅠ、apoCⅡ和 apoCⅢ。

载脂蛋白的主要功能有：① 构成并稳定血浆脂蛋白的结构，是脂类的运输载体；② 调节血浆脂蛋白代谢中关键酶的活性；③ 参与血浆脂蛋白受体的识别、结合及其代谢过程。

（三）血浆脂蛋白的结构

血浆脂蛋白的结构呈球状，疏水性较强的甘油三酯和胆固醇酯位于血浆脂蛋白的内核，载脂蛋白、磷脂、游离胆固醇则位于血浆脂蛋白的球形表面，且极性基团朝外，这样增加了血浆脂蛋白的亲水性，使其能均匀地分散在血液中，如图 11-9 所示。

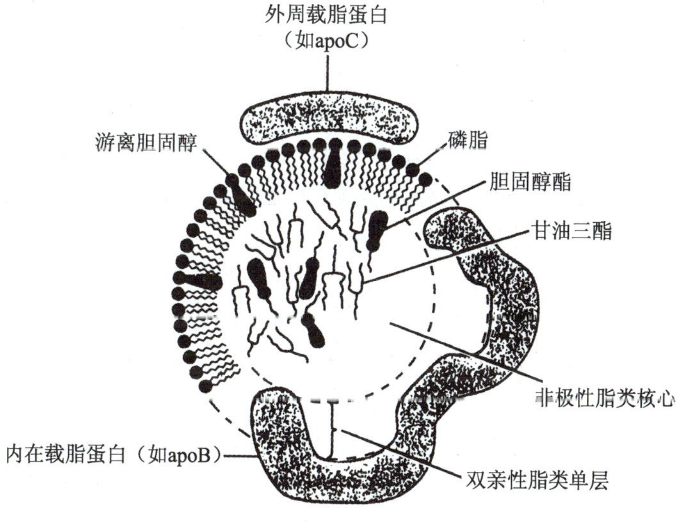

图 11-9　血浆脂蛋白结构示意图

（四）血浆脂蛋白的代谢

1. 乳糜微粒

乳糜微粒（CM）是在小肠黏膜细胞中合成的，主要运输外源性甘油三酯和胆固醇。食物中的脂类在消化吸收过程中，由小肠黏膜细胞合成的甘油三酯和磷脂，连同吸收和合成的胆固醇，加上 $apoB_{48}$、apoC 等载脂蛋白共同形成新生的 CM。新生 CM 经淋巴管进入血液后，从 HDL 中获得 apoC 和 apoE，同时将部分 apoA 转移给 HDL，形成成熟的 CM。成熟 CM 分子上的 apoCⅡ能激活肌肉、脂肪组织等处毛细血管内皮细胞表面的脂蛋白脂肪酶（LPL），LPL 可催化 CM 中的甘油三酯水解生成甘油和脂肪酸，供组织摄取利用。

随着甘油三酯的逐步水解，CM 颗粒逐渐变小，最后转变成富含胆固醇酯、$apoB_{48}$ 和

apoE 的 CM 残粒。CM 残粒因其表面含有 apoE，能够识别肝细胞膜上的 apoE 受体并与之结合，最终被肝细胞摄取及利用。因此，CM 的功能是运输外源性甘油三酯至骨骼肌、心肌、脂肪等组织，以及运输外源性胆固醇至肝脏。

正常人体内的 CM 在血浆中的代谢迅速，半寿期为 5～15 分钟，因此空腹 12～14 小时后血浆中不含 CM。

2. 极低密度脂蛋白

极低密度脂蛋白（VLDL）是在肝脏中合成的（少量来自小肠黏膜细胞），主要运输内源性甘油三酯。肝细胞可以以葡萄糖为原料合成甘油三酯，也可以利用食物及脂肪组织动员中的脂肪酸合成甘油三酯，甘油三酯再与胆固醇、胆固醇酯、磷脂、apoB100 等形成 VLDL。此外，小肠黏膜细胞也可合成少量 VLDL。

VLDL 分泌进入血液后，从 HDL 处获得 apoC，而 apoC 中的 apoCⅡ可激活肝外组织毛细血管内皮细胞表面的脂蛋白脂肪酶（LPL）。与 CM 代谢一样，VLDL 中的甘油三酯在 LPL 的作用下水解生成甘油和脂肪酸，供组织摄取利用。同时，VLDL 表面的 apoC、磷脂和胆固醇向 HDL 转移，而 HDL 表面的胆固醇酯又转移到 VLDL 上。随着甘油三酯的水解，VLDL 颗粒逐渐变小，VLDL 中的 $apoB_{100}$ 和 apoE 的含量相对增加，导致 VLDL 的密度逐渐增加，VLDL 转变为中间密度脂蛋白（IDL）。

IDL 主要有两条代谢途径：① 一部分 IDL 与肝细胞膜的 apoE 受体结合，被肝细胞摄取及利用；② 未被肝细胞摄取的 IDL 中的甘油三酯被 LPL 进一步水解，同时其表面的 apoE 转移到 HDL 上，最后转变为主要含胆固醇、胆固醇酯和 $apoB_{100}$ 的 LDL 颗粒。VLDL 在血液中的半寿期为 6～12 小时。

3. 低密度脂蛋白

低密度脂蛋白（LDL）由 VLDL 代谢转变而来，是转运肝脏合成的内源性胆固醇的主要形式。LDL 中的主要脂类有胆固醇和胆固醇酯，载脂蛋白为 $apoB_{100}$。

LDL 的主要代谢途径为 LDL 受体代谢途径。LDL 受体广泛分布在肝脏、动脉壁细胞等全身组织的细胞表面。当 LDL 与 LDL 受体结合后进入细胞与溶酶体融合，并在溶酶体中的蛋白水解酶的催化下，LDL 中的 $apoB_{100}$ 被水解为氨基酸，胆固醇酯则被水解为游离胆固醇和脂肪酸，供组织摄取、利用。

除 LDL 受体代谢途径外，血浆中的 LDL 还可被修饰，修饰后的 LDL 可被单核-吞噬细胞系统中的巨噬细胞和血管内皮细胞清除。LDL 是健康成人空腹血浆中的主要脂蛋白，其含量占血浆脂蛋白总量的 1/2～2/3，半衰期为 2～4 天。

4. 高密度脂蛋白

高密度脂蛋白（HDL）主要在肝脏内合成，部分也可在小肠内合成。HDL 的功能是将肝外胆固醇逆向转运至肝脏内代谢。

刚从肝脏或小肠分泌出来的 HDL 为新生的 HDL，主要由磷脂、游离胆固醇、apoA、apoC 及 apoE 等组成，呈圆盘状结构。新生 HDL 进入血液后，在血浆卵磷脂-胆固醇脂酰基转移酶（LCAT）的催化下，HDL 的卵磷脂分子中的 C_2 位脂酰基转移至胆固醇分子中的 C_3 位羟基生成溶血卵磷脂和胆固醇酯。此过程消耗的卵磷脂和游离胆固醇不断地从肝外细胞得到补充。胆固醇酯向 HDL 的核心部位转移，同时 HDL 表面的 apoC 和 apoE 转移到

CM 和 VLDL 上，使得新生 HDL 转变为成熟的 HDL。成熟 HDL 可与肝细胞膜上的 HDL 受体结合并被摄取，其中大部分的胆固醇经代谢后转变为胆汁酸，胆汁酸通过胆汁分泌而发挥乳化作用。HDL 在血浆中的半衰期为 3～5 天。

（五）临床上常见的血浆脂蛋白代谢异常

1．高脂血症

高脂血症是指空腹时血浆中的脂类有一种或多种高于正常参考值上限的异常状态。目前，临床上的高脂血症主要是指血浆胆固醇或甘油三酯的含量单独或两者同时超出正常参考值上限的异常状态。由于脂类在血浆中主要以血浆脂蛋白的形式存在，因此高脂血症又称高脂蛋白血症。正常人的脂类含量的上限标准因地区、膳食、年龄、劳动状况、职业及测定方法不同而有所差异。一般以成人空腹 12～14 小时，血浆甘油三酯超过 2.26 mmol/L，血浆胆固醇超过 6.21 mmol/L，以及儿童胆固醇超过 4.14 mmol/L 作为高脂血症的诊断标准。

高脂血症分为原发性高脂血症和继发性高脂血症两大类。其中，原发性高脂血症病因不明，目前已证实有些高脂血症是由遗传缺陷所致的。继发性高脂血症常继发于其他疾病，如糖尿病、肾病、肝病及甲状腺功能减退等。

2．动脉粥样硬化

动脉粥样硬化主要是由于血浆中胆固醇含量过多，大量胆固醇沉积在大、中动脉内膜上形成粥样斑块，导致管腔狭窄甚至阻塞，从而影响受累器官的血液供应及动脉内皮细胞损伤。冠状动脉粥样硬化引起的心肌缺血甚至心肌梗死，被称为冠状动脉粥样硬化性心脏病，简称冠心病。

研究表明，动脉粥样硬化的发病机制与血浆脂蛋白的代谢异常密切相关。大量研究证实，粥样斑块中的胆固醇来自血浆中的 LDL。当血浆中 LDL 水平升高时，LDL 透过动脉内皮细胞蓄积于内皮下，并被氧化成 Ox-LDL。Ox-LDL 刺激血液中的单核细胞进入内皮下游至病灶部位并分化为巨噬细胞，继而 Ox-LDL 被巨噬细胞表面的清道夫受体识别并吞噬，导致巨噬细胞内的胆固醇和胆固醇酯大量聚集而形成泡沫细胞。沉积在动脉内皮下的泡沫细胞死亡形成脂质斑块。动脉的平滑肌细胞从中膜迁移至内膜并聚集在脂质斑块周围，增生并合成胶原纤维，最终发展成典型的粥样斑块。

VLDL 是 LDL 的前体，故 VLDL 水平升高可间接引起 LDL 水平的升高。此外，VLDL 还可引起巨噬细胞内甘油三酯的堆积，对动脉粥样硬化的发生有促进作用。而 HDL 的主要功能是将肝外组织的胆固醇逆向转运至肝脏内代谢，以降低动脉壁胆固醇的含量，并且还具有抑制 LDL 氧化的作用，故 HDL 的水平与动脉粥样硬化的发生呈负相关。可见，血浆中 LDL、VLDL 的含量升高和 HDL 的含量降低是导致动脉粥样硬化的关键因素。

综上所述，降低 LDL 和 VLDL 的水平和提高 HDL 的水平，是防治动脉粥样硬化和冠心病的基本原则。

3．肥胖症

肥胖症是指全身性的脂肪堆积过多而导致体内发生的一系列生理和病理变化。目前国际上用体质指数（Body Mass Index，BMI）作为肥胖度的衡量标准。我国规定：成年人 BMI 在 24～26 kg/m^2 之间为轻度肥胖；BMI 在 26～28 kg/m^2 之间为中度肥胖；BMI>28 kg/m^2

为重度肥胖。

肥胖症的发生是机体能量代谢失调的结果，其确切发病机制尚未完全明了。目前认为肥胖症与遗传、中枢神经系统异常、内分泌功能紊乱、营养过剩、体力活动过少等因素有关。其中比较常见的原因为营养过剩，同时活动量过少，这些因素导致体内过多的糖、脂肪酸、甘油、氨基酸等转变为脂肪并储存在脂肪组织中。

肥胖症患者常合并有糖尿病、冠心病、高血压、脑血管疾病、胆囊炎、胆石症和通风等疾病。肥胖症及其相关疾病可损害肥胖症患者的身心健康，使其生活质量降低，现已成为重要的世界性健康问题之一。

科心报国

归国才女李蓬

李蓬，江西宁都人，中共党员，分子生理学家，中国科学院院士，发展中国家科学院院士。

李蓬院士长期从事脂代谢和代谢性疾病研究，在生物学领域取得了很大的科研成果。她发现了细胞内调节脂代谢的细胞器脂滴可通过特殊的融合方式而生长，在脂代谢调控中起重要作用；发现和鉴定了多个与脂滴融合相关的重要蛋白和调控因子，系统阐明了脂滴融合的生物化学和细胞生物学机制；运用小鼠模型和临床样品等从生理和病理机制上证明脂滴融合是肥胖和非酒精性脂肪肝发生的细胞生物学基础，分析鉴定了调控肝脏细胞、乳腺表皮细胞、皮脂细胞中脂肪分泌的重要通路及其调控机制；从生物化学、细胞生物学、生理学和病理学等多个角度阐明了脂代谢调控的机制和代谢性疾病发生和发展的基础。

李蓬从初中接触生物这门课程开始就对生物产生了浓厚的兴趣，并于 1983 年考入了北京师范大学生物系。上了大学后的她一刻没有松懈过她的学习和研究，在本科毕业后又获得了出国留学的机会，于 1995 年获得了加州大学圣地亚哥分校的博士学位。后来，为了自己的研究工作，李蓬又去了新加坡国立大学进行学习和研究，并在 1999 年获得了新加坡的国家青年科学奖。虽然一直在国外从事研究，但是她始终惦念着祖国。2006 年，李蓬放弃了国外的工作和丰厚的报酬，毅然决然地选择了回国。回国后，清华大学主动向她抛出了橄榄枝——担任清华大学生物科学与技术系教授。

作为一名清华教师，回国后的李蓬花费了两三年的时间搭建了自己的研究平台，鼓励清华学子一定要坚持，做研究不能一开始就求结果，只有在坚持努力中，任何事情才有可能会柳暗花明又一村。她手把手地带研究生，直到第一拨学生真正在知识和技术上培养出来，课题组在 2007 年才有了第一篇论文。从那之后，李蓬课题组成果不断，取得了一系列具有原创性、系统性和连续性的成果，研究工作一直处于国际脂代谢领域的前沿。

现在，李蓬教授的时间被各类事务占据，科研、人才培养、学科建设、拟定研究计划……但她最为关心的，还是带领学生们做“单纯的”科研。她说：“学生们都很聪明，也很认真，但思想容易波动，尤其是实验遇到挫折时，会产生焦虑甚至动摇做科学的决心。我认为科研应先不谈结果，要坚持下去不怕失败，山穷水尽疑无路，柳暗花明又一村，有可能下一个实验就会带来一片新天地。科研最需要的是无畏的精神，我希望清华的学生们能真正从事国际上最顶尖的科学研究。”

关键术语

脂类	甘油三酯	类脂	脂肪酸	磷脂
甘油磷脂	鞘磷脂	胆固醇	血脂	血浆脂蛋白

思考题

（1）简述脂类的生理功能。
（2）何谓脂肪酸的 β-氧化？简述其反应过程。
（3）酮体包括哪些组分？酮体的生成有何生理意义？
（4）简述甘油磷脂的合成与分解过程。
（5）胆固醇的表现形式有哪两种？简述这两种表现形式的合成过程。
（6）血浆脂蛋白代谢异常会引发哪些疾病？

第十二章　核苷酸代谢

知识目标

- 掌握嘌呤核苷酸、嘧啶核苷酸从头合成与补救合成的反应过程，熟悉嘌呤核苷酸从头合成的调节、嘌呤核苷酸补救合成的生理意义及脱氧核苷酸的合成，了解嘌呤核苷酸的互变及脱氧核苷酸的合成。
- 掌握嘌呤核苷酸、嘧啶核苷酸的分解代谢。
- 熟悉核苷酸的抗代谢物及其作用机制。

素质目标

- 学习王德宝院士的先进事迹，坚定理想信念，励志报效祖国、服务人民。

核苷酸是核酸的基本结构单位。机体内的核苷酸主要由机体细胞自身合成，少量来自食物的消化吸收。因此，核苷酸不属于营养必需物质。

食物中的核酸大多以核蛋白的形式存在。核蛋白在胃中受胃酸的作用分解成核酸和蛋白质。核酸进入小肠后，受胰液和肠液中各种水解酶的作用逐步水解，最终生成磷酸、戊糖和碱基。其中，戊糖被吸收并参与体内的戊糖代谢，碱基主要被机体分解并排出体外。可见，食物中的碱基很少被机体利用。食物中核蛋白的消化吸收如图 12-1 所示。

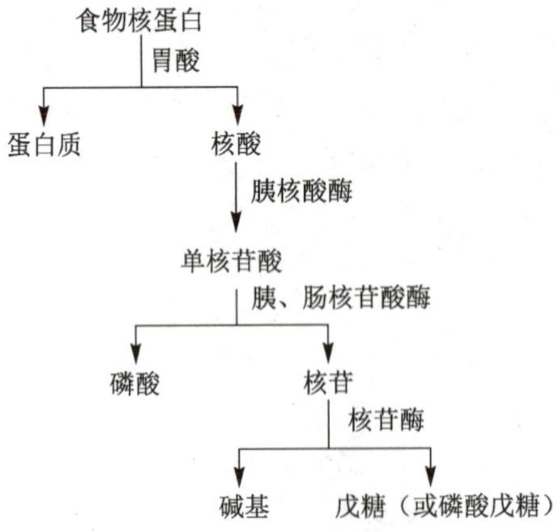

图 12-1　食物中核蛋白的消化吸收

核苷酸具有多种生物学功能，是因为：① 核苷酸是核酸合成的原料；② 核苷酸是体内能量的供给者，如 ATP 是生命活动的直接供能者；③ 核苷酸参与代谢和生理调节，如 cAMP 是多种细胞膜受体类激素的第二信使；④ 核苷酸能够组成辅酶，如腺苷酸可作为 NAD^+、FAD 和辅酶 A 等辅酶的组成成分；⑤ 核苷酸是多种物质合成的活化中间代谢物，如 UDP-葡萄糖是合成糖原、糖蛋白的活性原料等。

第一节　核苷酸的合成代谢

想一想：

机体内，核苷酸的合成主要有从头合成和补救合成两种途径。其中，从头合成途径是指细胞以 5-磷酸核糖、氨基酸、一碳单位及 CO_2 等物质为原料，经过一系列酶处反应合成核苷酸的过程；补救合成途径是指细胞利用游离的碱基或核苷，经过简单的反应合成核苷酸的过程。两者的重要性因组织不同而异。从头合成途径是机体内大多数核苷酸合成的主要方式，以肝组织最为典型，而补救合成途径是脑、骨髓等组织内核苷酸合成的重要方式。

思考：核苷酸是如何进行合成代谢的？核苷酸的合成代谢具有哪些生理意义？

一、嘌呤核苷酸的合成代谢

（一）嘌呤核苷酸的从头合成与合成调节

同位素示踪实验证明，嘌呤环是由一些简单的化合物合成的，如嘌呤环中的 N_1 由天冬氨酸提供，C_2 由 N^{10}-甲酰四氢叶酸（一碳单位）提供，N_3、N_9 由谷氨酰胺提供，C_4、C_5、N_7 由甘氨酸提供，C_8 由 N^5,N^{10}-甲炔四氢叶酸（一碳单位）提供，C_6 由 CO_2 提供，如图 12-2 所示。

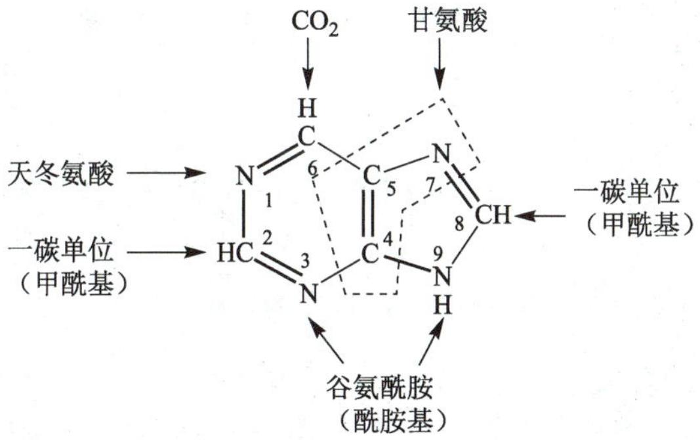

图 12-2　嘌呤环合成的元素及其来源

提　示

一碳单位：某些氨基酸在分解代谢过程中产生的含有一个碳原子的基团，包括甲基、亚甲基、次甲基、羟甲基、甲酰基及亚氨甲基等。一碳单位是合成核苷酸的重要成分，在体内主要以四氢叶酸为载体。

嘌呤核苷酸从头合成的基本原料包括5-磷酸核糖、谷氨酰胺、天冬氨酸、甘氨酸、一碳单位和CO_2。体内嘌呤核苷酸从头合成的主要器官是肝脏，其次为小肠黏膜和胸腺。反应过程是在细胞液中进行的。

1. 嘌呤核苷酸从头合成的反应过程

嘌呤核苷酸从头合成的反应过程比较复杂，大致可以分为两个阶段：第一阶段，合成次黄嘌呤核苷酸(IMP)；第二阶段，IMP转变生成腺苷一磷酸(AMP)和鸟苷一磷酸(GMP)。

1）IMP的合成

IMP是嘌呤核苷酸从头合成的重要中间产物，其合成需要经过11步酶处反应完成。

首先，在磷酸核糖焦磷酸合成酶（PRPP合成酶）的催化下，由ATP供能，5-磷酸核糖被活化生成5-磷酸核糖-1-焦磷酸(PRPP)。然后，在磷酸核糖酰胺转移酶的催化下，PRPP上的焦磷酸被谷氨酰胺上的酰胺基取代，生成5-磷酸核糖胺（PRA）。

以上两个步骤是IMP合成的关键步骤，PRPP合成酶和磷酸核糖酰胺转移酶是IMP合成的限速酶。PRA在一系列酶的催化下，由ATP供能，甘氨酸、N^5,N^{10}-甲炔四氢叶酸、谷氨酰胺、CO_2、天冬氨酸等依次参与，最终生成IMP。IMP的合成途径如图12-3所示。

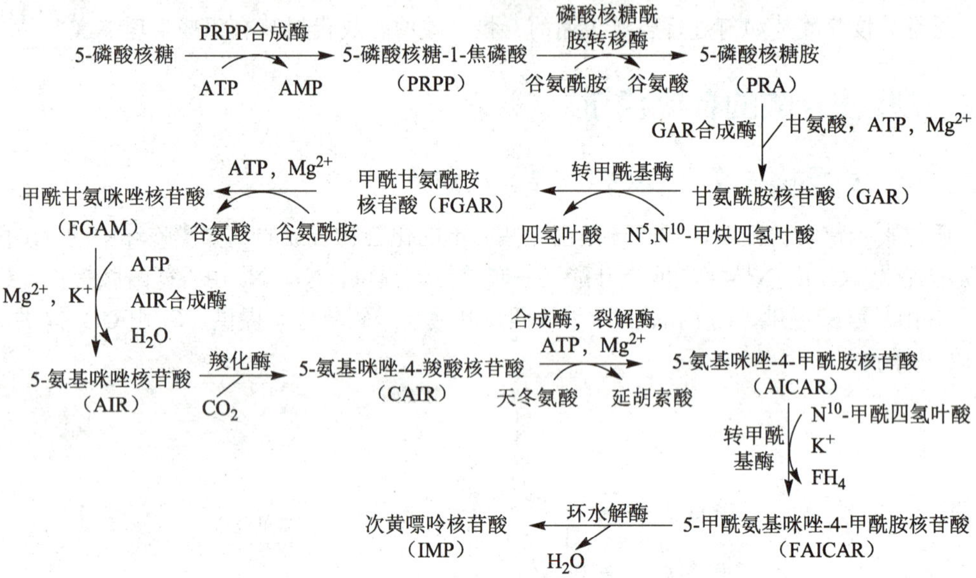

图12-3 IMP的合成途径

2）AMP和GMP的合成

IMP不是核酸的主要组成成分，可以通过不同途径转变为AMP和GMP。IMP转变为AMP的反应过程分为两步：① 在腺苷酸代琥珀酸合成酶的催化下，由GTP供能，IMP与天冬氨酸缩合生成腺苷酸代琥珀酸；② 在腺苷酸代琥珀酸裂解酶的催化下，腺苷酸代琥珀酸裂解为延胡索酸和AMP。

IMP转变为GMP的反应过程分为两步：① 在IMP脱氢酶的催化下，以NAD^+为受氢体，IMP脱氢氧化生成黄嘌呤核苷酸（XMP）；② 在GMP合成酶的催化下，由ATP供能，XMP接受谷氨酰胺提供的酰胺基生成GMP。

IMP 合成 AMP 和 GMP 的过程如图 12-4 所示。

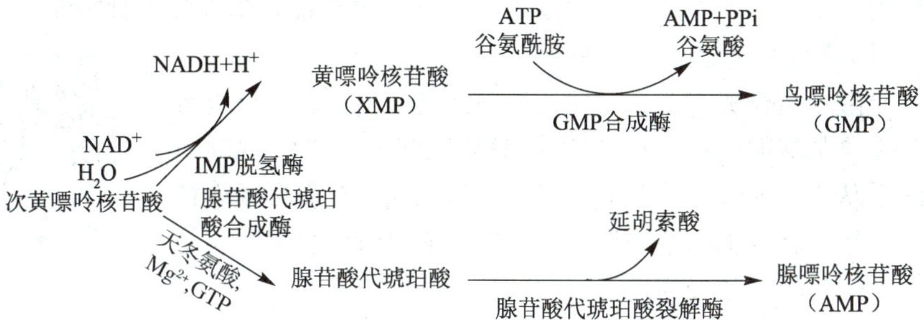

图 12-4　IMP 合成 AMP 和 GMP 的过程

AMP 和 GMP 在激酶的作用下，经过两次磷酸化反应后分别生成 ATP 和 GTP，以作为合成 RNA 的原料。

2. 嘌呤核苷酸从头合成的调节

嘌呤核苷酸的从头合成途径是体内核苷酸的主要来源，该过程需要消耗氨基酸和大量的 ATP。机体对嘌呤核苷酸从头合成的反应速率进行着精细的调节，一方面以满足核酸合成过程中对嘌呤核苷酸的需求，另一方面节约了原料和 ATP 的消耗。

嘌呤核苷酸从头合成途径中有两步关键反应，分别是 PRPP 的生成和 PRA 的生成。催化这两步反应的酶分别是 PRPP 合成酶和磷酸核糖酰胺转移酶，它们均受产物 IMP、AMP 和 GMP 的反馈抑制，而 PRPP 可变构激活磷酸核糖酰胺转移酶。

此外，在合成 AMP 和 GMP 的过程中，过量的 AMP 控制 AMP 的生成，但不影响 GMP 的生成；过量的 GMP 控制 GMP 的生成，但不影响 AMP 的生成。并且，IMP 转变成 AMP 时需要 GTP 的参与，而 IMP 转变成 GMP 时需要 ATP 的参与。因此，GTP 可以促进 AMP 的生成，ATP 可以促进 GMP 的生成。这种交叉调节作用对维持 ATP 与 GTP 浓度的平衡具有重要的意义。

（二）嘌呤核苷酸的补救合成

1. 嘌呤核苷酸补救合成的反应过程

嘌呤核苷酸补救合成途径比从头合成途径简单得多，并且可以减少能量和一些氨基酸的消耗。机体内嘌呤核苷酸的补救合成有以下两种形式：

（1）利用体内游离的嘌呤碱基进行的补救合成。此过程需要腺嘌呤磷酸核糖转移酶（APRT）和次黄嘌呤-鸟嘌呤磷酸核糖转移酶（HGPRT）的参与，由 PRPP 提供磷酸核糖。其中，在 APRT 的催化下，腺嘌呤和 PRPP 反应生成 AMP 和焦磷酸（PPi）；在 HGPRT 的催化下，次黄嘌呤和 PRPP 反应生成 IMP 和 PPi；在 HGPRT 的催化下，鸟嘌呤和 PRPP 反应生成 GMP 和 PPi。反应式为

$$\text{腺嘌呤}+\text{PRPP}\xrightarrow{\text{APRT}}\text{AMP}+\text{PPi}$$

$$\text{次黄嘌呤}+\text{PRPP}\xrightarrow{\text{HGPRT}}\text{IMP}+\text{PPi}$$

$$\text{鸟嘌呤}+\text{PRPP}\xrightarrow{\text{HGPRT}}\text{GMP}+\text{PPi}$$

（2）利用体内游离的嘌呤核苷进行的补救合成。此反应主要以体内腺苷激酶催化的磷酸化反应为代表，即在腺苷激酶的催化下，由 ATP 供能，腺嘌呤核苷转变为 AMP。

2．嘌呤核苷酸补救合成的生理意义

嘌呤核苷酸补救合成有两个方面的生理意义：一方面，可以节省能量并减少氨基酸的消耗；另一方面，体内某些组织器官（如脑、骨髓等）缺乏从头合成嘌呤核苷酸的酶系，只能通过补救合成途径合成嘌呤核苷酸。临床上的某些遗传代谢病（如自毁容貌症）就是由于先天缺乏核苷酸补救合成途径中的某种酶而导致的。

扫一扫

嘌呤核苷酸的合成代谢过程

知识拓展

自毁容貌症

自毁容貌症又称 Lesch-Nyhan 综合征，是由于先天基因缺陷导致次黄嘌呤-鸟嘌呤磷酸核糖转移酶（HGPRT）完全缺失，使得脑内核苷酸和核酸的合成受到障碍，进而影响脑细胞生长发育的一种遗传代谢性疾病。该病以男性居多。患者一般在 2 岁前发病，表现为智力发育障碍、迟钝、共济失调，表现出咬自己的嘴唇、手指及足趾等自残行为甚至自毁容貌。

由于缺乏 HGPRT，患者体内的次黄嘌呤和鸟嘌呤不能转换为 IMP 和 GMP，只能降解为尿酸，导致体内尿酸过量。因此，该病还伴有高尿酸血症。

（三）嘌呤核苷酸的互变

体内的各种嘌呤核苷酸可以相互转变，以保持机体的平衡。从前文可知，IMP 可以转变为 XMP、AMP 和 GMP，其实 AMP 和 GMP 也可以转变为 IMP。可见，AMP 和 GMP 之间也是可以相互转变的。

二、嘧啶核苷酸的合成代谢

与嘌呤核苷酸的合成代谢一样，体内嘧啶核苷酸的合成也分为从头合成和补救合成两种途径，但嘧啶核苷酸的从头合成比嘌呤核苷酸的从头合成简单。

（一）嘧啶核苷酸的从头合成

同位素示踪实验证明，嘧啶环中的 N_1、C_4、C_5 及 C_6 均由天冬氨酸提供，C_2 由 CO_2 提供，N_3 由谷氨酰胺提供，如图 12-5 所示。

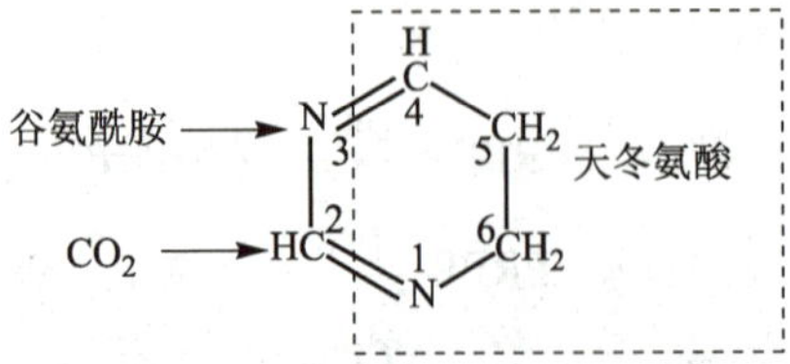

图 12-5　嘧啶环合成的元素及其来源

体内嘧啶核苷酸从头合成的主要器官是肝，参与合成反应的酶大部分存在于细胞质中。嘧啶核苷酸从头合成所需的原料较少，主要包括5-磷酸核糖、谷氨酰胺、天冬氨酸和CO_2。

与嘌呤核苷酸从头合成不同，嘧啶核苷酸从头合成的特点是以氨基甲酰磷酸为起始物合成嘧啶环，嘧啶环再与PRPP提供的磷酸核糖相连生成尿苷一磷酸（UMP），UMP再转变为胞苷三磷酸（CTP）或脱氧胸苷一磷酸（dTMP）。

1. UMP的合成

在氨基甲酰磷酸合成酶Ⅱ的催化下，由ATP供能，谷氨酰胺与CO_2反应生成氨基甲酰磷酸。在天冬氨酸氨基甲酰基转移酶的催化下，氨基甲酰磷酸与天冬氨酸反应生成氨甲酰天冬氨酸。氨甲酰天冬氨酸在二氢乳清酸酶的催化下，经脱水、环化生成含嘧啶环的二氢乳清酸。在二氢乳清酸脱氢酶的催化下，二氢乳清酸脱氢生成乳清酸，乳清酸在乳清酸磷酸核糖转移酶的催化下与PRPP反应，生成乳清酸核苷酸（OMP）。在乳清酸核苷酸脱羧酶的催化下，OMP脱羧生成尿苷一磷酸（UMP）。

细菌中的天冬氨酸氨基甲酰基转移酶是嘧啶核苷酸从头合成的主要调节酶，受反馈机制调节。但在哺乳动物细胞内，氨基甲酰磷酸合成酶Ⅱ是嘧啶核苷酸从头合成的主要调节酶，受UMP的反馈抑制。此外，在真核细胞中，氨基甲酰磷酸合成酶Ⅱ、天冬氨酸氨基甲酰基转移酶和二氢乳清酸酶位于同一条肽链上，是一种多功能酶；乳清酸磷酸核糖转移酶和乳清酸核苷酸脱羧酶也是位于同一条肽链上的多功能酶。这种结构更有利于这些酶以均匀的速率参与嘧啶核苷酸的从头合成。

知识拓展

乳清酸尿症

乳清酸尿症是由于机体内的乳清酸磷酸核糖转移酶和乳清酸核苷酸脱羧酶的活性降低而导致的一种隐性遗传代谢性疾病，其特征是尿液中排出的乳清酸增多。UMP和CTP可以反馈抑制乳清酸的生成，故临床上给患者服用酵母提取液中的UMP和CTP的混合物，可明显降低患者尿液中的乳清酸含量。

2. CTP的合成

由尿苷三磷酸（UTP）转变为胞苷三磷酸（CTP）是在核苷三磷酸水平上进行的。UMP在尿苷酸激酶和核苷二磷酸激酶的连续作用下生成UTP，UTP在CTP合成酶的催化下，接受来自谷氨酰胺提供的氨基生成CTP。此过程需要消耗1分子的ATP。

3. dTMP的合成

脱氧胸苷一磷酸（dTMP）是由脱氧尿苷一磷酸（dUMP）甲基化而形成的。该反应由胸苷酸合酶催化，N^5,N^{10}-甲烯四氢叶酸提供甲基。dUMP可由脱氧尿苷二磷酸（dUDP）水解生成，也可由脱氧鸟苷一磷酸（dGMP）脱氨生成，以后者为主。

扫一扫

嘧啶核苷酸的合成代谢过程

N^5,N^{10}-甲烯四氢叶酸提供甲基后生成二氢叶酸，二氢叶酸又可经二氢叶酸还原酶的作用重新生成四氢叶酸。胸苷酸合酶和二氢叶酸还原酶常被用于癌瘤化疗的靶点。

嘧啶核苷酸从头合成的过程如图 12-6 所示。

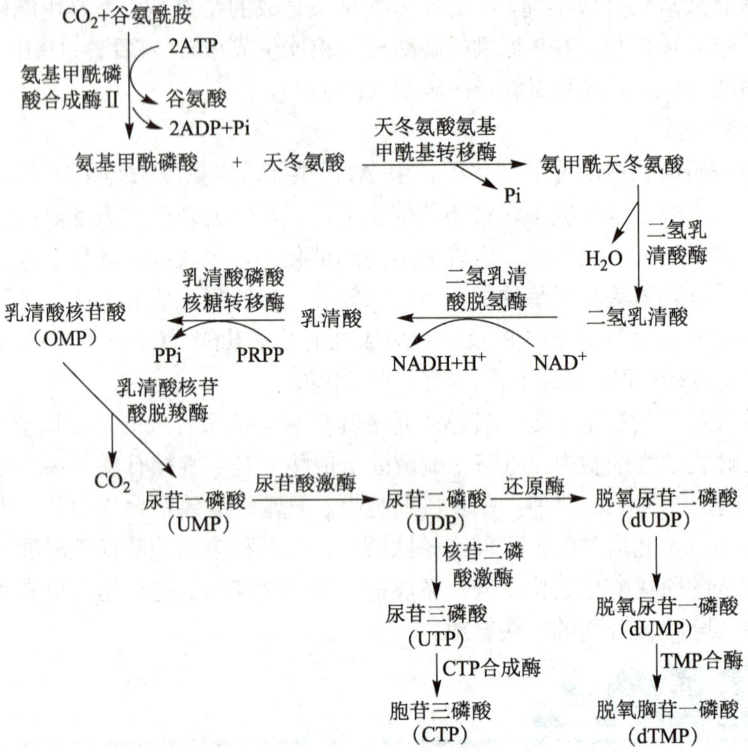

图 12-6　嘧啶核苷酸从头合成的过程

（二）嘧啶核苷酸的补救合成

参与嘧啶核苷酸补救合成的酶主要包括嘧啶磷酸核糖转移酶、尿苷激酶和胸苷激酶。其中，在嘧啶磷酸核糖转移酶的催化下，嘧啶（除胞嘧啶外）与 PRPP 反应生成嘧啶核苷酸和 PPi；在尿苷激酶的催化下，尿苷与 ATP 反应生成 UMP 和 ADP；在胸苷激酶的催化下，脱氧胸苷与 ATP 反应生成 dTMP 和 ADP。反应式为

$$\text{嘧啶（除胞嘧啶外）+PRPP} \xrightarrow{\text{嘧啶磷酸核糖转移酶}} \text{嘧啶核苷酸+PPi}$$

$$\text{尿苷+ATP} \xrightarrow{\text{尿苷激酶}} \text{UMP+ADP}$$

$$\text{脱氧胸苷+ATP} \xrightarrow{\text{胸苷激酶}} \text{dTMP+ADP}$$

三、脱氧核苷酸的合成

脱氧核苷酸是合成 DNA 的主要成分，包括嘌呤脱氧核苷酸和嘧啶脱氧核苷酸。除 dTMP 外，体内的脱氧核苷酸由相应的核苷酸直接还原而来，这种还原作用是在核苷二磷酸的水平上进行的，催化此反应的酶是核糖核苷酸还原酶。反应式为

$$\text{NDP+NADPH+H}^+ \xrightarrow{\text{核糖核苷酸还原酶}} \text{dNDP+NAD}^+\text{+H}_2\text{O}$$

上述生成的脱氧核苷二磷酸（dNDP）在激酶的催化下磷酸化生成脱氧核苷三磷酸（dNTP）。

核糖核苷酸的还原过程是一个复杂的过程，需要硫氧化还原蛋白、NADPH+H^+、硫氧化还原蛋白还原酶的参与。脱氧核苷酸的生成过程如图 12-7 所示。

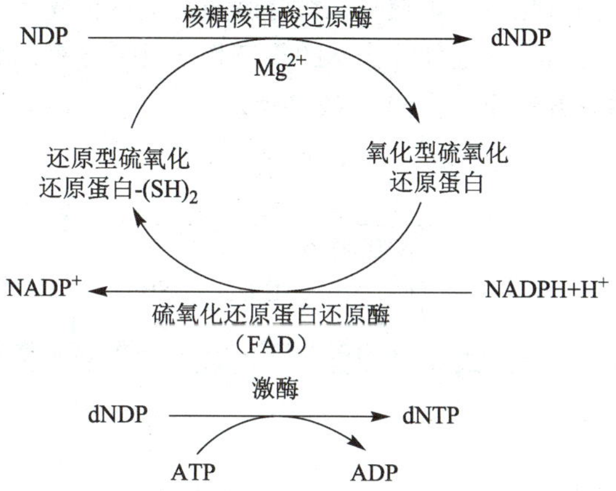

图 12-7　脱氧核苷酸的生成过程

核糖核苷酸还原酶是一种别构酶。某种 NDP 转化成 dNDP 时，往往受到其他核苷三磷酸的别构调节，从而使合成 DNA 所需的 4 种脱氧核糖核苷酸维持恰当的比例。

第二节　核苷酸的分解代谢

想一想：

核苷酸的分解代谢包括嘌呤核苷酸的分解代谢和嘧啶核苷酸的分解代谢。已知食物中的核酸受胰液和肠液中各种水解酶的作用逐步水解，最终生成磷酸、戊糖和碱基。

思考：嘌呤核苷酸和嘧啶核苷酸的分解代谢是否与食物中核酸的分解代谢相似？它们的代谢有哪些生理意义？

一、嘌呤核苷酸的分解代谢

嘌呤核苷酸的分解代谢主要在肝脏、小肠及肾脏中进行，其过程与食物中核苷酸的消化过程类似。细胞中的嘌呤核苷酸在核苷酸酶的催化下水解为嘌呤核苷，嘌呤核苷在核苷磷酸化酶的催化下分解为游离的 1-磷酸核糖和嘌呤碱基。其中，1-磷酸核糖在磷酸核糖变位酶的催化下转变为 5-磷酸核糖，而 5-磷酸核糖既可以参与磷酸戊糖途径，也可作为核苷酸合成原料继续参与新核苷酸的合成；嘌呤碱基则最终被分解为尿酸，随尿液排出体外。

AMP 的具体分解过程为：① 在核苷酸酶的催化下，AMP 水解释放磷酸生成腺嘌呤核苷，腺嘌呤核苷在腺苷脱氨酶的催化下生成次黄嘌呤核苷，或者在腺苷脱氨酶的催化下，AMP 脱氨基生成 IMP，IMP 在核苷酸酶的催化下水解释放磷酸而生成次黄嘌呤核苷；② 在核苷磷酸化酶的催化下，次黄嘌呤核苷分解为次黄嘌呤和1-磷酸核糖，次黄嘌呤在黄嘌呤氧化酶的催化下生成黄嘌呤，黄嘌呤在黄嘌呤氧化酶的催化下生成尿酸。

GMP的具体分解过程为：① 在核苷酸酶的催化下，GMP水解释放磷酸生成鸟嘌呤核苷，鸟嘌呤核苷在核苷磷酸化酶的催化下分解为鸟嘌呤和1-磷酸核糖；② 鸟嘌呤在鸟嘌呤脱氨酶的催化下转变为黄嘌呤，黄嘌呤在黄嘌呤氧化酶的催化下生成尿酸。

可见，尿酸是人体内嘌呤碱基分解代谢的终产物，黄嘌呤氧化酶是尿酸生成过程中的关键酶。嘌呤核苷酸的分解代谢途径如图12-8所示。

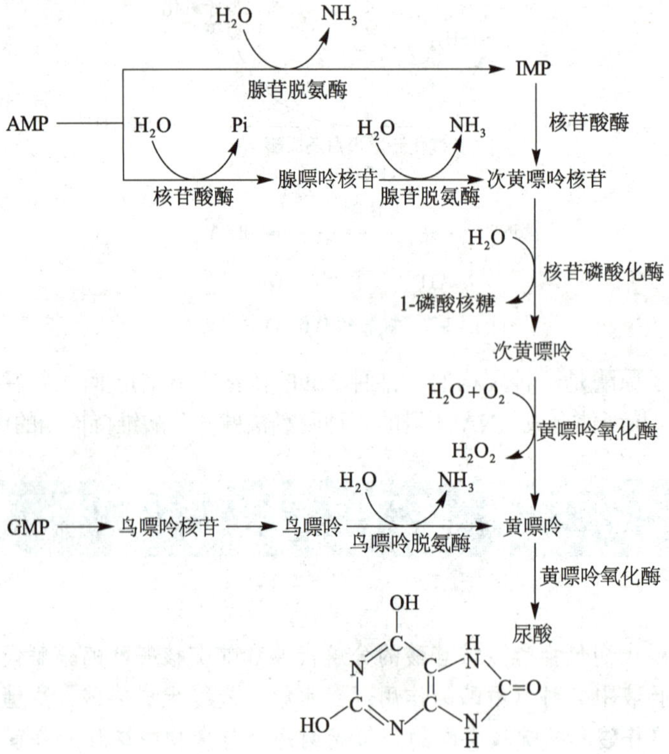

图12-8 嘌呤核苷酸的分解代谢途径

嘌呤核苷酸的分解代谢过程

尿酸呈酸性，在体液中以尿酸和尿酸盐的形式存在。正常人血浆中尿酸的含量为0.12～0.36 mmol/L，其中男性略高于女性。痛风症患者体内血浆中的尿酸含量升高，当血浆中尿酸含量超过0.48 mmol/L时，尿酸盐将过饱合而形成结晶，并沉积于关节、软组织、软骨及肾脏等处，进而导致关节炎、尿路结石及肾疾病。痛风症多见于男性，其原因尚不完全清楚，可能与嘌呤核苷酸代谢酶的缺陷有关。此外，核酸摄入量过多、体内核酸分解过强（如白血病、恶性肿瘤等）或排泄障碍（如肾脏疾病）时，均可导致血浆中的尿酸含量升高。

临床上常用别嘌呤醇治疗痛风症。别嘌呤醇与次黄嘌呤的结构相似，可竞争性抑制黄嘌呤氧化酶的活性，从而抑制尿酸的生成，并且黄嘌呤和次黄嘌呤的水溶性比尿酸大得多，不会在体内沉积形成结晶。此外，别嘌呤醇可与 PRPP 反应生成别嘌呤核苷酸，反应过程中不但消耗了核苷酸合成所必需的 PRPP，而且由于别嘌呤核苷酸与 IMP 的结构相似，可反馈抑制嘌呤核苷酸从头合成的酶，使得嘌呤核苷酸的合成量减少，进而减少了尿酸的生成。

知识拓展

痛风症

痛风症分为原发性痛风和继发性痛风。原发性痛风是一种先天性代谢疾病，是患者体内某些嘌呤核苷酸代谢相关酶的活动异常而引起嘌呤核苷酸合成增加，致使血浆中的尿酸含量异常升高。目前已知两种酶的活性异常可导致痛风：一种是 HGPRT 缺乏导致嘌呤核苷酸的补救合成出现障碍，致使体内游离的嘌呤碱基增多；另一种是 PRPP 合成酶的活性升高，加快了嘌呤核苷酸的从头合成。

继发性痛风常见于某些疾病。例如，肾疾病导致尿酸排泄障碍，临床上的痛风常以此种情况居多；白血病、恶性肿瘤等可使体内核酸大量分解，导致血浆中的尿酸含量升高。此外，药物也可影响肾脏的排泄，致使血浆中尿酸的含量升高，如高剂量的阿司匹林可影响尿酸盐的排泄和重吸收。

做一做

嘌呤核苷酸及其衍生物的代谢终产物是（　　）。

A. NH_3　　B. CO_2　　C. 尿素　　D. 尿酸

二、嘧啶核苷酸的分解代谢

嘧啶核苷酸的分解代谢主要在肝脏中进行。在核苷酸酶和核苷磷酸化酶的催化下，嘧啶核苷酸脱去磷酸和核糖生成嘧啶碱基，嘧啶碱基进一步分解。胞嘧啶脱氨基转变为尿嘧啶，尿嘧啶还原成二氢尿嘧啶并水解开环，最终生成 β-丙氨酸、NH_3 和 CO_2，其中 β-丙氨酸可转变成乙酰 CoA，然后进入三羧酸循环被彻底氧化分解。

同样地，胸腺嘧啶经过上述类似的反应过程后生成 β-氨基异丁酸、NH_3 及 CO_2，其中 β-氨基异丁酸可转变成琥珀酰 CoA，然后进入三羧酸循环被彻底氧化分解。反应生成的 NH_3 和 CO_2 则可合成尿素并排出体外，而多余的 β-氨基异丁酸可直接随尿液排出。

嘧啶核苷酸的分解代谢途径如图 12-9 所示。

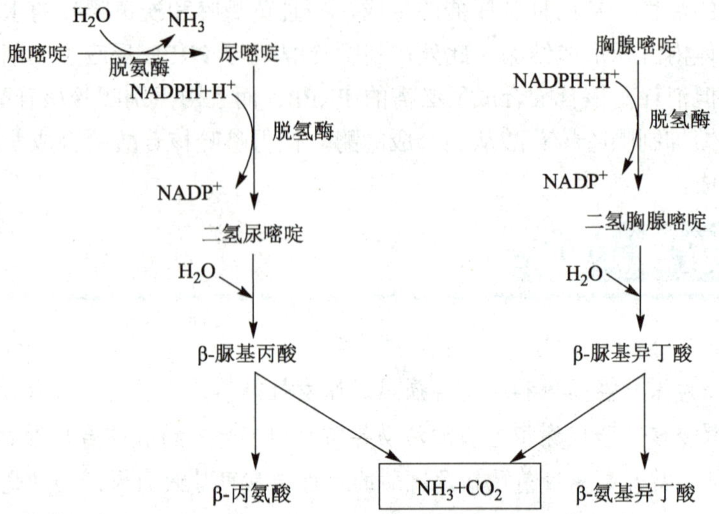

图 12-9　嘧啶核苷酸的分解代谢途径

经放射线治疗或化学治疗的癌症病人，以及正常人在摄入含 DNA 丰富的食物后，他们体内 DNA 的分解作用增强，导致尿液中 β-氨基异丁酸的排出量增多。故检测尿液中 β-氨基异丁酸的含量，对监测放射性损伤具有一定的临床指导意义。

第三节　核苷酸的抗代谢物

想一想：

有些人工合成或天然存在的化合物，其结构与生物体内的一些必需代谢物的结构很相似，将其引入生物体后，它们会与体内一些必需代谢物发生特异性拮抗作用，从而影响生物体的正常代谢。这些化合物被称为抗代谢物。

核苷酸的抗代谢物是一些碱基、氨基酸及叶酸等的类似物。它们主要以竞争性抑制或“以假乱真”的方式干扰或阻断核苷酸的合成代谢，从而进一步加强核酸和蛋白质的生物合成。肿瘤细胞的核酸及其蛋白质的生物合成十分旺盛，因此这些抗代谢物具有抗肿瘤作用，临床上可作为抗肿瘤的化疗药物。

思考：临床上哪些药物属于核苷酸的抗代谢物？它们的作用机制是怎样的？

核苷酸的抗代谢物有嘌呤类似物、嘧啶类似物、氨基酸类似物、叶酸类似物和核苷类似物。

一、嘌呤类似物

嘌呤类似物主要有 6-巯基嘌呤（6-mercaptopurine，6-MP）、8-氮杂鸟嘌呤等，其中临床应用较多的是 6-MP。6-MP 的结构与次黄嘌呤相似。6-MP 通过多种方式作用于核苷酸代谢中的多步反应：① 6-MP 在体内可与 PRPP 结合生成 6-巯基嘌呤核苷酸，6-巯基嘌呤核苷酸可抑制 IMP 向 AMP 和 GMP 转化；② 6-MP 能直接通过竞争性抑制作用影响次黄嘌呤-鸟嘌呤磷酸核糖转移酶（HGPRT）的活性，从而阻断了嘌呤核苷酸的补救合成途径；③ 6-MP 还可反馈抑制磷酸核糖酰胺转移酶的活性，从而阻断嘌呤核苷酸的从头合成途径。

二、嘧啶类似物

嘧啶类似物主要有 5-氟尿嘧啶（5-fluorouracil，5-FU）。5-FU 是临床上常用的抗肿瘤药物，结构与胸腺嘧啶类似，其自身不能干扰嘧啶核苷酸的代谢，必须在体内转变为氟尿嘧啶脱氧核苷一磷酸（FdUMP）和氟尿嘧啶核苷三磷酸（FUTP）才能发挥作用。其中，FdUMP 与 dUMP 的结构相似，可竞争性抑制胸苷酸合成酶的活性，阻断 dTMP 的合成，从而抑制了 DNA 的合成；FUTP 能以 FUMP 的形式在 RNA 合成时掺入，从而破坏了 RNA 分子的结构与功能。

三、氨基酸类似物

氨基酸类似物主要有氮杂丝氨酸、6-重氮-5-氧正亮氨酸等。它们的化学结构与谷氨酰胺相似，可干扰谷氨酰胺在嘌呤核苷酸、嘧啶核苷酸合成过程中提供氨基的作用，从而抑制核苷酸的合成。

四、叶酸类似物

叶酸类似物主要有氨基蝶呤、甲氨蝶呤等，它们能竞争性抑制二氢叶酸还原酶，使叶酸不能还原成二氢叶酸和四氢叶酸，致使一碳基团的代谢受阻，使得嘌呤环上来自一碳单位的 C_8 和 C_2 均得不到供应，从而抑制了嘌呤核苷酸的合成。甲氨蝶呤在临床上常用于白血病等疾病的治疗。

五、核苷类似物

核苷类似物主要有阿糖胞苷、环胞苷等。其中阿糖胞苷是重要的抗肿瘤药物，它能通过抑制核糖核苷酸还原酶的活性进而抑制 CDP 还原成 dCDP，从而影响 DNA 的合成。

提　示

体内某些代谢正常的组织也会受到抗代谢物的影响，因而这些抗代谢物在抗肿瘤的同时，对机体也有很大的毒副作用。

科心报国

几经波折终回祖国——王德宝院士

王德宝，生于江苏泰兴，生物化学家，中国科学院院士。

1951 年，王德宝在美国西保留地大学取得博士学位。他从当地《华侨日报》上看到“祖国需要科学”的消息，决心要为祖国的科学事业做出贡献，毅然决定回国。他和一些留美的中国学生一起，踏上了返回祖国的征途，但在途径夏威夷时，美国移民局无理强迫他们下船返回原地，而且声称：如果有人擅自回国，轻者罚款五千元，重则坐牢五年。王德宝想方设法留在夏威夷，以便等待时机返国。

他在夏威夷一家伐木场当搬运工，以微薄的收入，艰难地度日。几个月过去了，回国的愿望仍难以实现。他怕荒废了学业，拖垮身体，只好懊丧地回到了约翰·霍普金森大学从事酶、辅酶的研究工作。在这里，他在短短的三年时间里，写下了二十篇学术论文，其中七篇刊登在美国出版的、国际生化界公认的权威参考书《酶学方法》上，一时轰动了生化界。从此，王德宝的声誉高了，每月的薪水也增加了，可是随着岁月的推移，他对祖国的思念也越加深切。终于，在 1954 年，王德宝花了两个多月的时间，绕道法国，几经辗转回到了他日思夜想的祖国。

回国后，王德宝在中国科学院上海生物化学研究所（现为中国科学院生物化学与细胞生物学研究所）建立了我国第一个核酸研究组，在核酸方面做了大量的贡献：他是我国生产核苷酸类助鲜剂的创始人；参加并领导世界首次人工合成酵母丙氨酸转移核糖核酸（tRNA）的研究工作；人工合成了具有生物活性的酵母丙氨酸 tRNA，使我国人工合成生物大分子的研究水平居于世界领先地位。

关键术语

核苷酸	嘌呤核苷酸	嘧啶核苷酸
从头合成	补救合成	抗代谢物

思考题

（1）简述嘌呤核苷酸从头合成的反应过程。

（2）简述嘧啶核苷酸从头合成的反应过程。

（3）简述嘌呤核苷酸的分解代谢。

（4）核苷酸抗代谢物的抗肿瘤机制是什么？请举例说明。

第十三章　蛋白质的分解代谢

知识目标

- 了解蛋白质的生理功能、氮平衡与蛋白质的需要量，熟悉蛋白质的营养价值。
- 了解蛋白质的消化、吸收与腐败作用。
- 熟悉氨基酸的代谢概况、高氨血症与肝性脑病的发病机制，掌握氨基酸的脱氨基作用及氨的代谢，了解 α-酮酸的代谢。
- 掌握氨基酸的脱羧基作用及一碳单位的代谢，熟悉含硫氨基酸的代谢，了解芳香族氨基酸的代谢。

素质目标

- 通过了解印遇龙院士的事迹，感受其“坚定信念跟党走，不忘初心永奋斗”的精神。

蛋白质是机体的重要组成成分，是机体各种生命活动的物质基础。蛋白质代谢包括蛋白质的分解代谢和蛋白质的合成代谢。由于蛋白质的合成代谢涉及基因表达，且该内容在第七章蛋白质的生物合成中已单独讨论，故本章主要介绍蛋白质的分解代谢。蛋白质在体内进行分解代谢时，首先在酶的催化下水解为氨基酸，然后由各氨基酸进行进一步代谢。因此，蛋白质分解代谢的核心内容是氨基酸代谢。

机体的氨基酸除了来自组织蛋白的分解作用外，更多的来自于食物。为此，在介绍氨基酸代谢前，首先介绍蛋白质的营养价值及蛋白质的消化、吸收与腐败。

第一节　蛋白质的功能、需要量及营养价值

想一想：

蛋白质是参与体内生理活动的重要成分，如参与机体防御功能的抗体、催化代谢反应的酶等。蛋白质也是构成组织细胞的主要组成成分，以维持组织细胞的生长、更新和修复，这是蛋白质所特有的功能，不能被糖或脂类所替代。因此，机体要维持正常的代谢和生命活动，必须摄取一定量的蛋白质。已知组成人体蛋白质的 20 种氨基酸中，有 8 种氨基酸必须从食物中获取，属于必需氨基酸。

思考：蛋白质的生理功能有哪些？食物中蛋白质所含的必需氨基酸的含量越高，是否

表明该食物中蛋白质的营养价值越高?

一、蛋白质的生理功能

(一)参与构成各组织细胞

蛋白质是组织细胞的主要组成成分,在维持组织细胞的生长、更新和修复中起着重要作用。这是蛋白质所特有的功能,该功能不能被糖或脂类所替代。

(二)参与体内多种重要的生理活动

蛋白质参与构成许多具有重要生理功能的物质,如酶、抗体、转运蛋白、血红蛋白、免疫蛋白和肌动蛋白等,这些物质继而参与物质代谢、免疫防御、血液凝固、血液运输和肌肉收缩等多种重要的生理活动。可见,蛋白质对维持生命活动的正常运行具有重要意义。

(三)氧化供能

蛋白质是一种能源物质,每克蛋白质在体内氧化分解可产生约 17 kJ 的能量。

一般情况下,成人每日约有 18%的能量来自蛋白质。正常情况下,蛋白质的氧化供能作用可由糖和脂类代替,故氧化功能不是蛋白质的主要功能。通常,只有在长期饥饿或禁食的情况下,蛋白质才为机体供能。

二、氮平衡与蛋白质的需要量

(一)氮平衡

通过测定摄入食物的含氮量(摄入氮)及尿液与粪便中的含氮量(排出氮),可分析出体内蛋白质的代谢状况。将机体摄入氮与排出氮之间的平衡关系称为氮平衡。

氮平衡有氮的总平衡、氮的正平衡和氮的负平衡 3 种类型。其中,氮的总平衡是指摄入氮等于排出氮,表示体内蛋白质的合成与分解处于动态平衡,常见于正常成年人;氮的正平衡是指摄入氮大于排出氮,表示体内蛋白质的合成量大于蛋白质的分解量,此类平衡常见于儿童、孕妇和康复期的病人;氮的负平衡是指摄入氮小于排出氮,表示体内蛋白质的分解量大于蛋白质的合成量,此类平衡常见于饥饿、严重烧伤、大量失血、营养不良及消耗性疾病类患者。

(二)蛋白质的需要量

根据氮平衡情况,可以推测出体内蛋白质的代谢状况,进而估算出机体对蛋白质的需要量。

氮平衡实验结果表明,在不进食蛋白质的情况下,正常成人每日至少分解体内蛋白质约 20 克。由于食物中的蛋白质与人体中蛋白质的组成存在差异,食物中的蛋白质不能全部被机体所利用,因此可推算出正常成人每日蛋白质的需要量为 30~50 克。为了确保体内长期保持总氮平衡,应适当增加蛋白质的摄入量以满足机体需要。我国营养学会推荐的正常成人每日蛋白质的需要量为 80 克左右。

三、蛋白质的营养价值

蛋白质的营养价值是指食物中的蛋白质在体内的利用率，与蛋白质所含的必需氨基酸密切相关。

由第二章可知，组成人体蛋白质的氨基酸有20种，分别为甘氨酸、丙氨酸、缬氨酸、亮氨酸、异亮氨酸、甲硫氨酸（蛋氨酸）、脯氨酸、色氨酸、丝氨酸、酪氨酸、半胱氨酸、苯丙氨酸、天冬酰胺、谷氨酰胺、苏氨酸、天冬氨酸、谷氨酸、赖氨酸、精氨酸和组氨酸。其中，缬氨酸、亮氨酸、异亮氨酸、甲硫氨酸（蛋氨酸）、色氨酸、苯丙氨酸、苏氨酸和赖氨酸在营养上属于必需氨基酸，其余12种氨基酸在营养上属于非必需氨基酸。

提　示

> 精氨酸和组氨酸虽然在人体内可以合成，但合成量不足以满足机体需要，因此也有人将这两种氨基酸归为非必需氨基酸。

一般来说，食物中蛋白质所含的必需氨基酸在种类、数量和比例上越接近组成人体蛋白质所需的氨基酸，表明该食物中蛋白质的营养价值越高。由于动物性蛋白质所含必需氨基酸的种类、比例与组成人体蛋白质的氨基酸比较接近，故动物性蛋白质的营养价值比植物性蛋白质高。

将几种营养价值较低的蛋白质混合食用，可以补充各自所缺少的必需氨基酸，从而提高各自蛋白质的营养价值，这种作用称为蛋白质的互补作用。例如，谷类中的蛋白质含赖氨酸较少而含色氨酸较多，豆类中的蛋白质含赖氨酸较多而含色氨酸较少，若混合食用谷类和豆类食物，则可提高这两种蛋白质的营养价值。

临床上，维持危重病人或营养不良者体内的总氮平衡，应保证他们营养所需的必需氨基酸的供应，必要时可对其进行混合氨基酸输液。

扫一扫

蛋白质的生理功能及营养价值

第二节　蛋白质的消化、吸收与腐败

想一想：

蛋白质具有高度的种属特异性。食物中的蛋白质必须被胃肠消化成小分子氨基酸及少量短肽后才能被机体吸收，否则会因蛋白质的特异性和抗原性而导致过敏反应和毒性反应。未被消化吸收的蛋白质在肠内发生腐败作用，腐败作用的产物包括胺类、酚类、氨、吲哚和硫化氢等，其中大部分随粪便一起排出体外，少部分被肠道吸收后转运至肝脏，再经肝脏的生物转化作用而解毒。

思考：食物中的蛋白质在机体内是如何被消化、吸收的？蛋白质的腐败作用具有哪些生理意义？

一、蛋白质的消化

（一）胃中的消化

由于唾液中不含水解蛋白质的酶，因此食物中蛋白质的消化首先在胃中进行。胃黏膜主细胞分泌的胃蛋白酶原在胃酸或自身的作用下可转变成具有活性的胃蛋白酶。胃蛋白酶是胃中消化蛋白质的酶，属于内肽酶，其最适 pH 为 1.5～2.5，对肽键作用的特异性较差。食物中的蛋白质经胃蛋白酶作用后，主要分解为多肽和少量氨基酸。

提　示

胃蛋白酶能使乳汁中的酪蛋白形成凝块，从而延长乳汁在胃中停留的时间，有利于蛋白质的充分消化。

（二）小肠中的消化

食物在胃中停留的时间较短，消化很不完全。在小肠中，蛋白质在胃中的消化产物及未被胃消化的蛋白质在胰腺细胞和肠黏膜细胞分泌的多种蛋白酶及肽酶的共同作用下水解为氨基酸。因此，小肠是蛋白质消化的主要场所。

小肠中蛋白质的消化主要依靠胰酶来完成，胰酶的最适 pH 为 7.0 左右。根据对肽链作用部位的不同，胰酶可分为内肽酶和外肽酶。其中，内肽酶是指水解蛋白质肽链内部肽键而产生多肽的酶，如胰蛋白酶、糜蛋白酶和弹性蛋白酶等；外肽酶是指水解肽链末端肽键而产生氨基酸的酶，主要包括羧基肽酶 A 和羧基肽酶 B，这两种酶从肽链的羧基末端水解肽键。

胰腺细胞分泌出来的各类蛋白酶最初均以无活性的酶原形式存在，随胰液进入十二指肠被肠激酶激活后才能发挥作用。肠激酶存在于肠黏膜细胞纹状缘表面。在肠激酶的催化下，胰蛋白酶原被激活生成胰蛋白酶。胰蛋白酶除了对自身产生较弱的激活作用外，还能激活糜蛋白酶原、弹性蛋白酶原和羧基肽酶原，继而启动连续的蛋白质水解反应，最终将食物中的蛋白质分解为氨基酸和寡肽。

食物中的蛋白质经胃液和胰液中各种酶的水解后，所得产物中仅有 1/3 为氨基酸，其余均为寡肽。在小肠黏膜细胞的刷状缘和细胞液中存在一些寡肽酶，如氨基肽酶、二肽酶等。氨基肽酶从寡肽链的氨基末端逐个水解，产生氨基酸和二肽，二肽再经二肽酶水解，最终生成氨基酸。可见，寡肽的水解主要在小肠黏膜细胞内进行。

二、氨基酸的吸收

食物中的蛋白质在胃和肠道中各种酶的催化下水解为氨基酸后，氨基酸可被小肠黏膜细胞吸收并进入血液循环，供机体利用。小肠黏膜细胞对氨基酸的吸收是需要载体蛋白帮助、耗能、需钠的主动转运过程。一般来说，氨基酸的吸收机制包括氨基酸载体和 γ-谷氨酰基循环两种。

（一）氨基酸载体

实验证明，小肠黏膜细胞膜上具有转运氨基酸的载体蛋白。载体蛋白能与氨基酸和Na^+形成三联体。在三联体中，载体蛋白的构象已发生变化，能将氨基酸和Na^+共同转运到小肠黏膜上皮细胞内。为了维持细胞内、外Na^+浓度的平衡，进入细胞内的Na^+再由钠泵（Na^+-K^+-ATP酶）泵出细胞外，此过程需要ATP供能。

由于氨基酸的种类多、结构差异大，转运氨基酸的载体蛋白有许多种。目前，人体内已知的转运氨基酸的载体蛋白分为中性氨基酸载体、碱性氨基酸载体、酸性氨基酸载体、亚氨基酸与甘氨酸载体共4种，其中中性氨基酸载体是最主要的载体蛋白类型。这些载体蛋白分别参与不同氨基酸的吸收。由于载体蛋白转运的氨基酸在结构上具有一定的相似性，当某些氨基酸共用同一种载体蛋白时，这些氨基酸在吸收过程中可产生一定的竞争。

（二）γ-谷氨酰基循环

除上述氨基酸的吸收机制外，小肠黏膜细胞、肾小管细胞和脑组织中还存在一个特殊的转运系统，被称为γ-谷氨酰基循环。γ-谷氨酰基循环吸收氨基酸的主要过程为：在γ-谷氨酰基转移酶的催化下，氨基酸先与细胞内的谷胱甘肽反应生成γ-谷氨酰氨基酸，γ-谷氨酰氨基酸进入细胞质中后在其他酶的催化下释放氨基酸，由谷氨酸重新生成谷胱甘肽，进入下一轮转运过程。γ-谷氨酰基转移酶是γ-谷氨酰基循环中的关键酶。γ-谷氨酰基循环过程中每转运1分子氨基酸，需要消耗3分子ATP。

三、蛋白质的腐败作用

蛋白质的腐败作用是指肠道细菌对部分未被消化的蛋白质及部分未被吸收的短肽和氨基酸进行分解的过程。实际上，蛋白质的腐败作用是细菌本身的代谢过程。蛋白质腐败作用的大多数产物对机体有害，如胺类、氨、苯酚、吲哚、甲基吲哚和硫化氢等，其中以胺类和氨的危害最大；但也有少量可被机体利用的物质，如脂肪酸、维生素等。本节主要介绍胺类、氨及其他有害物质的生成过程。

（一）胺类的生产

未被消化的蛋白质在肠道细菌蛋白酶的催化下水解为氨基酸，氨基酸在肠道细菌氨基酸脱羧酶的催化下脱去羧基，生成有毒的胺类。例如，组氨酸脱羧生成组胺，鸟氨酸脱羧生成腐胺，赖氨酸脱羧生成尸胺，酪氨酸脱羧生成酪胺，色氨酸脱羧生成5-羟色胺，苯丙氨酸脱羧生成苯乙胺。其中，组胺、腐胺和尸胺具有降低血压的作用，酪胺和5-羟色胺具有升高血压的作用。

此外，酪胺和苯乙胺若不经肝脏分解而进入脑组织，会分别羟化生成β-羟酪胺和苯乙醇胺。β-羟酪胺和苯乙醇胺的化学结构与神经递质儿茶酚胺相似，称为假神经递质。机体内的假神经递质若大量生成，则可取代正常神经递质儿茶酚胺。但是假神经递质不能传递神经兴奋，可使大脑发生异常抑制甚至昏迷，这可能与肝性昏迷有关。

（二）氨的生产

肠道中的氨主要有两个来源：一是未被吸收的氨基酸在肠道细菌的作用下脱氨基而生成；二是血液中的尿素渗入肠道，受肠道细菌尿素酶的作用水解而生成氨。肠道内生成的氨均可被重吸收并进入血液，从而在肝脏中合成尿素。降低肠道 pH，可减少氨的吸收。

（三）其他有害物质的生成

酪氨酸脱羧基生成酪胺，酪胺可经脱氨基、氧化及脱羧等作用生成苯酚。色氨酸在肠道细菌的作用下可分解产生吲哚和甲基吲哚，吲哚和甲基吲哚是粪便臭味的主要来源。半胱氨酸在肠道细菌的作用下可分解生成硫醇、硫化氢和甲烷。正常情况下，上述这些有害物质大部分随粪便排出，只有小部分被肠道吸收，经肝脏生物转化作用后以无毒形式随尿液、胆汁排出，故正常机体不会出现中毒现象。但肠梗阻或肝功能障碍的患者，由于肠道吸收的腐败产物增多，会出现头昏、头痛、血压波动等中毒症状。

第三节　氨基酸的一般代谢

想一想：

与糖、脂类不同，氨基酸不能作为能源物质在体内储存，体内的氨基酸总是处于不断更新中。除脯氨酸和羟脯氨酸外，组成人体蛋白质的氨基酸的分子结构中都含有氨基和羧基，因此这些氨基酸具有共同的代谢途径。氨基酸的共同代谢途径即氨基酸的一般代谢，包括脱氨基作用及其产物的代谢。

思考：什么是氨基酸的脱氨基作用？氨基酸经脱氨基作用后生成的产物有哪些？

一、氨基酸的代谢概况

食物中的蛋白质在体内经消化、吸收后生成的氨基酸（外源性氨基酸），与体内组织蛋白降解产生的氨基酸及机体合成的非必需氨基酸（内源性氨基酸）混为一体，分布于体内各组织细胞中，构成了机体的氨基酸代谢库。体内氨基酸的主要功能是合成蛋白质、多肽及转变为其他含氮的生理活性物质。正常情况下，体内氨基酸的来源和去路处于动态平衡状态，如图 13-1 所示。

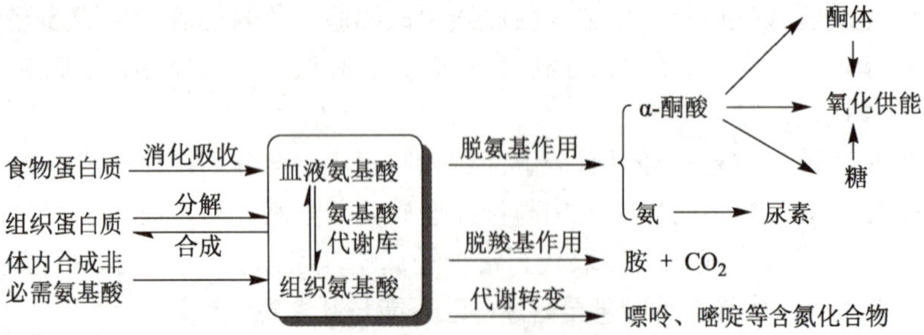

图 13-1　体内氨基酸的来源与去路

做一做

氨基酸在体内的主要去路是（ ）。
A. 合成嘌呤碱基　　B. 合成嘧啶碱基
C. 合成组织蛋白质　　D. 合成糖原

二、氨基酸的脱氨基作用

氨基酸的脱氨基作用是指氨基酸在酶的催化下脱去氨基生成α-酮酸的过程，是体内氨基酸分解代谢的主要途径，在体内多数组织中均可进行。氨基酸可以通过多种方式脱去氨基，包括转氨基作用、氧化脱氨基作用和联合脱氨基作用，其中以联合脱氨基作用最为重要。

（一）转氨基作用

转氨基作用是指在氨基转移酶（即转氨酶）的催化下，α-氨基酸分子中的氨基转移到α-酮酸分子中的酮基上，进而生成新的α-酮酸和α-氨基酸的过程。反应式为

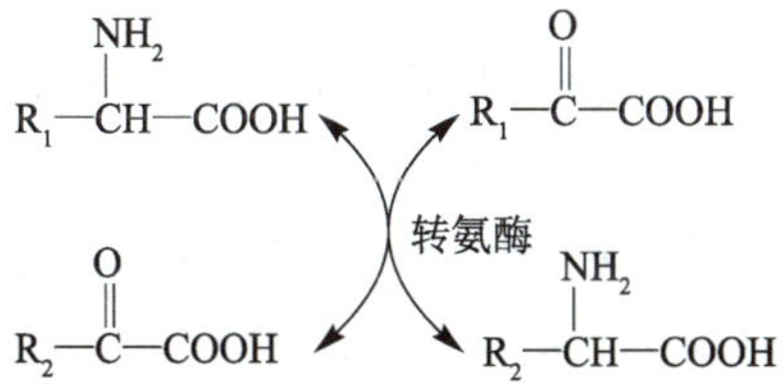

此过程只发生了氨基的转移，无游离氨的生成。转氨基作用是可逆的，它既是体内氨基酸的分解代谢途径，也是体内合成非必需氨基酸的重要途径。除甘氨酸、苏氨酸、赖氨酸和脯氨酸外，体内大多数氨基酸均能进行转氨基作用。

转氨酶的辅酶是含有维生素 B_6 的磷酸吡哆醛或磷酸吡哆胺。体内转氨酶的种类多，分布广，特异性强，其中以谷丙转氨酶（ALT）和谷草转氨酶（AST）最为重要。ALT 和 AST 催化的反应式为

$$\text{丙氨酸}+\alpha\text{-酮戊二酸} \xrightleftharpoons{ALT} \text{丙酮酸}+\text{谷氨酸}$$

$$\text{天冬氨酸}+\alpha\text{-酮戊二酸} \xrightleftharpoons{AST} \text{草酰乙酸}+\text{谷氨酸}$$

ALT 和 AST 广泛分布在各组织细胞中，但在各组织细胞中的含量不同。正常情况下，ALT 在肝细胞中的含量最高，AST 在心肌细胞中的含量最高，而 ALT 和 AST 在血清中的含量均很低。因某种原因而导致细胞膜的通透性增强或组织细胞受损时，大量的转氨酶被释放在血液中，造成血清中转氨酶的活性明显增强，如急性肝炎患者血清中 ALT 的活性显著增强，心肌梗死患者血清中 AST 的活性显著增强。因此，临床上常测定血清 ALT 或 AST 活性的变化情况，作为疾病诊断和预后判断的参考指标之一。

（二）氧化脱氨基作用

氧化脱氨基作用是指在相关酶的催化下，氨基酸脱去氨基的同时伴随着氧化脱氢的过程。体内催化氨基酸氧化脱氨基作用的酶有很多种，其中以 L-谷氨酸脱氢酶最为重要。

L-谷氨酸脱氢酶可催化 L-谷氨酸脱氢生成亚谷氨酸，亚谷氨酸再水解脱氨生成α-酮戊二酸和氨。反应式为

$$\text{L-谷氨酸}+NAD^{+} \xrightleftharpoons{\text{L-谷氨酸脱氢酶}} \text{亚谷氨酸}+NADH^{+}+H^{+}$$

$$\text{亚谷氨酸} \xrightleftharpoons[-H_2O]{+H_2O} \alpha\text{-酮戊二酸}+NH_3$$

L-谷氨酸脱氢酶是以 NAD^+或 $NADP^+$为辅酶的不需氧脱氢酶，主要分布在肝、肾、脑等组织中，具有活性高、特异性强的特点。L-谷氨酸脱氢酶是一种变构酶。GDP 和 ADP 是 L-谷氨酸脱氢酶的变构激活剂，GTP 和 ATP 是 L-谷氨酸脱氢酶的变构抑制剂。因此，当体内的 GTP 和 ATP 不足时，L-谷氨酸加速氧化脱氢，这对于氨基酸氧化供能起着十分重要的调节作用。

L-谷氨酸经氧化脱氨基作用生成α-酮戊二酸和氨的反应为可逆反应，其逆过程是细胞内合成谷氨酸的主要途径。

（三）联合脱氨基作用

联合脱氨基作用是指转氨基作用与氧化脱氨基作用相偶联，使氨基酸脱去α-氨基并产生氨的过程。联合脱氨基作用是体内氨基酸脱氨基的最主要方式，主要有以下两条反应途径。

1. 由转氨酶和 L-谷氨酸脱氢酶联合催化的联合脱氨基作用

在转氨酶的催化下，氨基酸与α-酮戊二酸反应生成α-酮酸和 L-谷氨酸。在 L-谷氨酸脱氢酶的催化下，L-谷氨酸脱去氨基生成α-酮戊二酸和 NH_3。反应式为

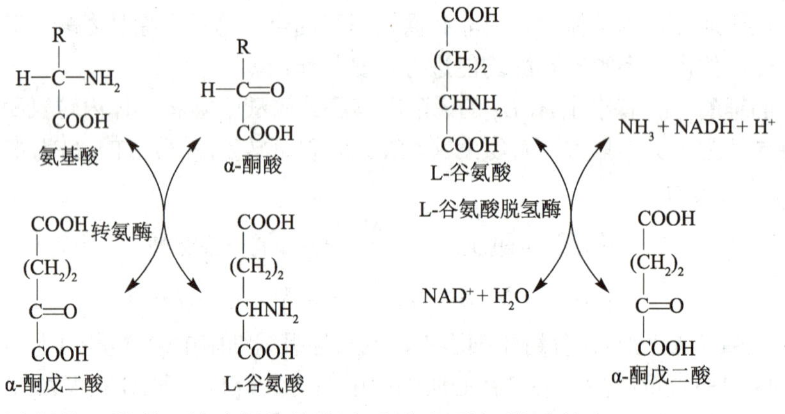

该反应过程是可逆的，逆过程是体内合成非必需氨基酸的主要途径。

2. 嘌呤核苷酸循环

由于 L-谷氨酸脱氢酶在骨骼肌和心肌组织中的活性很低，因此氨基酸不能通过上述形式的联合脱氨基作用脱氨。但是肌肉组织细胞内存在另一种特殊的联合脱氨基方式，即嘌呤核苷酸循环。嘌呤核苷酸循环的具体途径（见图 13-2）为：氨基酸通过连

扫一扫

氨基酸的脱氨基作用

续的转氨基作用将氨基转移给草酰乙酸，生成天冬氨酸；在腺苷酸代琥珀酸合成酶的催化下，天冬氨酸与次黄嘌呤核苷酸（IMP）反应生成腺苷酸代琥珀酸；腺苷酸代琥珀酸在腺苷酸代琥珀酸裂解酶的催化下生成延胡索酸和腺嘌呤核苷酸（AMP）；AMP 在腺苷酸脱氨酶的催化下脱去氨基生成 IMP 和氨。

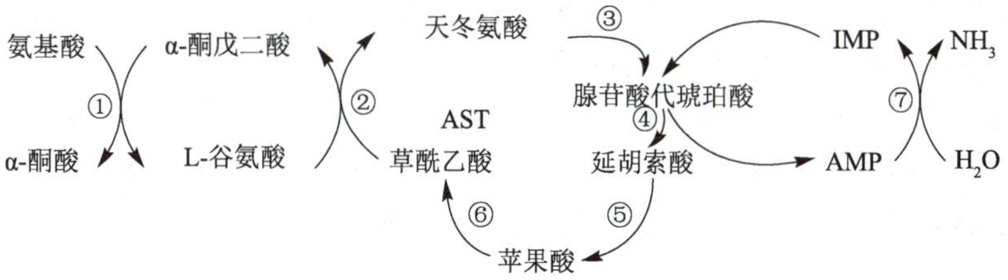

①—转氨酶；②—谷草转氨酶（AST）；③—腺苷酸代琥珀酸合成酶；
④—腺苷酸代琥珀酸裂解酶；⑤—延胡索酸酶；⑥—苹果酸脱氢酶；⑦—腺苷酸脱氨酶。

图 13-2　嘌呤核苷酸循环途径

由此可见，嘌呤核苷酸循环是联系氨基酸代谢和核苷酸代谢的重要途径。

三、氨的代谢

体内氨基酸分解代谢产生的氨及由肠道吸收的氨进入血液，形成血氨。氨是一种强烈的神经性毒物，能透过细胞膜与血脑屏障，对中枢神经系统的毒害作用尤为明显，可引起脑功能紊乱。正常情况下，氨主要经肝脏合成尿素而解毒，故正常人的血氨浓度很低，一般不超过 0.06 mmol/L。

（一）体内氨的来源

1. 氨基酸脱氨基作用产生的氨

体内各组织中的氨基酸经脱氨基作用产生的氨是体内氨的主要来源。

2. 肠道吸收的氨

由上节可知，肠道中氨的来源主要有两条途径。这两种途径产生的氨均在肠道中被吸收。

NH_3 比 NH_4^+ 更容易穿过细胞膜而被吸收，并且在碱性环境中，NH_4^+ 趋于转变为 NH_3。因此当肠道环境偏碱性时，肠道内氨的吸收增强。临床上对高血氨病人采用弱酸性透析液进行结肠透析，而禁止用碱性肥皂水灌肠，就是为了减少氨的吸收。

3. 肾小管上皮细胞分泌的氨

血液中的谷氨酰胺流经肾脏时，可在肾小管上皮细胞中的谷氨酰胺酶的催化下水解生成谷氨酸和氨。正常情况下，产生的氨主要被分泌到肾小管腔中与尿液中的 H^+结合生成 NH_4^+，NH_4^+ 以铵盐的形式随尿液排出体外。因此，酸性尿有利于肾小管上皮细胞中的氨进入尿液，碱性尿则不利于肾小管上皮细胞中氨的分泌。不能被分泌的氨被吸收进入血液，这是血氨的另一个来源。因此，临床上对因肝硬化而产生腹水的病人，不宜使用碱性利尿剂，以免血氨升高。

（二）体内氨的转运

机体产生的氨进入血液后均以无毒的丙氨酸和谷氨酰胺两种形式运输，然后在肝脏内合成尿素或以铵盐形式随尿液排出。氨在血液中主要有以下两种运输形式。

1. 丙氨酸-葡萄糖循环

肌肉组织中的氨基酸经转氨基作用将氨基转移给丙酮酸生成丙氨酸，丙氨酸经血液运输到肝脏。在肝脏内，丙氨酸通过联合脱氨基作用生成氨和丙酮酸，其中氨用于合成尿素，丙酮酸则可经糖异生作用生成葡萄糖。葡萄糖经血液运输到肌肉组织，沿糖分解途径转变为丙酮酸，丙酮酸再接受氨基生成丙氨酸，如图 13-3 所示。丙酮酸和葡萄糖在肌肉组织和肝脏之间反复转运氨，故将此途径称为丙氨酸-葡萄糖循环。

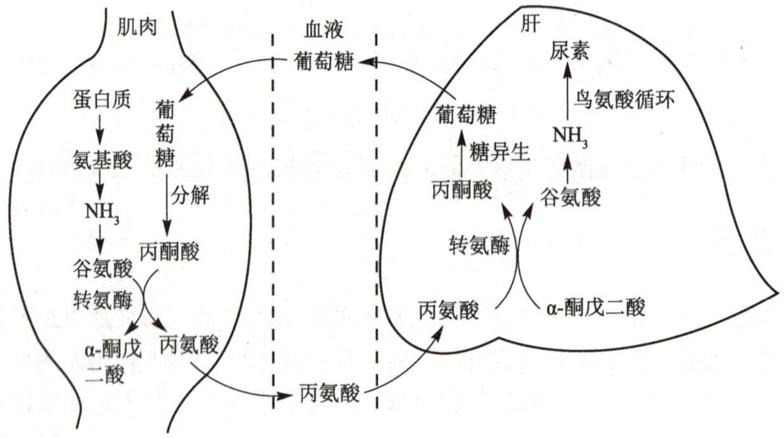

图 13-3　丙氨酸-葡萄糖循环

丙氨酸-葡萄糖循环不但能使肌肉组织中的氨以无毒的丙氨酸形式运输到肝脏中进行代谢，同时又为肌肉组织提供了糖异生作用的原料。

2. 谷氨酰胺的运氨作用

在脑、肌肉等组织中，氨和谷氨酸在谷氨酰胺合成酶的催化下生成谷氨酰胺，该反应需要 ATP 的参与。谷氨酰胺由血液运输到肝脏或肾脏，再经谷氨酰胺酶水解生成谷氨酸和氨。谷氨酰胺的合成与分解是由不同酶所催化的不可逆反应，反应式为

$$谷氨酸+NH_3+ATP \xrightarrow{谷氨酰胺合成酶} 谷氨酰胺+ADP+Pi$$

$$谷氨酰胺+H_2O \xrightarrow{谷氨酰氨酶} 谷氨酸+NH_3$$

在肝脏中，氨合成尿素经肾脏随尿液排出体外；在肾脏中，氨与 H^+ 结合生成铵盐后随尿液排出体外。可见，谷氨酰胺既是氨的解毒形式，也是氨的储存形式和运输形式。

（三）体内氨的去路

氨在体内代谢的主要去路有以下 3 条。

1. 合成尿素

正常情况下，体内氨的主要去路是在肝脏内合成无毒的尿素并由肾脏排出。此外，肾

脏和脑等其他组织也能合成尿素，但合成量甚微。尿素合成的过程称为鸟氨酸循环。鸟氨酸循环可分为如下 4 个阶段，具体如图 13-4 所示。

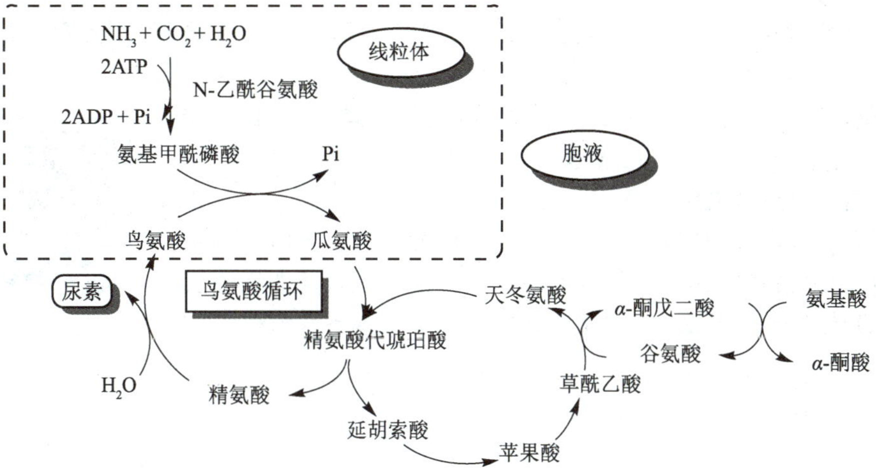

图 13-4　鸟氨酸循环

1）氨基甲酰磷酸的合成

在肝细胞线粒体内的氨基甲酰磷酸合成酶 I（CPS-I）的催化下，NII_3 与 CO_2 生成氨基甲酰磷酸。CPS-I 的辅助因子有 Mg^{2+}、ATP 和 N-乙酰谷氨酸。此反应为不可逆反应，需要消耗 2 分子 ATP。

2）瓜氨酸的合成

在鸟氨酸氨基甲酰转移酶的催化下，氨基甲酰磷酸将分子内的氨基甲酰基转移到鸟氨酸上生成瓜氨酸。反应所需的鸟氨酸由胞质线粒体内膜上的载体运至线粒体，反应中生成的瓜氨酸则由线粒体内膜上的载体运至胞质。此反应为不可逆反应。

3）精氨酸的合成

在胞质中，由 ATP 供能，瓜氨酸与天冬氨酸在精氨酸代琥珀酸合成酶的催化下生成精氨酸代琥珀酸，精氨酸代琥珀酸在精氨酸代琥珀酸裂解酶的催化下裂解为精氨酸和延胡索酸。精氨酸代琥珀酸合成酶是尿素合成的限速酶。

提　示

精氨酸合成反应中生成的延胡索酸可经三羧酸循环转变为草酰乙酸，草酰乙酸在谷草转氨酶的催化下可与其他氨基酸发生转氨基作用，重新生成天冬氨酸。由此可见，延胡索酸与天冬氨酸可将鸟氨酸循环、三羧酸循环和转氨基作用相互联系起来。

4）尿素的生成

在胞质中，精氨酸在精氨酸酶的催化下水解生成尿素和鸟氨酸。鸟氨酸通过线粒体内膜上的载体蛋白进入线粒体，继续参与瓜氨酸的合成。如此反复循环，尿素将不断生成。

由此可见，尿素的合成是在肝细胞的线粒体和细胞液中进行的。尿素分子中的 2 个氮原子，其中一个来自氨基酸脱氨基作用生成的 NH_3，另一个由天冬氨酸提供，而天冬氨酸又可由其他氨基酸经转氨基作用而来。尿素的合成是一个耗能过程，每进行一次鸟氨酸循环需消耗 1 分子 CO_2、2 分子 NH_3 和 3 分子 ATP（相当于 4 个高能磷酸键），最终生成 1 分子尿素。尿素是中性、无毒、水溶性较强的物质，经血液运输到肾脏，最后随尿液排出。

2．合成谷氨酰胺

在脑、肌肉等组织中，由 ATP 供能，氨与谷氨酸在谷氨酰胺合成酶的催化下合成无毒的谷氨酰胺。

3．合成其他含氮化合物

氨可与 α-酮戊二酸氨经转氨基作用生成相应的 α-酮酸和谷氨酸，谷氨酸再与其他 α-酮酸经转氨基作用的逆过程合成非必需氨基酸。氨还可提供氮源，参与嘌呤碱基、嘧啶碱基等含氮化合物的合成。

扫一扫

氨的代谢过程

（四）高氨血症与肝性脑病

正常生理情况下，血氨的来源与去路保持动态平衡，氨在肝脏中合成尿素是维持这种平衡的关键。当肝功能严重受损时，尿素的合成出现障碍，血氨浓度升高，引起高氨血症。

一般认为，机体患高氨血症时，大量的氨进入脑组织与 α-酮戊二酸结合生成谷氨酸，谷氨酸与氨进一步结合生成谷氨酰胺。因此，脑中氨含量的增加可以减少脑细胞中的 α-酮戊二酸，导致三羧酸循环减弱，从而使脑组织中 ATP 的生成量减少，引起大脑功能障碍，严重时可导致昏迷。临床上将这种现象称为肝性脑病。控制严重肝病病人食物中蛋白质的含量，是防止肝性脑病的重要措施之一。

四、α-酮酸的代谢

氨基酸经脱氨基作用生成的 α-酮酸主要有以下 3 条代谢途径。

（一）合成非必需氨基酸

α-酮酸经转氨基作用或联合脱氨基作用的逆反应，可以合成相应的非必需氨基酸。

（二）转变成糖或脂类

研究人员分别用各种氨基酸喂养糖尿病犬时发现：大多数氨基酸可以使尿液中葡萄糖的排出量增加，表明这些氨基酸在体内经脱氨基作用后生成的 α-酮酸可以通过糖异生作用转变为糖，因此将在体内能转变成糖的氨基酸称为生糖氨基酸；少数氨基酸可使尿液中葡萄糖和酮体的排出量同时增加，因此将在体内既能转变成糖又能转变成酮体的氨基酸称为生糖兼生酮氨基酸；而亮氨酸和赖氨酸只能使尿液中酮体的排出量增加，因此将在体内能转变成酮体的氨基酸称为生酮氨基酸。

按转变成糖还是脂类，可将组成人体蛋白质的 20 种氨基酸进行分类，具体如表 13-1 所示。

表 13-1　氨基酸的分类

分　类	氨基酸
生糖氨基酸	丙氨酸、精氨酸、天冬氨酸、天冬酰胺、半胱氨酸、谷氨酸、谷氨酰胺、甘氨酸、脯氨酸、甲硫氨酸、丝氨酸、组氨酸、缬氨酸
生糖兼生酮氨基酸	苯丙氨酸、酪氨酸、色氨酸、苏氨酸、异亮氨酸
生酮氨基酸	赖氨酸、亮氨酸

（三）氧化供能

α-酮酸在体内能够通过三羧酸循环彻底氧化生成 CO_2 和 H_2O，同时释放能量供机体利用。

第四节　个别氨基酸的特殊代谢

想一想：

氨基酸的一般代谢是体内绝大多数氨基酸分解代谢的途径。此外，由于氨基酸 R 基团的结构不同，个别氨基酸还有其特殊的代谢方式，往往产生一些具有重要生理功能的物质。

思考：个别氨基酸的特殊代谢方式有哪些？它们具有哪些生理意义？

一、氨基酸的脱羧基作用

部分氨基酸可在氨基酸脱羧酶的催化下进行脱羧基作用，生成相应的胺。氨基酸脱羧酶的辅酶是含有维生素 B_6 的磷酸吡哆醛。反应式为

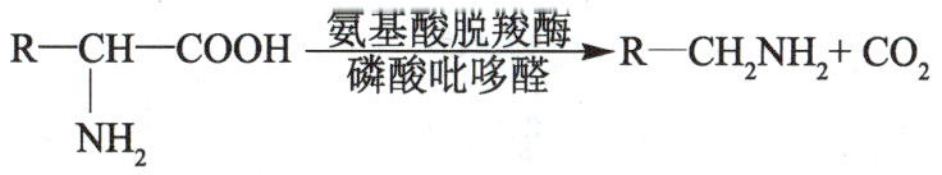

氨基酸　　　　胺

体内胺的含量不高，但有些胺类物质具有重要的生理功能。下面列举几种氨基酸通过脱羧基作用产生的重要胺类物质。

（一）γ-氨基丁酸

γ-氨基丁酸（γ-aminobutyric acid，GABA）由谷氨酸在谷氨酸脱羧酶的催化下经脱羧基作用而生成，反应式为

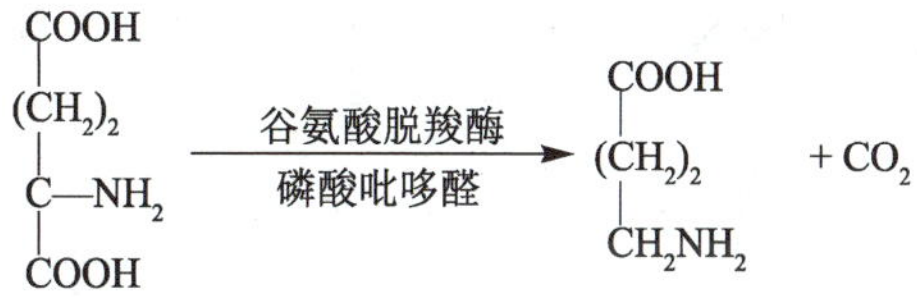

谷氨酸　　　　γ-氨基丁酸

谷氨酸脱羧酶在脑、肾组织中的活性很强。GABA 是一种重要的抑制性神经递质，对

中枢神经元有普遍性抑制作用。临床上常使用维生素 B_6 治疗妊娠孕吐、小儿惊厥及由抗结核药物异烟肼所引起的脑兴奋副作用等，其机理在于维生素 B_6 能增强脑组织内谷氨酸脱羧酶的活性，促进 GABA 的生成，从而起到抑制神经中枢的作用。

（二）组胺

组胺（histamine，HIS）是由组氨酸在组氨酸脱羧酶的催化下经脱羧基作用而生成的，反应式为

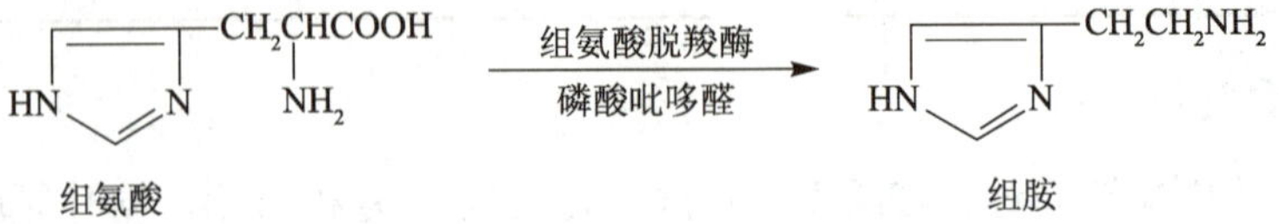

组胺在乳腺、肺、肝、肌肉及胃黏膜中的含量较高。肥大细胞及嗜碱性粒细胞在过敏反应、创伤等情况下可产生过量的组胺。组胺是一种强烈的血管舒张剂，能增加毛细血管的通透性，引起血压下降和局部水肿。此外，组胺可使平滑肌收缩，引起支气管痉挛而发生哮喘，还可刺激胃蛋白酶和胃酸的分泌。

（三）5-羟色胺

色氨酸在色氨酸羟化酶的催化下生成 5-羟色氨酸，5-羟色氨酸在脱羧酶的催化下生成 5-羟色胺。5-羟色胺（5-hydroxytryptamine，5-HT）又称血清素，广泛分布于神经组织、胃肠、血小板和乳腺细胞中，在脑组织中的含量较高。在脑内，5-HT 可作为抑制性神经递质，与睡眠、疼痛和体温的调节有关。在外周组织中，5-HT 有收缩血管、升高血压的作用。

（四）多胺

多胺是一类长链的脂肪族胺类，分子中含有多个氨基或亚氨基，主要包括腐胺、精脒和精胺等。在机体中，精氨酸在精氨酸酶的催化下水解生成尿素和鸟氨酸，鸟氨酸经脱羧基作用生成腐胺，腐胺又可转变为精脒和精胺。

精脒和精胺是调节细胞生长、促进细胞增殖的重要物质。凡是生长旺盛的组织（如胚胎、再生肝及肿瘤组织中），其多胺的含量也较高，与多胺合成有关的鸟氨酸脱羧酶的活性均较强。临床上常以患者血液、尿液中多胺的含量作为肿瘤诊断和预后判断的辅助指标之一。

二、一碳单位的代谢

体内的一碳单位包括甲基（$-CH_3$）、甲烯基（$-CH_2-$）、甲炔基（$-CH=$）、甲酰基（$-CHO$）及亚氨甲基（$-CH=NH$）等。一碳单位主要来自甘氨酸、组氨酸、丝氨酸、色氨酸等的分解代谢。

（一）一碳单位的载体

一碳单位在体内不能单独存在，通常以四氢叶酸（FH_4）为载体在体内转运或参与物质代谢。FH_4 由叶酸加氢还原而成。FH_4 分子中的 N^5、N^{10} 是一碳单位的结合位点。

FH_4携带一碳单位的形式及其化学结构如下，其中虚线框代表一碳单位。

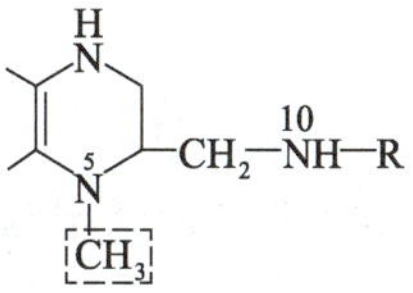

$N^5-CH_3-FH_4$

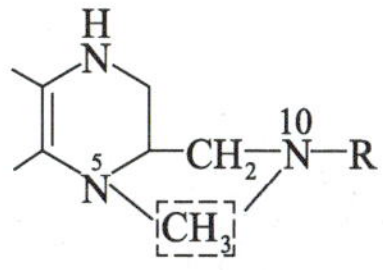

$N^5, N^{10}-CH_2-FH_4$

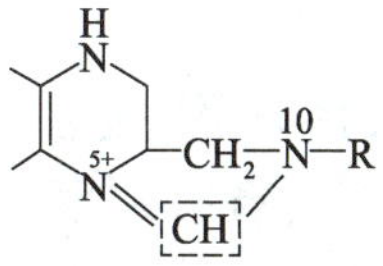

$N^5, N^{10}=CH-FH_4$

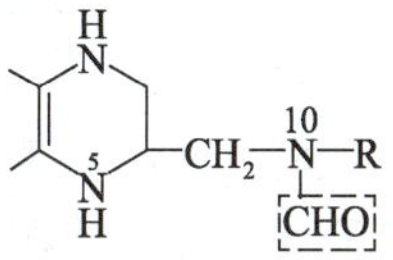

$N^{10}-CHO-FH_4$

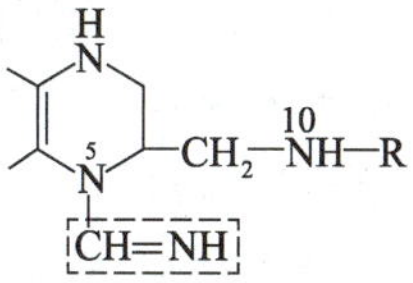

$N^5-CH=NH-FH_4$

（二）一碳单位的相互转化

不同氨基酸代谢产生的一碳单位与FH_4结合后，在相关酶的催化下通过氧化、还原等反应能够相互转化，如图 13-5 所示。其中，N^5-甲基四氢叶酸的生成过程基本上是不可逆的。

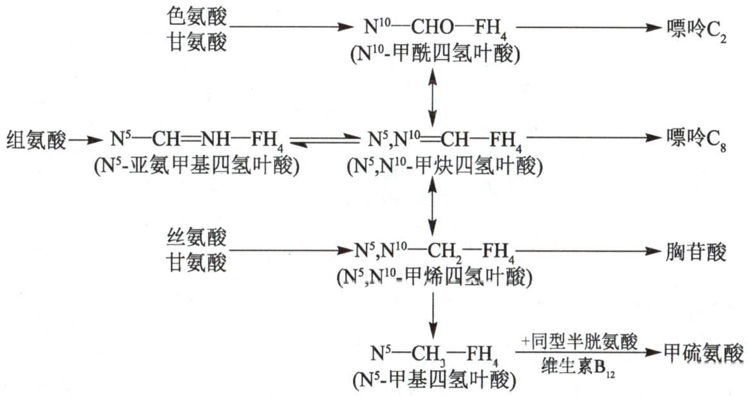

图 13-5　一碳单位的相互转化

（三）一碳单位的生理功能

一碳单位的主要生理功能是作为合成嘌呤和嘧啶的原料，故一碳单位在核酸的生物合成中起着重要作用。例如，N^{10}-甲酰四氢叶酸与N^5,N^{10}-甲炔四氢叶酸分别提供嘌呤合成时C_2与C_8的来源，N^5,N^{10}-甲烯四氢叶酸提供 dTMP 合成时甲基的来源。此外，一碳单位还参与体内多种重要物质的合成，如肾上腺素、胆碱和胆酸等。

人体若缺乏叶酸，一碳单位无法正常运转，核苷酸的合成就会出现障碍，导致红细胞 DNA 及蛋白质的合成受阻，造成巨幼红细胞性贫血。

三、含硫氨基酸的代谢

体内含硫氨基酸包括甲硫氨酸（蛋氨酸）、半胱氨酸和胱氨酸。这 3 种氨基酸的代谢是相互联系的，甲硫氨酸可转变成半胱氨酸和胱氨酸。半胱氨酸和胱氨酸可以互变，但半胱氨酸和胱氨酸不能转变成甲硫氨酸。

（一）甲硫氨酸的代谢

1. 转甲基作用与甲硫氨酸循环

甲硫氨酸分子中含有 S-甲基，可通过各种转甲基作用生成多种含甲基的重要生理活性物质，如肾上腺素、肌酸和肉毒碱等。甲硫氨酸在进行转甲基作用之前必须与 ATP 反应，生成 S-腺苷甲硫氨酸（SAM）。此反应由甲硫氨酸腺苷转移酶催化。SAM 中的甲基为活性甲基，故 SAM 又称活性甲硫氨酸，是体内甲基的直接供体。

甲硫氨酸在体内最主要的分解代谢途径是：甲硫氨酸通过转甲基作用将甲基转移给甲基受体，而自身转变为 S-腺苷同型半胱氨酸；S-腺苷同型半胱氨酸在裂解酶的催化下脱去腺苷生成同型半胱氨酸；同型半胱氨酸接受 N^5-甲基四氢叶酸提供的甲基重新生成甲硫氨酸，进入下一个循环。此循环称为甲硫氨酸循环，如图 13-6 所示。

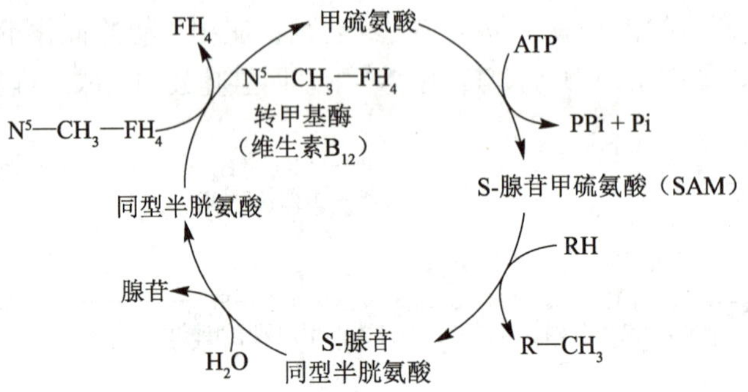

图 13-6　甲硫氨酸循环

甲硫氨酸循环能够提供人体代谢所需的甲基，从而参与体内重要甲基化合物的合成，还能促进 FH_4 的再利用。N^5-甲基四氢叶酸提供甲基使同型半胱氨酸合成甲硫氨酸的反应是目前已知体内能利用 N^5-甲基四氢叶酸的唯一反应。催化此反应的酶是 N^5-甲基四氢叶酸甲基转移酶，其辅酶是维生素 B_{12}。当体内维生素 B_{12} 缺乏时，N^5-甲基四氢叶酸的甲基不能转移，这不仅影响甲硫氨酸的合成，同时也影响 FH_4 的再生，使得一碳单位的代谢和核酸合成出现障碍，影响细胞分裂，最终引起巨幼红细胞贫血。

2. 参与肌酸的合成

肌酸和磷酸肌酸是能量储存、利用的重要化合物。肌酸以甘氨酸为骨架，由精氨酸提供的脒基和 SAM 提供的甲基合成而得。肝脏是合成磷酸的主要器官。

当 ATP 充足时，ATP 在肌酸激酶的催化下将其高能磷酸基团转移给肌酸，生成磷酸肌酸；当 ATP 不足时，磷酸肌酸又将其高能磷酸基团转移给 ADP，生成 ATP，以补充 ATP 的不足。磷酸肌酸主要存在于心肌、骨骼肌及脑组织中。

提　示

肌酸和磷酸肌酸在肌肉中通过非酶促反应生成肌酸酐，肌酸酐随尿液排出体外。正常人每日尿液中肌酸酐的排出量是恒定的。当机体的肾功能出现障碍时，肌酸酐的排出受阻，导致血浆肌酸酐的浓度升高。因此，通过测定血液中肌酸酐的浓度，可辅助诊断肾功能不全。

（二）半胱氨酸和胱氨酸的代谢

1. 半胱氨酸与胱氨酸之间的互变

半胱氨酸分子中含有巯基（—SH），2 分子半胱氨酸氧化脱氢并以二硫键的形式相连形成胱氨酸，胱氨酸又可加氢还原为 2 分子半胱氨酸。可见，半胱氨酸与胱氨酸之间可以实现相互转变。半胱氨酸分子中的巯基可为多种重要酶和蛋白质提供活性巯基，胱氨酸分子中的二硫键对维持蛋白质的空间结构具有重要作用。

2. 合成牛磺酸

牛磺酸主要由半胱氨酸代谢转变而来。半胱氨酸先氧化生成磺酸丙氨酸，磺酸丙氨酸脱去羧基生成牛磺酸。牛磺酸是结合胆汁酸的组成成分。

3. 硫酸根的生成

含硫氨基酸经氧化分解产生硫酸根，半胱氨酸是体内硫酸根的主要来源。半胱氨酸直接脱去巯基和氨基，生成丙酮酸、NH_3 和 H_2S，H_2S 经氧化生成 H_2SO_4。体内产生的硫酸根一部分以无机盐的形式随尿液排出，另一部分则经 ATP 活化成活性硫酸根，即 3′-磷酸腺苷-5′-磷酸硫酸（PAPS）。

PAPS 的性质活泼，PAPS 可提供硫酸根而使某些物质形成硫酸酯，如类固醇激素可与 PAPS 结合生成硫酸酯而被灭活，一些外源性酚类化合物与 PAPS 结合生成的硫酸酯可被机体排出体外。这些反应在肝的生物转化作用中具有重要意义。此外，PAPS 参与硫酸角质素和硫酸软骨素等化合物中硫酸化氨基糖的合成。

四、芳香族氨基酸的代谢

芳香族氨基酸主要包括苯丙氨酸、酪氨酸和色氨酸。苯丙氨酸与酪氨酸的结构相似，机体内的苯丙氨酸一般转变为酪氨酸进行代谢，故将苯丙氨酸和酪氨酸合并在一起叙述。

（一）苯丙氨酸和酪氨酸的代谢

正常情况下，苯丙氨酸的主要代谢途径是苯丙氨酸在苯丙氨酸羟化酶的催化下羟化生成酪氨酸。此反应过程不可逆，故酪氨酸不能转变为苯丙氨酸。因此，苯丙氨酸是必需氨基酸而酪氨酸是非必需氨基酸。

机体先天性缺乏苯丙氨酸羟化酶时，苯丙氨酸因不能经正常代谢而转变为酪氨酸，只能经转氨酶催化生成苯丙酮酸，导致尿液中出现大量的苯丙酮酸，临床上称为苯丙酮尿症（PKU）。苯丙酮酸的堆积对中枢神经系统有毒性作用，常导致患儿智力发育障碍。对此类患儿的治疗原则是早发现，并适当控制膳食中苯丙氨酸的含量。

酪氨酸在体内代谢活跃，可合成儿茶酚胺、黑色素和甲状腺激素等多种重要的生物活性物质。

1. 合成儿茶酚胺

在神经组织或肾上腺髓质中，酪氨酸在酪氨酸羟化酶的催化下生成 3,4-二羟苯丙氨酸（多巴），多巴在多巴脱羧酶的催化下脱去羧基转变为多巴胺，多巴胺在 β-羟化酶的催化下生成去甲肾上腺素。在甲基转移酶的催化下，由 SAM 提供甲基，去甲肾上腺素转变为肾上腺素。多巴胺、去甲肾上腺素和肾上腺素是具有儿茶酚结构的胺类物质，故统称为儿茶酚胺。多巴胺和去甲肾上腺素是重要的神经递质，肾上腺素是外周重要的激素物质，它们是维持神经系统正常功能不可缺少的物质。

扫一扫

芳香族氨基酸的代谢过程

2. 合成黑色素

在皮肤、毛囊、眼球等组织的黑色素细胞中，酪氨酸在酪氨酸酶的催化下羟化生成 3,4-二羟苯丙氨酸（多巴），多巴经氧化生成多巴醌，多巴醌进一步环化、脱羧生成吲哚醌，吲哚醌再聚合生成黑色素。黑色素是组织中的色素来源。机体先天性缺乏酪氨酸酶时，黑色素合成出现障碍，可导致皮肤、毛发等处发白，临床上称为白化病。

3. 合成甲状腺激素

在甲状腺球蛋白内，酪氨酸逐步碘化生成三碘甲状腺原氨酸（T_3）和四碘甲状腺原氨酸（T_4）。甲状腺激素主要包括 T_3 和 T_4 两种，其主要作用是促进糖、脂类和蛋白质的物质代谢及能量代谢，促进机体的生长和发育，特别是对骨和脑的发育尤为重要。

婴幼儿缺乏甲状腺激素时，中枢神经系统发育出现障碍，长骨生长停滞，主要表现为智力迟钝、身材矮小，临床上称为呆小病（又称克汀病）。成人饮食中缺乏碘时，甲状腺激素的合成出现障碍，反馈性促使垂体分泌促甲状腺激素，使得甲状腺组织增生、肿大，引起地方性甲状腺肿。在食盐中添加碘可以预防碘缺乏症。临床上，T_3 和 T_4 是诊断甲状腺疾病的主要指标。

4. 酪氨酸的分解代谢

在酪氨酸转氨酶的催化下，酪氨酸生成对羟基苯丙酮酸，对羟基苯丙酮酸进一步氧化、脱羧生成尿黑酸，尿黑酸在尿黑酸氧化酶的催化下转变为延胡索酸和乙酰乙酸，延胡索酸和乙酰乙酸分别参与糖代谢和脂类代谢。因此，苯丙氨酸和酪氨酸都是生糖兼生酮氨基酸。机体先天性缺乏尿黑酸氧化酶时，尿黑酸因不能氧化分解而随尿液排出，尿液与空气接触后呈黑色，临床上称为尿黑酸症。

苯丙氨酸与酪氨酸的代谢途径如图 13-7 所示。

（二）色氨酸的代谢

色氨酸是生糖兼生酮氨基酸，在体内代谢后可生成 5-羟色胺、一碳单位、丙酮酸和乙酰乙酰 CoA。此外，色氨酸分解还可产生烟酸，但烟酸的生成量较少，不能满足机体正常生理活动的需要。

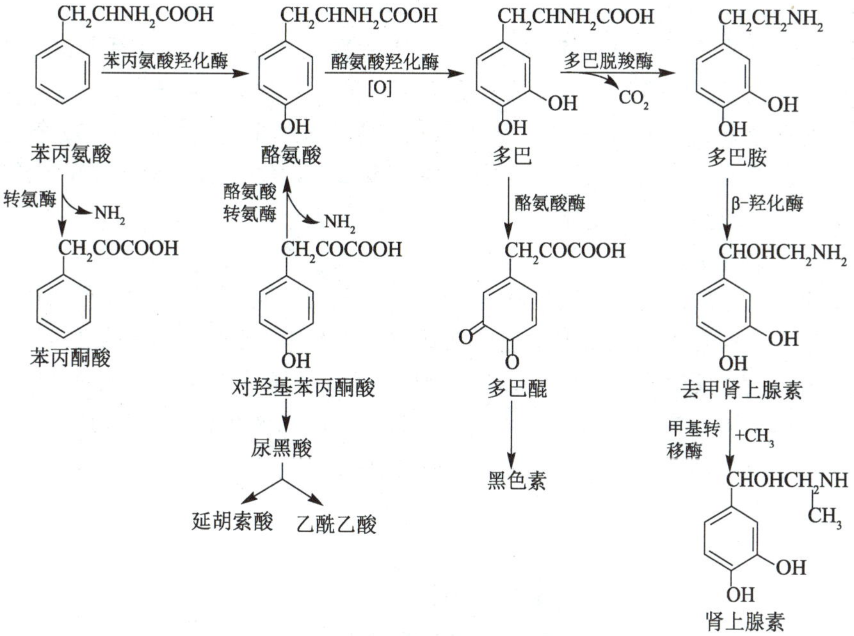

图 13-7　苯丙氨酸与酪氨酸的代谢途径

科心报国

印遇龙院士：坚定信念跟党走，不忘初心永奋斗

认识印遇龙的人，都称他为“养猪院士”。1978 年，22 岁的印遇龙从湖南师范大学生物系毕业后，与生猪养殖结缘。几十年来，印遇龙院士围绕“如何养好一头猪”进行了不断探索：一是让生猪健康生长，并且提高生长效率；二是让猪肉好吃又营养；三是推动生猪养殖产业可持续健康发展。

印遇龙院士长期从事猪氨基酸营养代谢与调控的研究，在其基础研究和转化应用方面成效卓著。印遇龙的养猪科学还征服了世界，他带领团队共发表 SCI 收录论文 300 多篇，被国际著名杂志引用 9 000 多次；入选汤森路透 2014 年和 2015 年全球高被引科学家和中国引文桂冠奖，成为中国农业领域唯一获奖者。

刚从事“养猪”工作时，印遇龙的工作非常艰难。没有猪笼自己做，没有猪崽自己抓。印遇龙从养猪、称重到打点猪饲料，全部亲自动手。几万公斤的饲料、猪粪猪尿全靠印遇龙与团队一起运送。

为了研究猪的营养物质代谢情况，印遇龙和团队 24 小时都在和猪打交道。每天房子里除了猪的嚎叫声，就是团队成员来回赶猪的脚步声。猪粪臭味难闻，为了不影响他人的生活，每次采集到的猪粪要弄干，他们就把猪粪放在办公室里，关着窗子烘干。“一日三餐都叫别人送饭进来。”

在这样的环境中，印遇龙和团队成员一起，率先对国内 40 多种单一猪饲料原料和 18 种混合日粮中回肠末端表观消化率进行了系统测定，在此基础上确定了生长猪有效氨基酸的需要量。这些研究成果被收入中国饲料数据库，在行业内广泛应用。“做科研首先要能吃苦，一定要深入实际，动手实干，坚持在一线。”

“办事效率最重要。”随着印遇龙担负重任越来越多，他的时间也越来越宝贵。每天的工作常常从清晨开始，甚至有时候凌晨三点，他会因为想到研究方法打电话给同事探讨而激动得睡不着觉。

作为一名党员，印遇龙院士这样说道：“作为一个养猪倌，我见证了我国畜牧业在党领导下飞速的发展。我国畜牧业的发展，经过了粗营养物质的需要、精准营养、健康养殖以及循环畜牧业。我们已经从早起追求吃饱的目标一步步发展到了今天吃好吃的肉，吃健康的肉，吃营养均衡的肉。这里面充满了艰辛，在党的政策指导下，无数的养猪人前仆后继投入到养殖业中，克服了很多艰难险阻，我们终于实现了把饭碗牢牢地端在自己手里，把肉装满我们的饭碗。”

关键术语

蛋白质分解代谢　　氨基酸代谢　　氨基酸的一般代谢　　个别氨基酸的特殊代谢

思考题

（1）蛋白质在体内是如何被消化、吸收的？
（2）简述体内氨基酸的脱氨基作用，并说明哪一种脱氨基作用是最主要的。
（3）体内的血氨是如何保持动态平衡的？
（4）简述氨基酸的脱羧基作用。
（5）简述含硫氨基酸的代谢。

第四篇　专题篇

本书前三篇系统地介绍了生物分子的结构和功能、基因信息的传递与调控、物质代谢与调节。本篇将以上述内容为基础，介绍肝的生物化学、血液的生物化学及水、无机盐的代谢与酸碱平衡。

第十四章　肝的生物化学

知识目标

- 了解肝在物质代谢中的作用。
- 熟悉肝的生物转化反应的主要类型，了解影响其生物转化作用的因素。
- 了解胆汁酸的种类与功能，熟悉胆汁酸的生成与肝肠循环。
- 熟悉胆红素的生成与转运、胆红素在肝细胞内的代谢、胆红素在肠道中的转变与胆素原的肠肝循环，了解血清胆红素与黄疸。

素质目标

- 通过了解贺福初院士的人生轨迹，培养不畏艰难、顽强奋斗的精神，为实现中国梦而努力奋斗！

肝是人体内体积最大、代谢功能最多的一个实质性器官，被誉为“物质代谢的中枢器官”“体内最大的化工厂”。

在形态结构上来看，肝具有如下特点：

（1）肝具有肝动脉和门静脉两条输入通道，其中肝动脉给肝细胞运来充足的氧气和代谢物，门静脉给肝细胞运来消化道吸收的各种营养物质。这两条输入通道为肝内的物质代谢奠定了物质基础。

（2）肝具有肝静脉和胆道系统两条输出通道。其中，肝静脉与体循环相连，可将肝内生成的部分代谢产物（如酮体等）转运给其他组织，或使部分代谢废物（如尿素等）通过肾脏随尿液排出；胆道系统与肠道相连，有利于代谢物从肠道排出。

（3）肝含有丰富的血窦，血液在此流速缓慢，血窦有利于肝细胞与血液进行充分的物质交换。

（4）肝细胞含有丰富的亚细胞结构，如线粒体、内质网、微粒体及溶酶体等，这些亚细胞结构为各种物质代谢的进行提供了场所。

在化学组成上来看，肝内含有丰富的酶系，其中有些酶为肝所特有，如糖异生酶类、血浆蛋白合成酶类等。肝细胞含有的酶系使得肝细胞除了有一般组织细胞所具有的代谢途径外，还具有特殊的代谢途径。

当机体缺氧、营养不良或遇病毒侵袭时，肝细胞首先受损，从而影响正常的物质代谢并使其发生紊乱，物质代谢的紊乱又可进一步导致疾病的发生。因此，肝结构的完整与肝功能的正常是维系机体健康的主要保障。

第一节　肝在物质代谢中的作用

想一想：

肝不仅在糖、脂类、蛋白质、维生素和激素等物质代谢中起着重要作用，还具有分泌、排泄和生物转化等重要功能。肝复杂多样的生理功能，是由其独特的形态结构和化学组成决定的。

思考：结合前面糖、脂类和蛋白质代谢的有关知识，你认为肝在糖、脂类或蛋白质的代谢中具有哪些作用？若肝功能受损，机体可能会出现哪些疾病？

一、肝在糖代谢中的作用

肝在糖代谢中的主要作用是通过糖原的合成与分解及糖异生作用来维持机体在不同状态下血糖浓度的相对恒定，以确保各组织器官，尤其是大脑、神经组织和红细胞的能量供应。

进食后，大量糖类物质在肠道中消化、吸收，经门静脉入肝。除了一部分糖在肝内直接氧化供能外，大部分糖合成糖原并在肝内储存，另外多余的糖在肝内可转变为脂肪，脂肪再以 VLDL 的形式运输到肝细胞外，使得血糖浓度不会过高。短时间空腹时，肝糖原在肝内葡萄糖-6-磷酸酶的催化下分解为葡萄糖并进入血液，以维持血糖浓度的相对恒定。此外，肝还能将果糖和半乳糖转化为葡萄糖，这是血糖的另一个补充来源。

肝糖原的储存量有限，肝糖原一般在 12 小时左右就可被消耗掉。因此，当机体长时间空腹时，肝可以通过加强糖异生作用，将甘油、乳酸、生糖氨基酸、丙酮酸等非糖物质转变为葡萄糖，以维持血糖的正常水平。

由此可见，肝是维持血糖浓度恒定的最主要器官。当肝功能严重受损时，由于肝糖原的合成与分解、糖异生作用受阻，致使血糖浓度不能维持在正常水平。这类人群空腹或饥饿时，易出现低血糖甚至休克；进食或输入葡萄糖时，易出现饮食性高血糖，耐糖能力下降。

此外，肝细胞中磷酸戊糖途径比较活跃，可为体内生物转化提供足够的 NADPH。

二、肝在脂类代谢中的作用

肝在脂类的消化、吸收、合成、分解及运输等代谢过程中均起重要作用。

人体内 3/4 的胆固醇由肝合成。肝可以将胆固醇转变为胆汁酸，胆汁酸以胆汁酸盐的形式随胆汁分泌进入肠道，促进脂类物质和脂溶性维生素的消化与吸收。当肝细胞受损或胆道阻塞时，肝合成和分泌胆汁酸盐的功能减弱，使得脂类食物消化吸收不良而出现脂肪泻、厌油腻等临床症状。

肝细胞还能合成与分泌卵磷脂-胆固醇酰基转移酶（LCAT）。LCAT 可在血浆中催化大部分胆固醇与卵磷脂酯化生成胆固醇酯和溶血卵磷脂，有利于胆固醇的运输。当肝功能出现严重损伤时，血浆中胆固醇酯的含量明显下降。临床上可通过测定血清胆固醇酯的含量来判断肝功能的损伤程度。

肝是脂肪酸合成与分解的主要场所，也是酮体生成的唯一器官。饥饿时，脂肪酸的β-氧化反应非常活跃，产生大量的乙酰 CoA，其中一部分通过三羧酸循环释放能量供肝利用，另一部分在肝内转变为酮体，通过血液运输供肝外组织（心、肾、骨骼肌等）氧化利用。进食后，肝可将大量过剩的葡萄糖转变成脂肪酸，并以甘油三酯的形式储存在脂库中。

肝是合成磷脂的主要场所。肝利用糖或氨基酸等物质合成磷脂（尤其是磷脂酰胆碱），磷脂除了作为肝细胞膜的组成成分外，还可进一步参与合成极低密度脂蛋白（VLDL）和高密度脂蛋白（HDL）。VLDL 的主要作用是将内源性三酰甘油运输到肝细胞外。当肝细胞受损或磷脂的合成原料不足时，VLDL 的合成出现障碍，使得肝细胞合成的三酰甘油不能被及时运出，容易导致脂肪肝。HDL 的主要作用是将肝外胆固醇逆向转运至肝脏内代谢。当肝功能出现障碍时，HDL 的合成出现障碍，使得血浆中的胆固醇因逆向转运受阻而在血液中积聚过多，容易导致动脉粥样硬化。

三、肝在蛋白质代谢中的作用

肝在蛋白质的合成及氨基酸代谢中均起重要作用。肝内蛋白质的合成十分旺盛，肝内蛋白质的更新速率约为肌肉蛋白质的 18 倍。肝不仅合成自身的结构蛋白质，还合成、分泌大部分血浆蛋白，如清蛋白、凝血酶原、纤维蛋白原和载脂蛋白等。肝合成和分泌的清蛋白量最多。清蛋白在维持血浆胶体渗透压方面发挥着重要作用。当肝脏病变（慢性肝炎或肝硬化）或长期营养不良时，患者体内血浆清蛋白的浓度下降，血浆胶体渗透压降低，患者常出现水肿或腹水症状；当肝功能严重受损时，多种凝血因子（如凝血酶原、纤维蛋白原等）的合成受到影响，导致机体的凝血功能出现障碍，患者容易出现凝血时间延长的症状。

此外，肝也是清除血浆蛋白的重要器官。肝细胞表面存在一种肝糖结合蛋白的受体，该受体能特异性识别某些血浆蛋白（如铜蓝蛋白、α_1 抗胰蛋白酶等），经胞饮作用将血浆蛋白吞入肝细胞，使得血浆蛋白被溶酶体水解酶降解。

肝内含有丰富的氨基酸分解代谢的酶类。在合成人体蛋白质所需的 20 种氨基酸中，除缬氨酸、亮氨酸、异亮氨酸 3 种支链氨基酸外，其余氨基酸几乎均可在肝内进行脱氨基、脱羧基和转甲基等作用而被分解。丙氨酸氨基转移酶（ALT）在肝细胞内的活性高于其他组织。肝细胞受损时，其细胞膜的通透性增强而使 ALT 逸出，导致血清 ALT 的活性增强异常，故临床上常通过检测血清 ALT 的活性来辅助诊断肝疾病。

肝是氨及胺类物质解毒的主要器官。氨基酸分解代谢和肠道腐败作用产生的氨，都可运输到肝通过鸟氨酸循环转变成尿素而解毒。对于严重肝病患者，肝合成尿素的能力下降，导致血氨浓度过高而引起肝性脑病。此外，经肠道细菌腐败作用产生的苯乙胺、酪胺等芳胺类有毒物质，被机体吸收入血后主要在肝中进行转化，以减小其毒性。肝若不能及时清除这些有毒物质，将会引起中枢神经系统紊乱，也可导致肝性脑病。

四、肝在维生素代谢中的作用

肝在维生素的吸收、储存、运输和转化等方面均起重要作用。肝内合成的胆汁酸盐随胆汁进入肠道后发挥乳化作用，可促进脂溶性维生素的吸收。当肝胆出现阻塞时，胆汁酸盐进入肠道受阻，导致脂溶性维生素的吸收出现障碍，进而引发相关疾病。

肝是体内含维生素 A、维生素 K、维生素 B_1、维生素 B_2、维生素 B_6、维生素 B_{12}、泛酸和叶酸较多的器官。肝是维生素 A、维生素 E、维生素 K 和维生素 B_{12} 储存的主要场所，其中维生素 A 在肝中的储存量特别大，占体内总维生素 A 的 95%。因此，肝脏出现病变时，维生素 A 的储存将受到影响，使得血液中维生素 A 的水平低下，影响杆状细胞中视紫红质的合成，容易导致夜盲症。

肝还直接参与多种维生素的代谢转化，如肝可将维生素 PP 转化为烟酰胺腺嘌呤二核苷酸（NAD+，辅酶Ⅰ）和烟酰胺腺嘌呤二核苷酸磷酸（NADP+，辅酶Ⅱ），将泛酸转化为辅酶 A 的组成成分，将维生素 B_6 转化为磷酸吡哆醛等。

五、肝在激素代谢中的作用

体内许多激素发挥调节作用后，主要在肝内被分解转化，从而降低或失去其生物活性，此过程称为激素的灭活。例如，某些类固醇激素（如肾上腺皮质激素、性激素等）可通过扩散作用进入肝细胞，与葡糖醛酸或活性硫酸等结合而失活。激素灭活是体内调节激素作用时间长短和强度的重要方式之一。灭活后的激素大部分随尿液排出。

肝功能严重障碍时，由于激素的灭活功能出现障碍，体内多种激素的水平上升，引起相应的调节功能紊乱。例如，血液中雌激素的水平异常升高，使局部小动脉扩张，可导致男性乳房女性化、蜘蛛痣和肝掌等；血液中醛固酮和抗利尿激素的水平异常升高，可导致水钠潴留而出现水肿或腹水。

第二节　肝的生物转化作用

想一想：

人体在物质代谢过程中产生或从外界摄入的某些物质，既不能作为构成组织细胞的原料，也不能氧化供能，故将这些物质称为非营养物质。机体在排出这些非营养物质之前，需要对它们进行各种代谢转化，其目的是：增加非营养物质的极性或水溶性，使其易随尿液或胆汁排出；改变非营养物质的毒性或药物作用。这一代谢转化过程称为生物转化。肝、肺、肾、胃、肠等器官都能进行生物转化，其中肝是进行生物转化最重要的器官。

按来源分类，非营养物质可分为内源性非营养物质和外源性非营养物质。其中，内源性非营养物质是体内物质代谢的产物或代谢中间物，如激素、神经递质等生物活性物质及氨、胆红素等有毒的代谢产物；外源性非营养物质是日常生活中不可避免地由外界进入体内的各种物质，如食品添加剂、药物、毒物、色素和环境污染物等。

生物转化的意义在于将大部分非营养物质的生物学活性降低或消除，或者使有毒物质的毒性减弱或消除。更为重要的是，生物转化可以增强非营养物质的溶解性，使其易于从胆汁或尿液中排出。但有些非营养物质经肝的生物转化后，其毒性反而增强或溶解性降低，不易排出体外，故不能简单地将肝的生物转化作用看作解毒作用。

思考：肝对摄入酒精的处理与生物转化有关吗？哪些因素可影响生物转化作用？

一、生物转化反应的主要类型

肝的生物转化反应可概括为第一相反应和第二相反应。其中，第一相反应包括氧化反应、还原反应和水解反应，第二相反应主要为结合反应。

（一）第一相反应

许多物质通过第一相反应，分子中某些非极性基团转变为极性基团，亲水性增强。

1. 氧化反应

（1）加单氧酶系。加单氧酶系存在于肝细胞微粒体中，在生物转化的氧化反应中占有重要地位（详见第九章第三节）。

（2）单胺氧化酶系。单胺氧化酶是一种黄素蛋白，存在于肝细胞的线粒体内。此酶可催化胺类氧化脱氨基生成相应的醛，醛可进一步在细胞液中醛脱氢酶的催化下生成相应的酸。经肠道腐败作用生成的物质（如组胺、酪胺、5-羟色胺、尸胺和腐胺等）可在此酶的催化下氧化为醛，从而丧失其生物活性。反应式为

$$RCH_2NH_2+O_2+H_2O \xrightarrow{\text{单胺氧化酶}} RCHO+NH_3+H_2O_2$$

（3）脱氢酶系。脱氢酶包括醇脱氢酶和醛脱氢酶，这两种酶以 NAD^+ 为辅酶，存在于肝细胞的细胞液和微粒体中。醇可在醇脱氢酶的催化下生成醛，醛可在醛脱氢酶的催化下生成酸，反应式为

$$RCH_2OH+NAD^+ \xrightarrow{\text{醇脱氢酶}} RCHO+NADH+H^+ \xrightarrow{\text{醛脱氢酶}} RCOOH+NADH+H^+$$

$$RCHO+NAD^+ \xrightarrow{\text{醛脱氢酶}} RCOOH+NADH+H^+$$

知识拓展

饮酒伤肝的原理

人类摄入的乙醇 30%被胃吸收，70%被小肠上段吸收。吸收后的乙醇 90%～98%在肝内代谢，2%～10%经肾和肺排出体外。人类血液中乙醇的清除率为 100～200 mg/（kg·h），即体重 70 kg 的成人每小时可代谢 7～14 g 乙醇。若摄入过量的乙醇，一部分乙醇经醇脱氢酶氧化，另一部分乙醇可诱导微粒体乙醇氧化系统（MEOS）。MEOS 是乙醇-P_{450} 加单氧酶，一般情况下催化的产物是乙醛。当血液中乙醇的浓度很高时，MEOS 才发挥催化作用。

值得注意的是，MEOS 不但不能使乙醇氧化产生 ATP，反而会增加氧和 NADPH 的消耗量，使肝内能量耗竭，造成肝细胞损伤。

2．还原反应

肝细胞微粒体中的还原酶类主要有硝基还原酶类和偶氮还原酶类，这两类酶分别催化硝基化合物（如工业试剂、杀虫剂和食品防腐剂等）和偶氮化合物（如食品色素、化妆品、工业染料和药物等）还原生成相应的胺。还原反应所需的氢由 NADPH 提供。

3．水解反应

肝细胞的胞质和微粒体中含有多种水解酶类，如酯酶、酰胺酶及糖苷酶等，可分别水解酯类、酰胺类及糖苷类化合物，以降低或消除这些化合物的毒性或改变其药理作用。经水解反应生成的产物通常还要经过第二相反应后才能排出体外，如进入人体的乙酰水杨酸（阿司匹林），首先经水解反应转化为水杨酸，水杨酸再与葡萄糖酸进行第二相反应。

（二）第二相反应

第二相反应主要是指结合反应，结合反应是体内最重要的生物转化方式。肝细胞内含有多种催化结合反应的酶类。凡含有羟基、羧基和氨基的药物、毒物或激素等非营养物质，均可与葡萄糖醛酸、硫酸、谷胱甘肽、甘氨酸等发生结合反应，其中以葡萄糖醛酸的结合反应最为普遍。

1．葡萄糖醛酸结合反应

肝细胞微粒体中含有丰富的 UDP-葡萄糖醛酸转移酶，UDP-葡萄糖醛酸转移酶以尿苷二磷酸葡萄糖醛酸（UDPGA）为葡萄糖醛酸的活性供体，将分子内的葡萄糖醛酸基转移到毒物或其他活性物质的羟基、羧基和氨基上，形成葡萄糖醛酸苷。苯酚的葡萄糖醛酸结合反应式为

$$\text{苯酚}+\text{UDPGA}\xrightarrow{\text{UDP-葡萄糖醛酸转移酶}}\text{葡萄糖醛酸苷}+\text{UDP}$$

胆红素、类固醇激素、吗啡、苯巴比妥类药物等均可在肝细胞中与葡萄糖醛酸结合而进行生物转化。临床上常用葡萄糖醛酸类制剂（如葡醛内酯）治疗肝病。

2．硫酸结合反应

肝细胞胞液中含有活泼的硫酸基转移酶，硫酸基转移酶以 3′-磷酸腺苷-5′-磷酸硫酸（PAPS）为活性硫酸供体，将分子内的硫酸基转移到多种醇、酚或芳香族胺类分子上，生成硫酸酯化合物。例如，雌酮在肝内发生硫酸结合反应而失活，反应式为

$$\text{雌酮}+\text{PAPS}\xrightarrow{\text{硫酸基转移酶}}\text{雌酮硫酸酯}+3'\text{-磷酸腺苷-}5'\text{-磷酸}$$

3．乙酰基结合反应

肝细胞胞液中含有乙酰基转移酶，乙酰基转移酶以乙酰 CoA 为活性乙酰基供体。在乙酰基转移酶的催化下，乙酰 CoA 与芳香族胺类化合物结合生成相应的乙酰化衍生物。大部分磺胺类药物及抗结核药物异烟肼在肝细胞中经乙酰化结合反应而失活。磺胺类药物的乙酰基结合反应式为

$$\text{氨苯磺胺}+\text{乙酰CoA}\xrightarrow{\text{乙酰基转移酶}}\text{乙酰氨苯磺胺}+\text{HSCoA}$$

提　示

经乙酰基结合反应后，磺胺类药物的溶解性降低，有利于在酸性尿液中析出。因此，患者在服用磺胺类药物时，应服用适量的小苏打，以提高该药物的溶解度，利于该药物随尿液排出。

4. 甲基结合反应

肝细胞胞液和微粒体中含有多种甲基转移酶。在甲基转移酶的催化下，体内一些胺类生物活性物质和某些药物可通过甲基结合反应而失去生物活性。此反应由S-腺苷甲硫氨酸（SAM）提供甲基。例如，儿茶酚胺、组胺和5-羟色胺等可通过甲基结合反应而失去生物活性。儿茶酚胺的甲基结合反应式为

$$\text{儿茶酚胺} \xrightarrow[\text{SAM}]{\text{甲基转移酶}} \text{O-甲基儿茶酚胺}$$

5. 谷胱甘肽结合反应

肝细胞胞液中含有谷胱甘肽S转移酶。在谷胱甘肽S转移酶的催化下，谷胱甘肽可与许多卤代化合物和环氧化合物结合，生成谷胱甘肽结合物。谷胱甘肽结合物主要随胆汁排出体外。谷胱甘肽结合反应主要发生在机体对致癌物、环境污染、抗肿瘤药物及内源性活性物质的生物转化过程中。

6. 甘氨酸结合反应

肝细胞线粒体内含有酰基转移酶。含羧基的药物、毒物在酰基CoA连接酶的催化下生成活泼的酰基CoA，酰基CoA在酰基转移酶的催化下将分子内的酰基转移到甘氨酸的氨基上，生成相应的结合产物。

扫一扫

生物转化反应的主要类型

生物转化反应非常复杂。少数物质经第一相反应后即可排出体外，但多数非营养物质经第一相反应后，还要进行第二相反应才能排出体外；也有一些物质可直接进行第二相反应再排出体外。由此可见，生物转化反应具有多样性和连续性。

做 一 做

下列有关生物转化作用的论述中，正确的是（　　）。

A. 生物转化能使物质的水溶性减少

B. 生物转化又称“解毒反应”

C. 多数物质先进行结合反应，再进行氧化反应

D. 结合反应中最常见的反应是葡萄糖醛酸结合反应

E. 结合反应是第一相反应

二、影响生物转化作用的因素

肝的生物转化作用存在着个体差异，常受年龄、疾病、诱导物等因素的影响。

（一）年龄因素

不同年龄阶段的个体，其生物转化的能力有所差异。由于新生儿肝内生物转化酶系发育不全，因此新生儿对药物和毒物的转化能力较弱。老年人因器官退化，对药物的转化能力减弱，导致药物在体内的半衰期延长。因此，临床上对新生儿和老年人的用药量较成人低，并且许多药物对儿童和老年人慎用或者禁用。

（二）疾病因素

肝是生物转化的主要器官。当肝发生实质性病变时，微粒体中加单氧酶和 UDP-葡萄糖醛酸转移酶的活性显著降低，肝血流量减少，患者对许多药物和毒物的转化能力出现障碍，易蓄积中毒，故肝病患者用药时应特别谨慎。

（三）诱导物因素

某些药物或毒物可诱导同类物质合成生物转化的酶，从而促进同类物质的代谢，具有这种诱导作用的物质称为诱导物。例如，长期服用苯巴比妥药物，苯巴比妥可诱导肝微粒体混合功能氧化酶的合成，从而加速药物代谢而使机体产生对该药物的耐药性。苯巴比妥还能诱导肝微粒体 UDP-葡萄糖醛酸转移酶的合成，使游离胆红素转变为结合胆红素的反应速率增大，临床上常利用这一特性来治疗新生儿黄疸。

另外，参与生物转化的酶系一般不具有较高的底物专一性，几种物质的生物转化过程常由同一类酶系催化。因此，当同时服用多种药物时，各药物之间可能产生对酶的竞争性抑制作用，影响药物的生物转化作用。临床用药时应特别注意。例如，保泰松在体内可抑制双香豆素的代谢，若同时服用保泰松和双香豆素，则会增强双香豆素的抗凝作用，甚至引起出血。

第三节　胆汁酸的代谢

想一想：

胆汁是肝细胞分泌的一种液体。胆汁在胆囊中储存，经胆囊系统排入十二指肠。将直接从肝细胞中分泌的胆汁称为肝胆汁，肝胆汁澄清、透明，呈金黄色或黄褐色，味苦。肝胆汁进入胆囊后，其中的水分及其他一些成分被胆囊壁吸收，同时胆囊壁还将黏液分泌到胆汁中，形成胆囊胆汁。胆囊胆汁呈暗褐色或棕绿色。

胆汁中除了水分外，还含有无机盐、胆汁酸（盐）、胆色素、胆固醇及磷脂等。胆汁酸是胆汁的主要固体成分，占固体物质总量的 50%～70%。胆汁既能作为消化液，促进脂类物质的消化与吸收，又能作为排泄液，使体内某些脂溶性代谢产物及生物转化产物（如胆红素、胆固醇、药物和毒物等）随胆汁排入肠腔，再随粪便排出体外。胆汁的这些生理功能，与其所含的主要成分——胆汁酸盐密切相关。

思考：胆汁酸在机体内的存在形式有哪几种？机体是如何合成胆汁酸的？

一、胆汁酸的种类

按结构分类，胆汁酸可分为游离型胆汁酸和结合型胆汁酸。其中，游离型胆汁酸包括胆酸、脱氧胆酸、鹅脱氧胆酸和少量石胆酸；结合型胆汁酸是游离胆汁酸在肝脏中与甘氨酸或牛磺酸结合形成的产物，主要包括甘氨胆酸、甘氨鹅脱氧胆酸、牛磺胆酸及牛磺鹅脱氧胆酸等。

按来源分类，胆汁酸可分为初级胆汁酸和次级胆汁酸。其中，初级胆汁酸是指由肝细胞合成的胆汁酸，主要包括胆酸、鹅脱氧胆酸及胆酸、鹅脱氧胆酸与甘氨酸和牛磺酸结合形成的产物；次级胆汁酸是指初级胆汁酸受肠菌作用生成的胆汁酸，包括脱氧胆酸、石胆酸及脱氧胆酸、石胆酸与甘氨酸和牛磺酸结合形成的产物。

胆汁中的胆汁酸以结合型胆汁酸为主。胆汁中的初级胆汁酸与次级胆汁酸均以钠盐或钾盐的形式存在，形成相应的胆汁酸盐（简称“胆盐”）。

二、胆汁酸的生成

（一）初级胆汁酸的生成

肝细胞以胆固醇为原料合成初级胆汁酸，这是肝清除胆固醇的主要方式。肝细胞合成胆汁酸要经过多步酶促反应，合成过程比较复杂。在肝细胞微粒体和胞液中，胆固醇在 7α-羟化酶的催化下生成 7α-羟胆固醇，7α-羟胆固醇再经还原、羟化、侧链的氧化及断裂等多步酶促反应生成游离型胆固醇。游离型胆固醇主要有胆酸和鹅脱氧胆酸。胆酸和鹅脱氧胆酸可分别与牛磺酸或甘氨酸结合形成结合型胆汁酸。正常人每日约合成 1～1.5 g 胆固醇，其中约 2/5 在肝内转化为胆汁酸。

7α-羟化酶是初级胆汁酸合成的限速酶，受胆汁酸浓度的反馈抑制。口服考来烯胺或进食纤维素多的食物可促进胆汁酸的排泄，减弱胆汁酸对 7α-羟化酶的反馈抑制作用，从而促进肝内胆固醇转化为胆汁酸，起到降低血清胆固醇的治疗作用。维生素 C 是 7α-羟化酶的辅酶，故维生素 C 能促进胆固醇转化为胆汁酸。此外，甲状腺素能增强 7α-羟化酶的活性，使得胆固醇加速转化为胆汁酸。因此，甲状腺功能亢进的患者，其体内的胆汁酸合成增强，血清胆固醇的浓度降低；相反，甲状腺功能低下的患者，其体内的血清胆固醇的浓度有升高的趋势。

扫一扫

胆汁酸的生成及肠肝循环

（二）次级胆汁酸的生成

结合型初级胆汁酸随胆汁分泌进入肠道后，受肠菌作用逐步分解，先水解脱去牛磺酸和甘氨酸，生成游离型初级胆汁酸（胆酸和鹅脱氧胆酸）。游离型初级胆汁酸发生 7-位脱羟基反应生成脱氧胆酸和石胆酸，即游离型次级胆汁酸。脱氧胆酸可与甘氨酸或牛磺酸结合生成结合型次级胆汁酸（甘氨鹅脱氧胆酸和牛磺鹅脱氧胆酸)。

三、胆汁酸的肠肝循环

排入肠道的胆汁酸（包括初级胆汁酸、次级胆汁酸、结合型胆汁酸和游离型胆汁酸）中，约95%以上的胆汁酸被重新吸收并经门静脉回到肝脏，其余随粪便排出。结合型胆汁酸在小肠下段进行主动重吸收，其余在肠道各部位进行被动重吸收。这种由肠道重吸收的胆汁酸经门静脉重新回到肝中，肝细胞将游离型胆汁酸重新合成结合型胆汁酸，并与新合成的结合型胆汁酸一同随胆汁排入肠道的过程称为肠肝循环，如图 14-1 所示。

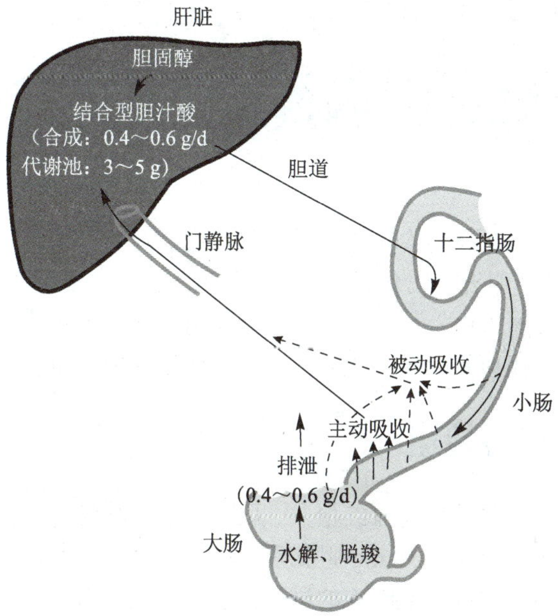

图 14-1　胆汁酸的肠肝循环

正常成人肝内胆汁酸代谢池中储存的胆汁酸共 3～5 g，难以满足饱餐后小肠内脂类物质乳化的需要。但是，由于每次进餐后都进行 2～4 次肠肝循环，每天从肠道吸收的胆汁酸总量可达 12～32 g。可见，肠肝循环能使有限的胆汁酸发挥最大限度的乳化作用，以维持脂类食物的正常消化与吸收。

四、胆汁酸的功能

（一）促进脂类的消化与吸收

胆汁酸分子表面既含有亲水性的羟基、羧基和磺胺基，又含有疏水性的烃核和甲基。在立体构象上，亲水性基团与疏水性基团恰好位于环戊烷多氢菲核的两侧，构成亲水和疏水两个侧面。这种结构特性使胆汁酸成为较强的乳化剂，胆汁酸可以将脂类乳化成细小微团，扩大脂类与脂肪酶的接触面，有利于脂肪酶对脂肪的水解消化。胆汁酸盐还能与脂肪酸、甘油一酯等脂类消化产物形成混合微团，有利于脂类物质透过小肠黏膜细胞的表面水层，促进脂类物质的吸收。

（二）抑制胆汁中胆固醇的析出

部分未转化的胆固醇由肝细胞分泌入毛细血管，在胆囊中储存。胆固醇因难溶于水而易析出沉淀。胆汁酸与卵磷脂的协同作用，可使胆固醇分散形成可溶性微团，使胆固醇不易形成结晶或沉淀。因此，胆汁酸有抑制胆固醇从胆汁中析出沉淀的作用。若肝合成胆汁酸的能力下降，胆囊中胆固醇的浓度过高（如高胆固醇血症），消化道丢失胆汁酸过多或肠肝循环中肝摄取胆汁酸过少，均可造成胆汁酸、卵磷脂与胆固醇的比值下降，易引起胆固醇从胆汁中析出沉淀而形成结石。

第四节　胆色素代谢与黄疸

想一想：

胆色素是含铁卟啉的化合物在体内主要分解代谢的产物，包括胆红素、胆绿素、胆素原和胆素。胆色素主要随胆汁排出体外。胆红素是胆色素的主要色素，呈橙黄色或金黄色。胆色素代谢以胆红素代谢为中心，而肝在胆红素代谢中起着重要作用。

思考：胆红素在机体内是如何代谢的？胆红素代谢异常会引发哪种疾病？

一、胆红素的生成与转运

体内含铁卟啉的化合物主要有血红蛋白、肌红蛋白、细胞色素、过氧化物酶和过氧化氢酶等。成人每天能产生 250～350 mg 胆红素，其中 80%以上来自衰老红细胞中血红蛋白的分解，小部分来自造血过程中红细胞的过早破坏，其余来自非血红蛋白血红素的分解。

（一）胆红素的生成

人体中的红细胞不断更新，健康人红细胞的平均寿命约为 120 天。衰老的红细胞被肝、脾及骨髓组织中单核-吞噬细胞系统破坏并释放出血红蛋白，血红蛋白随后被分解为珠蛋白和血红素。其中，珠蛋白可分解为氨基酸，供组织细胞重新利用；血红素在 O_2 和 NADPH 的参与下，由微粒体中血红素加氧酶催化，其分子中铁卟啉环上的 α-甲炔基氧化断裂，释放出 Fe^{3+}、CO 并生成胆绿素。Fe^{3+}可被机体重新利用，CO 可排出体外或发挥气体信号分子的作用。在胆绿素还原酶的催化下，由 NADPH 供氢，胆绿素被还原为胆红素。

血红素加氧酶是胆红素生成的关键酶，受底物血红素的诱导。缺氧、内毒素、重金属、细胞因子、炎症等也可诱导血红素加氧酶的表达。虽然过量的胆红素对人体有害，但适量的胆红素是人体内强有力的内源性抗氧化剂，可有效清除超氧化物和过氧化物中的自由基，增强细胞对氧攻击的抵抗力。

（二）胆红素的转运

生成的胆红素被血液运输到肝后，才能进行生物转化作用。胆红素分子中含有羟基、亚氨基和丙酸基等亲水基团，这些亲水基团相互之间易形成分子内氢键，使胆红素分子形成脊瓦状的刚性折叠，赋予胆红素亲脂疏水的性质。因具有亲脂性，胆红素能自由透过细胞膜而进入血液。

进入血液后，胆红素主要与清蛋白结合形成胆红素-清蛋白复合体进行转运。这种结合作用不仅增强了胆红素的水溶性而有利于运输，还防止了胆红素自由透过细胞膜而对组织细胞产生毒性。通常将尚未进入肝细胞进行生物转化反应的胆红素称为未结合胆红素或血胆红素。

每分子清蛋白可结合两分子胆红素。正常人血浆胆红素浓度仅为 0.1～1.0 mg/dL，而血浆中的清蛋白能结合 20～25 mg 胆红素，因此在正常情况下，血浆中的清蛋白足以结合全部胆红素。胆红素与清蛋白的结合是可逆的，当血浆中胆固醇的浓度过高、血浆中的清蛋白含量明显降低或结合部位被其他物质占据时，均可促使胆红素从血浆向组织转移而产生毒性。例如，某些有机阴离子药物（如磺胺类药物、水杨酸和抗生物等）、脂肪酸、胆汁酸等，可与胆红素竞争结合清蛋白，使胆红素游离出来。

过多的游离胆红素易进入脑组织后与脑基底核的脂类结合，干扰脑的正常功能，导致核黄疸（也称胆红素脑病）。因此，对有黄疸倾向的患者或黄疸新生儿，应避免使用有机阴离子药物，以免发生核黄疸而对患者大脑造成不可逆性损伤。此外，酸中毒时可促使胆红素进入细胞，故高胆红素血症患者要防止酸中毒。

二、胆红素在肝细胞内的代谢

胆红素的进一步代谢转化主要在肝细胞内进行，具体包括如下 3 个阶段。

（一）肝细胞对游离胆红素的摄取

血胆红素以胆红素-清蛋白复合体的形式运输到肝后，首先在肝血窦中与清蛋白分离，然后迅速被肝细胞摄取。肝能迅速从血浆中摄取胆红素，是因为肝细胞内有 Y 蛋白和 Z 蛋白两种特异的载体蛋白。这两种载体蛋白能特异性结合包括胆红素在内的有机阴离子。当胆红素进入肝细胞后，细胞中的 Y 蛋白和 Z 蛋白立即与胆红素结合，形成胆红素-配体蛋白复合物（胆红素-Y 蛋白或胆红素-Z 蛋白复合体）。胆红素-配体蛋白复合物的水溶性较强，不能重新返回血液，而是被进一步转运至滑面内质网进行结合转化。Y 蛋白对胆红素的亲和力比 Z 蛋白强，因此胆红素优先与 Y 蛋白结合。

胆红素与 Y 蛋白或 Z 蛋白的结合过程是一个可逆的耗能过程。如果肝细胞处理胆红素的能力下降或者体内生成的胆红素过多，超过了肝细胞处理胆红素的能力，则进入肝细胞内的胆红素还可返流入血，使血液中胆红素的水平升高。

Y 蛋白是一种诱导蛋白，苯巴比妥可诱导 Y 蛋白的合成，而甲状腺素、溴酚磺酸钠和靛青绿等可竞争性结合 Y 蛋白，影响胆红素的转运。新生儿在出生 7 周后 Y 蛋白才能达到正常成人水平，因此新生儿易出现生理性的非溶血性黄疸，临床上常用苯巴比妥治疗。

（二）肝细胞对胆红素的转化

胆红素-配体蛋白复合物被转运到滑面内质网后，在 UDP-葡萄糖醛酸转移酶的催化下，胆红素接受来自 UDP-葡萄糖醛酸的葡萄糖醛酸基，生成胆红素葡萄糖醛酸。由于胆红素分子中含有 2 个羧基，每分子胆红素可与 1 分子或 2 分子 UDP-葡萄糖醛酸结合，分别生成胆红素葡萄糖醛一酯和胆红素葡萄糖醛二酯，其中胆红素葡萄糖醛二酯是主要产物。此外，少量胆红素也可与硫酸结合生成硫酸酯。这种在肝细胞内与葡萄糖醛酸结合的胆红素称为结合胆红素或肝胆红素。

结合胆红素的水溶性较强，易从胆道排出，也易透过肾小球从尿液中排出，但不易透过细胞膜和血脑屏障，因此结合胆红素不易造成组织中毒，这是肝对胆红素解毒的重要方式。

（三）肝细胞对胆红素的排泄

结合胆红素在肝细胞滑面内质网处形成后，在高尔基复合体、溶酶体等的参与下运输至毛细胆管随胆汁排入肠道。此过程是一个逆浓度梯度的主动耗能过程，被认为是肝内胆红素代谢的限速步骤。肝胆阻塞时，结合胆红素排泄出现障碍而返流入血，促使血清结合胆红素的含量增加，随之尿液中也会出现胆红素。糖皮质激素不仅能诱导 UDP-葡萄糖醛酸转移酶的生成，促进胆红素与 UDP-葡萄糖醛酸结合，而且对结合胆红素的排泄也有促进作用，因此可用糖皮质激素治疗肝细胞性高胆红素血症。

三、胆红素在肠道中的转变与胆素原的肠肝循环

（一）胆红素在肠道中的转变

结合胆红素随胆汁分泌进入肠道后，在肠道细菌的作用下水解脱去 UDP-葡萄糖醛酸，生成未结合胆红素，未结合胆红素在肠道细菌的作用下逐步还原为无色的胆素原。胆素原包括中胆素原、粪胆素原和尿胆素原。大部分胆素原随粪便排出体外，与空气接触后被氧化为黄褐色的粪胆素。粪胆素是正常粪便的主要色素。正常人每日从粪便排出的粪胆素（粪胆素原）40～280 mg。当胆道完全阻塞时，因结合胆红素不能在肠道中发生转变，粪便呈陶土色或灰白色，临床上称为白陶土样便。新生儿体内的肠道细菌较少，粪便中存在着未被细菌作用的胆红素，所以粪便呈橘黄色。

（二）胆素原的肠肝循环

生理情况下，肠道中有 10%～20%的胆素原可被重吸收入血，经门静脉入肝。进入肝的胆素原约 90%随胆汁排入肠道，构成胆素原的肠肝循环；剩余的胆素原进入体循环，被运输到肾脏随尿液排出体外，即尿胆素原。尿胆素原在空气中被氧化为黄褐色的尿胆素，尿胆素是尿液的主要色素之一。正常成人每天从尿中排出的尿胆素（尿胆素原）为 0.5～4.0 mg。临床上将尿胆红素、尿胆素、尿胆素原合称尿三胆，尿三胆可作为鉴别诊断不同类型黄疸的常用指标。

四、血清胆红素与黄疸

（一）血清胆红素

正常人体中血清胆红素主要以结合胆红素和未结合胆红素两种形式存在，它们对重氮

试剂的反应不同。其中，结合胆红素能直接与重氮试剂迅速反应，生成紫红色偶氮化合物，因而结合胆红素又称直接胆红素或直接反应胆红素；未结合胆红素必须先加入酒精或尿素后才能与重氮试剂反应，生成紫红色偶氮化合物，因而未结合胆红素又称间接反应胆红素或间接胆红素。

（二）黄疸

正常人体中血清胆红素的含量甚微，其中 4/5 为未结合胆红素，其余为结合胆红素，因此不会对机体产生毒害。但机体内胆红素生成过多或肝代谢发生异常可引起血清胆红素的浓度升高，导致高胆红素血症。胆红素呈橙黄色或金黄色，当血清胆红素的浓度升高时，血清胆红素可扩散进入组织，引起皮肤、黏膜和巩膜等组织出现黄染现象，临床上称为黄疸。

黄疸的程度与血清胆红素的浓度密切相关。当血清胆红素浓度超过正常值（17.1 μmoL/L）但不超过 34.2 μmoL/L 时，此时肉眼看不出组织黄染现象，临床上称为隐形黄疸；当血清胆红素浓度超过 34.2 μmoL/L 时，肉眼可明显观察到组织黄染现象，临床上称为显性黄疸。

根据黄疸的发病原因，黄疸可分为溶血性黄疸、肝细胞性黄疸和阻塞性黄疸。

1. 溶血性黄疸

溶血性黄疸又称肝前性黄疸，是由于某些原因导致红细胞被大量破坏并且超出肝细胞的处理能力，造成游离的血清胆红素浓度过高所致。

扫一扫

胆色素代谢与黄疸

溶血性黄疸的特征为：① 血清间接胆红素的浓度异常增大，血清直接胆红素变化不大，血清胆红素与重氮试剂呈间接反应阳性；② 肝细胞以最大限度处理胆红素，使排入肠道的直接胆红素增多，经肠菌作用生成的胆素原也增多，导致随粪便排出的粪胆素（粪胆素原）增多，颜色加深；③ 肠道中生成的胆素原增多，经胆素原的肠肝循环重吸收进入肝的胆素原也增多，使得进入体循环随尿液排出的尿胆素（尿胆素原）也显著增加，但尿中无胆红素。某些疾病（如恶性疟疾、过敏等）、药物和输血不当均可引起溶血性黄疸。

2. 肝细胞性黄疸

肝细胞性黄疸也称肝原性黄疸，是肝细胞因功能障碍而对胆红素的摄取、转化和排泄能力下降所致。肝细胞性黄疸时，肝细胞不能全部将间接胆红素转化为直接胆红素，造成间接胆红素的含量增多；另外，由于肝细胞肿胀、毛细血管阻塞或毛细血管与肝血窦直接相通，使部分直接胆红素反流入血，造成血清直接胆红素的浓度升高。

肝细胞性黄疸的特征为：血清中直接胆红素和间接胆红素的浓度均升高，与重氮试剂呈双相反应阳性；粪便颜色变浅；尿中有胆红素，但由于肝细胞的损伤程度不定，尿中胆素原的含量不定。肝细胞性黄疸常见于肝实质性疾病，如各种肝炎、肝肿瘤等。

3. 阻塞性黄疸

阻塞性黄疸又称肝后性黄疸，是由于各种原因引起胆红素排泄通道受阻，使胆小管和毛细胆管内压力增大而破裂，导致胆汁中的直接胆色素反流入血，血清胆红素的浓度升高所致。

阻塞性黄疸的特征为：血清直接胆色素的浓度明显升高，血清间接胆色素的浓度无明显变化，血清胆红素与重氮试剂呈直接反应阳性；由于直接胆红素不易或不能排出肠道，肠内生成的胆素原减少，经肠肝循环进入肝脏的胆素原也减少，故随尿液排出的尿胆素（尿胆素原）减少，并且粪便颜色变浅或呈灰白色。阻塞性黄疸常见于胆管炎症、肿瘤、结石或先天性胆管闭锁等疾病。

科心报国

贺福初的中国梦

贺福初，湖南常德人，国际著名细胞生物学、遗传学家，少将军衔，中国科学院院士、发展中国家科学院院士。

1962 年 5 月，贺福初出生在湖南安乡一个贫寒农户。为了生存，为了求学，母亲和贺福初兄妹都曾四处乞讨。有时遇到善心施主，稍作救济；有时碰到市井恶棍，纵狗欺凌。鄙夷的目光、卑劣的讥笑，深深刺痛着他那幼小的心灵。但这又恰如铁水一般，融铸着他的大学梦。

经过无数风雨磨砺，在青春绽放的 16 岁花季，贺福初终于破茧成蝶，以名列全省前茅的优异成绩考上了复旦大学。穿着染色化肥袋做的衣服，拿着父老乡亲一分一厘凑起来的生活费，迎着改革开放的阵阵春风，贺福初来到了上海。在这座由孙中山先生担任过首席校董的著名学府里，“报国梦”开始在他灵魂深处生根发芽。

“中国必须走向强大，必须走向强盛，必须走向自立，而在这种强大、强盛、自立的过程当中，必须要有一批精英，必须要有一批以身许国的强者。如果没有一批英雄，这个民族不可能成为一个强大的民族，而在这批所需要的英雄当中，我觉得我自己应该成为一个英雄。”贺福初回忆道。

1982 年，贺福初从复旦毕业，到了军事医学科学院。在这里，贺福初开启了他的远大前程。1985 年，贺福初获得生物化学硕士学位。1987 年，他开始了分子生物学研究。几年过去，到 1993 年时，贺福初相继“幸运”地发现“细胞活性因子的发育相关进化”“相互作用分子的协同进化”“mRNA 编码区与非编码区的协调进化”及“物种演化中的分子减速进化”等规律性现象，并首次从分子水平上发现最基本的生命现象——发育与进化统一的重要证据，从而填补了该理论领域的部分国际空白。

1995 年，蛋白质组学在国际上首次提出。贺福初敏锐地感觉到，这个领域将成为 21 世纪各国争夺最激烈、最重要的战略制高点之一，必须抓住机遇，才能掌握主动。随后，他将巨大的热情和精力投入到蛋白质组学的研究当中。到了 2001 年，贺福初和他的课题组已经取得一系列让外界惊讶的成果：发现并克隆肝细胞生成素，揭示其基因调控机制，研制其重组品，发现其受体及两条信号转导通路；揭示人胎肝、成人肝转录组及其蛋白质组，从中发现 500 余种新基因、新蛋白质；发现中国常见恶性肿瘤及慢性肝炎等的易感基因十余种……

正是在这一年，39 岁的贺福初打破尘封 40 余年的“40 岁”神话，当选为中国科学院院士。第二年，贺福初又被中央军委授予专业技术少将军衔。一个贫寒子弟的人生梦，在日夜拼搏的基础上，在伟大时代的青睐中，真的实现了！

2012 年 11 月，贺福初和马伟明、张杰等 12 名院士当选为中国共产党第十八届中央候补委员。“这个头衔是参政议政的平台，是我们科学家实现中国梦的一张船票。”贺福初这样说。

对于中国梦，贺福初有自己的理解。他认为，中国梦的本质是强国梦。汉唐盛世是梦的原形，“嫦娥奔月”是梦的新影。中国梦的基石是强军梦：只有军队能打仗、打胜仗，国家才能实现和平崛起。中国梦的内涵是桃源梦：期待“人世间的一切幸福都来自倾心劳作与由衷创造”；期待生活更加富庶，社会更加醇正，人与自然更加和谐。中国梦的前提更是金石梦：梦里不光有挑灯看剑的沉醉，更要有应对风雷变幻的清醒。

关键术语

肝　　生物转化　　胆汁酸　　胆色素　　胆红素　　黄疸

思考题

（1）肝在物质代谢中有哪些作用？

（2）简述肝的生物转化反应的主要类型。

（3）简述胆汁酸的代谢。

（4）简述胆红素在肝细胞内的代谢。

（5）黄疸是如何产生的？黄疸包括哪几种类型？

第十五章　血液的生物化学

知识目标

- 了解血浆蛋白的分类，熟悉血浆蛋白的生理功能。
- 熟悉凝血因子的特点和血液凝固的过程，了解抗凝系统和纤维蛋白的溶解。
- 掌握血红素的生物合成，了解血红素生物合成的调节。

素质目标

- 学习陆道培老先生的先进事迹，培养誓为人民鞠躬尽瘁，誓为共产主义事业奋斗终身的精神。

血液在封闭的血管内循环，正常人体的血液总量约占体重的 8%。血液由血浆和血细胞两部分组成。其中，血浆约占全血容积的 55%～60%，主要成分有水、糖、脂类、蛋白质、无机盐；血细胞包括红细胞、白细胞和血小板。血液凝固后析出的淡黄色透明液体称为血清。凝血过程中，血浆中的纤维蛋白原转变为纤维蛋白析出，故血清中无纤维蛋白原。

第一节　血浆蛋白

想一想：

血浆蛋白是血浆中多种蛋白质的总称，是血浆主要的固体成分。绝大多数血浆蛋白在肝内合成，如清蛋白、纤维蛋白原等；少数血浆蛋白由其他组织细胞合成，如 γ 球蛋白由浆细胞合成。清蛋白又称白蛋白，是人体血浆中最主要的蛋白质；纤维蛋白原是由肝细胞合成和分泌的一种糖蛋白，主要参与凝血和止血过程；球蛋白又称免疫球蛋白，具有免疫作用。

思考：血浆蛋白有哪些生理功能？血浆蛋白在医学领域中有哪些应用？

一、血浆蛋白的分离及分类

目前已发现的血浆蛋白有 200 多种，包括单纯蛋白质和结合蛋白质。通常可用盐析法和电泳分离法对血浆蛋白进行分离，在此基础上再对血浆蛋白进行分类。

（一）血浆蛋白的分离

（1）盐析法。根据各种血浆蛋白在不同浓度盐溶液中的溶解度不同，采用盐析法可将血浆蛋白分为清蛋白、球蛋白和纤维蛋白原。

（2）电泳分离法。由于血浆蛋白的分子量、表面电荷量及性质的不同，临床上常采用醋酸纤维素薄膜电泳法将血浆蛋白分为清蛋白、α_1 球蛋白、α_2 球蛋白、β 球蛋白和 γ 球蛋白，如图 15-1 所示。

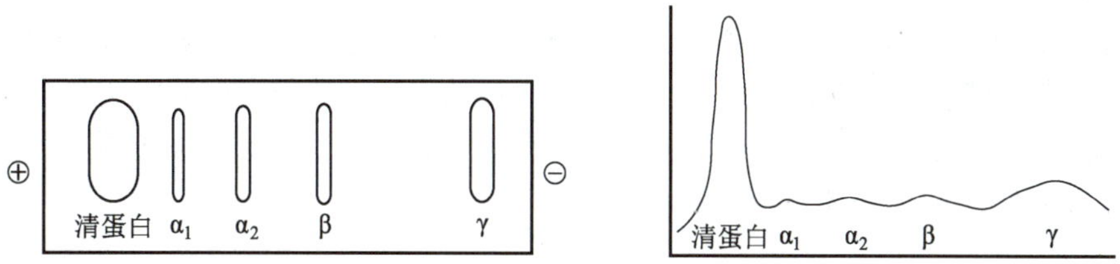

（a）染色后的图谱　（b）光密度扫描后的电泳峰

图 15-1　血清蛋白醋酸纤维素薄膜电泳法

清蛋白是人体血浆中最主要的蛋白质，约占血浆蛋白总量的 50%，肝每天约合成 12 g 清蛋白。

（二）血浆蛋白的分类

按生理功能分类，血浆蛋白可分为凝血系统蛋白质、纤溶系统蛋白质、补体系统蛋白质、免疫球蛋白、脂蛋白、血浆蛋白酶抑制剂、载体蛋白和未知功能的血浆蛋白质共 8 类。其中，凝血系统蛋白质包括 12 种凝血因子（除 Ca^{2+}外），纤溶系统蛋白质包括纤溶酶原、纤溶酶、激活剂及抑制剂等，血浆蛋白酶抑制剂包括酶原激活抑制剂、血液凝固抑制剂、纤溶酶抑制剂、激肽释放抑制剂、内源性蛋白酶及其他蛋白酶抑制剂。

二、血浆蛋白的生理功能

（一）维持血浆胶体渗透压

血浆胶体渗透压虽然仅占血浆总渗透压的极小部分，但对水在血管内外的分布起决定性作用。正常人血浆胶体渗透压的大小取决于血浆蛋白的摩尔浓度。由于清蛋白的分子量小，清蛋白在血浆内的总含量大、摩尔浓度高，在生理 pH 条件下，清蛋白的电负性高并能使水分子聚集在其分子表面，故清蛋白能有效地维持胶体渗透压。清蛋白所产生的胶体渗透压占血浆胶体总渗透压的 75%～80%。当血浆蛋白浓度，尤其是清蛋白浓度过低时，血浆胶体渗透压下降，导致水分潴留在组织间隙，使机体出现水肿现象。

（二）维持血浆 pH 处在正常范围内

正常情况下，血浆的 pH 为 7.35～7.45。蛋白质是两性电解质，大部分血浆蛋白质的等电点在 pH4.0～7.3 之间。血浆蛋白盐可与相应的血浆蛋白组成缓冲对，在维持机体酸碱平衡中发挥着重要作用。

（三）运输作用

血浆蛋白分子表面分布着众多亲脂性结合位点，脂溶性物质可与这些结合位点结合而被运输。血浆蛋白还能与易被细胞摄取和易随尿液排出的一些小分子物质结合，以防这些物质在肾脏中丢失。此外，血浆中还含有铜蓝蛋白、转铁蛋白等载体蛋白，这些载体蛋白除运输血浆中的某些物质外，对所运输物质的代谢还具有调节作用。

（四）免疫作用

血浆中具有抗体作用的蛋白质称为免疫球蛋白。免疫球蛋白又称抗体，主要包括 IgA、IgD、IgE、IgG 和 IgM，在体液免疫中起至关重要的作用。此外，血浆中还有一组协助抗体完成免疫功能的蛋白酶——补体。抗体能识别并结合特异性抗原形成抗原抗体复合物，抗原抗体复合物能激活补体系统，以消除抗原对机体的损伤。

（五）催化作用

血浆中的酶称为血清酶。按来源和功能不同，血清酶可分为血浆功能酶、外分泌酶和细胞酶。其中，大部分血浆功能酶由肝合成后分泌入血，主要在血浆中发挥催化作用。外分泌酶是由外分泌腺分泌的酶类，包括胃蛋白酶、胰蛋白酶、胰淀粉酶、胰脂肪酶和唾液淀粉酶等，在生理条件下几乎不进入血液，但当脏器受损时，逸入血浆的外分泌酶增加。外分泌酶在临床上有诊断价值。

细胞酶存在于组织细胞内，主要参与物质的代谢。大部分细胞酶无器官特异性，小部分来自特定组织，表现为器官特异性。当特定的器官出现病变时，血浆内相应的细胞酶活性增强，故细胞酶可用于临床酶学检验。

（六）凝血、抗凝血和纤溶作用

血浆中有许多凝血因子、抗凝血因子及纤溶物质，这些物质常以酶原形式存在，在一定条件下可被激活后发挥其生理功能。这 3 类物质在血液中相互作用、相互制约，以保持血液流通顺畅。但当血管损伤、血液流出血管时，血小板会在损伤处凝聚，使此处形成血凝块，防止血液的大量流失。

第二节　血液凝固与纤维蛋白溶解

想一想：

血液凝固简称凝血，是指血液由流动的溶胶状态转变为不能流动的凝胶状态的过程。血液凝固是止血功能的重要组成部分。血凝的实质是使血浆中溶胶状态的纤维蛋白原转变为凝胶状态的纤维蛋白并交织成网状，以网罗血细胞及其他成分，进而形成血凝块。血凝后 1～2 小时，血凝块收缩并释放淡黄色的液体（血清）。血凝是一系列复杂的酶促反应过程，需要多种物质的参与。

思考：血液是通过怎样的机理凝固的？组织损伤出血时，为何凝血过程仅限于受损的局部组织？

一、凝血因子

凝血因子是指血浆与组织中直接参与血液凝固的物质。目前已知的凝血因子有 14 种，其中由国际凝血因子命名委员会按发现的先后顺序，以罗马数字编号的凝血因子有 12 种，即凝血因子Ⅰ—Ⅻ，另外两种分别是前激肽释放酶和高分子量激肽原。凝血因子Ⅵ是血清中活化的凝血因子Ⅴ，因此不能简单地视该因子为一个独立的凝血因子。

凝血因子的特点有：① 除凝血因子Ⅳ外，其余已知的凝血因子均为糖蛋白；② 凝血因子大都在肝脏内合成，其中凝血因子Ⅱ（凝血酶原）、凝血因子Ⅶ、凝血因子Ⅸ和凝血因子Ⅹ的合成需要维生素 K 的参与，故它们又称维生素 K 依赖因子；③ 除凝血因子Ⅲ由组织损伤释放外，其余凝血因子均存在于血浆中；④ 血液中具有酶特性的凝血因子以无活性的酶原形式存在，当血浆暴露在带负电荷物质的表面时，这些凝血因子在负电荷物质表面发生一系列水解反应，最终成为具有活性的酶，从而启动血液凝固。

提　示

通常在被激活的凝固因子名称的右下位置缀以“a”，以表示其为活化状态，如激活因子Ⅴ→激活因子Ⅴa。

二、血液凝固的过程

（一）凝血酶原激活物的形成

根据反应起始参与的凝血因子和凝血酶原激活物形成的途径不同，凝血酶原激活物的形成过程可分为内源性凝血途径和外源性凝血途径。

1. 内源性凝血途径

内源性凝血途径是指凝血酶原激活物的形成完全依赖于血浆中的凝血因子。内源性凝血的具体过程为：① 血浆中的凝血因子Ⅻ与受损血管壁内的胶原或基膜接触后被激活成凝血因子Ⅻa，凝血因子Ⅻa 不仅可将凝血因子Ⅺ激活为凝血因子Ⅺa，还能使前激肽释放酶转变为激肽释放酶，激肽释放酶又可激活凝血因子Ⅻ，形成正反馈；② 在 Ca^{2+}的参与下，凝血因子Ⅺa 可将凝血因子Ⅸ激活为凝血因子Ⅸa；③ 凝血因子Ⅸa、凝血因子Ⅷa、Ca^{2+}和血小板磷脂等结合形成复合物，该复合物可将凝血因子 Ⅹ 激活为凝血因子 Ⅹa；④ 凝血因子Ⅴa、凝血因子 Ⅹa、Ca^{2+}和血小板磷脂形成凝血酶原激活物。

2. 外源性凝血途径

外源性凝血途径是血管外的组织因子（凝血因子Ⅲ）因暴露在血液中而启动的凝血过程。正常情况下，组织因子并不与血液接触，但在血管受损或血管内皮细胞及单核细胞受到细菌内毒素、免疫复合物等因素的刺激时，组织因子从组织中释放。在 Ca^{2+}的参与下，组织因子与凝血因子Ⅶ形成复合物。该复合物能迅速被血液中痕量的凝血因子 Ⅹa 激活为凝血因子Ⅶa-组织因子复合物，凝血因子Ⅶa-组织因子复合物能将凝血因子 Ⅹ 快速激活为凝血因子 Ⅹa。最终，凝血因子Ⅴa、凝血因子 Ⅹa、Ca^{2+}和血小板磷脂形成凝血酶原酶复合物。

（二）凝血酶原的激活

凝血酶原（凝血因子Ⅱ）本身并无活性，需要在凝血酶原激活物的作用下水解成具有活性的凝血酶（凝血因子Ⅱa）。

（三）纤维蛋白的形成

纤维蛋白原（凝血因子Ⅰ）是一种二聚体蛋白质，在血浆中呈溶解状态。凝血酶作用于纤维蛋白原，使其分解为纤维蛋白单体，同时在 Ca^{2+}的参与下，凝血酶可将凝血因子XⅢ激活为凝血因子XⅢa。在 Ca^{2+}、凝血因子XⅢa的参与下，纤维蛋白单体相互聚合、交联形成纤维蛋白多聚体。纤维蛋白多聚体形成牢固的纤维蛋白网，网罗血细胞形成血凝块，完成凝血过程。

三、抗凝系统

在正常情况下，引起机体凝血系统激活的因素经常存在，因而常有少量的凝血因子被激活。但少量激活的凝血因子并不被凝血反应的“瀑布效应”所放大，即使组织损伤出血时，凝血过程也仅限于受损的局部组织，不会扩展到全身而引起血液循环障碍，这意味着体内还存在着与凝血系统相对抗的抗凝系统。凝血系统和抗凝系统相互对抗，保持着动态平衡，使得机体正常的血液循环得以保证。

抗凝系统中最重要的抗凝物是由肝细胞和血管内皮细胞分泌的抗凝血酶Ⅲ，抗凝血酶Ⅲ可以灭活大部分凝血酶。在正常情况下，抗凝血酶的直接抗凝作用缓慢而微弱，只有与肝素结合后，抗凝血酶才能发挥其强大的抗凝作用。肝素是由肥大细胞和嗜碱性粒细胞产生的高分子酸性黏多糖，也是一种重要的抗凝血物质。肝素与抗凝血酶Ⅲ结合后，可使抗凝血酶Ⅲ的活性提高到100～1 000倍。肝素在体内外均有抗凝作用，在临床中的应用十分广泛。

四、纤维蛋白的溶解

纤维蛋白的溶解简称“纤溶”，是指将凝血块中的纤维蛋白水解成可溶性小片段肽的过程。纤维蛋白的溶解过程分为纤溶酶原的激活和纤维蛋白的溶解两个阶段。

（一）纤溶酶原的激活

正常人体血浆中的纤溶酶以无活性的纤溶酶原形式存在，纤溶酶原必须在纤溶酶原激活物的作用下才能转变为具有活性的酶。纤溶酶原激活物主要包括血浆激活物、血管激活物和组织激活物。

血浆激活物又称依赖凝血因子Ⅻa 的激活物。在内源性凝血途径中，凝血因子Ⅻa 既是启动因子，又可激活纤溶酶原，故血浆激活物使凝血过程和纤溶过程相互配合并保持动态平衡。

血管激活物由血管内皮细胞合成并释放。当血管内出现血凝块时，血管内皮细胞释放大量的血管激活物。血管激活物吸附在血凝块上，从而促进了血凝块的溶解。

组织激活物广泛存在于组织器官中，在子宫、甲状腺、前列腺、淋巴结和肾上腺中的含量较多。这些组织器官受损时，可释放大量组织激活物。组织激活物的主要作用是在血管外促进纤维蛋白的溶解，有利于组织的修复和创伤的愈合。

（二）纤维蛋白的溶解

纤溶酶是一种丝氨酸蛋白酶，能水解纤维蛋白和纤维蛋白原分子肽链中的赖氨酸或精氨酸残基的羧基所构成的肽键，产生许多可溶性小肽。这些小肽称为纤维蛋白降解产物。纤维蛋白降解产物通常不再发生凝固，其中一部分还具有抗凝血作用。此外，纤溶酶对凝血因子Ⅱ、凝血因子Ⅴ、凝血因子Ⅹ有一定的溶解作用。

需要注意的是，血液中还存在纤维抑制剂。纤维抑制剂能直接或间接抑制纤溶酶的活性，从而使凝血过程和纤溶过程在人体内处于动态平衡。一旦这种动态平衡被破坏，可能会形成血栓或出现出血现象。

第三节　血红素的生物合成

想一想：

血红蛋白是红细胞中最主要的成分，由血红素和珠蛋白组成。血红素是一种铁卟啉化合物，是血红蛋白、肌红蛋白、细胞色素和过氧化物酶的辅基。人体大多数细胞均可合成血红素，而参与血红蛋白组成的血红素主要在骨髓和肝中合成。成熟红细胞不含线粒体，故不能合成血红素。

思考：血红素在体内是怎样合成的？生物体又是如何对血红素的合成进行调节的？

血红蛋白中珠蛋白的生物合成与一般蛋白质的生物合成相同，故本节只介绍血红素的生物合成。

一、血红素的生物合成

血红素合成的基本原料是甘氨酸、琥珀酰 CoA 和 Fe^{2+}。合成过程的起始和终末阶段均在线粒体内进行，而中间阶段在细胞液中进行。血红素的生物合成分为如下 4 个阶段。

1. δ-氨基-γ-酮戊酸的生成

在线粒体内，甘氨酸与琥珀酰 CoA 在 ALA 合成酶的催化下缩合生成 δ-氨基-γ-酮戊酸（ALA）。ALA 合成酶的辅酶为磷酸吡哆醛。ALA 合成酶是血红素合成的限速酶，受血红素的反馈抑制。

2. 胆色素原的生成

ALA 在线粒体内生成后，再从线粒体转运到细胞液中。在 ALA 脱水酶的催化下，2 分子 ALA 脱水缩合成 1 分子胆色素原（PBG）。ALA 脱水酶为巯基酶，对铅等重金属的抑制作用极为敏感。

3. 尿卟啉原与粪卟啉原的合成

在细胞液中，4 分子 PBG 在尿卟啉原Ⅰ同合酶的催化下缩合生成 1 分子线状四吡咯，四吡咯在尿卟啉原Ⅲ同合酶的催化下生成尿卟啉原Ⅲ（UPG-Ⅲ）。UPG-Ⅲ同合酶单独存在时并无活性，必须与尿卟啉原Ⅰ同合酶协同作用才能发挥其活性。无尿卟啉原Ⅰ同合酶时，线状四吡咯化合物不稳定，可自然环化生成尿卟啉原Ⅰ（UPG-Ⅰ）。正常生理条件下，UPG-Ⅲ的合成是主要途径。但在某些病理情况下，UPG-Ⅲ的合成受阻，UPG-Ⅰ的合成量会变多。

UPG-Ⅲ在尿卟啉原Ⅲ脱羧酶的催化下，分子内的 4 个乙酸基脱羧变为甲基，生成粪卟啉原Ⅲ（CPG-Ⅲ）。

扫一扫

血红素的生物合成及卟啉病

4. 血红素的生成

CPG-Ⅲ在细胞液中生成后，再从细胞液转运到线粒体内。在粪卟啉原Ⅲ氧化脱羧酶的催化下，CPG-Ⅲ分子中 2、4 位上的两个丙酸基氧化脱羧成乙烯基，生成原卟啉原Ⅸ。在原卟啉原Ⅸ氧化酶的催化下，原卟啉原Ⅸ分子中 4 个连接吡咯环的甲烯基氧化成甲炔基，生成原卟啉Ⅸ。在亚铁螯合酶（又称血红素合成酶）的催化下，原卟啉Ⅸ与 Fe^{2+} 结合生成血红素。铅等重金属对亚铁螯合酶也有抑制作用。

提　示

> 血红素在线粒体内生成后，再从线粒体转运到细胞液中。在骨髓的有核红细胞和网织红细胞中，血红素与珠蛋白结合生成血红蛋白。

二、血红素生物合成的调节

血红素的生物合成受多种因素的调节，其中最主要的调节步骤是 δ-氨基-γ-酮戊酸（ALA）的合成。

（一）ALA 合成酶

ALA 合成酶是血红素合成酶系中的限速酶，受血红素的别构反馈抑制。正常情况下，血红素合成后迅速与珠蛋白结合生成血红蛋白，但当血红素的合成速率大于珠蛋白的合成速率时，过多的血红素可以氧化成高铁血红素。高铁血红素对 ALA 合成酶具有较强的抑制作用。磷酸吡哆醛是 ALA 合酶的辅基，因此维生素 B_6 缺乏将导致血红素的合成减少。

另外，某些类固醇激素能诱导 ALA 合酶的合成，许多在肝中进行生物转化的物质（如致癌剂、杀虫剂等）也能诱导 ALA 合成酶的合成，从而促进血红素的生成。

（二）ALA 脱水酶和亚铁螯合酶

ALA 脱水酶和亚铁螯合酶虽然不是血红素合成的关键酶，但它们对重金属的抑制作用非常敏感。因此铅中毒时，这两种酶的活性明显降低。

（三）促红细胞生成素

促红细胞生成素在红细胞生长、分化中发挥关键作用。促红细胞生成素主要在肾脏中合成。当循环血液中红细胞的容积减少或机体缺氧时，肾脏合成与分泌的促红细胞生成素增多。促红细胞生成素可促使原始红细胞的增殖和分化，加速有核红细胞的成熟及血红素的合成。

科心报国

陆道培：誓为人民鞠躬尽瘁！决心永不动摇！

“人是要有信仰的，我坚信人生的意义在于为人民做出尽可能多的贡献。我的知识和才智完全是党和人民培养出来的。我希望加入中国共产党，誓为人民鞠躬尽瘁，誓为发展祖国的医学科学事业和培养年轻人贡献自己的全部才智，誓为共产主义事业奋斗终身，这个决心永不动摇！”

年逾花甲的陆道培在入党申请书上郑重地写下了上述文字，遒劲有力的字体抒发着长久以来一直想对党说的心里话。

1993 年，62 岁的陆道培光荣地加入了中国共产党，为党和人民奉献终身的誓言更加清晰地镌刻在脑海。作为中国骨髓移植奠基人，陆道培努力创造每一个重生的机会，以“人民血液人”的智慧与大爱、胆识与担当，以一名共产党员的初心与使命，在医学探索的道路上，推倒藩篱，向难而行。

党和人民交给我的任务，一定要尽力做到最好！

1963 年底，一位包裹严实捂着大口罩的 22 岁青年女子被平车推进了北京医学院附属人民医院，径直来到内科血液组，找到陆道培医生。女子虚弱地说：“陆大夫，我是几年前在咱们内科实习的护士张秋兰，我得了再障，我们那边的医院说太重了，治不了了。您一定要救救我！”

陆道培一边安慰着她，一边看看家人递过来的化验单，也不禁倒吸一口冷气。张秋兰的全血细胞指标降低，已经快接近了最低限。她得的是当时老百姓谈之色变的血液病——再生障碍性贫血。

陆道培将张秋兰收住院。这样重的再生障碍性贫血，普通内科药物治疗效果肯定不好，骨髓移植是唯一有可能产生疗效的办法了。当得知张秋兰有一个双胞胎妹妹时，陆道培眼前一亮，同卵双胞胎之间开展同质骨髓移植，不存在免疫性的排异，移植效果一定会很好！但是张秋兰的孪生妹妹是个已有 3 个月身孕的孕妇。要从身上抽骨髓，万一妹妹和肚子里的宝宝无法承受怎么办？那样的话后果将不堪设想。可是如果不做骨髓移植，姐姐的病就没有转机，只有死路一条。

基于之前多例骨髓移植积累的临床经验，陆道培始终觉得，这次同卵双胞胎的骨髓移植是可行的。但从孕妇身上抽取骨髓会不会对孕妇和胎儿产生影响？抽取多少骨髓量既能在患者体内发挥作用，又不会影响供者健康？生命攸关，陆道培需要确凿的证据，一定要万无一失才行。

在做了充足的准备工作后，张秋兰的手术非常顺利。术后，张秋兰的妹妹没有出现不舒服，腹中的宝宝也健康成长；而张秋兰的全血指标长势喜人，妹妹的骨髓移植到姐姐的体内，不仅适应良好，更是开始全面发挥作用！

出院时，张秋兰一家千恩万谢，激动不已，陆道培淡淡地微笑着，目送这幸运的一家人，他的心中也因为满足而喜悦。此次移植的成功，不仅印证了陆道培对同卵双胞胎之间开展同质骨髓移植可以获得成功的推论，更是让他觉得成功治疗了一例重症再障，挽救了一个年轻的生命，距离自己的初心，更进了一步。

当时这位 33 岁的年轻医生，并不知道自己成功完成的是日后轰动国际的亚洲第一例、世界第四例异体同基因骨髓移植。

“成功靠的不是大胆，而是靠长期的准备和严谨的科学。”数十年后，当陆道培回忆起当时的情形，认真地说，“党和人民交给我的任务，一定要尽力做到最好！”

1992 年，张秋兰与美国另一位同类患者被收入世界《临床移植年鉴》，列为经移植无病存活时间最长的记录。在这部绿皮精装的年鉴上，用英文记录下了陆道培在这次移植中创造的“最少有核细胞移植数（0.35×10^8/kg）”及“安全以孕妇做骨髓供者”的世界记录，而且保持至今。

中国也一定要搞出自己的异基因骨髓移植！

20 世纪 80 年代，国外的骨髓移植技术已有很大发展，欧美等国家相继出现了一百多个异基因骨髓移植医疗病例，积累了不少经验。1980 年，经国家卫生部考试和推荐，以及世界卫生组织奖学金的资助，陆道培来到了英国进修。无论在实验室还是病房，他都抓紧时间、认真观察，收集资料。离开英国后，他又自费到法国圣路易士医院以及瑞士、德国几个著名的骨髓移植和白血病诊治中心访问学习。回国时，陆道培的两个大皮箱不仅装满了学习笔记以及有关资料，更是装满了对攻克血液病的信心与决心。他的脑海里形成了一个大胆的想法：“中国也一定要搞异基因骨髓移植。”

回到空间局促的医院，陆道培重新开始了骨髓移植工作，医疗组的全班人马不过六七个人，连一间正规的超净室也没有。他们利用一间办公室自行设计改装成超净室，用一张双人床架在塑料薄膜内作超净床，并采取吹风过滤等措施，达到了无菌标准。

在这样艰苦的条件下，通过持续努力，陆道培的梦想终于实现了。1981 年 9 月 30 日，陆道培和他的同事们成功地为一位患急性白血病的韩姓女大学生进行了骨髓移植，这也是我国第一例异基因骨髓移植。

提供骨髓的是患者哥哥。同胞兄妹的基因并不完全相同，移植后可能会出现排斥反应，还可能会有移植物抗宿主病以及感染等情况的发生。陆道培事先制定出了周密的应对方案，经过 50 多个日日夜夜的奋战，手术后的小韩痊愈了。数十年过去了，哥哥的骨髓依然在妹妹的体内造血。

这项成功的骨髓移植就像一颗启明星，预示了中国造血干细胞移植事业的兴起与蓬勃，照亮了陆道培肩负使命、追寻初心的前进之路。

关键术语

血浆蛋白　　凝血因子　　抗凝系统　　纤维蛋白　　血红蛋白　　血红素

思考题

（1）简述血浆蛋白的生理功能。
（2）简述血液凝固的过程。
（3）简述血红素的生物合成过程。

第十六章　水、无机盐的代谢与酸碱平衡

知识目标

- 了解体液电解质的含量、分布特点及体液的交换。
- 熟悉水的生理作用，掌握体内水的来源和排出途径，了解水平衡紊乱。
- 熟悉无机盐的生理功能及钙、磷与骨的代谢，掌握钠、氯、钾、钙、磷的分布、摄入与排泄，了解血钙、血磷及钙、磷代谢的调节。
- 熟悉体液平衡的调节。
- 掌握体内酸碱物质的来源，熟悉酸碱平衡的调节，了解酸碱平衡紊乱的基本类型和酸碱平衡的主要生化诊断指标。

素质目标

- 细心研读多位专家共同申报国家自然科学基金项目的事迹，培养跨领域团结协作的精神。

水和无机盐是一切生物体的重要组成部分，也是人类维持健康所不可缺少的重要成分。水及溶解在水中的无机盐和有机物共同构成了人体的体液。物质代谢中的各种化学反应都是在体液中进行的，因此保持体液的组成、含量、分布、pH 和渗透压等的相对平衡，是保证细胞正常代谢和维持人体正常生命活动的必要条件。

此外，某些疾病和内外环境的剧烈变化往往导致水、无机盐的代谢异常及酸碱平衡失调，这种异常和失调若得不到及时纠正，则可引起一系列中毒症状，甚至危及生命。由此可见，掌握水、无机盐的代谢及酸碱平衡的相关知识，对某些疾病的正确诊断和治疗具有重要意义。

第一节　体　液

想一想:

体液是指分布在细胞内外的、含有多种无机盐和有机物（如糖、蛋白质等）的水溶液，是细胞生活的内环境。正常成人的体液总量约占体重的60%。以细胞膜为界，可将体液分为细胞内液（占体重的 40%）和细胞外液（占体重的 20%）。以毛细血管壁为界，可将细胞外液分为血浆（占体重的 5%）和细胞间液（占体重的 15%），其中细胞间液包括淋巴液、渗出液、关节滑液和脑脊液等。

思考：体液中的无机盐主要以哪种形式存在？它在体液中的含量与分布有何特点？

体液的含量和分布随年龄、性别和身体胖瘦程度的不同而不同。新生儿、婴儿、儿童、成年人和老年人的体液总量分别约占体重的 80%、70%、65%、60%和 55%。可见，人体体液总量随年龄的增长而减少。其主要原因在于个体年龄越小，细胞间液占体液总量的比例越大，细胞内液和血浆的含量变化较小。

此外，机体各组织细胞的含水量各不相同，如脂肪组织含水量为 15%～30%，肌肉组织含水量为 70%～80%。因此，女性和肥胖者因脂肪组织较多，其体液总量占体重的百分比较小，对失水性疾病的耐受性较差；而肌肉发达的男性因肌肉组织较多，其体液总量占体重的百分比较大，对失水性疾病的耐受性较好。

一、体液电解质的含量与分布特点

体液中的无机盐、某些低分子有机物和蛋白质等大多以离子状态存在，故又称电解质。体液电解质主要包括 Na^+、K^+、Ca^{2+}、Mg^{2+}、Cl^-、HCO_3^-、HPO_4^{2-}、有机酸和蛋白质等，另外还含有少量的铁、锌、铜、碘、钴、钼、锰、硅等微量元素。电解质在维持体液分布和动态平衡方面起着重要作用。各电解质在细胞内、外液中的含量如表 16-1 所示。

表 16-1　各电解质在细胞内、外液中的含量　（单位：mEq/L）

电解质	血浆	细胞间液	细胞内液
Na^+	142	147	15
K^+	5	4	150
Ca^{2+}	5	2.5	2
Mg^{2+}	2	2	27
阳离子总量	154	155.5	194
Cl^-	103	114	1
HCO_3^-	27	30	10
HPO_4^{2-}	2	2	100

表 16-1（续）

电解质	血浆	细胞间液	细胞内液
SO_4^{2-}	1	1	20
有机酸	5	7.5	
蛋白质	16	1	63
阴离子总量	154	155.5	194

注：由于蛋白质等物质的分子质量还未正确测得，故此表仍采用毫克当量浓度（mEq/L）为单位。已知毫克当量浓度=离子价数×物质的量浓度。

从表中可以看出，体液中电解质的含量与分布有如下特点：

（1）细胞内、外液中阴阳离子的总量相等，故体液呈电中性。

（2）细胞内、外液中各种电解质的分布差异较大。其中，细胞外液阳离子以 Na^+为主，阴离子以 Cl^-为主；细胞内液阳离子以 K^+为主，阴离子以 HPO_4^{2-} 为主。细胞内、外液之间电解质分布的显著差异是由细胞膜的特性决定的。

（3）蛋白质在血浆与细胞间液中的含量相差较大，而其他电解质在血浆与细胞间液中的含量基本相同。这是因为蛋白质不能自由地透过毛细血管壁，导致血浆中蛋白质的含量较多。这种差异不仅使血浆具有较高的胶体渗透压，对于血浆和细胞间液之间的水分交换也有重要作用。

提 示

渗透压：溶液中溶质微粒对水的吸引力。渗透压的大小取决于单位体积溶液中溶质微粒的数目。溶质微粒越多，溶质微粒对水的吸引力越大，渗透压越高；溶质微粒越少，溶质微粒对水的吸引力越小，渗透压越低。细胞内液的电解质总量比细胞外液高，但细胞内液与细胞外液的渗透压基本相等，这是因为细胞内液含大分子蛋白质和二价离子较多，而这些电解质产生的渗透压较小。

二、体液的交换

机体除了与外界环境交换水分外，其各部分体液之间也存在着交换，从而带动营养物质的吸收、代谢物的交换及代谢终产物的排出，故体液的交换在维持生物体的生命活动中占有重要地位。

（一）血浆与细胞间液之间的交换

血浆与细胞间液之间的交换主要在毛细血管部位进行。毛细血管壁具有半透膜特性，故血浆与细胞间液中的水、电解质和小分子物质（如葡萄糖、氨基酸、尿素等）等可以自由通过，而大分子蛋白质不能自由通过，导致血浆中蛋白质的浓度远高于细胞间液，因此血浆有较高的胶体渗透压。将血浆中的胶体渗透压称为血浆有效胶体渗透压。

血浆有效胶体渗透压吸引水分由细胞间液进入血管，而毛细血管内的血压将水分由血管内压向细胞间液。水分在血管与细胞间液之间的流动方向是由毛细血管血压和血浆有效胶体渗透压之间的差决定的。例如，毛细血管动脉端的血压约为4.53 kPa，毛细血管静脉端的血压约为1.6 kPa，则血浆有效胶体渗透约为2.93 kPa，因此在毛细血管动脉端，毛细血管内血压比血浆有效胶体渗透压高1.6 kPa，水分从血浆流入细胞间液；在毛细血管静脉端，毛细血管内血压比血浆有效胶体渗透压低1.33 kPa，水分从细胞间液流入血浆。

（二）细胞内液与细胞外液之间的交换

细胞内液与细胞外液之间的交换是通过细胞膜进行的。细胞膜是一种结构和功能极为复杂的半透膜，对各种物质的通过有严格的选择性。细胞膜允许水、葡萄糖、氨基酸、尿素、尿酸和肌酐等小分子物质自由通过，不允许大分子蛋白质自由通过，而K^+、Na^+、Ca^{2+}、Mg^{2+}等无机离子则必须通过某种转运方式在细胞内外进行交换。例如，细胞膜上有“钠泵”（钠-钾-ATP酶），在ATP供能的情况下，钠泵可主动将细胞内的Na^+泵出细胞外，同时将细胞外的K^+泵入细胞内，因此钠泵的存在影响着细胞内、外液中K^+和Na^+的分布。

细胞液中K^+、Na^+等无机离子产生的晶体渗透压决定着水的流动方式，水总是由晶体渗透压低的一侧流向晶体渗透压高的一侧，从而起到调节体液渗透压平衡的作用。当细胞外液的晶体渗透压升高时，水由细胞内液流向细胞外液；当细胞外液的晶体渗透压降低时，水由细胞外液流向细胞内液。

提　示

临床上常给细胞水肿、脑细胞水肿患者的静脉注入高渗药物（如50%葡萄糖或20%甘露醇），其目的是让细胞外液高渗，将水从细胞内液引向细胞外液而排出体外。

第二节　水平衡

想一想：

水是人体内含量最多，也是最为重要的无机物。人体每日都摄入和排出一定量的水。在正常情况下，水的摄入量和排出量保持相对稳定的状态，这对维持组织的形态与功能，促进物质的代谢起着重要的作用。

思考：水还具有哪些生理作用？体内水的来源和去路是怎样的？

一、水的生理作用

（一）维持组织的形态与功能

人体内的水以结合水和自由水两种形式存在。其中，结合水是指与蛋白质、黏多糖等物质结合而存在的水，是人体内大部分水的存在形式。与自由水不同，结合水无流动性，对保持组织和器官的形态、硬度和弹性起到一定的作用。例如，心肌含水量约 79%，由于心肌中的水主要是结合水，故心脏比较坚实；血液含水量约 83%，由于血液中的水主要是自由水，故血液能循环流动。

（二）调节体温的作用

水的比热容大，故水能吸收较多的热量而不会使机体的体温明显升高；水的蒸发热大，故少量的汗就能带走大量的热量；水的流动性大，故水能随血液循环均匀地分布全身，再经体液交换，将物质代谢产生的热量迅速扩散至全身，从而使局部体温不致过高。可见，水有调节体温的作用。

提　示

比热容：简称比热，也称比热容量，表示单位质量的某种物质，温度升高（或降低）1℃时吸收（或放出）的热量。比热容是热力学中常用的一个物理量，用来表示物质吸热或散热的能力。

（三）运输作用

水的黏度小，易流动。机体所需的多种营养物质和代谢产物都能溶于水中进行运输，即便是某些难溶或不溶于水的物质（如脂类），也能与亲水性的蛋白质结合而分散于水相中，并通过血液进行运输。

（四）促进并参与物质代谢

水是一种良好的溶剂，体内多种营养物质和代谢产物或溶于水，或与水相组成胶体溶液，并且水的介电常数高，能促进各种电解质的电离，因此水能促进体内多种化学反应的进行。此外，水能直接参与体内多种物质代谢反应，如水解反应、加水反应、脱氢反应等，在物质代谢中起着重要作用。

（五）润滑作用

水具有润滑作用。例如，泪液能防止眼球干燥而有利于眼球运动，唾液能使口腔和咽部湿润而有利于吞咽，关节囊滑液能减少骨头间的摩擦而有助于关节活动。

二、体内水的来源和去路

（一）体内水的来源

正常成人每日所需的水量为 2 000～2 500 mL。人体内水的来源主要有饮水、食物水和代谢水（内生水）3 条途径。其中，正常成人每日饮水量为 1 000～1 500 mL，但会因个人习惯、气候条件和劳动强度等的不同而有所变化；正常成人每日从食物中摄入的水量约为 1 000 mL；体内糖、脂类和蛋白质等营养物质在代谢过程中产生的水称为代谢水，正常成人每日产生的代谢水约为 300 mL。代谢水的数量虽然不多，但产生的量相当恒定。

（二）体内水的去路

正常成人每日排出的水量为 2 000～2 500 mL。体内水的去路主要有以下 4 条途径。

1. 皮肤蒸发

皮肤蒸发水分的方式包括非显性出汗和显性出汗两种。其中，非显性出汗即体表水分的蒸发，正常成人每日由皮肤蒸发的水约有 500 mL，排出的水主要是纯水。显性出汗即皮肤汗腺的分泌，汗液排出量的多少与外界环境温度、湿度及劳动强度有关。汗液是低渗溶液，含有较多的 Na^+、Cl^-及少量的 K^+、Ca^{2+}和 Mg^{2+}等电解质。因此，在大量出汗时，机体在补充水分的基础上还应注意补充电解质。

2. 肺呼出

人在呼吸时，肺会以水蒸气的形式排出部分水分。正常成人每日由呼吸丢失的水分为 350～400 mL。肺排出的水量与呼吸的深浅、快慢及气候的干湿程度和基础代谢的高低等有关。

3. 消化道排出

各种消化腺分泌进入胃肠道的唾液、胃液、胆汁、胰液和肠液等消化液每日可达 8 000 mL。正常情况下，这些消化液中的水分绝大部分被胃肠道重吸收，只有少量的水分随粪便排出。但在呕吐、腹泻等情况下，消化液大量丢失，导致不同程度的失水和失电解质。因此在临床输液时，应根据患者丢失消化液的性质来决定其应补充的电解质种类。

4. 肾排出

正常成人每日尿量为 1 500～2 000 mL，但受饮水量和其他途径排水量的影响较大。尿液中除水和无机盐外，还含有多种非蛋白质的含氮物质，通常将这类物质统称为非蛋白氮。非蛋白氮主要包括尿素、尿酸、肌酐和铵盐等含氮物质。

成人每日至少排尿 500 mL 才能将体内的代谢废物全部排出体外，否则会使代谢废物在体内过度积聚，引起多个系统出现严重的中毒症状，临床上称为尿毒症。因此，临床上将每日排尿 500 mL 视为最低尿量，若每日尿量少于 500 mL 则称为少尿，每日尿量少于 100 mL 则称为无尿。

总之，正常成人每日水的摄入量和排出量大致相等，为 2 000～2 500 mL。但儿童、孕妇和恢复期病人需保留部分水作为组织生长和修复的需要，故这类人群水的摄入量略大于排出量。

三、水平衡紊乱

人体内水平衡紊乱分为水过少和水过多两种基本类型。其中，水过少在临床上称为脱水，主要是水的摄入量不足或丢失过多水而引起的；水过多则是水的摄入量超过机体的排水能力而引起的，包括水中毒和全身性水肿。本节重点讲述脱水和水中毒。

（一）脱水

脱水是指因体液容量减少而出现的一系列功能和代谢紊乱的病理过程。由于机体水的丢失主要是细胞外液的丢失，而钠离子是细胞外液中最主要的阳离子，因此脱水常伴有钠离子的丢失。根据水、钠丢失的比例及体液渗透压的改变，脱水可分为低渗性脱水、高渗性脱水和等渗性脱水。

1．低渗性脱水

低渗性脱水又称缺钠性脱水，其特点是失钠多于失水，血清钠浓度低于 130 mmol/L，细胞外液呈低渗状态。呕吐、腹泻、胃肠引流、大量出汗、肾功能不全、大面积烧伤、反复或大量排放胸腹水等会使机体丢失大量体液。若机体只注意补水而忽视对钠的补充，则会导致血浆渗透压降低，引起低渗性脱水。

低渗性脱水患者大致会出现如下阶段的功能变化及症状：① 抗利尿激素的分泌减少，导致肾脏对水的重吸收减少，使得机体早期会排出大量低渗尿；② 由于细胞外液呈低渗状态，水由细胞外液流向细胞内液，一方面引起细胞外液和血容量减少，另一方面引起细胞水肿，机体会出现头痛、头晕、嗜睡和昏迷等症状；③ 随着血容量的减少，心排血量也逐渐减少，血压下降，机体会出现心律加快、四肢厥冷和周围循环衰竭等症状；④ 随着血压明显降低和血容量明显减少，肾血流量也减少，使得肾小球滤过率降低，刺激抗利尿激素的分泌，机体会出现少尿、无尿及氮质血症；⑤ 随着血容量的明显减少，血浆蛋白的浓度随之升高，导致血浆胶体渗透压明显升高，使得细胞间液的水分进入血浆，机体会出现皮肤松弛、眼窝下线等症状。

2．高渗性脱水

高渗性脱水又称缺水性脱水，其特点是失水多于失钠，血清钠浓度高于 150 mmol/L，细胞外液呈高渗状态。发生高渗性脱水的主要原因是进水不足或失水过多。

轻度高渗性脱水时，细胞外液渗透压升高而血容量减少不明显，醛固酮的分泌无明显变化，抗利尿激素的分泌增多，从而促进肾小管对水的重吸收，并且由于水的丢失量比钠多，尿钠浓度偏高，机体会出现口渴感。中、重度高渗性脱水时，血容量和肾血流量均明显降低，醛固酮的分泌增多而尿钠浓度降低。严重高渗性脱水时，细胞内液明显减少，因脑组织脱水和脑压降低，机体可出现不同程度的中枢神经系统症状。严重的脑组织细胞脱水因牵拉作用，可引起脑静脉破裂出血及蛛网膜下腔出血。

此外，血容量降低会使皮肤血管收缩，细胞内液减少会使汗腺分泌减少，导致机体散热功能降低，体温升高，引起脱水热。脱水热一般在婴幼儿身上比较常见。

3．等渗性脱水

等渗性脱水又称混合性脱水，其特点是水和无机盐按其在正常血浆中的浓度比例丢失，体液容量减少，但渗透压变化不大，血钠浓度仍在 135～145 mmol/L 正常范围内。轻度腹泻、呕吐、出血或胃肠引流等会使机体丢失大量体液。若机体未及时补充水和无机盐，则会引起等渗性脱水。此外，低渗性脱水或高渗性脱水患者在补液治疗中，也有向等渗性脱水转变的倾向。

低渗性脱水患者大致会出现如下阶段的功能变化及症状：① 在丢失等渗体液的基础上，肺和皮肤还在不断丢失低渗体液，故水的丢失仍多于无机盐，机体会出现口渴、尿少等高渗性脱水症状；② 由于细胞内、外液的渗透压变化不大，因此由细胞内液进入细胞外液的水分不多，但若不能及时补充细胞外液丢失的水分，则会导致血容量减少，严重时可出现与低渗性脱水相似的周围循环衰竭症状。

（二）水中毒

水中毒是指当水的摄入量过多且超过神经系统的调节能力和肾脏的排水能力时，大量的水分在体内潴留，导致细胞内、外液的容量扩大，从而出现包括吸湿性低钠血症在内的一系列病理和生理变化的过程。水中毒一般很少发生，但在抗利尿激素分泌过多或肾功能不全的情况下，机体摄入过多的水分或接受过多的静脉输液，可导致水中毒。

水中毒的突出表现是细胞内液的容量增大或细胞水肿。由于细胞内液的容量比细胞外液大，故水潴留时往往有大部分水进入细胞内液。轻度水中毒使机体细胞内、外液的含量变化不明显，但这类患者常伴有乏力、头晕、嗜睡、记忆力衰退、恶心、呕吐和泪液过多等症状。重度水中毒主要引起脑细胞水肿和颅内压升高，可危及患者生命。此外，水中毒还因循环血量增加而使心血管系统负荷增大，从而引起肺水肿或心力衰竭。

知识拓展

水潴留

水潴留是指机体的组织间隙里积存了过多的水并且无法通过排尿等方式将其排出。水潴留最明显的一个特征是下肢水肿，尤其是足部和踝部水肿。早晨刚起床时，下肢水肿可能表现得不太明显，但在起床活动数小时后便逐渐显现出来，并且随着时间的推移而加重。如果用手指按压踝部，按压处会立即出现一个凹陷的“小坑”，并且要经过较长时间才恢复正常。临床上将这种现象称为凹陷性水肿。如果全身多个部位出现水肿，则称为全身性水肿。

第三节 无机盐代谢

想一想：

无机盐即无机化合物中的盐类，细胞中的大多数无机盐以离子形式存在。人体内已发现 20 余种必需无机盐，其中钙、磷、钾、钠、氯、镁和硫在体内的含量较多。虽然无机盐在人体内的含量较低，但是作用非常大，如钙和磷是构成骨骼、牙齿的重要组成部分，镁是维持骨细胞结构和功能所必需的元素。

思考：钠、氯、钾、钙、磷在机体内是如何代谢的？钙、磷代谢紊乱可引发哪些疾病？

一、无机盐的生理功能

（一）维持体液渗透压和水平衡

体液中由无机盐等小分子物质产生的渗透压称为晶体渗透压，晶体渗透压对细胞内外水分的转移及物质交换起着十分重要的作用。Na^+和 Cl^-是维持细胞外液晶体渗透压的主要离子，K^+和 HPO_4^{2-} 是维持细胞内液晶体渗透压的主要离子。当这些电解质的浓度发生改变时，体液渗透压也将发生改变，从而影响体内水的动态平衡。

（二）维持体液的酸碱平衡

体液电解质中的阴离子（如HCO_3^-、HPO_4^{2-}等）与其相应的酸类可形成缓冲对，缓冲对是维持体液酸碱平衡的重要缓冲物质。此外，K^+可通过细胞膜与细胞外液中的H^+和Na^+进行交换，以维持和调节体液的酸碱平衡（详见本章第五节）。

（三）维持神经、肌肉和心肌的兴奋性

神经、肌肉和心肌的兴奋性与体液中多种电解质的浓度和比例密切相关。其中，神经、肌肉的兴奋性与体液中多种电解质的关系式为

$$\text{神经、肌肉的兴奋性} \propto \frac{[K^+]+[Na^+]+[OH^-]}{[Ca^{2+}]+[Mg^{2+}]+[H^+]}$$

当Na^+、K^+或OH^-的浓度升高时，神经、肌肉的兴奋性增强，机体会出现抽搐症状；当Ca^{2+}、Mg^{2+}或H^+的浓度升高时，神经、肌肉的兴奋性减弱，机体会出现肌肉软弱无力甚至麻痹的症状。神经、肌肉的正常兴奋性依赖于这些离子的相互协调。

心肌的兴奋性与体液中多种电解质的关系式为

$$\text{心肌的兴奋性} \propto \frac{[Na^+]+[Ca^{2+}]+[OH^-]}{[K^+]+[Mg^{2+}]+[H^+]}$$

当Na^+、Ca^{2+}或OH^-的浓度升高时，心肌的兴奋性增强；当K^+、Mg^{2+}和H^+的浓度升高时，心肌的兴奋性减弱。但血钾浓度过高时，心肌的兴奋性减弱，机体会出现心动过缓、传导阻滞、收缩力减弱甚至心脏停搏于舒张期的症状；血钾浓度过低时，心肌的兴奋性增强，机体会出现心律加快、心律失常甚至心脏停搏于收缩期的症状。此外，Na^+和Ca^{2+}的浓度升高时，可拮抗K^+对心肌的抑制作用。

做一做

能增强心肌的兴奋性，又能降低神经、肌肉的兴奋性的离子是（　　）。

A. Na^+　　B. K^+　　C. Ca^{2+}　　D. Mg^{2+}　　E. OH^-

（四）参与细胞正常的新陈代谢

无机盐参与细胞正常的新陈代谢主要体现在两个方面：① 某些无机离子是多种酶类的激活剂或辅助因子，如Fe^{2+}和Cu^{2+}是细胞色素氧化酶的辅助因子，Cl^-是唾液淀粉酶的激活剂；② 某些无机离子参与或影响物质代谢，如K^+参与糖原和蛋白质的合成，Mg^{2+}参与蛋白质、核酸、脂类和糖类的合成，Na^+参与小肠对葡萄糖的吸收，Ca^{2+}是细胞信号转导的第二信使。

二、钠、氯代谢

（一）钠、氯的含量与分布

在人体内，每千克体重约含 1 g 钠，其中约 50%分布在细胞外液，40%分布在骨骼，10%分布在细胞内液。血浆钠的正常浓度为 135～145 mmol/L。氯主要分布在细胞外液，血清氯的正常浓度为 98～106 mmol/L。

（二）钠、氯的摄入与排泄

人体内的钠和氯主要来自食盐（NaCl）。正常成人每日 NaCl 的需要量为 5～9 g，钠和氯的摄入量因个人饮食习惯的不同而有较大差别。膳食中的 NaCl 几乎全部被消化道吸收，因而一般情况下人体不会缺钠或缺氯。

扫一扫

钠和氯的代谢

Na^+主要经肾脏随尿液排出，肾脏对排钠的调节能力很强。当血钠浓度较高时，肾小管对钠的重吸收作用减弱，过量的钠可以迅速通过肾脏排出体外；当血钠浓度较低时，肾脏对钠的重吸收作用增强，钠随尿液排出的量较少；当机体完全停止摄入钠时，肾脏几乎不排钠。肾脏对排钠的高效调节能力可以概括为“多吃多排，少吃少排，不吃不排”。

Cl^-的排出常与Na^+相伴而行，因此临床上可根据尿液中 NaCl 浓度的变化来帮助判断患者是否有低渗性脱水和高渗性脱水，并提示缺盐程度。此外，汗液和粪便也可带出少量的Na^+和Cl^-。

三、钾代谢

（一）钾的含量与分布

在人体内，每千克体重约含 2 g 钾，其中约 98%分布在细胞内液，2%分布在细胞外液。血清钾的正常浓度为 3.5～5.5 mmol/L，细胞内液钾的浓度可高达 150 mmol/L，故钾是细胞内的主要阳离子。

（二）钾的摄入与排泄

正常成人每日钾的需要量为 2～3 g。人体内的钾主要来自食物。蔬菜、果仁和肉类均含有丰富的钾，故一般膳食即可满足机体对钾的需要。摄入的钾约 90%被肠道吸收。

正常情况下，80%～90%的钾经肾脏随尿液排出。肾脏对钾的排泄能力很强，其特点是“多吃多排，少吃少排，不吃也排”。因此，禁食或大量输液者常出现缺钾现象，应注意及时补钾。10%的钾由粪便排出，但严重腹泻时可经粪便丢失较多的钾，这类人群应注意及时补钾。此外，汗液也可排出少量的钾。

（三）钾代谢紊乱

血清钾的正常浓度为 3.5～5.5 mmol/L。钾代谢紊乱是指细胞外液中钾离子浓度的异常变化，可表现为低钾血症和高钾血症。

1. 低钾血症

血钾浓度低于 3.5 mmol/L 时称为低钾血症。低钾血症有如下症状：① 神经、肌肉的兴奋性减弱，患者表现为肌肉松弛、肌腱反射减弱或消失的症状，严重者可出现肌肉麻痹、胃肠蠕动减弱、腹胀甚至肠麻痹的症状；② 心肌的应激性和自律性增强，患者表现为心律失常、心跳加快甚至心脏停搏于收缩期的症状。

2. 高钾血症

血钾浓度高于 5.5 mmol/L 时称为高钾血症。高钾血症有如下症状：① 神经、肌肉的应激性增强，患者表现出手足感觉异常、极度疲乏、肌肉酸痛、面色苍白、嗜睡、神志模糊及骨骼肌麻痹等症状；② 心肌的应激性和自律性减弱，患者出现心律缓慢、心律不齐、心音减弱等症状，严重时心脏停搏于舒张期。

四、钙、磷代谢

（一）钙、磷的含量与分布

钙、磷是体内含量最多的无机盐。正常成人体内钙的总含量为 700～1 400 g，钙占体重的 1.5%～2.2%。正常成人体内磷的总含量为 400～800 g，磷占体重的 0.8%～1.2%。体内约有 99%的钙和 86%的磷以羟磷灰石的形式参与构成骨盐，分布在骨骼和牙齿中，其余则以游离形式分布在体液和软组织中。

（二）钙、磷的生理功能

1. 参与形成骨骼和牙齿

体内绝大多数钙和磷共同参与构成骨骼和牙齿的无机盐成分——骨盐，这是钙、磷的主要生理功能。骨盐主要由羟磷灰石和磷酸氢钙组成，其中羟磷灰石在骨盐中的含量约为 60%，磷酸氢钙在骨盐中的含量约为 40%。

2. 钙的其他生理功能

虽然钙在软组织和体液中的含量仅占机体总钙量的 0.3%，但它却与体内多种生理机能和代谢过程密切相关，主要体现为：① Ca^{2+}可作为第二信使，结合并激活钙调蛋白，参与细胞的信息传递；② Ca^{2+}可降低毛细血管壁和细胞膜的通透性，临床上常用钙制剂治疗荨麻疹等过敏性疾病；③ Ca^{2+}可降低神经、肌肉的兴奋性，增强心肌的收缩作用；④ Ca^{2+}作为凝血因子之一，参与血液凝固过程；⑤ Ca^{2+}是许多酶的激活剂或抑制剂。

3. 磷的其他生理功能

除了与钙共同参与构成骨骼和牙齿的骨盐外，磷主要以磷酸根的形式在体内发挥生理作用，主要体现在：① 磷是体内许多重要化合物（如核苷酸、磷蛋白、磷脂等）的组成成分；② 磷参与体内能量（如 ATP、ADP、磷酸肌酸等）的生成、储存及利用；③ 磷参与物质代谢的调节，其中蛋白质的磷酸化和去磷酸化是酶化学修饰调节中最主要的调节方式；④ 磷参与酸碱平衡的调节，如磷酸盐参与构成缓冲对，在维持机体的酸碱平衡中起重要作用。

（三）钙、磷的摄入与排泄

1. 钙的摄入与排泄

（1）钙的摄入。正常成人每日钙的需求量为 0.5～1.0 g，儿童、妊娠期妇女和哺乳期妇女对钙的需求量较大，每日为 1.0～1.5 g。我国成人每日可从食物中摄取 0.3～0.5 g 的钙。钙主要在小肠上段被吸收，其中以十二指肠和空肠上部的吸收能力最强。溶解状态的钙容易被吸收。

提　示

钙的吸收受多重因素的影响，主要有如下方面：① 1,25-$(OH)_2$-D_3（活性维生素 D）可以促进小肠对钙的吸收，因此是影响钙吸收的最主要因素；② 肠道 pH 影响小肠对钙、磷的吸收，钙盐在酸性环境中易溶解，在碱性环境中易形成沉淀，故食物中凡是能降低肠道 pH 的物质（如乳酸、柠檬酸等）均可促进小肠对钙的吸收，但当食物中碱性盐（如磷酸盐、草酸盐等）较多时，Ca^{2+}可与这些碱性盐结合生成不溶性钙盐，从而阻碍钙的吸收；③ 钙的吸收率与年龄呈反比，婴儿对食物中钙的吸收率达 50%以上，儿童对食物中钙的吸收率约为 40%，成人对食物中钙的吸收率仅为 20%左右，并且 40 岁以后，机体对钙的吸收率呈明显下降的趋势，这是老年人易缺钙而患骨质疏松症的原因之一。

（2）钙的排泄。正常成人每日排出的钙，约 80%经肠道随粪便排出，20%经肾脏随尿液排出。肠道排出的钙包括未吸收的食物中的钙和消化液中未被重吸收的钙，其含量随食物中钙的含量和钙的吸收状况有所波动。肾脏排出的钙含量主要受血钙浓度的影响。当血钙浓度升高时，尿钙的排出量增加；当血钙浓度降低时，尿钙的排出量减少；当血钙浓度降至 1.9 mmol/L 时，尿钙的排出量几乎为零。体内钙的排泄特点是“多吃多排，少吃少排，不吃也排”。正常成人每日摄入和排泄的钙量基本相等，保持动态平衡。

2. 磷的摄入与排泄

（1）磷的摄入。正常成人每日磷的需要量为 1.0～1.5 g。磷在食物中广泛存在，可随钙一同被机体吸收，故人体一般不易缺乏磷。磷主要在小肠上段被吸收，其中以空肠的吸收能力最强。影响磷吸收的因素与钙大致相似。与钙相比，人体对磷的吸收率较高，约为 70%。

（2）磷的排泄。正常成人每日排出的磷，有 60%～80%经肾脏随尿液排出，其余经肠道随粪便排出。因此，肾功能不全时可引起血磷浓度升高，导致高磷血症。

（四）骨的代谢

骨是体内钙、磷最大的储存库。在人的一生中，骨始终进行着代谢更新，通过成骨作用和溶骨作用不断地与细胞外液进行钙、磷交换。因此，骨的代谢影响血液中钙、磷的浓度，而血液中钙、磷的浓度也影响着骨的代谢。

1. 骨的组成

骨主要由骨盐、骨基质及骨细胞 3 部分组成，各部分的功能如下：

（1）骨盐。骨盐是指骨骼中的无机盐。骨盐占骨干重量的 65%～70%，主要以无定形的碳酸氢钙和羟基磷灰石结晶形式存在。碳酸氢钙是钙盐沉积的初级形式，可进一步钙化为羟基磷灰石并分布在骨基质中。羟基磷灰石是一种柱状或针状晶体，具有广大的吸附面。羟基磷灰石晶格之间可吸附体液中的 Ca^{2+}、Mg^{2+}、Cl^-、HCO_3^- 等，这些离子可以与细胞外的离子进行自由交换，且速度较快。

（2）骨基质。骨基质是指骨骼中的有机成分，又称“有机质”，占骨干重量的30%。骨基质中约95%的成分是胶原蛋白，其余为糖蛋白、脂类和酶等。胶原蛋白和糖蛋白使骨具有良好的韧性。

（3）骨细胞。骨细胞包括成骨细胞、破骨细胞和骨细胞，这 3 种骨细胞都起源于未分化的间充质细胞。间充质细胞可转化为破骨细胞，破骨细胞再转化为成骨细胞，而成骨细胞也可直接来自间充质细胞。在骨形成过程中，成骨细胞逐渐从活跃状态转变为静止状态，最后转变为骨细胞。

2. 成骨作用与溶骨作用

骨的生长、修复和重建过程称为成骨作用。成骨作用主要包括两个过程：一是由成骨细胞合成与分泌胶原蛋白等骨骼中的有机成分；二是经钙化作用形成骨盐并沉积在骨基质中。在成骨过程中，碱性磷酸酶起了非常重要的作用，故碱性磷酸酶活性的改变可作为判断成骨作用或成骨细胞活动的指标之一。生长发育的婴幼儿及某些佝偻病、骨质软化症、甲状腺功能亢进的患者，血液中碱性磷酸酶的活性较强。

在破骨细胞的作用下，骨基质水解和骨盐溶解的过程称为溶骨作用。骨盐的溶解又称脱钙。破骨细胞的溶酶体可释放多种水解酶，水解酶可使骨组织的骨基质溶解，还可使柠檬酸、乳酸等酸性物质的合成增加并扩散到溶骨区，从而促进局部骨盐的溶解。

成骨作用与溶骨作用是骨代谢对立统一的两个方面，两者在机体内不断地交替进行，使骨组织得以更新。儿童、青少年的成骨作用大于溶骨作用，正常成人的成骨作用与溶骨作用基本保持平衡，老年人的溶骨作用大于成骨作用。

（五）血钙与血磷

1. 血钙

血液中的钙几乎全部存在于血浆中，故血钙通常是指血浆中的钙。正常成人血钙浓度为2.25～2.75 mmol/L。血钙主要以离子钙和结合钙两种存在形式，离子钙和结合钙的含量各占50%。其中，结合钙大部分与血浆蛋白（主要为清蛋白）结合形成蛋白结合钙，小部分与柠檬酸、乳酸等结合形成钙化合物。蛋白结合钙不能通过毛细血管壁，称为非扩散性钙；柠檬酸钙等钙化合物和离子钙均可通过毛细血管壁，称为可扩散钙。

血浆中只有离子钙直接发挥生理作用。蛋白结合钙虽然没有直接的生理效应，但能与离子钙相互转变，以维持钙的动态平衡。反应式为

$$\text{蛋白结合钙} \underset{[HCO_3^-]}{\overset{H^+}{\rightleftharpoons}} Ca^{2+} + \text{蛋白质}$$

结合钙与离子钙之间的相互转化反应受血液 pH 的影响。当血液 pH 下降时，离子钙的浓度升高；当血液 pH 增大时，离子钙的浓度降低。临床上碱中毒时，常伴有手足抽搐、痉挛，这是离子钙的浓度降低而神经肌肉应激性增强所致。

2. 血磷

磷在体内以无机磷酸盐和有机磷酸酯的形式存在，其中无机磷酸盐主要存在于血浆中，有机磷酸酯主要存在于红细胞中。血磷通常是指血浆中无机磷酸盐所含的磷，其中 80%～85%的无机磷酸盐以 HPO_4^{2-} 形式存在，15%～20%的无机磷酸盐则以 HPO_4^- 形式存在。血磷的含量与年龄有关，并且随着年龄的增长而下降。正常成人血磷的浓度为 0.85～1.51 mmol/L，儿童稍高。

3. 血钙与血磷的浓度对骨代谢的影响

血钙与血磷之间的关系密切，临床上常以血钙和血磷浓度的乘积来衡量体内骨的代谢情况。若两者浓度以“mmol/L”表示时，血钙、血磷浓度乘积的数值相当恒定，为 2.5～3.5。当两者浓度乘积的数值大于 3.5 时，表明钙、磷以骨盐的形式沉积于骨组织中，有利于成骨作用；当两者浓度乘积的数值小于 2.5 时，表明骨的钙化发生障碍，可促使骨骼中的骨盐溶解，影响正常的成骨作用，在儿童和成人中可分别引起佝偻病和骨软化症。

（六）钙、磷代谢的调节

机体主要通过 1,25-$(OH)_2$-D_3、甲状旁腺激素和降钙素对钙、磷代谢进行调节。这 3 种激素主要作用于肾脏、小肠和骨骼，共同维持血钙、血磷水平的恒定及骨组织的正常生长。

1. 1,25-$(OH)_2$-D_3 的调节作用

1,25-$(OH)_2$-D_3 是维生素 D 经肝脏和肾脏的两次羟化作用生成的，是维生素 D 的活性形式。1,25-$(OH)_2$-D_3 的调节作用主要体现在以下 3 个方面：

（1）对小肠的作用。1,25-$(OH)_2$-D_3 促进小肠对钙、磷的吸收。钙的吸收是一种主动转运过程，除需要 ATP 供能、Ca^{2+}-ATP 酶（钙泵）参与外，还需要一种特殊的载体蛋白——钙结合蛋白。1,25-$(OH)_2$-D_3 能促进肠黏膜上皮细胞钙结合蛋白的合成，使无活性的钙结合蛋白转变为有活性的钙结合蛋白，同时增强肠黏膜细胞刷状缘上钙泵的活性，从而促进小肠对钙的吸收。1,25-$(OH)_2$-D_3 在促进小肠对 Ca^{2+}吸收的同时也增强了小肠对磷的吸收，从而提高了血钙、血磷的浓度。

（2）对骨的作用。1,25-$(OH)_2$-D_3 对骨有溶骨和成骨的双重作用。一方面，1,25-$(OH)_2$-D_3 能增强破骨细胞的活性和促进破骨细胞的生成，从而促进溶骨作用；另一方面，1,25-$(OH)_2$-D_3 能促进小肠对钙、磷的吸收，提高血钙和血磷的浓度，从而促进成骨作用。1,25-$(OH)_2$-D_3 通过促进成骨作用和溶骨作用两个对立过程，促进了骨的代谢，有利于骨骼的生长和钙化，同时维持了血钙和血磷浓度的稳定。

（3）对肾脏的作用。1,25-$(OH)_2$-D_3 可直接促进肾近曲小管对钙、磷的重吸收，减少尿钙和尿磷的排泄量，间接提高了血钙和血磷的浓度。

2. 甲状旁腺激素

甲状旁腺激素（PTH）是由甲状旁腺主细胞合成和分泌的由 84 个氨基酸残基组成的一种单链多肽类激素。PTH 的分泌受血钙浓度的影响。当血钙浓度降低时，PTH 的分泌增多；当血钙浓度升高时，PTH 的分泌受到抑制。因此，PTH 的分泌与血钙浓度呈负相关。PTH 的调节作用主要体现在以下 3 个方面：

（1）对小肠的作用。PTH 的分泌量增加，可激活 α-羟化酶的活性，使 25-OH-D_3 转变为高活性的 1,25-$(OH)_2$-D_3，间接促进了小肠对钙、磷的吸收。

（2）对骨的作用。PTH 对骨有溶骨和成骨双重作用，使血钙、血磷的浓度升高，主要表现在以下两个方面：① PTH 通过加强破骨细胞的活性，使蛋白酶和有机酸（如乳酸、柠檬酸等）的分泌增多，进而促进骨基质的水解作用和骨盐的溶解作用；② PTH 可促进间充质细胞转化为破骨细胞，并抑制破骨细胞转化为成骨细胞，从而抑制成骨作用。

（3）对肾脏的作用。PTH 可促进肾小管对钙的重吸收，同时抑制肾近曲小管对磷的重吸收，使尿钙的排出量减少，尿磷的排出量增多。

3. 降钙素

降钙素（CT）是由甲状腺泡旁细胞分泌的由 32 个氨基酸残基组成的一种单链多肽类激素。CT 的分泌受血钙浓度的影响。当血钙浓度降低时，CT 的分泌受到抑制；当血钙浓度升高时，CT 的分泌增多。因此，CT 的分泌与血钙浓度呈正相关。CT 的调节作用主要体现在以下 3 个方面：

（1）对小肠的作用。CT 可通过抑制 α-羟化酶的活性而使 25-OH-D_3 不能转变为高活性的 1,25-$(OH)_2$-D_3，从而间接抑制小肠对钙、磷的吸收。

（2）对骨的作用。CT 可促进成骨作用，抑制溶骨作用，使血钙、血磷的浓度降低。CT 可抑制间充质细胞转变为破骨细胞，并抑制破骨细胞的活性，还可加速破骨细胞转化为成骨细胞，使钙、磷在骨骼中沉积，促进成骨作用。同时 CT 可抑制骨基质的分解和骨盐溶解，使血钙、血磷的浓度降低。

（3）对肾脏的作用。CT 可抑制肾近曲小管对钙、磷的重吸收，使尿钙和尿磷的排出量增加。

第四节　机体对体液平衡的调节

想一想：

正常生理状态下，机体内水和无机盐的来源与去路处于相对稳定的状态。体液的这种平衡状态与神经系统及抗利尿激素、醛固酮和心钠素等激素的协同作用密切相关。其中，抗利尿激素又称血管升压素，能提高肾远曲小管和集合管对水的通透性，促进水的吸收，是尿液浓缩和稀释的关键性调节激素；醛固酮是一种能增进肾脏对离子和水分子重吸收的类固醇激素。

思考：抗利尿激素的分泌与神经系统有关吗？抗利尿激素是怎样维持体液平衡的？

一、神经系统对体液平衡的调节

中枢神经系统通过对体液晶体渗透压的感受，直接影响机体对水的摄入。当机体失水过多或在高盐饮食、输入高渗液等情况下，细胞外液的渗透压升高，刺激下丘脑下部的渗透压感受器，从而引起大脑皮层兴奋，使机体产生口渴的感觉。此时若适量饮水，细胞外液的渗透压下降，水从细胞外液流向细胞内液，渴感便随即消失。

二、激素对体液平衡的调节

（一）抗利尿激素对体液平衡的调节

抗利尿激素（ADH）又称加压素，是下丘脑视上核神经细胞分泌的一种九肽激素。ADH 沿下丘脑-垂体束进入神经垂体储存，并由神经垂体释放进入血液，作用于肾脏。ADH 的主要生理功能是增强肾远曲小管和集合管对水的通透性，降低排尿量，维持体液渗透压的相对恒定。ADH 的主要作用机制是通过 cAMP-蛋白激酶系统使肾远曲小管和集合管的细胞膜蛋白磷酸化，增强细胞膜对水的通透性，从而加强肾脏对水的重吸收作用。

ADH 的分泌受下丘脑的渗透压感受器、左心房的血容量感受器及颈动脉窦和主动脉弓的血压感受器的调节。当血浆渗透压升高、血容量减少或血压明显下降时，这 3 种感受器均能使 ADK 的分泌增多，促进肾小管对水的重吸收，从而使血浆渗透压降低、血容量增加和血压回升，以维持体液平衡。

（二）醛固酮对体液平衡的调节

醛固酮又称盐皮质激素，是肾上腺皮质球状带分泌的一种类固醇激素。其主要作用是促进肾远曲小管和集合管对 Na^+的主动重吸收，同时通过促进 Na^+-K^+和 Na^+-H^+的交换作用而促进肾脏对 K^+和 H^+的排出。随着肾脏对 Na^+的主动重吸收作用增强，肾脏对水和 Cl^-的被动重吸收作用也增强。因此，醛固酮有排钾、排氢、保钠、保水的作用。

醛固酮的作用机制可能是通过促进 Na^+,K^+-ATP 酶（钠泵）的合成而加强肾小管上皮细胞基膜面的钠泵活性来实现的，也有可能是肾小管上皮细胞膜对离子的通透性增强所致。醛固酮的分泌主要受肾素-血管紧张素系统及血钠和血钾相对浓度比的调节。

血容量减少、血压下降、肾小球滤过率减少、交感神经兴奋等均可刺激肾小球旁器分泌肾素。肾素可使血浆中血管紧张素原转化为血管紧张素Ⅰ，血管紧张素Ⅰ在血清转化酶的催化下可转变为血管紧张素Ⅱ。血管紧张素Ⅱ作用于肾上腺皮质球状带，使醛固酮的分泌增多，促进肾小管对 Na^+和水的重吸收，进而增加血容量。血管紧张素Ⅱ还能引起小动脉收缩，使得外周阻力增强，从而使血压升高。血管紧张素发挥作用后，便很快被血管紧张素酶水解灭活。

当血钾的浓度升高或血钠的浓度降低而使［Na^+］/［K^+］的值降低时，醛固酮的分泌增多，使得尿钠的排出量减少。当血钾的浓度降低或血钠的浓度升高而使［Na^+］/［K^+］的值增大时，醛固酮的分泌减少，使得尿钠的排出量增多。

（三）心钠素对体液平衡的调节

心钠素（ANF）是由心房肌细胞合成和分泌的肽类激素，在水、钠代谢的调节中起着重要作用。心钠素的主要作用是抑制肾素、醛固酮和抗利尿激素的分泌，进而抑制肾远曲小管和集合管对水、钠的重吸收，增加肾小管滤过率，因而心钠素具有较强的利尿、利钠作用。此外，ANF 还具有强而持久的扩张血管和降低血压的作用。

第五节　酸碱平衡

想一想：

在物质代谢过程中，机体虽然不断产生酸性代谢物质和碱性代谢物质，并且经常摄入酸性食物和碱性食物，但正常生物体内的 pH 仍稳定在一定范围内（7.35～7.45）。机体通过调节酸碱性物质的含量和比例，使体液 pH 维持在恒定范围内的过程称为酸碱平衡。维持体液酸碱平衡的相对稳定，对机体正常的生命活动非常重要。

思考：体内酸性物质和碱性物质主要来自哪里？体内哪种器官对酸碱平衡的调节作用最强？

一、体内酸碱物质的来源

（一）酸性物质的来源

1. 挥发性酸

糖、脂类和蛋白质等物质在体内彻底氧化分解后生成 CO_2 和 H_2O，CO_2 可与 H_2O 结合生成碳酸（H_2CO_3）。此反应主要是在碳酸酐酶的催化下进行的，碳酸酐酶主要存在于红细胞、肾小管细胞、肺泡上皮细胞及胃黏膜上皮细胞中。

H_2CO_3 是体内酸性物质的主要来源，随血液循环通过肺部时能分解成 CO_2 而被呼出，故 H_2CO_3 又称挥发性酸。组织细胞在代谢过程中可产生大量的 CO_2，正常成人每日产生的 CO_2 为 300～400 L。若产生的 CO_2 全部与水结合，则可生成 15～20 mol/L 的 H_2CO_3。各种引起机体分解代谢增强的生理因素或病理因素，如饥饿、运动、发热、甲状腺功能亢进等，都能使碳酸的生成量增多。

2. 非挥发性酸

体内糖氧化分解产生的丙酮酸和乳酸，脂肪酸氧化分解产生的乙酰乙酸和 β-羟丁酸，磷脂和核酸分解代谢产生的磷酸，含硫氨基酸氧化分解产生的硫酸，嘌呤碱基分解代谢产生的尿酸等酸性物质，均不能以 CO_2 的形式从肺部呼出，只能经肾脏随尿液排出，故将这类酸性物质称为非挥发性酸或固定酸。

正常成人每日产生的固定酸为 50～100 mmol/L，其中绝大部分是在物质代谢中产生的，小部分来自食物中摄入的酸性物质（如调味用的醋酸、饮料中的柠檬酸）及某些药物。

提　示

食物中的糖、脂类、蛋白质在体内分解代谢后可产生大量的挥发性酸和非挥发性酸，因此常被称为成酸物质。

（二）碱性物质的来源

机体摄入的蔬菜、水果中含有较多的有机酸盐，如柠檬酸、苹果酸及乳酸等的钾盐或钠盐。有机酸盐中的有机酸根经三羧酸循环可氧化分解生成 CO_2 和 H_2O，Na^+、K^+则与体液中的 HCO_3^- 结合生成碳酸氢盐，碳酸氢盐中的有机酸根可与体液中的 H^+结合，分别转化为柠檬酸、苹果酸、乳酸等进行下一步代谢。碳酸氢盐是体内碱性物质的主要来源。此外，某些药物、饮料中的 $NaHCO_3$ 和氨基酸分解代谢产生的 NH_3 也是碱性物质的来源。

生理条件下，体内酸性物质的来源远远多于碱性物质。因此，机体对酸碱平衡的调节主要以调节酸为主。

二、体内酸碱平衡的调节

（一）血液缓冲系统对酸碱平衡的调节

1．血液缓冲系统的组成

能够对抗外来少量的酸性物质或碱性物质的影响，使溶液 pH 几乎保持不变的作用称为缓冲作用。具有缓冲作用的溶液称为缓冲溶液，如血液、细胞内液等。缓冲溶液中含有一种或多种缓冲系统，每种缓冲系统均由一种弱酸及其对应的盐组成，因此缓冲系统又称缓冲对。

无论是体内代谢产生的还是体外进入的酸性或碱性物质，都需要经过血液稀释并被血液的缓冲系统所缓冲，才能使较强的酸性或碱性物质转变成较弱的酸性或碱性物质，以维持血液 pH 的相对恒定。血液中的缓冲系统主要包括碳酸氢盐缓冲系统、磷酸氢盐缓冲系统、血浆蛋白缓冲系统、血红蛋白缓冲系统和氧合血红蛋白缓冲系统共 5 种，主要存在于血浆和红细胞中。

血浆中的缓冲系统主要包括碳酸氢盐缓冲对（$\frac{NaHCO_3}{H_2CO_3}$）、磷酸氢盐缓冲对（$\frac{Na_2HPO_4}{NaH_2PO_4}$）、血浆蛋白缓冲对（$\frac{Na-Pr}{H-Pr}$），其中 Pr 指血浆蛋白。血浆中的缓冲系统以碳酸氢盐缓冲系统最为重要，主要缓冲固定酸和碱性物质。红细胞中的缓冲系统主要有碳酸氢盐缓冲对（$\frac{KHCO_3}{H_2CO_3}$）、磷酸氢盐缓冲对（$\frac{K_2HPO_4}{KH_2PO_4}$）、血红蛋白缓冲对（$\frac{KHb}{HHb}$）和氧合血红蛋白缓冲对（$\frac{KHbO_2}{HHbO_2}$），其中 Hb 指血红蛋白，$HbO_2$ 指氧合血红蛋白。红细胞中的缓冲系统以血红蛋白缓冲系统和氧合血红蛋白缓冲系统最为重要，主要缓冲挥发性酸。

在上述各缓冲系统中，碳酸氢盐缓冲系统的缓冲能力最强。由于血浆中的缓冲系统以碳酸氢盐缓冲系统为主，故血浆的 pH 主要取决于血浆中 $NaHCO_3$ 和 H_2CO_3 的浓度。一般来说，血浆中 $NaHCO_3$ 和 H_2CO_3 的浓度比为 20∶1 时，血浆 pH 可以维持在 7.4 左右。因此，人体调节酸碱平衡的实质就在于调节血浆中 $NaHCO_3$ 和 H_2CO_3 的浓度，使两者的浓度比保持在 20∶1 左右。

2．血液缓冲系统的缓冲作用

1）对固定酸的缓冲作用

代谢过程中产生的固定酸进入血浆后，主要由碳酸氢盐缓冲系统中的抗酸成分 $NaHCO_3$ 进行缓冲。通过碳酸氢盐缓冲系统的缓冲作用，酸性较强的固定酸（乙酰乙酸、乳酸等）转化成酸性较弱的 H_2CO_3，H_2CO_3 可进一步分解生成 CO_2 和 H_2O，CO_2 通过肺的呼吸作用排出体外，从而缓冲了固定酸对血液 pH 的影响。

提　示

血浆中的碳酸氢钠主要用来缓冲固定酸，在一定程度上可代表血浆对固定酸的缓冲能力。习惯上将血浆碳酸氢钠称为"碱储"。

2）对挥发性酸的缓冲作用

组织细胞分解代谢产生的 CO_2 不断扩散至血浆和红细胞中，但红细胞内富含碳酸酐酶，碳酸酐酶能催化 CO_2 和 H_2O 反应生成大量的 H_2CO_3。H_2CO_3 主要被血红蛋白缓冲系统（$\frac{KHb}{HHb}$）缓冲，然后经血液运输到肺部，再分解成 CO_2 和 H_2O，CO_2 由肺呼出。

3）对碱性物质的缓冲作用

碱性物质进入血液后，由缓冲系统的弱酸发挥作用，其中 H_2CO_3 是血液中缓冲碱性物质的主要成分。消耗掉的 H_2CO_3 可由不断产生的 CO_2 来补充。

可见，血液中的缓冲系统能迅速、有效地缓冲酸性和碱性物质对体液 pH 的影响，但其作用仅限于将较强的酸性或碱性物质转变成较弱的酸性或碱性物质，不能彻底清除酸性和碱性物质。针对缓冲系统调节作用的局限性及不足，机体需要进一步依靠肺和肾脏的配合调节，共同维持 $NaHCO_3$ 和 H_2CO_3 的正常浓度比，从而使血液 pH 保持相对恒定的状态。

（二）肺对酸碱平衡的调节

在酸碱平衡的调节中，肺通过呼吸作用来控制 CO_2 的排出量，进而影响血浆中 H_2CO_3 的浓度，从而维持血浆中 $NaHCO_3$ 和 H_2CO_3 的正常浓度比。肺的这种调节作用受延髓呼吸中枢的控制。

当血液中 CO_2 分压升高或 pH 减小时，延髓呼吸中枢的兴奋性加强，使得呼吸运动加深、加快，导致呼出的 CO_2 增多，血浆中 H_2CO_3 的浓度下降。当血液中 CO_2 分压降低或 pH 增大时，延髓呼吸中枢的兴奋性减弱，使得呼吸运动变浅、变慢，导致呼出的 CO_2 减少，血浆中 H_2CO_3 的浓度升高。

（三）肾脏对酸碱平衡的调节

肾脏的主要作用是排出固定酸，保留并维持血液中的碱储量。肾脏对酸碱平衡的调节通过 H^+-Na^+交换、NH_4^+-Na^+交换和 K^+-Na^+交换来完成。

1. H^+-Na^+交换

1）$NaHCO_3$ 的重吸收

大部分 $NaHCO_3$ 的重吸收主要在肾近曲小管内进行，少部分在肾远曲小管和集合管内进行。肾小管上皮细胞中含有碳酸酐酶，碳酸酐酶可催化 CO_2 与 H_2O 反应生成 H_2CO_3。H_2CO_3 可解离成 H^+和 HCO_3^-。其中，H^+被分泌到管腔内与肾小管腔液中的 $NaHCO_3$ 作用形成 H_2CO_3 和 Na^+，Na^+被置换到管壁细胞内并通过主动转运方式进入血液；HCO_3^- 通过被动转运方式进入血液。进入血液中的 Na^+ 与 HCO_3^- 结合生成 $NaHCO_3$。此过程称为 H^+-Na^+ 交换。同时管腔内的 H_2CO_3 在管壁细胞刷状缘上碳酸酐酶的催化下分解生成 CO_2 和 H_2O，CO_2 可进入肾小管上皮细胞内重新参与 H_2CO_3 的生成。通过 H^+-Na^+ 交换机制，肾脏几乎可将滤入管腔液中的全部 $NaHCO_3$ 重吸收入血。

2）磷酸氢盐的酸化

管腔液中磷酸氢盐的酸化是细胞外液 $NaHCO_3$ 重新生成的途径之一，也是尿酸酸化的重要途径。

肾近曲小管的原尿（pH=7.4）中［Na_2HPO_3］/［NaH_2PO_3］的值与血浆中的相同，约为 4∶1。当原尿流经肾远曲小管时，肾小管上皮细胞分泌到管腔液中的 H^+ 可通过 H^+-Na^+ 交换机制，与 Na_2HPO_3 解离出的 Na^+ 进行交换，使 Na_2HPO_3 转变成酸性的 NaH_2PO_3 并随尿液排出，同时将 Na^+ 置换回管壁细胞内。管壁细胞内的 Na^+ 与上皮细胞中的 HCO_3^- 进入血液并合成 $NaHCO_3$。随着 H^+-Na^+ 交换的不断进行，绝大部分 Na_2HPO_3 转变为 NaH_2PO_3，［Na_2HPO_3］/［NaH_2PO_3］的值逐渐下降。当［Na_2HPO_3］/［NaH_2PO_3］的值接近 1∶99 时，几乎所有的 Na_2HPO_3 转变成 NaH_2PO_3，终尿 pH 降至 4.8 左右。

2. NH_4^+-Na^+ 交换

肾小管通过 H^+-Na^+ 交换机制，通常只能换回管腔液中弱酸盐的 Na^+，而强酸盐（NaCl、Na_2SO_4 等）中的 Na^+ 必须经过 NH_4^+-Na^+ 交换机制被重吸收。

肾小管上皮细胞内含有活性很高的谷氨酰胺酶，谷氨酰胺酶能催化谷氨酰胺分解生成 NH_3，管壁细胞内氨基酸脱氨基作用也可产生一定量的 NH_3。肾远曲小管上皮细胞分泌 NH_3，NH_3 与原尿中的 H^+ 结合生成 NH_4^+。NH_4^+ 与强酸盐（NaCl、Na_2SO_4 等）中的负离子结合生成酸性的铵盐并随尿液排出，同时强酸盐中解离出的 Na^+ 被重吸收到细胞中，与 HCO_3^- 一同进入血液，重新结合生成 $NaHCO_3$，以维持血浆中 $NaHCO_3$ 的正常浓度。此过程称为 NH_4^+-Na^+ 交换。

扫一扫

肾脏对酸碱平衡的调节

谷氨酰胺酶的活性受原尿 pH 的影响。原尿酸性越强时，谷氨酰胺酶的活性增强，NH_3 的分泌增多；原尿碱性越强时，谷氨酰胺酶的活性减弱，NH_3 的分泌减少甚至停止。因此酸中毒时，尿液中的铵盐增多。

3. K^+-Na^+ 交换

肾远曲小管上皮细胞可以同时分泌 H^+ 和 K^+，而 H^+ 和 K^+ 的分泌都伴有 Na^+ 进入肾小管上皮细胞，故 H^+-Na^+ 交换和 K^+-Na^+ 交换有相互竞争的作用。高血钾时，K^+ 分泌增加，K^+-Na^+ 交换作用加强，H^+-Na^+ 交换作用减弱，使得尿液中排出的 K^+ 增多、H^+ 减少，这是高血钾易引起酸中毒的原因之一。低血钾时，K^+ 分泌减少，H^+-Na^+ 交换作用加强，K^+-Na^+ 交换作用减弱，使得尿液中排出的 K^+ 减少、H^+ 增多，这是低血钾易引起碱中毒的原因之一。

综上所述，机体调节酸碱平衡的过程主要是通过血液缓冲系统及肺、肾脏的调节作用相互配合而实现的。其中，血液缓冲系统的作用最迅速，但缓冲能力有限，不能持续发挥作用。肺的调节作用比较迅速，但只能影响 H_2CO_3 的浓度，容易受其他因素的干扰，因此肺的调节作用受到一定限制。肾脏的调节作用虽然比较缓慢，但效能较高，持续时间长，是机体内作用最强的调节系统。故功能良好的肾是纠正酸碱平衡失调的重要条件。

三、酸碱平衡紊乱的基本类型

按起因的不同，临床上将酸碱平衡紊乱分为代谢性酸中毒、代谢性碱中毒、呼吸性酸中毒和呼吸性碱中毒4种类型。其中，代谢性酸中毒（或代谢性碱中毒）是指由于血浆中 $NaHCO_3$ 的含量减少（或增加），［$NaHCO_3$］/［H_2CO_3］的值减小（或增大）而导致的酸碱平衡紊乱；呼吸性酸中毒（或呼吸性碱中毒）是指由于肺的呼吸功能异常，血液中 H_2CO_3 的含量增加（或减少），引起［$NaHCO_3$］/［H_2CO_3］的值减小或增大而导致的酸碱平衡紊乱。

（一）代谢性酸中毒

代谢性酸中毒的基本特征是血浆中 $NaHCO_3$ 的含量原发性减少。导致代谢性酸中毒的主要原因有：① 体内代谢产生或摄入的固定酸过多，如乳酸酸中毒、酮症酸中毒、服用过多的酸性药物等；② 体内碳酸氢盐丢失过多，如严重腹泻、肠瘘、胃肠引流等时会丢失大量碱性肠液；③ 固定酸排出障碍，如肾功能衰竭时，由于肾小管分泌 H^+ 和 NH_3 的能力下降，$NaHCO_3$ 的重吸收量减少，固定酸的排出量减少，引起酸性代谢产物在体内积聚过多；④ 高血钾。

代谢性酸中毒主要引起心血管系统和中枢神经系统的功能障碍。心血管系统严重代谢性酸中毒时，可引起心律失常、心肌收缩力减弱及心血管系统对儿茶酚胺的反应性降低等症状。中枢神经系统代谢性酸中毒时，患者早期会出现疲乏、肌肉收缩无力、感觉迟钝等症状，严重时可出现意识障碍、嗜睡、昏迷等。

（二）代谢性碱中毒

代谢性碱中毒的基本特征是血浆中 $NaHCO_3$ 的含量原发性增加。导致代谢性碱中毒的主要原因有：① 固定酸丢失过多，如剧烈呕吐或胃液引流导致富含 H^+ 的胃液丢失，这是代谢性碱中毒最常见的原因；② 摄入过多的碱性药物，如消化性溃疡时大量服用碳酸氢钠；③ 长期服用某种利尿剂而导致大量的 Cl^- 丢失，引起低氯性碱中毒；④ 低血钾等。

代谢性碱中毒患者通常无症状，或出现与碱中毒无直接关系的表现，但是严重的代谢性碱中毒患者常出现中枢神经系统兴奋和神经肌肉应激性增强的症状，如烦躁不安、精神错乱、意识障碍和手足抽搐等。

（三）呼吸性酸中毒

呼吸性酸中毒的基本特征是血浆中 H_2CO_3 的浓度原发性增加。临床上的呼吸性酸中毒主要由肺通气功能障碍导致 CO_2 在体内潴留所致，如支气管哮喘、急性肺水肿、异物堵塞气管和溺水等。

代谢性酸中毒主要引起心血管系统和中枢神经系统的功能障碍。心血管系统呼吸性酸中毒的症状与代谢性酸中毒相似；中枢神经系统严重呼吸性酸中毒时，患者早期会出现持续头痛、焦虑不安甚至精神错乱、震颤、嗜睡、昏迷等症状。

（四）呼吸性碱中毒

呼吸性碱中毒的基本特征是血浆中 H_2CO_3 的浓度原发性减少。呼吸性碱中毒主要因发热、甲亢、脑肿瘤及精神紧张等导致机体精神性换气过度而引起 CO_2 排出量过多。呼吸性碱中毒主要引起中枢神经系统功能障碍（如出现头痛、眩晕、易激动、抽搐等症状）及神经肌肉应激性增强。

四、酸碱平衡的主要生化诊断指标

（一）血液 pH

血液 pH 是表示血浆 H^+ 浓度的指标，由［$NaHCO_3$］/［H_2CO_3］的值决定。正常人动脉血的 pH 保持在 7.35～7.45 之间。若血液 pH 大于 7.45，机体表现为失代偿性碱中毒；若血液 pH 低于 7.35，机体表现为失代偿性酸中毒。血液 pH 在正常范围内，不一定表示酸碱平衡正常，也可能是代偿性酸中毒或代偿性碱中毒。因此，血液 pH 只能判定有无失代偿性酸中毒或失代偿性碱中毒，不能区分有无代偿性酸中毒和代偿性碱中毒。

提　示

在酸碱平衡失调的初期，由于各种代偿机制，尽管［$NaHCO_3$］/［H_2CO_3］的值发生变化，但仍能维持在 20∶1，血浆 pH 尚在正常范围内，此时称为代偿性酸中毒或代偿性碱中毒。若肺、肾脏的代偿能力已不能维持血浆 pH 的平衡，则称失代偿性酸中毒或失代偿性碱中毒。

（二）二氧化碳分压

二氧化碳分压（partial pressure of carbon dioxide，PCO_2）是指物理状态下溶解于血浆中的 CO_2 分子所产生的张力，是反映呼吸性酸中毒或碱中毒的重要指标。由于 CO_2 通过肺泡膜的弥散能力很强，因而动脉血 PCO_2 与肺泡气 PCO_2 几乎相同。正常人动脉血 PCO_2 值为 4.5～6.0 kPa。如果动脉血 PCO_2 值大于 6.0 kPa，表示肺通气不足，CO_2 在体内潴留，易引起原发性呼吸性酸中毒；如果动脉血 PCO_2 值小于 4.5 kPa，表示肺通气过度，CO_2 排出过多，易引起原发性呼吸性碱中毒。

代谢性酸碱平衡紊乱时，PCO_2 也发生代偿性改变。代谢性酸中毒时，PCO_2 的浓度降低；代谢性碱中毒时，PCO_2 的浓度增大。

（三）二氧化碳结合力

二氧化碳结合力是指在温度为 25℃、PCO_2 值为 5.32 kPa 时，每升血浆中以 $NaHCO_3$ 形式存在的 CO_2 的毫摩尔数，实际上反映了血浆中 HCO_3^- 的含量，也就是碱储量。二氧化碳结合力的正常范围是 23～31 mmol/L。代谢性酸中毒或代偿性呼吸性碱中毒时，二氧化碳结合力减小；代谢性碱中毒或代偿性呼吸性酸中毒时，二氧化碳结合力增大。临床上判断酸中毒或碱中毒时，不能只依靠二氧化碳结合力这一项指标。

（四）标准碳酸氢盐和实际碳酸氢盐

标准碳酸氢盐（standard bicarbonate，SB）是指动脉血液在标准状况（温度为 37℃，PCO_2 为 5.32 kPa，血红蛋白的氧饱和度为 100%）下所测得的血浆中 HCO_3^- 的含量。SB 不受呼吸因素的影响，是反映代谢性酸碱平衡的重要指标。SB 的正常范围为 22～27 mmol/L。代谢性酸中毒时，SB 减少；代谢性碱中毒时，SB 增多。

实际碳酸氢盐（actual bicarbonate，AB）是指在隔绝空气的条件下所测得的 HCO_3^- 的实际含量。AB 受呼吸和代谢两方面因素的影响。当 PCO_2 为 5.32 kPa 时，AB=SB，为正常人情况；若 AB>SB，表明体内有 CO_2 积蓄，常见于呼吸性酸中毒；若 AB<SB，表明 CO_2 呼出过多，常见于呼吸性碱中毒。但是，若 AB 与 SB 相等但小于 24 mmol/L 时，常见于代谢性酸中毒；若 AB 与 SB 相等但大于 27 mmol/L 时，常见于代谢性碱中毒。

（五）缓冲碱

缓冲碱（buffer base，BB）是指动脉血液中具有缓冲作用的碱性物质的总和，即人体血液中具有缓冲作用的负离子的总和。BB 包括血浆和红细胞中的 HCO_3^-、Hb^-、HbO_2^-、Pr^-、HPO_4^{2-} 等，正常范围为 45～55 mmol/L。呼吸因素所造成的 PCO_2 升高或降低，对 BB 没有明显影响。代谢性酸中毒时，BB 减少；代谢性碱中毒时，BB 增加。

（六）碱剩余

碱剩余（base excess，BE）是指在标准状况（温度为 37℃，PCO_2 为 5.32 kPa，血红蛋白的氧饱和度为 100%）下，将全血（或血浆）滴定至 pH=7.4 时所消耗的酸或碱的量。若用酸滴定使血液 pH 达到 7.4，表示血液中碱剩余，BE 用正值表示；若用碱滴定使血液 pH 达到 7.4，表示血液中碱不足，BE 用负值表示。

BE 的正常范围为−3～3 mmol/L。BE 不受呼吸因素的影响，是反映代谢性酸碱平衡失调的重要指标。BE>3 mmol/L 时，表明体内碱过剩，为代谢性碱中毒；BE<−3 mmol/L 时，表明体内碱欠缺，为代谢性酸中毒。

科心报国

多学科合作聚焦前沿领域，争取国际引领

2021 年，由上海交通大学医学院附属瑞金医院内分泌团队领衔、上海交通大学首项也是唯一一项国家自然科学基金委基础科学中心项目——“能量代谢与健康”正式获批。据悉，这是迄今为止国家自然科学基金委设立的资助力度最大的项目，此次资助经费达 6 000 万元。

该项目由内分泌专家、中国工程院院士宁光，联合生殖医学专家、中国科学院院士黄荷凤及厦门大学生命科学学院教授林圣彩、清华大学生命科学学院教授王一国共同申报。

宁光院士致力于通过大型队列创建生物样本库的研究模式，全面阐述中国代谢性疾病严峻形势，深入探索危险因素及防治新方案；黄荷凤院士的研究重点是人类ART安全性和ART遗传效应；林圣彩教授长期致力于细胞代谢稳态维持及其调控细胞生长的分子机制的研究；王一国教授长期致力于肝脏中糖脂代谢信号调控的分子机制与代谢性疾病的研究。

这项关于能量代谢与健康的多中心、多团队研究可以说是珠联璧合。多个领域的院士及专家团队，如串珍珠般，将全生命周期的各环节连接起来：瑞金医院内分泌团队的大样本流行病学研究将采集生命不同阶段代谢性疾病患者的能量代谢数据，黄荷凤团队将对代谢性疾病的"胚源学说"进行研究，林圣彩、王一国团队则将进一步探索营养感知、全新激素、代谢失衡与多种并发症等之间的关系；在此基础上，瑞金内分泌团队还将探索全新的诊疗方案。

同时，该项目也是将基础研究向临床转化的一次里程碑式突破。2020年，瑞金医院启用了人体数字化能量代谢监测平台，平台可对该项目提供支持，全球单中心最大规模的人体代谢舱群（10套）也已投入使用，专家可通过环境温度湿度、人体能量消耗、表情与行为轨迹等80余项参数，对人体在不同环境、不同状态下的情况进行精确的能量代谢实时监测，为个体化干预与精准调控提供丰富基础。

本次项目的获批将有助于在能量稳态失衡与肥胖、糖尿病、心血管疾病、肿瘤等重大疾病关系方面开展深入研究，形成国际引领的能量代谢研究领域重大方向。同时，也有助于培养出国际一流的中青年医学科学家，形成国际一流的医学健康研究中心。

关键术语

体液	水平衡	无机盐代谢	抗利尿激素
醛固酮	心钠素	酸碱平衡	

思考题

（1）体内水是如何保持平衡的？
（2）水平衡紊乱会引发哪些病症？
（3）钙、磷在机体内是如何进行代谢的？
（4）机体是如何对水和电解质的平衡进行调节的？
（5）简述血液缓冲系统对酸碱平衡的调节。

参考文献

[1] 吕士杰，王志刚．生物化学［M］．8 版．北京：人民卫生出版社，2019．
[2] 何旭辉，陈志超．生物化学［M］．2 版．北京：人民卫生出版社，2019．
[3] 金国琴，柳春．生物化学［M］．3 版．上海：上海科学技术出版社，2017．
[4] 周爱儒．生物化学［M］．6 版．北京：人民卫生出版社，2004．
[5] 杜江．生物化学［M］．2 版．南京：东南大学出版社，2016．
[6] 宋庆梅，张志霞，凌强．生物化学［M］．北京：科学技术文献出版社，2015．
[7] 王金亭．生物化学［M］．北京：北京理工大学出版社，2017．
[8] 汤其群．生物化学与分子生物学［M］．上海：复旦大学出版社，2015．
[9] 陈明雄，方敏．生物化学［M］．2 版．北京：中国医药科技出版社，2013．
[10] 何旭辉．生物化学［M］．2 版．北京：人民卫生出版社，2010．
[11] 杨志敏，蒋立科．生物化学［M］．2 版．北京：高等教育出版社，2010．
[12] 周春燕，药立波．生物化学与分子生物学［M］．9 版．北京：人民卫生出版社，2018．
[13] 王希成．生物化学［M］．3 版．北京：清华大学出版社，2010．
[14] 潘学峰．现代分子生物学教程［M］．北京：科学出版社，2009．
[15] 黄泽智，江兴林，王玉明．生物化学［M］．2 版．北京：北京大学医学出版社，2016．
[16] 周晓霞．医学生物化学与分子生物学［M］．北京：科学出版社，2015．
[17] 何旭辉，吕士杰．生物化学［M］．7 版．北京：人民卫生出版社，2014．
[18] 姚文兵．生物化学［M］．8 版．北京：人民卫生出版社，2016．
[19] 查锡良，药立波．生物化学与分子生物学［M］．8 版．北京：人民卫生出版社，2013．